材料科学简明教程

多树旺　谢冬柏　主编

化学工业出版社
·北京·

内容简介

材料科学是研究材料成分、组织与性能之间关系的学科，是一门与工程技术密不可分的应用科学。《材料科学简明教程》涵盖了金属、陶瓷、高分子等材料的微观结构和宏观性能，其内容包括材料的微观结构，晶体缺陷，金属的结晶过程，相平衡及相图，材料的变形与破坏及回复与再结晶，固态相变和扩散原理，并对复合材料和功能材料进行了介绍。着重于基本概念和基础理论，强调实用性，其内容涵盖了材料科学的最基本要求，难度适中，配有一定数量的思考题，方便自学。

本书可作为材料加工工程、材料学、材料物理与化学等相关学科专业学生的教科书及考研参考书，也可用作从事材料研究、生产和使用的科研和工程技术人员的参考书。

图书在版编目（CIP）数据

材料科学简明教程 / 多树旺，谢冬柏主编．— 北京：化学工业出版社，2023.5

ISBN 978-7-122-43481-4

Ⅰ.①材…　Ⅱ.①多…　②谢…　Ⅲ.①材料科学－教材　Ⅳ.①TB3

中国国家版本馆 CIP 数据核字（2023）第 086985 号

责任编辑：李　琰　宋林青

责任校对：刘　一　　　　装帧设计：韩　飞

出版发行：化学工业出版社（北京市东城区青年湖南街 13 号　邮政编码 100011）

印　　装：三河市延风印装有限公司

787mm×1092mm　1/16　印张 14½　字数 372 千字　　2023 年 7 月北京第 1 版第 1 次印刷

购书咨询：010-64518888　　　　售后服务：010-64518899

网　　址：http://www.cip.com.cn

凡购买本书，如有缺损质量问题，本社销售中心负责调换。

定　　价：48.00 元

前言

材料科学是研究材料的成分、组织与性能之间关系的学科，它对生产、使用和开发材料具有指导意义。在近代科学技术的推动下，材料的制备方法和检测技术不断进步，材料学科持续发展，材料的品种日益增多，新型材料不断涌现，原有材料的性能更加完善。特别是近年来，一些新型金属材料、复合材料、功能材料不断出现，已在现代工业中得到广泛应用。目前，在材料的生产和使用过程中需要关注的问题不只是如何改善材料质量，还要考虑如何减少资源和能源消耗及污染物排放，使人与自然环境和谐相处。这就要求人们加深对材料的认识，从理论上掌握传统金属材料、陶瓷材料和高分子材料的共性和相通之处，通过与其他学科如数学、物理、化学、力学、工程学等，进行交叉渗透，使用统一的理论来概括这些材料的微观特性和宏观规律，并利用多种实验手段对材料进行测试分析，结合生产和应用实践，解决材料生产和使用中的实际问题。

学科的发展必然带来教学体系的相应变化。20世纪60年代之前，有关材料科学的学生培养仍分布在冶金、机械、化工等专业，美国西北大学学者首先提出了“材料科学与工程”这一概念。随后西方国家才逐步将高校中冶金、机械、化工等涉及材料学科的专业确定为“材料科学与工程系”“材料科学系”。我国也于20世纪80年代初试办材料科学专业，部分以工科为主的高校中，基于冶金与机械，或金属、非金属、高分子专业建立起材料科学与工程学科，侧重于新材料的性能评价与使用的研究；部分综合性大学在物理学、化学学科的基础上，逐步形成材料学与物理、化学相融合的材料物理与材料化学专业，侧重于基础研究。目前，教育部已将材料科学与工程定为一级学科，这是材料学科发展的必然方向，是适应21世纪对材料领域专门人才需求的必要措施。教材建设是人才培养的关键环节，“材料科学基础”是材料科学与工程学科的专业基础理论课，随学科的不断交叉，特别是教育部“卓越工程师教育培养计划”要求培养出创新能力强、适应经济社会发展需要的高质量工程技术人才，这就要改革传统的按材料种类划分的专业理论基础课程内容，将不同种类材料的内容在同一基础上融合。本书从教学要求出发，在强调基本概念和理论的基础上，适当地拓展内容的深度和广度，在要求科学性的同时，还要保持教材内容的先进性和实用性，并注意降低难度，最终的目的是使学生通过学习能将理论应用于解决材料工程的实际问题。

本书以材料内部微观结构和凝固的基本理论为基础，以解决材料宏观破坏和微观缺陷的方法和原理为主线，围绕材料的制备和性能，介绍了材料的类型、工程应用及失效方式。主要内容有：材料的微观结构，包括价键理论，从理想晶体的完整结构到存在缺陷的不完整晶体；固体材料中常见相的种类、结构及特点，金属在结晶过程中的形核、长大及组织缺陷；并在上述基础上，进一步介绍材料在受力变形时组织结构的变化和恢复过程，以及材料组织结构的转变规律，包括单组元系转变，二组元间的相互作用及转变和三元系的相互作用规律，以及材料中扩散的基本原理，通过这些内容来了解材料的形成规律和存在状态；最后对复合材料和功能材料中的一些新成就进行了介绍，使学生了解材料科学发展的一些动态。书中涉及的数学工具，注重解决工程问题，加强对物理概念的解释，通过本课程的学习，希望学生有能力在后续专业课的学习过程中，将基础理论与应用技术结合，初步具备解决实际工程问题的能力。本书也注意展现历史上一些著名科学家的创新精神和研究方法，用不多的篇幅使读者在较完整和系统地了解整个材料科学框架的同时，从中领略和体会材料科学发展过程中的人文内涵，从而提高科学素质。

本书由江西科技师范大学多树旺教授和潍坊科技学院谢冬柏教授主编，并由多树旺统稿。其中第1、6、8、9章由多树旺编写；第2、3、4、5、7章由谢冬柏编写；第10章由江西科技师范大学张豪编写；第11章由潍坊科技学院李强编写。兰州理工大学的洪昊同学和江西科技师范大学的赖天同学参加了书中部分图表的绘制和校对工作。本书得到江西科技师范大学教材出版基金资助，化学工业出版社的编辑为本书出版付出了大量心血，在此表示感谢。

本书的编写是新的尝试过程，由于水平有限，疏漏与不足之处在所难免，敬请广大读者提出宝贵意见，以便再版时修订完善。

编者

2023年1月

目 录

第 11 章 功能材料 196

第1章

绪 论

人类社会的发展离不开材料，它是人类社会文明进步的物质基础，是生产力的标志。材料一般指具有特定性质可用于制造构件的物质。目前，材料已成为高新技术的物质基础，是国民经济和国防建设的先决条件。新材料的研制和应用是21世纪高科技发展的主要方向之一，这也是世界各国在高新技术领域的一个竞争焦点。材料的种类繁多，作为材料科学工作者，首先要了解材料的分类，不同材料的特性及使用领域，材料破坏的条件、特征及判断依据，材料的加工方法和工艺过程，以及在实际生产中材料的选用原则。这些也是本章重点介绍的内容。

1.1 材料的类型

材料除了具有重要性和普遍性以外，还具有多样性。世界各国和不同的科学家对材料的分类方法不尽相同，以下按金属材料、无机非金属材料、有机高分子材料（聚合物）和复合材料四大类进行介绍。

1.1.1 金属材料

金属材料是由元素周期表中的金属元素组成的材料，可分为由单一金属元素构成的单质（纯金属）和由两种或两种以上的金属或金属与非金属元素组成的合金。金属中除Hg外，在常温下一般为固态，具有特殊的金属光泽及良好的导电性和导热性。金属还具有较高的强度、刚度、延展性及耐冲击性，主要用于受力部件的制造。在实际工程中很多情况下使用的是合金。合金具有金属特征，有时与纯金属不加区分也称为金属。合金的性质与组成合金各相的性质有关，同时也受这些相在合金中的数量、形状及分布的影响。

1.1.2 无机非金属材料

无机非金属材料是一个庞大的家族，包括除金属材料、有机材料之外的所有材料。无机非金属材料的分类方法很多，如按功能可分成工程材料和功能材料。

1.1.2.1 工程材料

(1) 高强高韧材料

高强高韧材料通常为SiN、Al_2O_3、SiC、ZrO等，具有强度高、韧性好的优点，常用作结构材料，一般用于发动机气缸套、化工机械密封环、机械工业用切削刀具等。目前，已进行工业化生产的产品为Al_2O_3刀具、密封环，SiN、SiC密封环等，ZrO制造的坦克装甲（图1.1），Si_3N_4生产的头盔等。

(2) 耐高温抗热震材料

耐高温抗热震材料有Si_3N_4、Al_2O_3、BN等，常用在冶金工业、航天工业中。如在冶金工业中，分离环要经受1200℃左右的高温和七八百摄氏度的温差，还要经受钢水的冲刷，工作环境非常恶劣，一般的材料很难满足该要求，立方BN分离环（图1.2）可连续浇铸200t低合金钢，使工业化生产的水平连铸成为可能。

图1.1 ZrO制造的坦克装甲

图1.2 立方BN分离环

(3) 耐磨耐腐蚀材料

耐磨耐腐蚀材料是一类具有良好化学稳定性和耐磨性能的材料，常用材料有SiC、ZrO_2及ZrO_2增韧的Al_2O_3。这类材料在化学工业、轻工业和机械工业都得到了广泛的应用。如化学工业中使用的耐酸泵叶轮，以前的铸铁构件，只能使用几天，甚至只有几小时的寿命，改用Al_2O_3后，使用寿命可达一年。汽车上使用的刹车片，一般为铸铁或粉末冶金方法制造，磨损量很大，需要频繁更换，改用SiC后，使用寿命得到极大提高。实验室的测试结果表明，在同样的工作条件下，SiC材料的磨痕深度为0.2mm，而冷激铸铁的磨痕深度为19.2mm，两者相差近百倍，SiC陶瓷作为耐磨材料的使用潜力很大。

(4) 涂层材料

工件表面使用涂层能有效提高覆盖件的耐磨、耐腐蚀、耐高温性能。如用于锅炉烟气净化的某废气收集塔，原镶嵌的内衬为树脂，使用温度在200℃以下，使用4个月后，发生不同程度的剥落，造成金属外套的锈蚀。改用Al_2O_3涂层后，使用温度提高到400℃，不但提高了烟气的净化率，使用寿命也延长到3年以上。在化学工业中Al_2O_3常用于滤膜材料、多孔材料、纤维和晶须材料的制造，其中Al_2O_3晶须材料是非常特殊的增强增韧材料，在现代复合材料中必不可少。

1.1.2.2　功能材料

（1）电工材料

电工材料是现代自动化工业和能源工业的基础材料，其中重要的电工材料有以下几种。压电材料通常指电力转换材料，此类材料具有将外界机械能转换为电信号的功能。磁性材料广泛应用于计算机、录像机中的记录材料，为铁氧体类物质，如 Fe_3O_4 具有记录信息、储存信息、读出信息的功能，是现代语音记录、图像记录等必不可少的材料。电导材料是具备导电，超导及半导体、电阻等电学性能的材料，是一类正在发展的前沿材料，具有非常广泛的用途。例如，磁流体发电的工作温度可达 2000℃左右，还要经受磁流体的冲刷，一般的材料均难以胜任，只有 ZrO_2 目前具备了可能被推广应用的前景。热电材料具有将电能转化为热能的功能，可方便快速地升高或降低工件的温度。电制冷材料，如已实现工业化生产的 BiTi 半导体材料，用此半导体材料制成的无氟冰箱、空调器正在取代现有的使用机械及制冷剂的冰箱或空调器，是一种绿色产品。电子材料有单晶硅、金刚石薄膜、多晶砷化镓等，用来制造集成电路、太阳能电池以及特种窗口等。

（2）光学材料

光学材料主要用作传导光信号的导光材料，最有代表性的是光导纤维，它具有传送信息量大、信号衰减少、干扰小的优点，在现代通信系统中发挥着重要作用。透光材料，一般指用于窗口、光源的滤光材料。普通的透光材料有家用窗玻璃和光学玻璃，特种透光材料如用在导弹头部作红外窗口材料的多晶氟化镁陶瓷、用作高压钠灯芯的透明氧化铝材料、用作红外滤光材料的氧化钇透明陶瓷、用于调制 CO_2 激光的红宝石（Al_2O_3＋Cr）等。光信息材料通常是指 $LiNbO_3$、$BaNaNb_5O_{15}$，它们具有存储信息的功能，存储量大、读出速率快、使用寿命长、保密性强，一般用在光的全息存储、缩微相机等领域，是一种先进材料。

（3）生物材料

生物材料已由原始的骨替代材料发展成为能替代肌肉、筋膜等的材料，其品种也由单一的生物惰性材料发展成为生物体内可吸收的材料。目前使用的材料一般有碳-石英复合材料、羟基磷灰石材料及磷酸钙系列材料。

1.1.3　有机高分子材料

有机高分子材料又称聚合物或高聚物材料，是由一种或几种分子或分子团（结构单元或单体）以共价键结合成的具有多个重复单体单元的大分子，其分子量高达 10^4～10^6。它们可以是天然产物，如纤维、蛋白质和天然橡胶等，也可由合成方法制得，如合成橡胶、合成树脂、合成纤维等非生物高聚物等。这类材料的特点是种类多、密度小（仅为钢铁的1/7～1/8），比强度大，电绝缘性、耐腐蚀性好，加工容易，可满足多种用途的要求，能部分取代金属和非金属材料。

高分子化合物与小分子化合物不同，它在聚合过程后变成了具有许多不同分子量的高聚物的混合物。人们所说的某一高分子的分子量其实都是它的平均分子量，当然计算平均分子量也有不同的权重方法，一般分为数均分子量、黏均分子量、重均分子量等。小分子化合物的分子量固定，都由确定分子量大小的分子组成。这是高聚物与小分子化合物的一个特征区别。高分子材料主要有以下几种。

(1) 塑料

塑料是以聚合物为主要成分，在一定条件（温度、压力等）下可塑成一定形状并且在常温下保持形状不变的材料。根据加热后的情况，塑料又可分为热塑性塑料和热固性塑料。加热后软化，形成高分子熔体的塑料为热塑性塑料，主要的热塑性塑料有聚乙烯、聚丙烯、聚苯乙烯、聚甲基丙烯酸甲酯、聚氯乙烯、聚碳酸酯、聚四氟乙烯、聚对苯二甲酸乙二醇酯等。加热后固化，形成交联不熔结构的塑料称为热固性塑料，常见的热固性塑料有环氧树脂塑料（图 1.3）、酚醛树脂塑料、三聚氰胺-甲醛树脂等。

(2) 橡胶

橡胶可分为天然橡胶和合成橡胶。天然橡胶的主要成分是聚异戊二烯。合成橡胶的主要品种有丁基橡胶、顺丁橡胶、氯丁橡胶、三元乙丙橡胶、丙烯酸酯橡胶、聚氨酯橡胶、硅橡胶和氟橡胶等。由橡胶制成的密封圈见图 1.4。

图 1.3 环氧树脂塑料

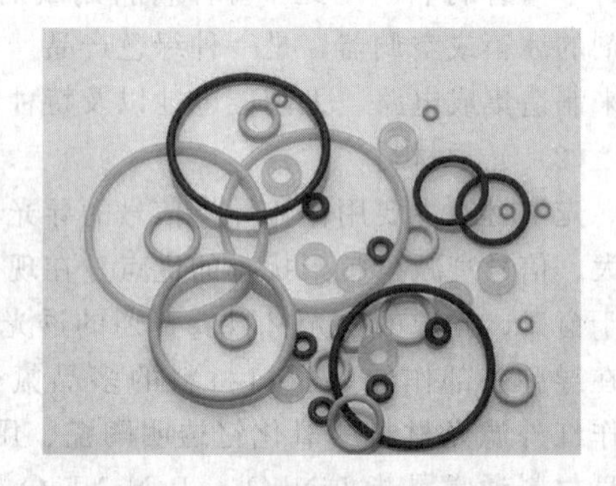

图 1.4 由橡胶制成的密封圈

(3) 纤维

高分子材料的另外一个重要应用是合成纤维。常见的合成纤维包括尼龙（图 1.5）、涤纶、腈纶、芳纶、丙纶纤维等。

(4) 涂料

涂料是涂附在工业产品或日用品表面起美观或保护作用的一层高分子材料，常用的工业涂料有环氧树脂（图 1.6）和聚氨酯类等。

图 1.5 尼龙纤维生产的衣物

图 1.6 环氧树脂地板漆

(5) 高分子黏合剂

高分子黏合剂是另外一类重要的高分子材料。人们在很久以前就开始使用淀粉、树胶等天然高分子材料作为黏合剂。现代黏合剂通过其使用方式可以分为聚合型（如环氧树脂）、热融型（如尼龙、聚乙烯）、加压型（如天然橡胶）、水溶型（如淀粉）。

(6) 新型高分子材料

现代工程技术的发展，向高分子材料提出了更高的要求，因而出现了许多性能优异的新型高分子材料，主要有以下三种。

① 高分子膜材料。高分子分离膜（图1.7）是用高分子材料制成的具有选择性透过功能的半透性薄膜。半透性薄膜具有省能、高效和洁净等特点，被认为是支撑新技术革命的重大技术。利用离子交换膜电解食盐水可减少污染、节约能源，利用反渗透技术进行海水淡化和脱盐要比其他方法消耗的能量都小，利用气体分离膜从空气中收集氧可大大提高氧气回收率。

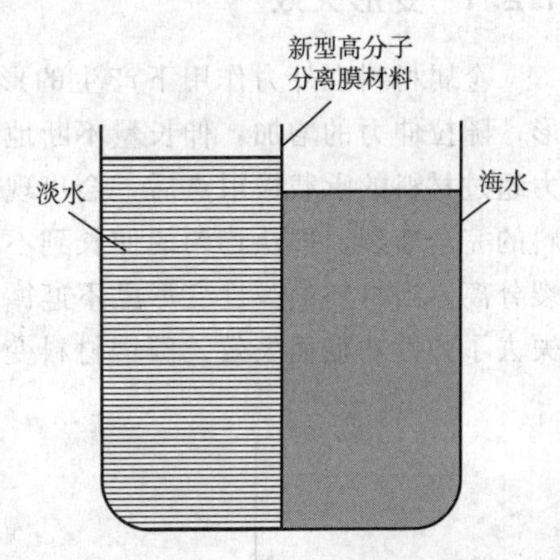

图1.7 新型高分子分离膜材料

② 高分子磁性材料。高分子磁性材料是人们在发展磁与高分子聚合物（合成树脂、橡胶）的新型材料中制备出的具有磁性能的高分子材料。传统的磁性材料有三种，即铁氧体磁铁、稀土类磁铁和铝镍钴合金磁铁等。它们的缺点是既硬且脆，加工性差。为克服这些缺陷，将磁粉混炼于塑料或橡胶中制成高分子磁性材料。制成的复合型高分子磁性材料密度小，容易加工成尺寸精度高和形状复杂的制品，还能与其他元件一体成型。

③ 光功能高分子材料。光功能高分子材料是指能够对光进行透射、吸收、储存、转换的一类高分子材料。这一类材料主要包括光导材料、光记录材料、光加工材料、光学用塑料（如塑料透镜、接触眼镜等）、光转换系统材料、光显示用材料、光导电用材料、光合作用材料等。光功能高分子材料可制成品种繁多的线性光学材料，像普通的安全玻璃、各种透镜、棱镜等。利用高分子材料的曲线传播特性，开发出非线性光学元件，如塑料光导纤维、塑料石英复合光导纤维等。先进的信息储存元件光盘的基本材料就是高性能的有机玻璃和聚碳酸酯。利用高分子材料的光化学反应，可开发出在电子工业和印刷工业中得到广泛使用的感光树脂、光固化涂料及黏合剂；利用高分子材料的能量转换，可制成光导电材料和光致变色材料；利用某些高分子材料的折射率随机械应力而变化的特性，可开发出光弹性材料，用于研究力结构材料内部的应力分布。

1.1.4 复合材料

复合材料是以一种材料为基体，以另一种材料为增强体，通过复合工艺形成的材料。它克服了单一材料的某些弱点，产生协同效应，使之综合性能优于原组成材料，从而满足各种不同的要求。与普通单增强相复合材料相比，复合材料的抗冲击强度、抗疲劳强度和断裂韧性显著提高，并具有特殊的热膨胀性能。复合材料的种类繁多，按其基体材料不同可分为金属基、树脂基和陶瓷基复合材料。

1.2 材料的破坏与失效

材料的破坏常由其中的某一部分首先失效而引起。材料的失效按照材料失效性质划分，常见的失效形式可以分为变形失效、断裂失效、腐蚀失效和磨损失效四种类型。不同材料的失效形式都有其产生的条件、特征及判断依据。

1.2.1 变形失效

金属材料在外力作用下产生的形状和尺寸的变化称为变形，只要金属受力就会产生变形，随拉伸力的增加，伸长量不断地增加，材料将经历弹性变形阶段和塑性变形阶段。当受力超过材料的承载极限点后，会出现裂纹，裂纹扩展直至最后断裂。材料的变形会延续到材料的完全断裂，即从均匀的伸长到不均匀的伸长及形状改变，产生颈缩，颈缩收敛至材料断裂分离。当材料的弹性变形已不遵循变形可逆性、单值对应性及小变形量的特性时，则材料失去了弹性功能而失效。碳钢材料变形失效过程简图如图 1.8 所示。

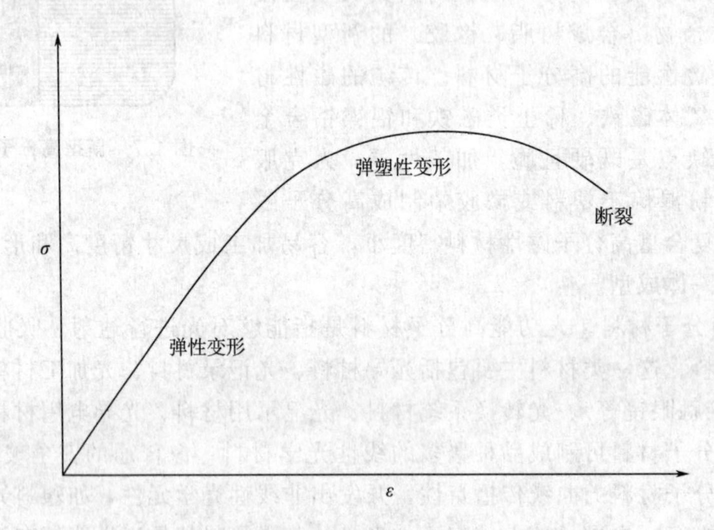

图 1.8 碳钢材料变形失效过程应力-应变曲线

弹性变形失效是容易判断的，如弹簧秤上的弹簧，在很小的拉力下，弹簧被拉得很长，又如安全阀上的弹簧，压力容器没有超压，就能把阀芯顶起，说明弹力已松弛；装备上安置的弹簧，因表面氧化生锈，或长期使用失去了原设计的应力与应变的对应性而失效。受力的金属材料一般设计在弹性变形阶段中工作，限制材料出现塑性变形，塑性变形出现容易引发裂纹等缺陷的产生。但不能认为任何程度的塑性变形都是失效的，尤其当采用塑性好的材料时。当材料的塑性变形速率不高，变形量不大，不影响材料正常功能的发挥时，容许有塑性变形存在，因而塑性变形失效应当是金属材料产生的塑性变形量超过允许的数值。高温失效是指材料在高温长时间作用下，即使其应力恒小于屈服强度，也会缓慢地产生塑性变形，当该变形量超过规定的要求时，会导致材料的塑性变形失效。此时所称的高温高于 $0.3T_m$（T_m 是以绝对温度表示的金属材料的熔点），一般情况下碳钢在 300℃以上，低合金强度钢在 400℃以上。长期服役的变形失效主要有蠕变变形失效和应力松弛变形失效。

1.2.2 断裂失效

断裂失效是指构件由于完全断裂而丧失或达不到预期功能。断裂失效是机械产品最主要和最具危险性的失效，常见的断裂方式有韧性断裂、脆性断裂、疲劳断裂和蠕变断裂等。韧性断裂又称塑性断裂，是指构件断裂之前在断裂部位出现较为明显的塑性变形。在工程结构中，韧性断裂一般表现为过载断裂，即构件危险截面处所承受的实际应力超过了材料的屈服强度或强度极限而发生的断裂。在正常情况下，构件的设计都将构件危险截面处的实际应力控制在材料的屈服强度以下，一般不会出现韧性断裂失效。但机械产品在设计、制造、装配、维修的过程中，由于各种复杂因素，构件的韧性断裂失效仍难完全避免。韧性断裂的杯锥状断口见图1.9。

工程构件在很少或不出现宏观塑性变形情况下发生的断裂称作脆性断裂，因其断裂应力低于材料的屈服强度，故又称作低应力断裂。由于脆性断裂大都没有事先预兆，具有突发性，对工程构件与设备以及人身安全常会造成极其严重的后果，是人们力图避免的一种断裂失效模式。尽管各国工程界对脆性断裂的分析与预防研究极为重视，从工程构件的设计、用材、制造到使用维护的全过程中，采取了种种措施，然而，由于脆性断裂的复杂性，至今由脆性断裂失效导致的灾难性事故仍时有发生。脆性断裂的齐平状断口见图1.10。

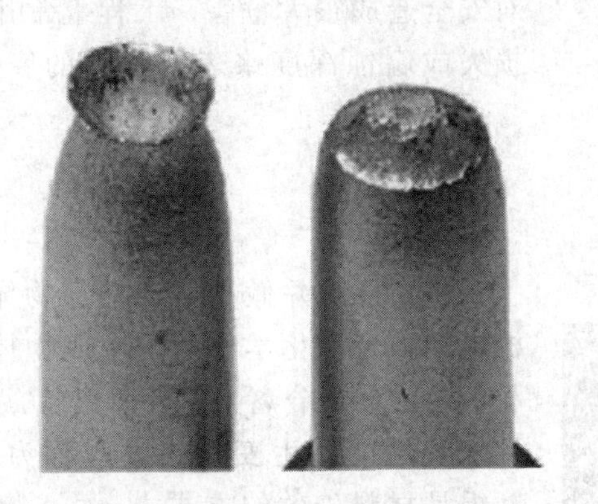

图1.9 韧性断裂的杯锥状断口

图1.10 脆性断裂的齐平状断口

工程构件在交变应力作用下，经一定循环周次后发生的断裂称作疲劳断裂，疲劳断裂属脆性断裂范畴。由于疲劳断裂出现的比例高，危害性大，且是在交变载荷作用下出现的断裂，国内外工程界均将其单独作为一种断裂形式加以重点研究。典型的疲劳断裂断口见图1.11。

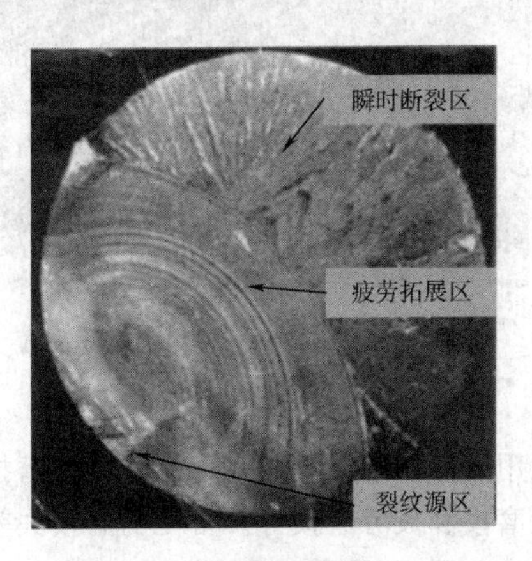

图1.11 典型的疲劳断裂断口

材料在长时间的恒温、恒载荷作用下缓慢地产生塑性变形的现象称为蠕变，由这种变形导致的材料断裂称为蠕变断裂。19世纪人们开始关注蠕变现象。1883年法国人对钢索的断裂实验结果进行总结，并作定量分析。1910年英国科学家结合理论研究，提出蠕变的概念。随着现代工业的发展，蠕变的研究思路主要分成两类：一类从微观层次着手，重点探求蠕变机制以及影响金属蠕变抗力的因素，属于金属物理学方面的研究工作；另一类是以宏观实验为基础，从蠕变现象的观察到实验数据的分析研究，建立蠕变规律的理论，研究构件在蠕变状态的应力应变计算和寿命的评估方法。

1.2.3 腐蚀失效

金属的腐蚀是一个十分复杂的累积损伤过程，是指构件材料在环境因素作用下由于腐蚀而失效。按不同的分类原则有不同的腐蚀类型，不同的腐蚀类型会产生不同的腐蚀失效。在工程实践中，按腐蚀环境可分为化学介质腐蚀、大气腐蚀、海水腐蚀、土壤腐蚀。按腐蚀使构件损伤的情况又可分为全面腐蚀（或称均匀腐蚀）、局部腐蚀、集中腐蚀（即点腐蚀）。腐蚀不但造成材料损失，还会对安全造成很大危害。工程上常用质量损失或腐蚀深度来表示材料的腐蚀率。L80钢油管腐蚀穿孔失效见图1.12。

图1.12 L80钢油管腐蚀穿孔失效

1.2.4 磨损失效

相互接触并做相对运动的物体由于机械、物理和化学作用，造成物体表面材料的位移及分离，使表面形状、尺寸、组织及性能发生变化的过程称为磨损。磨损是材料失效的方式之一。一般情况下，材料磨损是一个逐渐发展的过程，失效发生之前会有预兆，也会存在某些磨损，失效发生之前特征不明显，有可能引发突发事故。材料的磨损是一个复杂过程，每一起磨损都可能存在性质不同、互不相关的机制，涉及的接触表面、环境介质、相对运动特性、载荷特性也有所不同，这就造成分类上的交叉现象，至今没有形成统一的分类方法。目前较通用的是按磨损机制来划分，即将磨损分为磨料磨损、黏着磨损、冲蚀磨损、微动磨损、腐蚀磨损和疲劳磨损等。常见的磨损失效见图1.13。

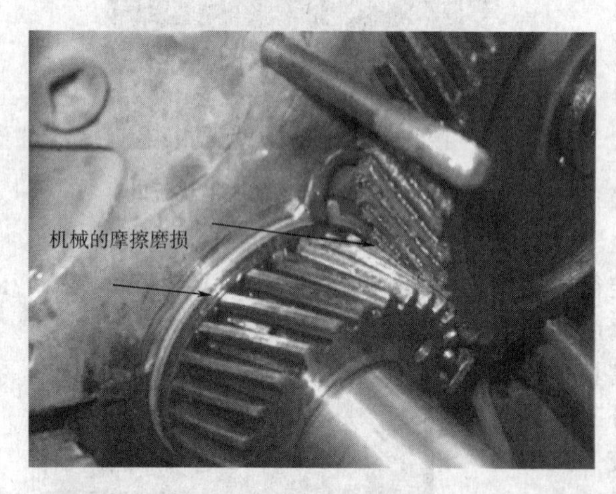

图1.13 常见的磨损失效

1.3 材料的加工方法

1.3.1 热加工

热加工是在高于再结晶温度的条件下，使金属材料同时产生塑性变形和再结晶的加工方法。热加工通常包括铸造、锻造、焊接等工艺。热加工能使金属构件在成形的同时改变它的组织或者使已成形的构件改变既定状态以改善构件的机械性能。

1.3.1.1 铸造

将熔炼合格的液态金属浇注到预先制备好的，与构件形状、尺寸相符的铸型空腔中，待其冷却凝固后获得构件或构件毛坯的工艺方法称为铸造。用此方法生产的构件或构件毛坯称为铸件。

铸造加工可生产外形和内腔十分复杂的铸件，如柴油机机座、气缸体等。适用于各种金属材料，特别是塑性差的铸铁、铜合金等，且铸件的尺寸和质量均不受限制。铸件的形状、尺寸可以与零件非常接近，加工余量小，甚至无加工余量（如精密铸造），以节省材料、提高生产效率。铸造设备简单，制造铸型的模样和型砂来源广泛，价格低廉，故铸件成本较低。铸造生产环境差，劳动强度大，铸件精度低，易产生缺陷。

铸造加工工艺种类较多，按金属材料的不同可分为铸钢铸造、铸铁铸造、有色金属铸造；按生产方法不同可分为砂型铸造和特种铸造（如金属型铸造、熔模铸造、压力铸造和离心铸造等）。砂型铸造是最基本的也是应用最广泛的铸造方法，约90%以上的铸件使用砂型铸造生产。砂型铸造工艺流程包括：配制型砂和型芯砂、制造模样和型芯盒、制造砂型和型芯、合箱与浇注、落砂和清理、检查验收等。

1.3.1.2 锻造

锻造是通过外力作用使金属坯料产生要求的塑性变形，从而获得符合一定形状、尺寸和技术要求的毛坯或零件的加工方法。用此方法生产的毛坯或零件称为锻件。锻造包括自由锻和模锻（图1.14）。自由锻是将加热至一定温度的金属坯料置于锻压设备上，借助设备的冲击力或压力使之产生塑性变形，由于广泛采用机器锻造，简称机锻；若用人力使金属坯料产生塑性变形，则称为手工自由锻造。工厂普遍采用机锻。模锻是将加热至一定温度的金属坯料放置于要求形状的模具（即锻模）内，借助模锻设备的冲击力或压力使之产生塑性变形，得到与锻模内腔形状一致锻件的加工方法。

锻造加工是将金属坯料锻成与零件形状、尺寸接近的毛坯，再进行机械加工，这样可节省金属材料。锻造可以改善金属组织，提高力学性能；可使钢锭中的粗大晶粒变成细小晶粒，使其内部的缩松、气孔、微裂纹焊合，改善偏析，从而提高材料的力学性能。但锻造不能锻制形状复杂的锻件，尤其是内腔复杂的构件毛坯，锻件成本高于铸件成本。

金属的锻造是在一定的温度范围内进行的。开始锻造时的温度称为始锻温度，停止锻造时的温度称为终锻温度。加热温度对金属材料的可锻性影响很大，加热能提高金属的塑性，降低金属的抗变形能力，以便于锻造，这样既省力又能获得较大的塑性变形量。始锻温度过高或终锻温度太低均易引起锻造缺陷，如裂纹等。常用金属材料的锻造温度范围见表1.1。

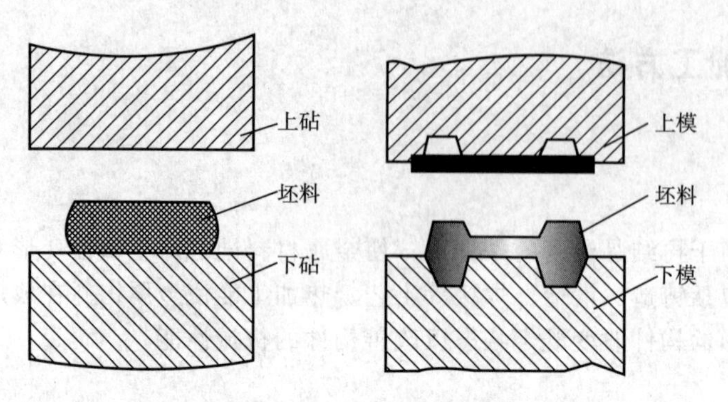

图 1.14　自由锻和模锻

表 1.1　常用金属材料的锻造温度范围

合金种类	始锻温度/℃	终锻温度/℃
碳钢：w_c≤0.3%	1200～1250	750～800
0.3%<w_c≤0.5%	1150～1200	800
0.5%<w_c≤0.9%	1100～1150	800
0.9%<w_c≤1.5%	1050～1100	800
合金钢：		
合金结构钢	1150～1200	850
低合金钢	1100～1150	850
高速钢	1100～1150	900
有色金属：		
QAl9-4 铝青铜	850	700
QAl10-4-4 铝铁镍青铜	850	700
硬铝	470	380

一般锻件均需进行外观和尺寸检验，并根据锻件的技术要求进行其他检验，表 1.2 为船机零件锻件毛坯的检验内容。船机重要零件常采用锻造毛坯是因为其具有材质致密、可消除某些缺陷、夹杂物呈光流线分布与合理取向等优点。

表 1.2　船机零件锻件毛坯的检验内容

锻件材料	锻件名称	试验项目
碳钢	中间轴、推力轴、尾轴、螺旋轴、连杆、活塞杆、十字头、增压转子	化学成分 拉力试验 冲击试验 低倍组织检查 高倍金相分析
碳锰钢	柴油机的气缸头螺栓、主轴承螺栓，轴系法兰螺栓，连杆大、小端的螺栓，凸轮轴、进排气阀、轴系传动机械的重要锻件	化学成分 拉力试验 冲击试验

1.3.1.3 焊接

焊接是以局部加热或加压的方式使金属发生原子间结合，得到永久连接的方法。焊接在工业上主要用于连接，如将棒料或板料焊接成构件、机架等，如大中型柴油机的机座、机架、机体等均为全焊接结构或铸焊结构。焊接还可以用于堆焊修补铸件的小孔，焊补零件或毛坯的裂纹。工业常用的焊接加工见图1.15。

图1.15 工业常用的焊接加工

焊接板料厚度可以随需要增加，结构简单，表面平滑。构件形状可以根据需要进行拼接，不像锻造、铸造那样受限制。焊接构件强度高、质量轻、可靠，比铆接节省金属材料。密封性好，焊接的容器对水、油、气体的密封性都较好。焊接的缺点是由局部加热引起变形和冷却收缩时产生内应力而产生裂纹，这可以通过适当的措施来解决。

1.3.2 机械加工

机械加工是利用切削工具和工件做相对运动，从毛坯（铸件、锻件、型材等）上切去多余的材料，以获得所需几何形状、尺寸精度和表面粗糙度机械零件的一种加工方法。在现代机械制造中，除少数零件采用精密铸造、精密锻造以及粉末冶金和工程塑料压制等方法直接获得外，绝大多数的零件都要通过切削加工获得，以满足精度和表面粗糙度的要求。

机械加工中工人手持工具进行的切削加工，称为钳工加工，主要有划线、錾削、锯削、锉削、刮研、钻孔和铰孔、攻螺纹和套螺纹等。工人操作机床进行的切削加工按所用切削工具不同又可分为两大类：一类是利用刀具进行加工的，如车削、钻削、刨削、铣削等；另一类是用磨料进行加工的，如磨削、珩磨、研磨、超精加工等。金属切削加工后的质量包括精度和表面质量。精度是指零件在加工后，其尺寸、形状等参数的实际数值同它们绝对准确的各个理论参数相符合的程度，它包括尺寸精度、形状精度和位置精度等。而表面质量包括表面粗糙度、表面加工硬化的程度和深度、表面残留应力的性质和大小等。

1.3.2.1 车削

车削是指在车床上用车刀进行的切削加工。车削的主运动是工件的旋转运动，进给运动是刀具的移动。车床能加工出回转表面的零件（图1.16所示加工的圆柱面）。车削加工的范围包括内外圆柱面、内外圆锥面、内外螺纹、端面、沟槽、回转型成形面以及滚花、盘绕弹簧等。车削加工的公差等级可达IT8～IT7，表面粗糙度 Ra 值为1.6～0.8μm，在高精度车床上用精细修研的金刚石车刀高速精车有色金属零件，可使加工精度达到IT5，表面粗糙度 Ra 值为0.04～0.01μm这种车削称为“镜面车削”。

车削加工易于保证轴类、盘类、套类零件各表面的位置精度，在一次装夹中车出短轴类或套类零件的各加工面，然后切断。利用中心孔将轴类工件装夹在车床前后顶尖间。可以调头，多次装夹而保证工件旋转轴线不变。将盘套类零件的孔精加工后，安装在心轴上，车削各外圆面和端面，可保证达到与孔的位置精度相配合的要求。车削加工适用于有色金属零件的精加工，当有色金属零件要求较高的加工质量时，若用磨削，则砂轮表面空隙易堵塞，加工困难，故常用车、铣、镗等方法进行精加工。车削过程较平稳，当刀具几何形状和切削深度、进给量一定时，车削层的截面积是不变的，车削过程较平稳，提高了加工质量和生产率。车刀的制造、刃磨和安装均较方便，便于适应工件的不同材料与加工要求，选用合理的车刀角度和类型（图 1.17），有利于提高加工质量和降低生产成本。

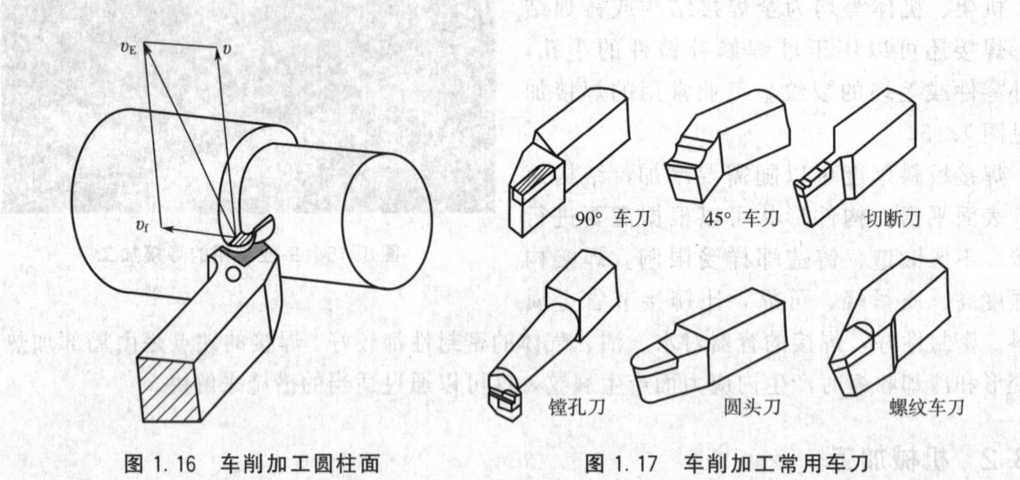

图 1.16　车削加工圆柱面

图 1.17　车削加工常用车刀

1.3.2.2　钻削

用钻削刀具在钻床上对工件进行钻孔，或将已有孔的直径扩大和提高其精度的加工过程称为钻削加工。钻削加工又可分为钻孔、扩孔和铰孔等。如图 1.18 所示，钻削主要包括两部分的运动，即刀具的旋转及其沿轴线方向移动的垂直进给。钻削过程比车削要复杂，钻削时，钻头的工作部位在工件被加工表面的包围中，这将对钻头的刚度和强度、容屑和排屑、导向和冷却润滑等提出更高的要求。在加工时，也会产生由于钻头刚度不足和受力偏心使钻头弯曲而引起的孔径扩大、孔不圆或孔的轴线歪斜的问题，此外还有排屑困难、切削过程产生热量过快等问题。

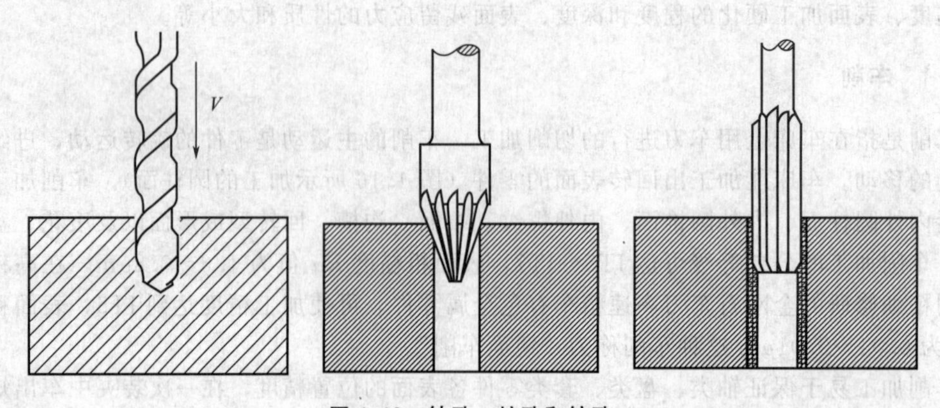

图 1.18　钻孔、扩孔和铰孔

1.3.2.3 刨削

如图1.19所示，用刨刀在刨床上对工件进行加工的工艺过程为刨削。刨削加工的通用性好，刨床的结构比车床、铣床简单，成本低，调整和操作也较方便。所用的单刃刨刀与车刀基本相同，形状简单，制造、刃磨和安装方便。刨削加工的生产率一般较低，主运动为往复直线运动，反向时受惯性力的影响，加之刀具切入和切出时有冲击，限制了切削速度的提高。单刃刨刀实际参加切削的切削刃长度有限，一个表面往往要经过多次行程才能加工出来，基本工艺时间较长。刨刀返回时，一般不能进行切削，增加了加工时间。

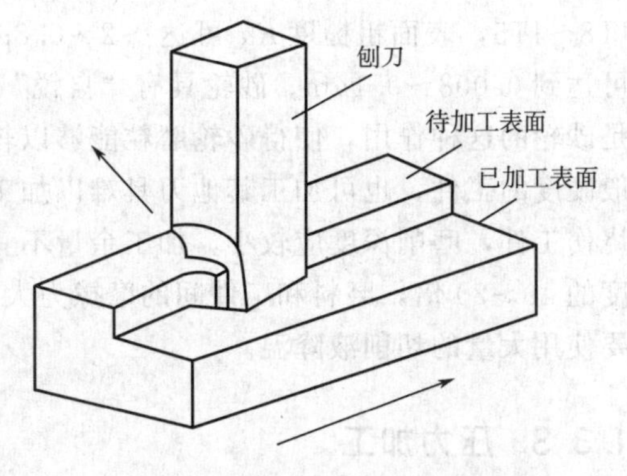

图1.19 刨削加工示意图

由于刨削的特点，其主要用在单件、小批量生产中，在维修车间和模具车间应用较多。刨削主要用于平面加工，包括水平面、垂直面和斜面，也广泛地用于直槽加工，如直角槽、燕尾槽和T形槽等。如果进行适当调整和增加某些附件，还可以用来加工齿条、齿轮、花键和素线为直线的成形面。

1.3.2.4 铣削

在铣床上使用旋转的多齿刀具（铣刀）加工工件的过程称为铣削。铣削时，刀具的旋转是主运动，工件的运动为进给运动。铣削的生产率较高。铣刀是典型的多齿刀具，铣削时有多个刀齿同时工作，总的切削宽度较大。铣削的主运动是铣刀的旋转，有利于采用高速铣削，生产率一般比刨削高。铣刀的刀齿切入和切出时产生冲击，并将引起工作刀齿数的变化，同时每个刀齿的切削厚度也会改变，这就引起了切削面积和切削力的变化，使铣削过程不平稳，易发生振动。切离工件时铣刀刀齿能得到一定的冷却，散热条件较好。但在切入和切出工件时，由于热冲击和力冲击会加速刀具的磨损，甚至可能导致硬质合金刀片的破坏。

铣刀的类型和形状很多，再加上分度头、圆形工作台等附件的使用，使得铣削的加工范围极为广泛。铣削主要用于加工多种平面（包括水平面、垂直面和各种斜面）、沟槽（键槽、直槽、角度槽、燕尾槽、T形槽、V形槽、圆弧槽、螺旋槽等）和齿轮等的成形面，还可以进行切断和孔加工。铣削加工的公差等级一般可达IT8～IT7。

1.3.2.5 磨削

用砂轮或其他磨具加工工件表面的工艺过程称为磨削。磨削加工可以获得具有较高精度和较低表面粗糙度的表面，在大多数情况下，它是机械加工最后一道加工或光整工序。磨削也可用于毛坯的预加工（清理）和刀具的刃磨等。根据切削方法的不同，磨削可分为轮磨、研磨、珩磨（旋磨）、抛光等，其中轮磨最为普遍。在磨削加工时，砂轮等的高速旋转是主运动，进给运动由砂轮和工件来完成。

轮磨时，砂轮每一个尖棱形的砂粒都相当于一个刀齿，整个砂轮作为具有无数刀齿的铣刀，磨削加工的实质，可以看作是密齿刀具的超高速切削过程。磨削加工与车削、刨削、钻削、铣削等切削加工方法相比，工件磨削后的精度很高，表面粗糙度很小，公差等级可达IT8～IT5，表面粗糙度 Ra 可达 0.2～0.8μm，当采用小表面粗糙度磨削时，表面粗糙度 Ra 可达到 0.008～0.1μm。砂轮具有“自锐”作用，这种作用是其他切削工具所不具备的，正是砂轮的这种作用，使得砂轮磨粒能够以较锋利的刃口对工件进行切削。磨削不仅能加工一般硬度的工件，也可加工其他刀具难以加工的高硬度工件，如淬火处理后的工件等。为避免烧伤工件，磨削深度应较小，加工余量不宜留得太大。磨削时，由于切削速度为一般切削速度的 10～20 倍，磨料和工件间的摩擦力大，切削温度有时高达 1000～1500℃，磨削时通常要使用大量的切削液降温。

1.3.3 压力加工

1.3.3.1 轧制

金属坯料靠摩擦力连续进入轧碾而变形的方法称为轧制。轧制生产所用的坯料有铸锭、方坯和板坯等。在轧制过程中，坯料和截面不断减小，长度不断增大，从而获得各种规格的板材、型材和无缝管材等。按轧制时是否加热可分为热轧加工工艺和冷轧加工工艺。为了减轻金属坯料对变形的阻力，轧制一般采用热轧，冷轧只在轧制薄板时使用。

1.3.3.2 挤压

将金属坯料置于挤压筒内，在外力作用下使其从一端的模孔中挤出而变形的方法称为挤压。在挤压过程中，金属坯料通过模孔后截面减小，长度增加。此法适用于塑性较好的低碳钢和有色金属，可以制成各种形状复杂的等截面型材。挤压的坯料既可加热到高温后进行热挤压，也可在室温下进行冷挤压。

冷挤压时变形抗力比热挤压时高得多，但产品的表面光洁，且产品内部组织为加工硬化组织，从而提高了产品的强度。冷挤压时为降低挤压力，防止模具磨损和破坏，提高零件的表面质量，必须采取润滑措施。但由于冷挤压时单位压力很高，润滑剂很容易被挤掉而失去润滑作用，所以对钢质零件必须采用磷酸盐表面处理法（磷化处理），使坯料表面呈多孔性结构，储存润滑剂，以保证在高压下仍能隔离坯料和模具的接触，起到润滑作用。常用的润滑剂有矿物油和皂化液。

1.3.3.3 拉拔

金属坯料在外力作用下通过拉拔模的模孔而改变金属坯料形状和尺寸的方法称为拉拔。拉拔时，金属坯料横截面积减小，长度增加，用拉拔方法可获得杆料、线材和薄壁管件。拉拔时一次变形量小，因此需要进行多次拉拔工序。从宏观上看，拉拔属于冷变形加工，会产生加工硬化。加工硬化提高了金属的强度，但降低了金属的塑性，不利于多次拉拔工序的进行，因此要多次拉拔时必须进行中间再结晶退火。拉拔的优点在于尺寸精确、表面质量好、生产效率高。

1.3.3.4 板料冲压

将金属板料置于冲模内，使其受压在室温下产生分离或塑性变形的加工方法称为板料冲压。板料冲压可压制形状复杂的零件（图1.20），材料利用率高，能保证产品具有足够高的尺寸精度和较低的表面粗糙度，可满足一般互换性的要求，不需再做切削加工即可装配使用，能制造出强度高、刚度大、质量轻的零件。板料冲压操作简单，生产率高，成本较低，工艺过程便于机械化、自动化。板料冲压广泛应用于汽车、航空、电器、仪器及日用金属制品的生产。

图1.20 板料冲压产品

1.3.4 材料的强化处理

1.3.4.1 热处理

将材料在固态下加热、保温和冷却，以改变金属或合金的内部组织结构，使其获得使用上所需性能的操作称为热处理。热处理在机械制造工业中占有十分重要的地位。船舶、机车、汽车和飞机的动力机械零件90%以上需要进行热处理。机床60%～70%的零件，以及各种工具、模具几乎100%需要进行热处理。所以热处理是强化材料并使其发挥潜在能力的重要方法，是提高产品质量和延长产品寿命的主要途径。

热处理的方法虽然很多，但每一种热处理工艺都是由加热、保温和冷却三个步骤组成。热处理之所以能使材料的性能发生巨大变化，主要是使材料的组织发生了改变。热处理所采用的加热温度、保温时间、冷却速度不同，材料所具有的组织和性能也不一样。

1.3.4.2 表面强化

对于承受弯曲、扭转、冲击和表面承受摩擦的零件，要求表面具有高的硬度、强度、耐磨性和疲劳强度，而心部在保持一定的强度、硬度的同时具有足够的韧性。为此只要强化零件表面性能，就可满足使用要求。表面强化的途径通常有以下三种：一是改变表面化学成分和组织（配以适当热处理），如表面化学热处理；二是强化表面，不改变心部组织，如表面淬火等；三是制备涂层。

（1）表面化学热处理

表面化学热处理是将零件置于一定加热介质中加热和保温，使介质中的活性原子渗入零件表面的一种热处理工艺。其目的是通过改变零件表面层的化学成分与组织，对零件表面层进行大幅度强化，使由一种材料制成的零件能够具有表面与心部两种不同的性能，这样不仅扩大了材料的使用范围，而且可满足产品使用的特殊要求。进行表面化学热处理时，加热介质中的某种物质分子分解为活性原子，并且新生的活性原子被零件表面金属吸收，即活性原子溶入奥氏体或铁素体，形成化合物。当零件中该种物质浓度很高时，活性物质便向更深一层渗入和扩散。由于渗入元素的不同，零件表面所具有的性能也不同，如渗碳和碳氮共渗可提高钢的硬度、耐磨性及疲劳强度；渗氮、渗硼、渗铬使钢表面硬度提高，能显著提高钢的耐磨性和耐蚀性；渗硫可提高减摩性；渗铝可提高耐热抗氧化性等。

(2) 表面淬火

表面淬火是将零件表面快速加热到相变温度以上，使之奥氏体化，不等热量传至心部，迅速冷却的热处理方法。表面淬火是在不改变表面层化学成分的前提下，通过改变表层组织来提高零件表面的硬度和耐磨性，并保持心部良好的塑性和韧性。淬火后的表面组织为马氏体，而在心部仍保持原来的组织状态。表面淬火适用于中碳钢（如 40、45 钢）和中碳合金钢（如 40Cr、40CrMo）等的淬火。

(3) 制备涂层

在材料表面制备涂层可显著提高其硬度、耐磨性、抗氧化腐蚀等性能。常用的沉积技术包括化学气相沉积（CVD）和物理气相沉积（PVD）两种。化学气相沉积是使挥发性的化合物气体发生分解或化学反应，在零件表面沉积成膜的技术。零件表面经过化学气相沉积可以获得金属膜、非金属膜和化合物镀膜等。通过气相沉积技术可获得 TiC、TiN、W_2C 等耐磨层，还可获得 Al、Cr、Ni 等耐蚀层，也可获得 MoS_2、WS_2 等润滑膜。由于化学气相沉积温度高，反应气中不仅有氢气，还可能发生氢脆现象，如操作不当，还会导致爆炸，废气中含有 HCl，会造成污染。物理气相沉积是在真空条件下，在零件表面沉积成膜的技术。它与化学气相沉积相比，具有沉积温度低（常在 550℃以下），沉积速度快，沉积层的成分和结构可以控制，环境污染小等优点，但镀层结合强度稍低。物理气相沉积的主要方法有真空蒸发镀、真空溅射镀和离子镀三种。

1.4 材料的选择

在机械零部件的设计与制造过程中，合理地选择和使用材料是一项重要的工作。材料选择不当会使得加工困难，生产率降低，生产成本增加，影响机械零部件的质量，进而影响零部件的使用寿命，易引起设备损坏和危及人身安全。由于金属材料占总使用量的 90%以上，这里以金属材料为例，讨论选材的一般原则。

1.4.1 功能性原则

机械零部件材料的选用考虑如下三条原则。一是材料的使用性能。材料的使用性能是保证零件完成规定功能的必要条件，是选材首要考虑的问题。对一般机械零部件，主要包括零部件在工作或使用过程中所受的载荷、应力，所处环境特点，工作温度的高低和摩擦磨损的程度等。脆性材料原则上只适用于制造静载荷下工作的零件，在有冲击的场合则适用塑性材料。在湿热环境下工作的零部件，材料应有较好的防锈和耐腐蚀能力。工作温度的提高会影响两配合零件的配合关系，改变材料的力学性能。对于摩擦磨损严重的零件部位，应提高其表面质量，增强耐磨性。二是材料的工艺性能。不同形式结构，采用不同的方法制造，不同的制造方法则要求选用不同的材料。用铸造材料制造毛坯时，一般不受零件尺寸及质量的限制，而用锻造材料制造毛坯时，则须注意设备的生产能力和零件尺寸质量。结构复杂的零件宜用铸造毛坯，结构简单的零件可用锻造法制毛坯。另外，还应考虑材料的加工可能性，选择合适的铸造材料、锻造材料、焊接材料，适合热处理的材料或适合冷加工的材料等。三是材料的经济性。零件的总成本包括原材料价格、加工费用、运输费用、安装费用及其他费用。在保证使用与制造工艺要求的前提下，应选用价格低的材料，考虑材料来源供应问题，在同一产品中，选用材料的种类、价格应尽量少和集中，选材时不能只考虑材料的价格而忽视零件的使用寿命，材料的工艺性对生产成本有一定影响，工艺性能差的材料不仅加工困难，技术措施难以达到要求，而且废品率高，生产成本高。

1.4.2 环保原则

材料环保主要表现在两个方面，一是材料在其生命周期中对环境破坏小，不造成环境污染（或环境污染最小），即材料具有很低的环境负荷值；二是材料具有较高的可循环利用率，材料的再生利用可以节约资源和能源，减少材料生产制造过程中产生的污染。金属材料从采矿、冶炼、轧制、产品制造、产品使用，一直到产品报废和材料再利用，始终伴随着材料的环保问题。面向环保的金属材料选择，应遵循以下原则。

① 尽量不选择含枯竭性元素的材料。我国富产金属元素主要有 Mn、Mo、W、V、稀土金属等，选材时应优先选用含此类元素的金属材料。

② 优先选择对生态环境无污染或少污染，特别是不含对人体有毒害作用元素的材料。合金元素中对人体毒害作用最大的是离子状的 Cr，其次是 As、Pb、Ni、Hg 等。含这些合金元素的材料废弃后，会造成空气、水域和土壤的污染，直接危害人体或者通过生物链对人体造成毒害。

③ 选择零件加工中无污染或少污染、消耗能源少的材料。采用不需要热处理的材料，采用热处理工序少的材料，选用适合于干切削的材料，选用污染少的热处理方式。

④ 选择强化的金属材料。强化的金属材料，具有较高的强度，可以减少材料使用量，带来直观的良性环境效应，即减少资源消耗、能源消耗和三废排放；而长的服役寿命更使性能要求与环境要求得到很好的协调，提高了材料的利用率，减轻了环境负担。

⑤ 选用易回收、易处理、可再生循环利用的材料。

思考题：

1. 试述金属材料的性质及应用领域。

2. 无机非金属材料是一个庞大的家族，讨论其中工程材料的分类并举例说明其使用。

3. 材料产生变形失效的条件是什么？请绘图说明。

4. 对材料的断裂过程进行分析，并讨论断裂时的特点。

5. 金属的腐蚀是一个十分复杂的累积损伤过程，请对影响腐蚀失效的因素进行讨论。

6. 材料的加工可分为冷加工和热加工两种，举例说明这两种加工方法中具体的加工工艺，并分析加工过程中不同工艺之间的次序关系。

7. 挤压和拉拔是压力加工中常用的两种加工工艺，生产效率好，产品质量一致性好，分析这两种工艺中工件受力条件的异同。

8. 在机械零部件的设计与制造过程中，合理地选择和使用材料是一项重要工作。以金属材料为例，讨论选材的一般原则。

第2章

材料的微观结构

人们在使用材料的同时，也一直在不断地研究材料的微观结构，力图从其内部结构找到影响材料性能的因素和提高材料性能的途径。工程上应用最广泛的材料是晶体，决定晶体材料性能的最根本因素是其内部的原子排列。了解原子的排列方式和分布规律，认识它们之间相互作用和结合的原理，掌握晶体的特征及其描述方法、晶体结构的特点及缺陷类型和性质等是本章的重点内容。这些知识不但是学习本课程的基础知识，也是对材料进行结构分析的知识储备。

2.1 原子结构

物质是由粒子按一定的方式聚集而成的，这些粒子可以是分子、原子或离子。具有相同核电荷数的同一类原子称为一种元素。元素的外层电子结构随着原子序数（核中带正电荷的质子数）的递增而呈周期性的变化规律称为元素周期律。

元素周期表（图 2.1）是元素周期律的具体表现形式，它反映了元素之间相互联系的规律，元素在周期表中的位置反映了该元素的原子结构和一定的性质。在同一周期中，各元素的原子核外电子层数虽然相同，但从左到右，核电荷数依次增多，原子半径逐渐减小，电离能趋于增大，失电子能力逐渐减弱，得电子能力逐渐增强，元素的金属性逐渐减弱，非金属性逐渐增强。而在同一主族中，自上而下，元素电子层数增多，原子半径增大，电离能一般减小，失电子能力逐渐增强，得电子能力逐渐减弱，元素的金属性逐渐增强，非金属性逐渐减弱。同一元素的同位素在周期表中占据同一位置，虽然其原子量不同，但化学性质完全一样。

从元素周期表中还能方便地了解某一元素与其他元素化合的能力。元素的化合价跟原子的电子结构，特别是其最外层电子的数目（价电子数）密切相关，而价电子数可根据它在周期表中的位置加以确定。如 Ar 的最外层（$3s^2p^6$）是由 8 个电子完全填满的，价电子数为零，故它无电子参与化学反应，化学性质很稳定，是惰性元素；而 K 的最外层（$4s^1$）仅有 1 个电子，价电子数为 1，极易失去，从而使 4s 能级完全空缺。K 是化学性质非常活泼的碱金属元素。元素性质、原子结构、该元素在周期表中的位置三者之间有着密切的关系。可根据元素在周期表中的位置，推断它的原子结构和元素性质。

元素周期表

原子序数 — 92 U — 元素符号，红色指放射性元素
元素名称 注*的是人造元素 — 铀
$5f^36d^17s^2$ — 外围电子层排布，括号指可能的电子层排布
238.0 — 相对原子质量（加括号的数据为该放射性元素半衰期最长同位素的质量数）

非金属　金属　过渡元素

周期 \ 族	IA 1	IIA 2	IIIB 3	IVB 4	VB 5	VIB 6	VIIB 7	VIII 8	9	10	IB 11	IIB 12	IIIA 13	IVA 14	VA 15	VIA 16	VIIA 17	0 18	电子层	0族电子数
1	1 H 氢 $1s^1$ 1.008																	2 He 氦 $1s^2$ 4.003	K	2
2	3 Li 锂 $2s^1$ 6.941	4 Be 铍 $2s^2$ 9.012											5 B 硼 $2s^22p^1$ 10.81	6 C 碳 $2s^22p^2$ 12.01	7 N 氮 $2s^22p^3$ 14.01	8 O 氧 $2s^22p^4$ 16.00	9 F 氟 $2s^22p^5$ 19.00	10 Ne 氖 $2s^22p^6$ 20.18	L K	8 2
3	11 Na 钠 $3s^1$ 22.99	12 Mg 镁 $3s^2$ 24.31											13 Al 铝 $3s^23p^1$ 26.98	14 Si 硅 $3s^23p^2$ 28.09	15 P 磷 $3s^23p^3$ 30.97	16 S 硫 $3s^23p^4$ 32.06	17 Cl 氯 $3s^23p^5$ 35.45	18 Ar 氩 $3s^23p^6$ 39.95	M L K	8 8 2
4	19 K 钾 $4s^1$ 39.10	20 Ca 钙 $4s^2$ 40.08	21 Sc 钪 $3d^14s^2$ 44.96	22 Ti 钛 $3d^24s^2$ 47.87	23 V 钒 $3d^34s^2$ 50.94	24 Cr 铬 $3d^54s^1$ 52.00	25 Mn 锰 $3d^54s^2$ 54.94	26 Fe 铁 $3d^64s^2$ 55.85	27 Co 钴 $3d^74s^2$ 58.93	28 Ni 镍 $3d^84s^2$ 58.69	29 Cu 铜 $3d^{10}4s^1$ 63.55	30 Zn 锌 $3d^{10}4s^2$ 65.41	31 Ga 镓 $4s^24p^1$ 69.72	32 Ge 锗 $4s^24p^2$ 72.64	33 As 砷 $4s^24p^3$ 74.92	34 Se 硒 $4s^24p^4$ 78.96	35 Br 溴 $4s^24p^5$ 79.90	36 Kr 氪 $4s^24p^6$ 83.80	N M L K	8 18 8 2
5	37 Rb 铷 $5s^1$ 85.47	38 Sr 锶 $5s^2$ 87.62	39 Y 钇 $4d^15s^2$ 88.91	40 Zr 锆 $4d^25s^2$ 91.22	41 Nb 铌 $4d^45s^1$ 92.91	42 Mo 钼 $4d^55s^1$ 95.94	43 Tc 锝 $4d^55s^2$ 〔98〕	44 Ru 钌 $4d^75s^1$ 101.1	45 Rh 铑 $4d^85s^1$ 102.9	46 Pd 钯 $4d^{10}$ 106.4	47 Ag 银 $4d^{10}5s^1$ 107.9	48 Cd 镉 $4d^{10}5s^2$ 112.4	49 In 铟 $5s^25p^1$ 114.8	50 Sn 锡 $5s^25p^2$ 118.7	51 Sb 锑 $5s^25p^3$ 121.8	52 Te 碲 $5s^25p^4$ 127.6	53 I 碘 $5s^25p^5$ 126.9	54 Xe 氙 $5s^25p^6$ 131.3	O N M L K	8 18 18 8 2
6	55 Cs 铯 $6s^1$ 132.9	56 Ba 钡 $6s^2$ 137.3	57-71 La-Lu 镧系	72 Hf 铪 $5d^26s^2$ 178.5	73 Ta 钽 $5d^36s^2$ 180.9	74 W 钨 $5d^46s^2$ 183.8	75 Re 铼 $5d^56s^2$ 186.2	76 Os 锇 $5d^66s^2$ 190.2	77 Ir 铱 $5d^76s^2$ 192.2	78 Pt 铂 $5d^96s^1$ 195.1	79 Au 金 $5d^{10}6s^1$ 197.0	80 Hg 汞 $5d^{10}6s^2$ 200.6	81 Tl 铊 $6s^26p^1$ 204.4	82 Pb 铅 $6s^26p^2$ 207.2	83 Bi 铋 $6s^26p^3$ 209.0	84 Po 钋 $6s^26p^4$ 〔209〕	85 At 砹 $6s^26p^5$ 〔210〕	86 Rn 氡 $6s^26p^6$ 〔222〕	P O N M L K	8 18 32 18 8 2
7	87 Fr 钫 $7s^1$ 〔223〕	88 Ra 镭 $7s^2$ 〔226〕	89-103 Ac-Lr 锕系	104 Rf 𬬻* $(6d^27s^2)$ 〔261〕	105 Db 𬭊* $(6d^37s^2)$ 〔262〕	106 Sg 𬭳* 〔266〕	107 Bh 𬭛* 〔264〕	108 Hs 𬭶* 〔277〕	109 Mt 鿏* 〔268〕	110 Ds 𫟼* 〔281〕	111 Rg 𬬭* 〔272〕	112 Uub * 〔285〕	……							

镧系	57 La 镧 $5d^16s^2$ 138.9	58 Ce 铈 $4f^15d^16s^2$ 140.1	59 Pr 镨 $4f^36s^2$ 140.9	60 Nd 钕 $4f^46s^2$ 144.2	61 Pm 钷 $4f^56s^2$ 〔145〕	62 Sm 钐 $4f^66s^2$ 150.4	63 Eu 铕 $4f^76s^2$ 152.0	64 Gd 钆 $4f^75d^16s^2$ 157.3	65 Tb 铽 $4f^96s^2$ 158.9	66 Dy 镝 $4f^{10}6s^2$ 162.5	67 Ho 钬 $4f^{11}6s^2$ 164.9	68 Er 铒 $4f^{12}6s^2$ 167.3	69 Tm 铥 $4f^{13}6s^2$ 168.9	70 Yb 镱 $4f^{14}6s^2$ 173.0	71 Lu 镥 $4f^{14}5d^16s^2$ 175.0
锕系	89 Ac 锕 $6d^17s^2$ 〔227〕	90 Th 钍 $6d^27s^2$ 232.0	91 Pa 镤 $5f^26d^17s^2$ 231.0	92 U 铀 $5f^36d^17s^2$ 238.0	93 Np 镎 $5f^46d^17s^2$ 〔237〕	94 Pu 钚 $5f^67s^2$ 〔244〕	95 Am 镅* $5f^77s^2$ 〔243〕	96 Cm 锔* $5f^76d^17s^2$ 〔247〕	97 Bk 锫* $5f^97s^2$ 〔247〕	98 Cf 锎* $5f^{10}7s^2$ 〔251〕	99 Es 锿* $5f^{11}7s^2$ 〔252〕	100 Fm 镄* $5f^{12}7s^2$ 〔257〕	101 Md 钔* $(5f^{13}7s^2)$ 〔258〕	102 No 锘* $(5f^{14}7s^2)$ 〔259〕	103 Lr 铹* $(5f^{14}6d^17s^2)$ 〔262〕

注：相对原子质量录自2001年国际原子量表，并全部取4位有效数字。

人民教育出版社化学室

图 2.1　元素周期表

金属原子的结构具有以下两个特点。

① 最外层电子数很少（一般为 1～2 个，最多不超过 4 个），而且与原子核的结合力很弱。因此金属原子容易失去其外层电子而成为正离子。非金属原子的结构则与之相反，其外层电子数较多（一般为 5～8 个），易获得电子而成为负离子。

② 过渡金属元素，如 Ti、V、Cr、Mn、Fe、Co、Ni、W、Mo 等，原子结构除具有上述特点外，还有一个未填满的次外电子层。因此过渡金属的原子不仅容易失去最外层电子，而且容易失去次外电子层的 1～2 个电子，从而造成过渡金属化合价可变的现象。当过渡金属原子相互结合时，其最外层电子和次外层电子都可参与结合，原子间的结合力特别强，宏观上表现为过渡金属的熔点高、强度大等。

2.2　原子的结合键

两个或多个原子能在原子键的作用下聚集在一起，形成分子或固体。这种结合键可分为化学键和物理键两大类。化学键包括金属键、离子键和共价键，物理键也称范德瓦耳斯（van der Waals）力。此外，还有一种称为氢键，其性质介于化学键和范德瓦耳斯力之间，下面分别进行介绍。

2.2.1　金属键

典型金属原子的结构特点是其最外层电子数很少，且原属于各个原子的价电子极易挣脱原子核的束缚而成为自由电子在整个晶体内运动，弥漫在金属正离子组成的晶格之中形成电

子云。这种由金属中的自由电子与金属正离子相互作用构成的键合称为金属键，如图2.2所示。绝大多数金属以金属键的方式结合，它的基本特点是电子共有化。此类金属键既无饱和性又无方向性，每个原子有可能同更多的原子相结合，并趋于形成低能量的密堆结构。当金属的变形量较小时，原子间相互位置的改变不会破坏金属键，这会使金属具有良好延展性，并且由于自由电子的存在，金属一般都具有良好的导电性和导热性。

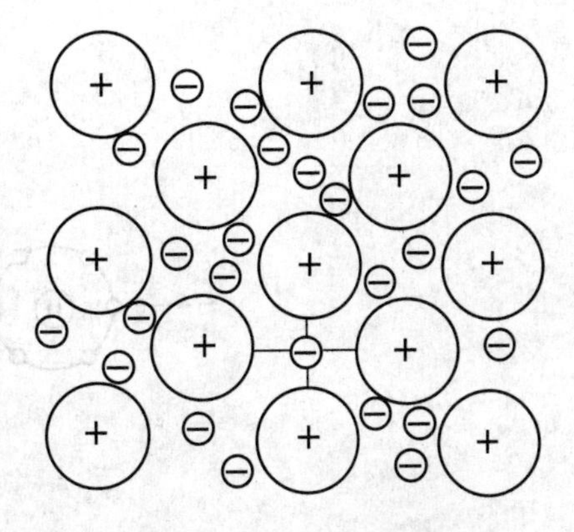

图2.2 金属键示意图

2.2.2 离子键

大多数盐、碱和金属氧化物主要的结合方式是离子键。这种结合的实质是金属原子将最外层的价电子给非金属原子，成为带正电的正离子，而非金属原子得到价电子后成为带负电的负离子，正负离子依靠它们之间的静电引力结合。这种结合的基本特点是以离子而不是以原子为结合单元。离子键要求正负离子相间排列，以使异号离子之间吸引力最大，而同号离子间的斥力为最小（图2.3）。决定离子晶体结构的因素有正负离子的电荷及排列的几何形态。离子晶体中的离子一般都有较高的配位数。

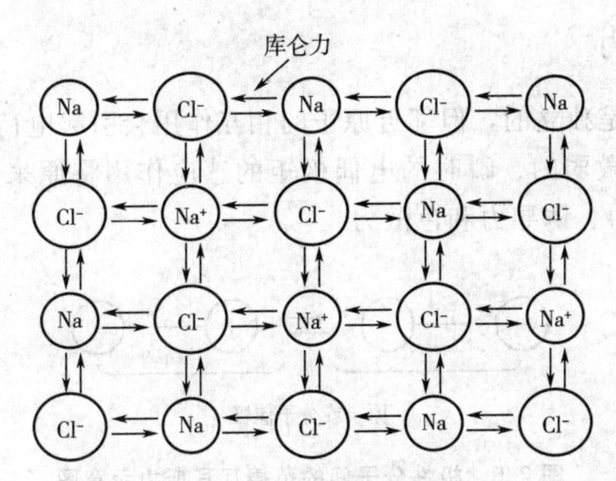

图2.3 NaCl离子键示意图

一般离子晶体中正负离子静电引力较强，结合牢固，因而其熔点和硬度均较高。另外，在离子晶体中很难产生自由运动的电子，它们都是良好的电绝缘体。仅在高温熔融状态下，正负离子在外电场作用下自由运动，才呈现出导电性。

2.2.3 共价键

共价键是由两个或多个电负性相差不大的原子通过共用电子对而形成的化学键。根据共用电子对在两成键原子间是否偏离或偏近某一原子，共价键又分成非极性键和极性键两种。H_2中两个H的结合是最典型的共价键（非极性键）。C、Si、Sn、Ge等的化合物、聚合物和部分无机非金属材料靠共价键结合。图2.4为SiO_2中Si和O间的共价键示意图。

除s亚层的电子云呈球形对称外，p、d等亚层的电子云都有一定的方向性。形成共价键时，为使电子云达到最大程度的重叠，共价键会具有方向性，键的分布严格服从键的方向

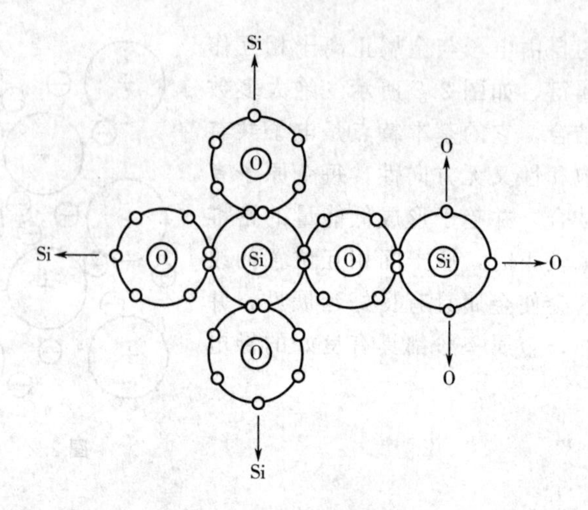

图 2.4　SiO_2 中 Si 和 O 间的共价键示意图

性。当一个电子与另一个电子配对后，就不再与其他电子配对，成键的共用电子对数目是一定的，这就是共价键的饱和性。共价键结合的晶体中各键之间都有确定的方向。共价键的结合极为牢固，形成的晶体具有结构稳定、熔点高、硬而脆的特点。由于束缚在相邻原子间的共用电子对不能自由运动，靠共价键结合材料的导电性差。

2.2.4　范德瓦耳斯力

每个原子或分子都是独立的，但邻近原子的相互作用会引起电荷位移形成偶极子。范德瓦耳斯力正是利用这种微弱的、瞬时的电偶极矩的感应作用将原来稳定的原子或分子结合(图 2.5)。它包括静电力、诱导力和色散力。

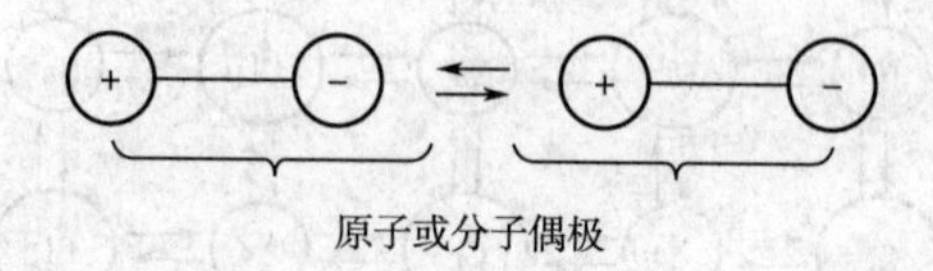

图 2.5　极性分子间的范德瓦耳斯力示意图

范德瓦耳斯力是物理键，没有方向性和饱和性。它比化学键的键能低 1～2 个数量级，远不如化学键结合牢固。如水加热到沸点可以破坏范德瓦耳斯力而成为水蒸气，但要破坏 H 和 O 之间的共价键需要极高温度。一些物质的键能和熔融温度如表 2.1 所示。值得指出的是，高分子材料中总的范德瓦耳斯力超过化学键的作用，故在范德瓦耳斯力作用去除前化学键已断裂，这可解释一般高分子材料没有气态，只有液态和固态。范德瓦耳斯力也能在很大程度上改变材料的性质。如不同的高分子聚合物之所以具有不同的性能，一个重要因素是分子间范德瓦耳斯力不同。

表 2.1　某些物质的键能和熔融温度

物质	键合类型	键能/（kJ/mol）	熔融温度/℃
Hg	金属键	68	−39

续表

物质	键合类型	键能/（kJ/mol）	熔融温度/℃
Al		324	660
Fe		406	1538
W		849	3410
NaCl	离子键	640	801
MgO		1000	2800
Si	共价键	450	1410
C（金刚石）		713	>3550
Ar	范德瓦耳斯力	7.7	−189
Cl_2		31	−101
NH_3	氢键	35	−78
H_2O		51	0

2.2.5 氢键

氢键是一种特殊的分子间作用力。它是由 H 同时与两个电负性很大而原子半径较小的原子（如 O、F、N 等）相结合形成的，键能一般比范德瓦耳斯力大，氢键具有方向性和饱和性（图 2.6）。

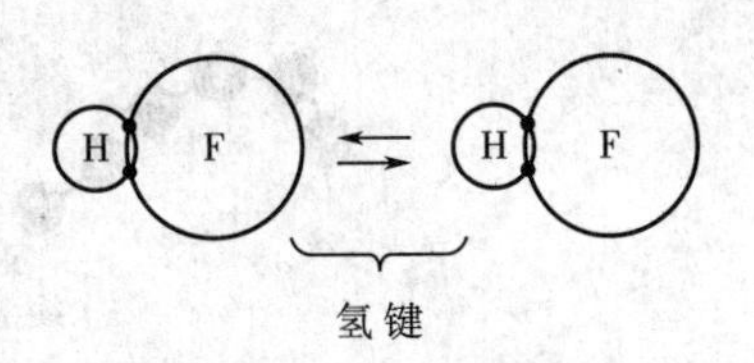

图 2.6 HF 氢键示意图

氢键可存在于分子内或分子间，这在高分子材料中特别重要，纤维素、尼龙和蛋白质等分子有很强的氢键，显示出非常特殊的晶体结构和性能。

2.3 高分子链

高分子材料的化学组成和结构单元本身一般比较简单，但由于高分子的分子量高达几十万甚至上百万，其中包含的结构单元可能不止一种，每一种结构单元又可能具有不同的构型，成百上千个结构单元连接起来时还可能有不同的键接方式与序列，再加上高分子结构的不均一性和结晶的不完整性，高分子材料的结构相当复杂。

高分子结构包括高分子链结构和聚集态结构两部分。高分子链结构又分为近程结构和远程结构。近程结构属于化学结构，又称一级结构。远程结构又称二级结构，是指单个高分子的大小与形态、链的柔顺性及分子在各种环境中所采取的构象。单个高分子的几种构成见图 2.7。聚集态结构是指高分子材料整体的内部结构，包括晶态结构、非晶态结构、取向态结构、液晶态结构及织态结构。一般高分子都是线型的［图 2.8（a）］。分子长链还可蜷曲成团，也可以伸展成直线，这取决于分子本身的柔顺性和外部条件。线型高分子的分子间没有化学键结合，在受热或受力情况下分子间可相互滑移，所以线型高分子可以溶解，加热时可以熔融，易于加工成型。

线型高分子如果在缩聚过程中有三个或三个以上单体或杂质存在，或在加聚过程中，发

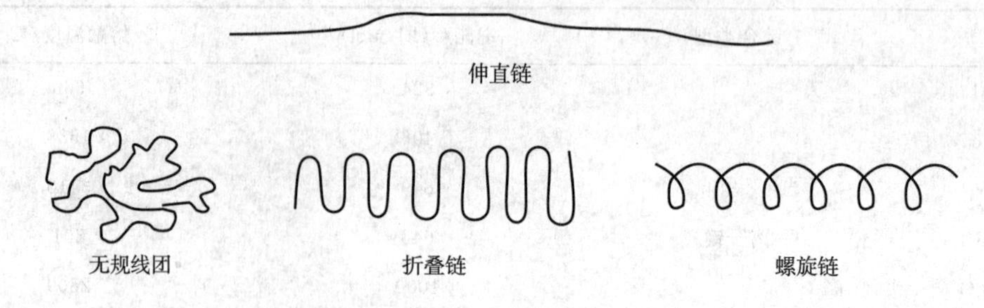

图 2.7 单个高分子的构成示意图

生自由基的链转移反应、双烯类单体中第二个双键的活化等，都可能生成支化［图 2.8（b）］或交联［图 2.8（c）］的高分子。支化高分子能溶解在适当的溶剂中，加热时可熔融，但支链的存在对其聚集态的结构和性能有明显影响。交联与支化不同，交联高分子不溶于溶剂，在高温下也不会熔化，只有当交联度不太大时在溶剂中溶胀。热固性树脂、硫化橡胶、羊毛和头发等都是交联结构的高分子。高分子链之间可通过支链进一步交联形成一个三维网络大分子结构［图 2.8（d）］。

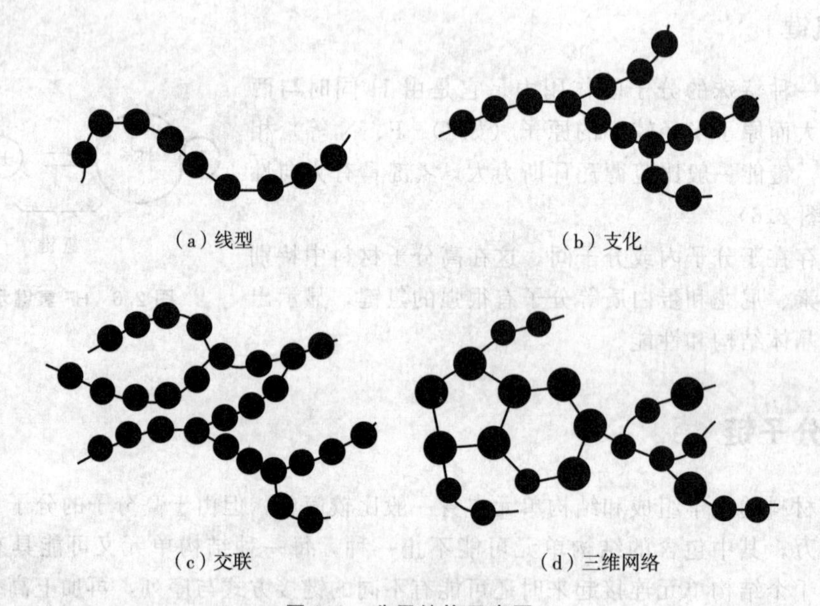

图 2.8 分子结构示意图

由两种或两种以上单体组成的高分子称为共聚物。共聚物除了存在均聚物所具有的结构因素外，又增加了一系列复杂的结构问题。以二元共聚物为例，按其连接方式可分为交替共聚物、无规共聚物、接枝共聚物及嵌段共聚物，其示意图见图 2.9。其中实心圆和空心圆分别代表两种不同的单体。嵌段共聚物和接枝共聚物是通过连续并分别进行的两步聚合反应得到的，称为多步高分子。

不同的共聚物结构，对材料性能的影响各异。对于无规共聚物，两种单体无规则地排列，不仅改变了结构单元的相互作用，而且改变了分子间的相互作用。所以其溶液、结晶或力学性质都与均聚物有很大的差异。如聚乙烯、聚丙烯均为塑料，而丙烯含量较高的乙烯-

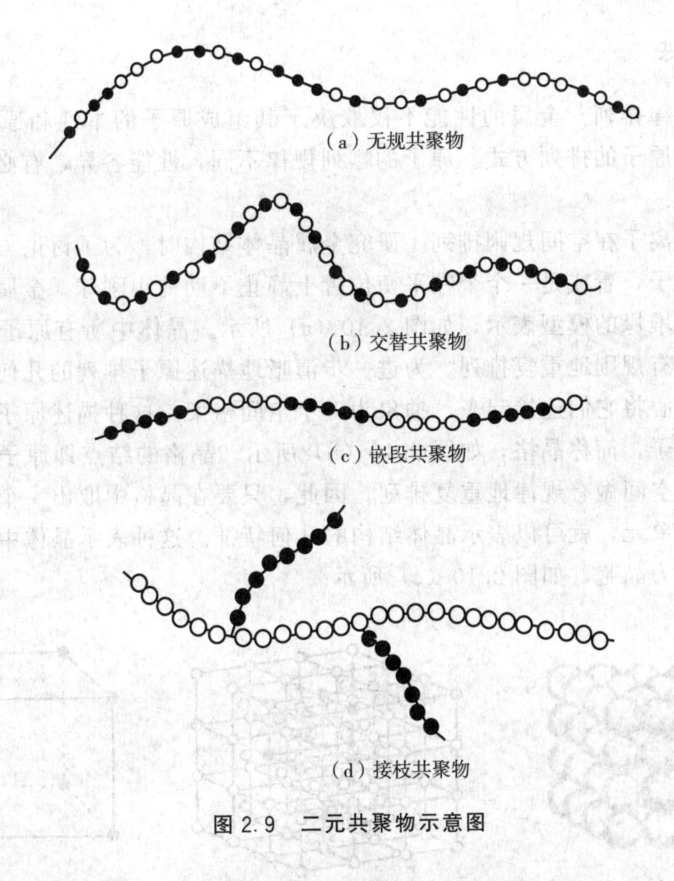

图 2.9 二元共聚物示意图

丙烯无规共聚的产物则为橡胶。有时为了改善高分子的某种使用性能，常采用几种单体进行共聚的方法，使产物兼有几种均聚物的优点。例如ABS树脂是丙烯腈、丁二烯和苯乙烯的三元共聚物，它兼有三种组分的特性。其中丙烯腈有—CN基，能使高分子耐化学腐蚀，提高制品的抗拉强度和硬度；丁二烯使高分子呈现橡胶状韧性，这是使制品冲击韧性提高的主要因素；苯乙烯的高温流动性能好，便于加工成型，而且还可改善制品的表面光洁度。

对化合物分子大小的量度，最常用的是分子量。对某一低分子来说，其分子量是一个明确的数值，并且各分子的分子量都相同。但高分子分子量并不均一，它实际上是由结构、组成相同，但分子量大小不同的同系高分子混合物聚集而成，高分子的这种特性称为多分散性。因此讨论一个高分子的分子量是多大并没有意义，只有讨论某一种高分子的平均分子量才有实际意义。高分子的平均分子量是将大小不等的高分子的分子量进行统计平均所得的平均值。

2.4 晶体结构

物质是由原子构成的，根据原子在物质内部排列方式的不同，通常可将固态物质分为晶体与非晶体两大类。凡内部原子或分子规则排列的物质称为晶体，如常见的固态金属都是晶体。内部原子或分子无规则排列的物质称为非晶体，如松香、玻璃、沥青等都是非晶体。晶体与非晶体的不同点在于，晶体具有一定的熔点（如纯铁的熔点为1538℃），其性能具有各向异性，非晶体没有一定的熔点，它的性能在各个方向上是相同的（即各向同性）。

2.4.1 空间点阵

金属中原子规律排列。金属的性能不仅取决于其组成原子的本性和原子间结合键的类型，同时也取决于原子的排列方式。原子的排列规律不同，性能各异，有必要对原子的实际排列情况进行研究。

晶体中原子或离子在空间规则排列。研究金属晶体结构时，为了讨论方便，通常把在晶体中不停振动的原子，看成是一个个在平衡位置上静止不动的小刚球。金属的晶体结构便可以用许多刚球紧密堆垛的模型表示，如图 2.10（a）所示。晶体中所有原子都在三维空间按一定的几何形式做有规则地重复排列。为进一步清晰地描述原子排列的几何规律，设想用一些直线穿过原子中心将它们连接起来，抽象为一个空间格架。这种描述原子排列规律的空间格架，称为结晶格子，简称晶格，如图 2.10（b）所示。晶格的结点即原子的平衡位置。晶体中的原子在三维空间做有规律地重复排列，因此，只要在晶格中取出一个能够代表原子排列规律的最小几何单元，就可以表示晶体结构的几何特征。这种表示晶体中原子排列规律的最小几何单元，称为晶胞，如图 2.10（c）所示。

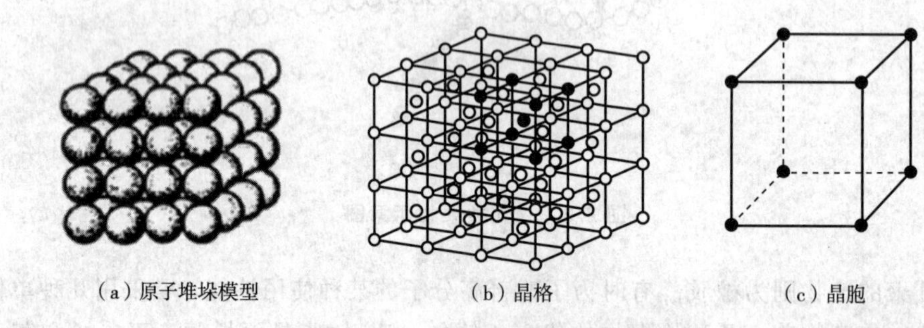

图 2.10 晶体中原子排列示意图

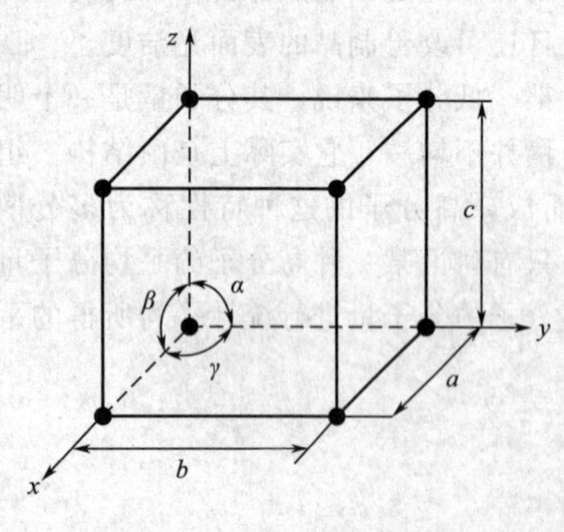

图 2.11 晶格常数的确定

晶胞的大小和形状常以晶胞的棱边长度 a、b、c 及棱间夹角 α、β、γ 表示，如图 2.11 所示。图 2.11 中沿晶胞三条相交于一点的棱边设置了三个坐标轴（或晶轴）x、y、z。习惯上，以原点前、右、上方定为轴的正方向，反之为负方向。晶胞的棱边长度一般称为晶格常数或点阵常数，在 x、y、z 轴上分别以 a、b、c 表示。晶胞的棱间夹角又称为轴间夹角，通常 y-z 轴、z-x 轴和 x-y 轴夹角分别用 α、β、γ 表示。根据以上 6 个点阵参数间的相互关系，可将全部空间点阵归属于 7 种类型，即 7 个晶系，如表 2.2 所示。

根据 6 个点阵参数间的相互关系，按照“每个阵点的周围环境相同”的要求，布拉菲（Bravais）用数学方法推导出能够反映空间点阵全部特征的单位平面六面体只有 14 种，这 14 种空间点阵也称布拉菲点阵，如表 2.3 所示。布拉菲点阵如图 2.12 所示。

表 2.2　晶系

晶系	棱边长度及夹角关系	举例
三斜	$a \neq b \neq c$，$\alpha \neq \beta \neq \gamma \neq 90°$	K_2CrO_7
单斜	$a \neq b \neq c$，$\alpha = \gamma = 90° \neq \beta$	β-S，$CaSO_4 \cdot 2H_2O$
正交	$a \neq b \neq c$，$\alpha = \beta = \gamma = 90°$	α-S，Ga，Fe_3C.
六方	$a_1 = a_2 = a \neq c$，$\alpha = \beta = 90°$，$\gamma = 120°$	Zn，Cd，Mg，NiAs
菱方	$a = b = c$，$\alpha = \beta = \gamma \neq 90°$	As，Sb，Bi
四方	$a = b \neq c$，$\alpha = \beta = \gamma = 90°$	β-Sn，TiO_2
立方	$a = b = c$，$\alpha = \beta = \gamma = 90°$	Fe，Cr，Cu，Ag，An

表 2.3　布拉菲点阵

布拉菲点阵	晶系	布拉菲点阵	晶系
简单三斜	三斜	简单六方	六方
简单单斜	单斜	简单菱方	菱方
底心单斜			
简单正交	正交	简单四方	四方
底心正交		体心四方	
面心正交		简单立方	立方
体心正交		体心立方	
		面心立方	

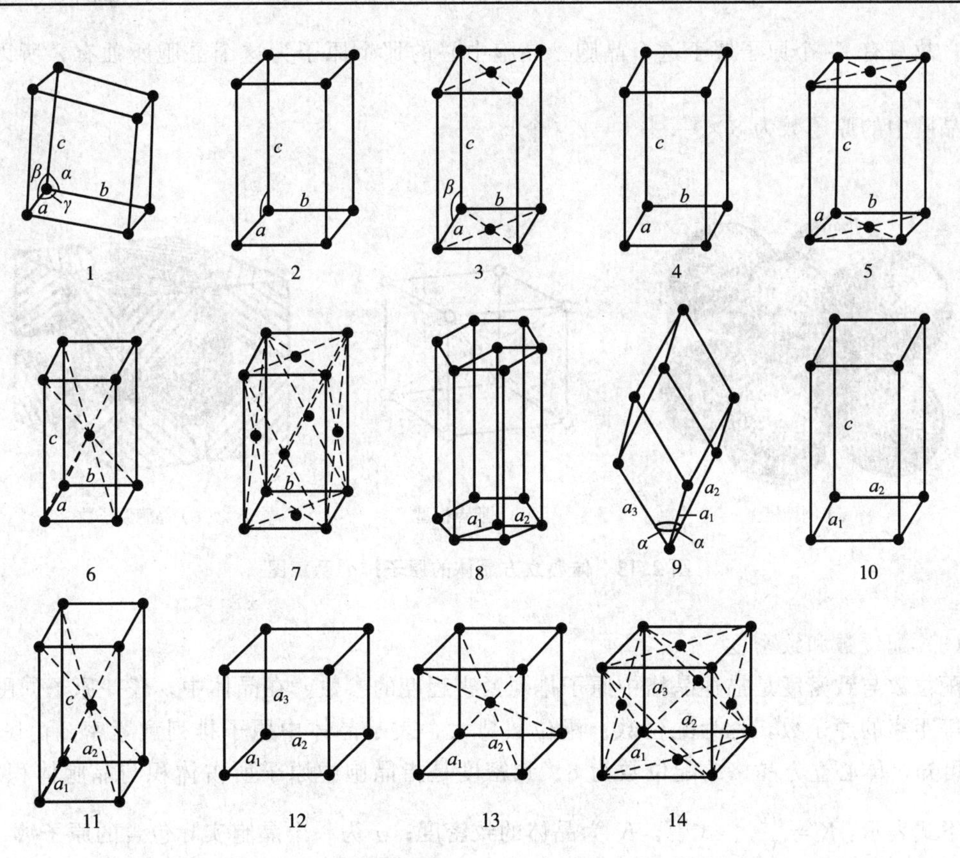

图 2.12　14 种布拉菲点阵

2.4.2 典型晶体结构

金属元素有89种，但常见的金属晶格类型只有三种，即体心立方晶格、面心立方晶格和密排六方晶格。

2.4.2.1 体心立方晶格

体心立方晶体的原子排列示意图如图2.13所示。其中图2.13（a）为钢球模型，图2.13（b）为质点模型。晶胞的三个棱边长度相等，三个轴间夹角均为90°，构成立方体。除了在晶胞的八个角上各有一个原子外，在立方体的中心还有一个原子。具有体心立方结构的金属有α-Fe、Cr、V、Nb、Mo、W等30多种。

（1）原子半径

在金属学中，定义最近邻的两原子间距离的一半为原子半径。体心立方晶胞中，棱边上的原子彼此互不接触，只有体心立方晶胞体对角线上的原子紧密地接触，如图2.13（c）所示。设晶体的点阵常数为a，则立方体对角线的长度为$\sqrt{3}a$，等于4个原子半径，所以体心立方晶胞中的原子半径$r=\frac{\sqrt{3}}{4}a$。

（2）原子数

由图2.13（c）可知，在体心立方晶胞中，角顶上的每个原子为与其相邻的8个晶胞所共有，故只有$\frac{1}{8}$个原子属于这个晶胞，晶胞中心的那个原子为这个晶胞所独有，所以体心立方晶胞中的原子数为$8\times\frac{1}{8}+1=2$（个）。

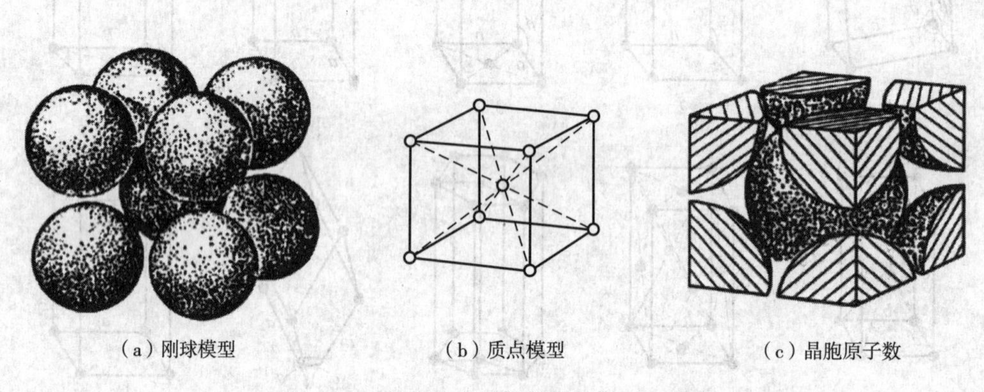

（a）刚球模型　（b）质点模型　（c）晶胞原子数

图2.13　体心立方晶体的原子排列示意图

（3）配位数和致密度

配位数与致密度是描述晶格中原子排列紧密程度的参数。在晶体中，任一原子周围最近邻的等距离的原子数，称为配位数。配位数愈大，表示晶体中原子排列愈紧密。由图2.13（c）可知，体心立方晶格的配位数为8。致密度是指晶胞中原子所占体积与晶胞体积之比，可用下式表示：$K=\frac{nv}{V}$。式中，K为晶体的致密度；n为一个晶胞实际包含的原子数；v为一个原子的体积；V为晶胞的体积。体心立方晶格的晶胞中包含有2个原子，晶胞的晶格常

数为 a，原子半径为 $r=\frac{\sqrt{3}}{4}a$，其致密度为：$K=\frac{nv}{V}=\frac{2\times\frac{4}{3}\pi r^3}{a^3}=\frac{2\times\frac{4}{3}\pi\left(\frac{\sqrt{3}}{4}a\right)^3}{a^3}\approx 0.68$

这表明在体心立方晶格中，有约68%的体积为原子所占据，其余32%为间隙体积。

2.4.2.2　面心立方晶格

面心立方晶体的原子排列示意图如图2.14所示。其中图2.14（a）为刚球模型，2.14（b）为质点模型。除由8个原子构成立方体外，在立方体6个表面的中心还各有一个原子。γ-Fe、Cu、Ni、Al、Ag等约20种金属具有这种晶体结构。

面心立方晶胞中，每个表面中心的原子为相邻两个晶胞所共有，因此，面心立方晶胞的原子数 $n=8\times\frac{1}{8}+6\times\frac{1}{2}=4$（个）。由图2.14（c）可知，在面心立方晶胞中，面对角线上的原子彼此相切，排列最紧密，原子半径 $r=\frac{\sqrt{2}a}{4}$。

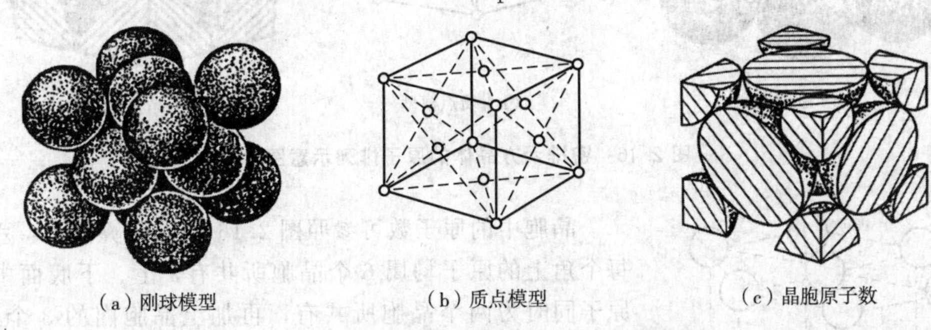

（a）刚球模型　（b）质点模型　（c）晶胞原子数

图2.14　面心立方晶体的原子排列示意图

面心立方晶格的配位数如图2.15所示。从图2.15可以看出，以面中心那个原子为例，与之最近邻的是它周围顶角上的4个原子，这5个原子构成了一个平面，这样的平面共有3个，3个面彼此相互垂直，结构形式相同，所以与该原子最近邻、等距离的原子共有4×3=12个，因此面心立方晶格的配位数为12。由于面心立方晶胞中的原子数和原子半径是已知的，它的致密度为：

$$K=\frac{nv}{V}=\frac{4\times\frac{4}{3}\pi r^3}{a^3}=\frac{4\times\frac{4}{3}\pi\left(\frac{\sqrt{2}}{4}a\right)^3}{a^3}\approx 0.74$$

这表明在面心立方晶格中，有约74%的体积为原子所占据，其余26%为间隙体积。

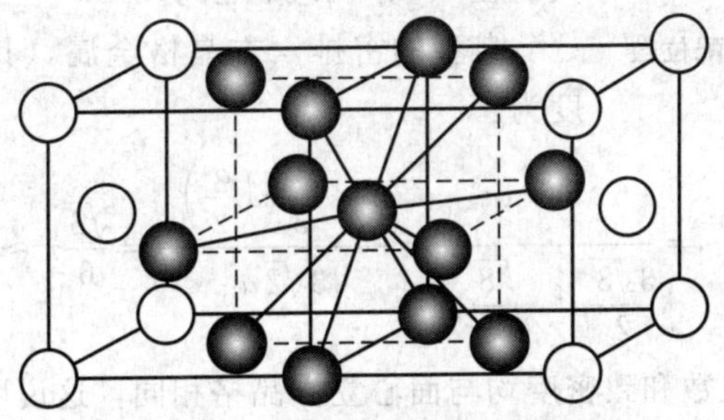

图2.15　面心立方晶格的配位数

2.4.2.3 密排六方晶格

密排六方晶体的原子排列示意图如图 2.16 所示。其中图 2.16（a）为刚球模型，图 2.16（b）为质点模型。由 12 个原子构成一个正六方柱体，在其上、下底面的中心各有 1 个原子，在正六方柱体的中心还有 3 个原子。具有密排六方晶格的金属有 Zn、Mg、Be、α-Ti、α-Co、Cd 等。

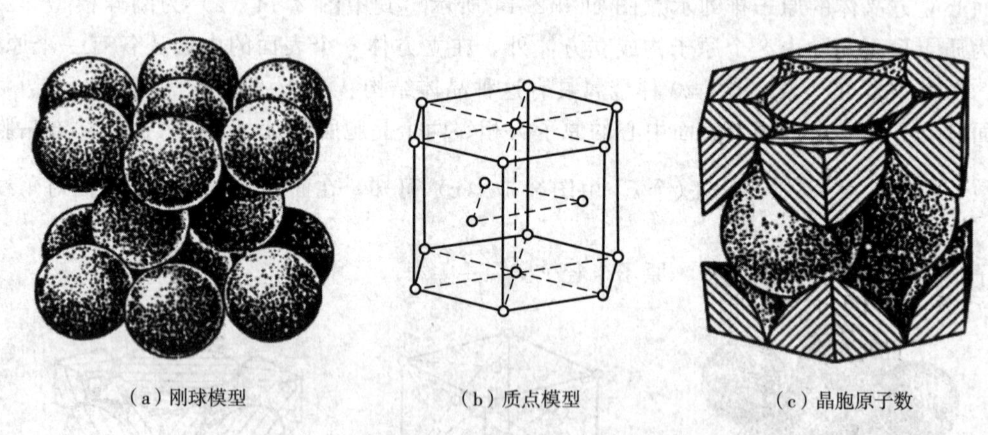

图 2.16 密排六方晶体的原子排列示意图

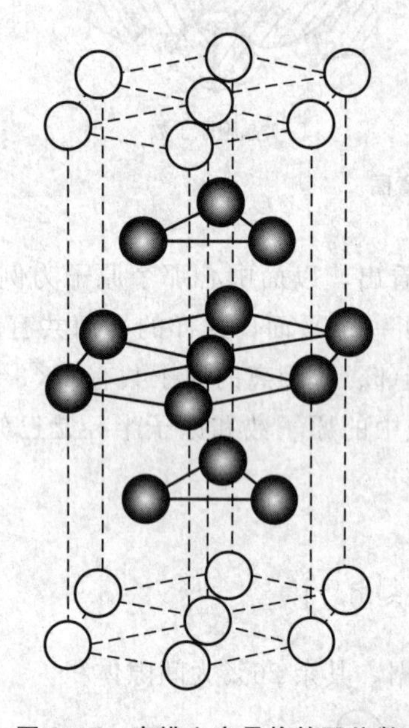

图 2.17 密排六方晶格的配位数

晶胞中的原子数可参照图 2.16（c）计算如下：六方柱每个角上的原子均属 6 个晶胞所共有，上、下底面中心的原子同时为两个晶胞所共有，再加上晶胞内的 3 个原子，故晶胞中的原子数为 1/6×12＋1/2×2＋3＝6。

密排六方晶格的晶格常数有两个：一是正六边形的边长 a；另一个是上、下两底面之间的距离 c。c 与 a 之比 c/a 称为轴比。在典型的密排六方晶格中，原子刚球十分紧密地堆垛排列，如晶胞上底面中心的原子，它不仅与周围 6 个角上的原子相接触，而且与其下面的 3 个位于晶胞之内的原子以及与其上相邻晶胞内的 3 个原子相接触（图 2.17），故配位数为 12，此时的轴比 $c/a=\sqrt{\frac{8}{3}}\approx 1.633$。但实际的密排六方晶格金属，其轴比或大或小地偏离这一数值，大约在 1.57～1.64 之间。

典型的密排六方晶格金属，其原子半径为 $a/2$，致密度为：

$$K=\frac{nv}{V}=\frac{6\times\frac{4}{3}\pi r^{3}}{\frac{3\sqrt{3}}{2}a^{2}\sqrt{\frac{8}{3}}a}=\frac{6\times\frac{4}{3}\pi\left(\frac{a}{2}\right)^{3}}{3\sqrt{2}a^{3}}=\frac{\sqrt{2}}{6}\pi\approx 0.74$$

密排六方晶格的配位数和致密度均与面心立方晶格相同，这说明这两种晶格晶胞中原子的紧密排列程度相同。

2.4.3　晶面和晶向

在晶体中，由一系列原子所组成的平面，称为晶面；通过任意两个原子中心的直线所指的方向，称为晶向。可把晶体看成是由一层层的晶面堆砌而成。在同一晶体中，不同的晶面和晶向上的原子排列方式和原子密度各不相同。造成晶体不同方向上的物理、化学、机械性能的差异，这种现象称为各向异性。晶体的各向异性对金属的塑性变形和固态相变过程都会产生影响。分析晶体中各种晶面和晶向的特点十分必要。对于各种位向的晶面、晶向，国际上采用统一的符号，即晶面指数和晶向指数来表示。

2.4.3.1　晶向指数

晶向指数的确定步骤如下。

第一步：选定任一结点为空间坐标系的原点，以晶格的三条棱边为空间坐标轴 x、y、z；

第二步：过坐标原点作一平行于欲求晶向的直线；

第三步：求出该直线上任一结点的空间坐标值；

第四步：将空间坐标的三个值按比例化为最小整数；

第五步：将化好的整数记在方括号内，不用标点分开。

通常以 $[uvw]$ 表示晶向指数的普遍形式，若晶向指向坐标的负方向，则坐标值中出现负值，这时在晶向指数的这一数字之上冠以负号。

现以图 2.18 中 AB 方向的晶向为例说明。通过坐标原点引一平行于待定晶向 AB 的直线 OB'，点 B' 的坐标值为（-1，1，0），故其晶向指数为 $[\bar{1}10]$。应当指出的是，从晶向指数的确定步骤可以看出，晶向指数所表示的不仅仅是一条直线的位向，而是一族平行线的位向，即所有相互平行的晶向，都具有相同的晶向指数。

立方晶胞中一些常用的晶向指数示于图 2.19 中，现作简要说明。如 x 轴方向，其晶向指数可用点 A 的坐标来确定，点 A 坐标为（1，0，0），所以 x 轴的晶向指数为 [100]。同理，y 轴的晶向指数为 [010]，z 轴的晶向指数为 [001]。点 D 的坐标为（1，1，0），所以 OD 方向的晶向指数为 [110]。点 F 的坐标为（1，1，1），所以 OF 方向的晶向指数为 [111]。点 H 的坐标为（1，$\frac{1}{2}$，0），所以 OH 方向的晶向指数为 [210]。同一直线有相反的两个方向，其晶向指数的数字和顺序完全相同，只是符号相反，它相当于用 -1 乘晶向指数中的三个数字，如 [123] 与 $[\bar{1}\bar{2}\bar{3}]$ 方向相反。

原子排列相同但空间位向不同的所有晶向称为晶向族。在立方晶系中，[100]、[010]、[001] 以及方向与之相反的 $[\bar{1}00]$、$[0\bar{1}0]$、$[00\bar{1}]$ 共六个晶向上的原子排列完全相同，只是空间位向不同，属于同一晶向族，用＜100＞表示。同样＜110＞晶向族包括 [110]、[101]、[011]、$[\bar{1}10]$、$[\bar{1}01]$、$[0\bar{1}1]$ 以及方向与之相反的晶向 $[\bar{1}\bar{1}0]$、$[\bar{1}0\bar{1}]$、$[0\bar{1}\bar{1}]$、$[1\bar{1}0]$、$[10\bar{1}]$、$[01\bar{1}]$ 共 12 个晶向。应当指出的是，只有对于立方结构的晶体，改变晶向指数的顺序所表示的晶向上的原子排列情况完全相同，但对其他结构的晶体则不一定适用。

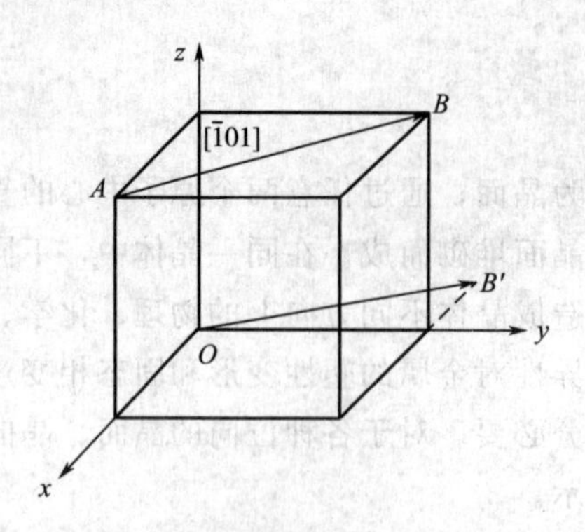

图 2.18　确定晶向指数的示意图

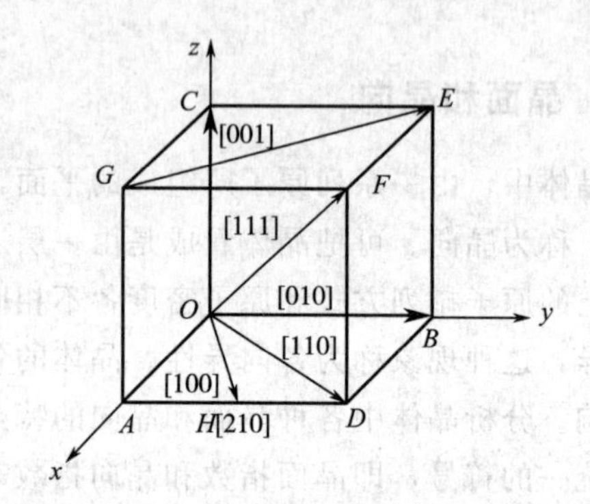

图 2.19　立方晶胞中一些常用的晶向指数

2.4.3.2　晶面指数

晶面指数的确定步骤如下。

第一步：选定不在欲定晶面上的晶格中的任一结点为空间坐标系的原点，以晶格的三条棱边为空间坐标轴 OX、OY、OZ；

第二步，以晶格常数 a、b、c 分别为 OX、OY、OZ 轴上的长度度量单位，求出欲定晶面在三个轴上的截距；

第三步：取欲确定晶面三轴上截距的倒数；

第四步：将三截距的倒数化为三个最小整数；

第五步：把倒数化的三整数写在圆括号内，整数之间不用标点分开。

晶面指数的一般表示形式为 (hkl)。如所求晶面在坐标轴上的截距为负值，则在相应的指数上加一负号，如 $(\bar{h}kl)$、$(h\bar{k}l)$ 等。

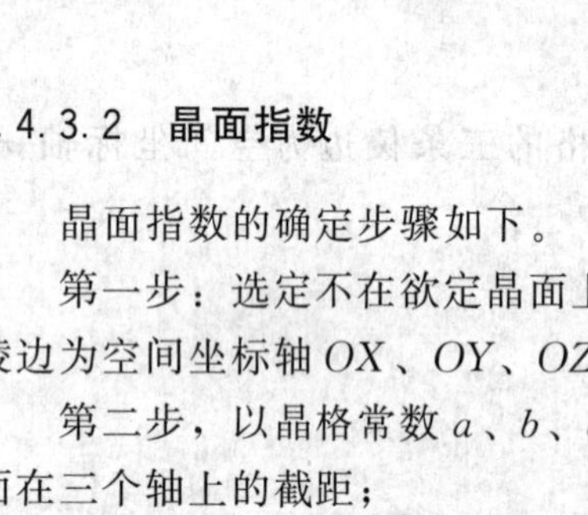

现以图 2.20 中的晶面为例进行说明。该晶面在 x、y、z 坐标轴上的截距分别为 1、$\frac{1}{2}$、$\frac{1}{2}$，取其倒数为 1、2、2，故其晶面指数为 (122)。

图 2.20　晶面指数为 (122) 的晶面

在某些情况下，晶面可能只与两个或一个坐标轴相交，而与其他坐标轴平行。当晶面与坐标轴平行时，就认为在该轴上的截距为∞，其倒数为 0。

按照上述步骤，图 2.21 中的 A、B、C、D 晶面在三个坐标轴上的截距相应为 1，∞，∞；1，1，∞；1，1，1 和 1，1，$\frac{1}{2}$。截距的倒数分别为 1，0，0；1，1，0；1，1，1 和 1，1，2。这些数字已经是最小整数，所以晶面指数相应为 (100)，(110)，(111) 和 (112)。

与晶向指数相似，某一晶面指数并不仅代表某一具体晶面，而是代表一组相互平行的晶面，即所有相互平行的晶面都具有相同的晶面指数。这样当两个晶面指数的数字和顺序完全相同而符号相反时，则这两个晶面相互平行，它相当于用 −1 乘以某一晶面指数中的各个数字，例如，(100) 晶面平行于 $(\bar{1}00)$ 晶面，$(\bar{1}11)$ 与 $(1\bar{1}\bar{1})$ 平行。

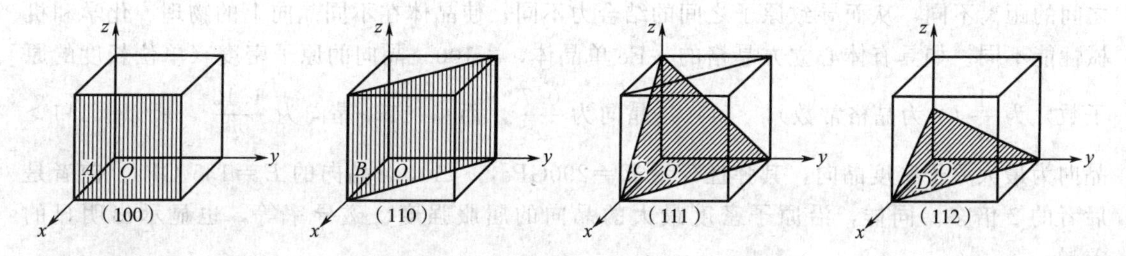

图 2.21　立方晶系的 (100)、(110)、(111)、(112)

在同一种晶体结构中，有些晶面虽然在空间的位向不同，但其原子排列情况完全相同，这些晶面均属于一个晶面族，其晶面指数用大括号 $\{hkl\}$ 表示。在立方晶系中：

$$\{100\} = (100) + (010) + (001)$$

$$\{111\} = (111) + (\bar{1}11) + (1\bar{1}1) + (11\bar{1})$$

$$\{110\} = (110) + (101) + (011) + (\bar{1}10) + (\bar{1}01) + (0\bar{1}1)$$

$$\{112\} = (112) + (121) + (211) + (\bar{1}12) + (1\bar{1}2) + (11\bar{2}) + (\bar{1}21) + (1\bar{2}1) + (12\bar{1}) + (\bar{2}11) + (2\bar{1}1) + (21\bar{1})$$

从上面的例子可以看出，在立方晶系中，$\{hkl\}$ 晶面族所包括的晶面可以用 h、k、l 数字的排列组合方法求出，但这一方法不适用于非立方晶系的晶体。

2.4.3.3　六方晶系的晶面指数和晶向指数

对于六方晶系，可用上述的三指数（即米勒指数）表示晶面和晶向，但这样可能会出现同一晶面族中一些晶面的指数不一样的情况，因而很不方便。晶向也是如此。所以对于六方晶系，一般都采用四指数（即米勒-布拉菲指数）表示晶面和晶向。

四指数表示法是指水平坐标轴选取互相成 120°夹角的三坐标轴 a_1、a_2 和 a_3，垂直轴为 c 轴（图 2.22）。这样，晶面指数表示为 $(hkil)$，晶面族为 $\{hkil\}$；晶向表示为 $[uvtw]$，晶向族为 $\langle uvtw \rangle$。为了使等同晶面与等同晶向各具有同一组指数，四指数中的前三个之间应保持 $i=-(h+k)$；$t=-(u+v)$ 的关系。h、k、l 以及 u、v、w 等指数的求法与前述三指数的相同，且前面三指数可改变次序和符号，第四个指数位置不变但符号可变，而 i 和 t 按上述关系式确定。所以六方晶系的几个主要晶面和晶向的表示方法，如图 2.22 所示。

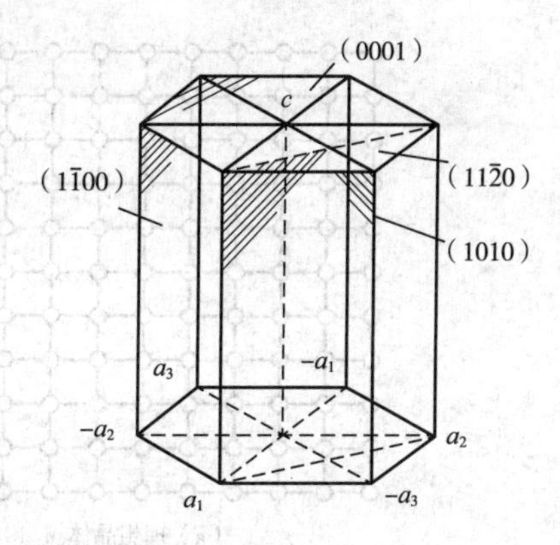

图 2.22　六方晶系一些晶面的指数

2.5　各向异性

如前所述，各向异性是晶体的一个重要特性，是区别于非晶体的一个重要标志。晶体具有各向异性，是由于在不同晶向上的原子紧密程度不同。原子的紧密程度不同，意味着原子之间的距离不同，从而导致原子之间的结合力不同，使晶体在不同晶向上的物理、化学和机械性能不同。如具有体心立方晶格的 α-Fe 单晶体，<100>晶向的原子密度（单位长度的原子数）为 $\frac{1}{a}$（a 为晶格常数），<110>晶向为 $\frac{0.7}{a}$，而<111>晶向为 $\frac{1.16}{a}$，所以<111>晶向为最大原子密度晶向，其弹性模量 $E=290\text{GPa}$，<110>晶向的 $E=135\ \text{GPa}$，前者是后者的 2 倍多。同样，沿原子密度最大的晶向的屈服强度、磁导率等，也显示出明显的差异。

但在工业用金属材料中，通常见不到上述各向异性特征。α-Fe 的弹性模量，无论方向如何，E 均在 210GPa 左右。这是因为，一般工业用金属材料均是由很多晶粒所组成。由于多晶体中晶粒位向是任意的，晶粒的各向异性被互相抵消。在一般情况下整个晶体不显示各向异性，称为伪等向性。如用特殊的加工处理工艺，使组成多晶体每个晶粒的位向大致相同，那么就表现出各向异性，这点已在工业生产中得到应用。

2.6 晶体的缺陷

在完整的理想晶体中，原子按一定的次序严格地处在空间有规则的、周期性的格点上。但在实际的晶体中，由于晶体形成条件、原子的热运动及其他条件的影响，原子的排列不可能那样完整和规则，往往偏离了理想晶体结构，不是完全按空间点阵那样规则排列，实际晶体中总是存在这样或那样的缺陷。

2.6.1 点缺陷

空位、间隙原子、杂质原子以及它们组成的复杂缺陷（如空位对、空位集团等）都是点缺陷。图 2.23 为理想晶体的晶格点阵和具有晶体缺陷的晶格点阵。

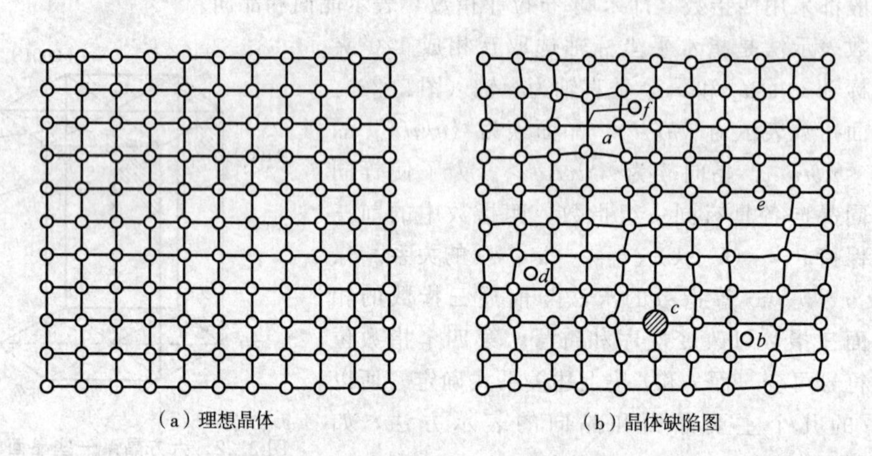

（a）理想晶体　　（b）晶体缺陷图

图 2.23　理想晶体点阵与缺陷示意图

（1）空位

由于能量起伏，总有一些原子的能量大到足以克服周围原子对它的束缚，因而就有可能迁移到别处，这样在原来的平衡位置上就会出现结点，称为空位。在理想晶体晶格结点处失去原子，便形成了原子的空位，如图 2.23（b）中的 a 处所示。这种缺陷叫空位。晶体因受热、变形和辐照都会迫使原子离开晶格点阵位置产生空位。晶体中有空位的地方，空位周围的原子将偏离平衡位置，空位和它周围原子构成松弛区。在一定条件下空位可以集聚成空位对、空位集团，空位也可以通过迁移而消失于晶界或晶体表面。

① 平衡空位浓度。晶体的温度升高，原子热运动加剧，原子离开平衡位置的可能性增大，晶体中的空位数目便会增多。设在有 N 个点阵结点的晶体中有 n 个空位，那么把 $C=\frac{n}{N}$ 称为晶体的空位浓度。它是衡量晶体中空位数量的参数。根据热力学和统计物理学可以求得晶体在热平衡条件下的空位浓度 C_0：

$$C_0=\frac{n}{N}=Ae^{-\frac{Q}{kT}} \tag{2-1}$$

式中，A 为常数，对面心立方结构约为1；k 为玻尔兹曼常数；Q 为空位形成能。若测得不同温度下的平衡空位浓度 C_0，便能求得空位形成能 Q。对晶体进行高温淬火，能保留晶体在高温下的空位浓度。因此，晶体淬火后的实际空位浓度要大大超过室温下的平衡空位浓度。此时，该实际空位浓度称为非平衡空位浓度或过饱和空位浓度。

② 空位迁移。晶体中空位的迁移是通过空位与它周围原子交换位置来实现的。图 2.24 为空位迁移和原子扩散示意图。从图 2.24 中可以看到空位的迁移伴随着原子的迁移。因此，当晶体淬火后，晶体中的过饱和空位浓度对原子的扩散有很大的帮助。

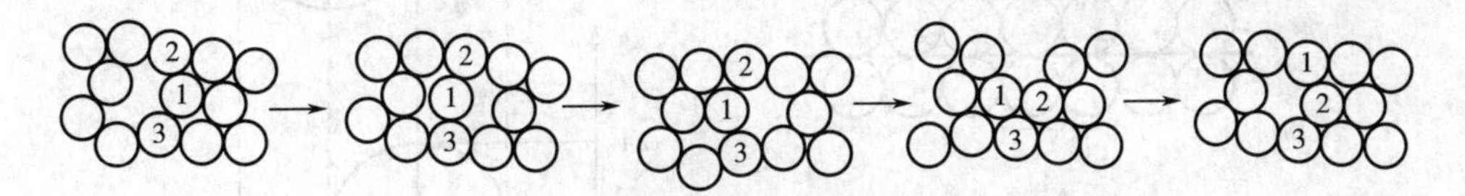

图 2.24 空位迁移及原子扩散

设 γ 表示空位迁移速度，即单位时间内空位与周围原子的换位次数。那么有下式：

$$\gamma=Ae^{-q/kT} \tag{2-2}$$

式（2-2）表示空位迁移速度与绝对温度 T 和空位迁移能 q 的关系。式中 A 为常数，k 为玻尔兹曼常数。按上式可以计算出纯铜在接近熔点温度时 γ 约为 3×10^{10} 次/s，在室温下 γ 约为 10^{-6} 次/s。即在室温下每隔 11 天空位才能与周围原子交换一次。由此可见，要纯铜在室温下通过由原子扩散引起的相变来改善性能是困难的。而纯铝在接近熔点温度时，空位的迁移速度 γ 约为 6×10^{14} 次/s，在室温下空位的迁移速度 γ 也是很高的，约为 10^4 次/s。这说明纯铝在室温下原子容易扩散。

（2）间隙原子

进入晶体点阵间隙位置的原子称间隙原子。晶体被高能粒子辐照，原子可能被打入间隙位置，形成间隙原子，同时还可以形成一个空位。图 2.23（b）中的 b 表示间隙原子。

（3）杂质原子

即使高纯金属，其中仍然存在杂质原子。N、H、C 等杂质原子的体积小，在晶体中一般以间隙原子形式存在。而另一些杂质原子以置换基体原子的形式存在。杂质原子与基体原子（或间隙位置）的体积总是有差别的，因此杂质原子的存在会使晶格发生畸变。如图 2.23（b）中的 d、c。点缺陷对晶体的电阻、密度等物理性能有较大影响。

2.6.2 位错

2.6.2.1 理想晶体的滑移

理想晶体塑性变形模型是通过晶体的整体滑移来实现的。它把滑移面两侧的晶体看作刚性体，在切应力作用下它们产生相对移动。图 2.25 为理想晶体整体滑移及应力、位能与位移关系。图中 AB 为滑移面，它把晶体分为上、下两部分。晶体在切应力 τ 的作用下，上下两部分晶体相对移动了一个原子间距 b，也就是原子由一个平衡位置移动到下一个平衡位置。在这个过程中，原子的位能变化可用余弦函数表示为：

$$v=-2A\cos\frac{2\pi x}{b} \tag{2-3}$$

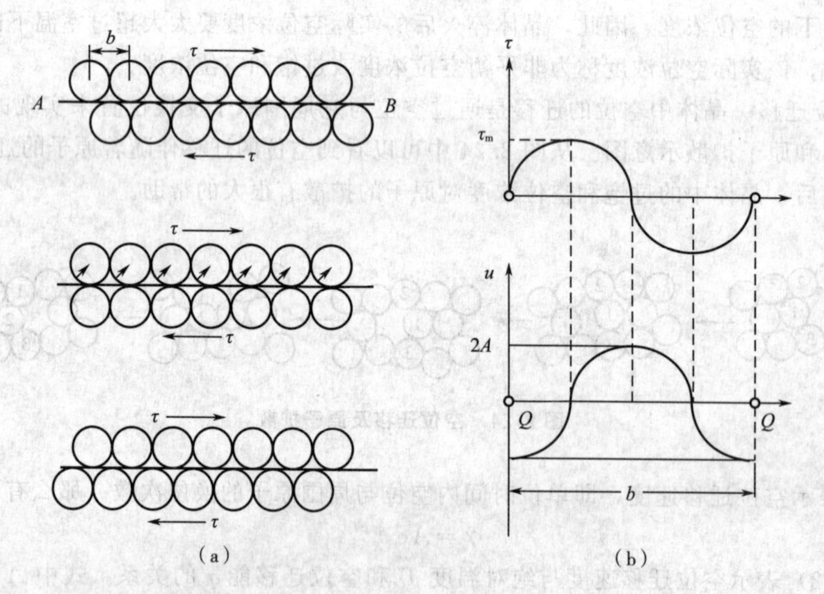

图 2.25 理想晶体整体滑移及应力、位能与位移关系

式中，x 表示原子由一个平衡位置向另一个平衡位置移动时的位移量。原子处于平衡位置 Q 点时位能最低，在两原子间距中心（距 Q 点 $\frac{1}{2}b$）处时位能最高。原子从一个平衡位置移到下一个平衡位置时，要越过位垒 $4A$，这时切应力变化为：

$$\tau=\frac{\mathrm{d}u}{\mathrm{d}x}=\frac{4\pi A}{b}\cdot\sin\frac{2\pi x}{b}$$

设 $\tau_{\mathrm{m}}=\frac{4\pi A}{b}$，当 x 很小时，$\sin\frac{2\pi x}{b}\approx\frac{2\pi x}{b}$ 由此可得：

$$\tau=\tau_{\mathrm{m}}\cdot 2\pi\frac{x}{b} \tag{2-4}$$

根据：

$$\tau=G\cdot\frac{x}{b} \tag{2-5}$$

式中，G 为切变模量。比较式（2-4）和式（2-5）可得：

$$\tau_m = \frac{G}{2\pi} \tag{2-6}$$

式中 τ_m 就是要求的理想晶体的临界切应力。一般工程用金属的切变模量 G 为 $10^4 \sim 10^5 N/mm^2$，那么金属晶体的理论临界切应力值应该为 $10^3 \sim 10^4 N/mm^2$。而一般纯金属单晶体的临界切应力，即使外推到绝对零度时，也只有 0.1～10N/mm²，由此可见，理论计算值与实测值差异很大。Al 的切变模量 G 为 $27.2\times10^3 N/mm^2$。按式（2-6）计算的 τ_m 为 $4.3\times10^3 N/mm^2$，实测值为 $0.8N/mm^2$，理论值约为实测值的 5400 倍。Zn 的切变模量 G 为 $37.9\times10^3 N/mm^2$，理论计算的 τ_m 为 $6.0\times10^3 N/mm^2$，而实测值仅为 $0.18N/mm^2$，理论值约为实测值的 33000 多倍。Fe 的切变模量 G 为 $84.7\times10^3 N/mm^2$，理论计算的 τ_m 值为 $13.5\times10^3 N/mm^2$，实测值较大为 $17N/mm^2$，理论值约为实测值的 800 倍。

1934 年，为解释实测的晶体临界切应力值和理论计算值相差千倍这个难以解释的问题，泰勒、奥罗万和波兰伊差不多同时提出了在晶体中存在位错的假设。他们认为晶体中的位错在应力场作用下容易滑移，并可以使晶体产生塑性变形，采用这种滑移机制计算后得到的临界切应力值与实测值近似。实际上位错是晶体的线缺陷。

2.6.2.2 实际晶体的滑移

泰勒、奥罗万等人认为常见的晶体是含有位错等晶体缺陷的实际晶体。位错的存在破坏了晶体中原子的规则排列，在位错线附近原子发生错排，形成一个晶格畸变区。图 2.26（a）为带有一个刃型位错的晶体。位错线垂直纸面，PQ 为多余半原子面。图 2.26（b）为位错线附近原子的位能曲线。位能曲线上位垒最小处与位错线中心区域对应。位错线左下方 F 只需克服较低的位垒和位错线周围原子稍做调整后便可使位错向左移动一个原子间距。图 2.27 表示的是位错由晶体的一端扫到另一端的过程。可见，晶体的滑移首先是从位错开始扫过的滑移面的那一部分开始。随着位错的移动，滑移面上已滑移区逐渐扩大，晶体参加滑移的部分也逐渐扩大，位错扫过的滑移面两侧晶体，发生相对移动一个原子间距 b。当位错扫出滑移面，晶体部分滑移扩展到整个滑移面，整个滑移面上下两部分晶体相对移动一个原子间距 b，这种滑移称为逐步滑移。

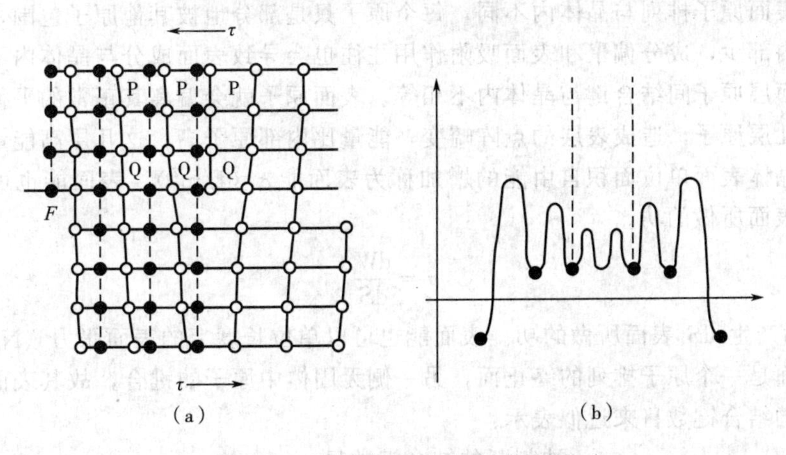

图 2.26 逐步滑移及原子位能曲线

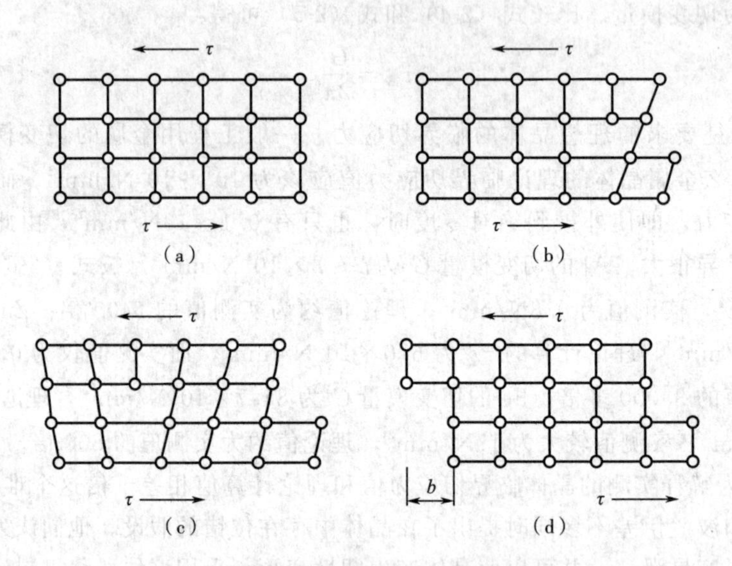

图 2.27 晶体的逐步滑移

从晶体的逐步滑移过程可知，逐步滑移是通过晶体内位错一步步地移动来实现。位错移动一个原子间距，需要克服的位垒比理想晶体作整体滑移时原子克服的位垒要小很多，用这种模型计算出的临界切应力值，比用理想晶体的整体滑移模型所求得的临界切应力值要小得多，与实际测量值接近。晶体中存在位错的设想，从理论上较圆满地解释了为什么经典理论计算值比实际值大得多。

2.6.3 界面

界面可分为晶粒边界和晶内的亚晶界、孪晶界、层错及相界面等，通常由几个原子层厚的区域构成，该区域内的原子排列和化学成分常与晶体内部不同，也称为晶体的面缺陷。界面的存在对晶体的力学、物理和化学等性能有重要的影响。

2.6.3.1 外表面

晶体的表面原子排列与晶体内不同，每个原子只是部分地被其他原子包围，它的相邻原子数比晶体内部少，成分偏聚和表面吸附作用往往也会导致表面成分与晶体内不一样。这些均将导致表面层原子间结合键与晶体内不相等。表面原子就会偏离其正常的平衡位置，并影响到邻近的几层原子，造成表层的点阵畸变，能量比内部原子高，这几层高能量的原子层称为表面层。晶体表面单位面积自由能的增加称为表面能 σ（J/m^2）。表面能也可理解为产生单位面积新表面所做的功。

$$\sigma=\frac{dW}{dS} \tag{2-7}$$

式中，dW 为产生 dS 表面所做的功。表面能也可以单位长度上的表面张力（N/m）表示。

由于表面是一个原子排列的终止面，另一侧无固体中原子的键合，故其表面能可用形成单位新表面的结合键数目来近似表示：

$$\gamma=\frac{\text{被割断的结合键数目}}{\text{形成单位新表面}}\times\text{单个键能} \tag{2-8}$$

表面能与晶体表面原子排列致密程度有关，原子密排的表面具有最小的表面能。若以原子密排面作表面，晶体的能量最低，最稳定，自由晶体暴露在外的表面通常是低表面能的原子密排晶面。晶体表面原子的较高能量状态及其所具有的残余结合键，将使外来原子易于被表面吸附，并引起表面能的降低。此外，台阶状的晶体表面也为原子的表面扩散，以及表面吸附现象提供一定条件。表面能除了与晶体表面原子排列致密程度有关外，还与晶体表面曲率有关。当其他条件相同时，曲率愈大，表面能也愈大。表面能的这些性质，对晶体的生长、固态相变中新相形成都起着重要作用。

2.6.3.2 晶界和亚晶界

多数晶体物质是由晶粒组成，同一固相但位向不同晶粒之间的界面为晶界，它是一种内界面；而每个晶粒有时又由若干个位向稍有差异的亚晶粒组成，相邻亚晶粒间的界面称为亚晶界。晶粒的平均直径通常在0.015～0.25mm范围内，而亚晶粒的平均直径则通常为1×10^{-3}mm数量级。为描述晶界和亚晶界的几何形状，需说明晶界及两侧晶粒的位向。二维点阵中晶界的几何关系可用两个晶粒的位向差θ和晶界相对于一个点阵某一平面的夹角ϕ来确定。而三维点阵的晶界几何关系应由五个位向角度确定。

根据相邻晶粒之间位向差θ的大小不同可将晶界分为两类：①小角度晶界是指相邻晶粒的位向差小于10°的晶界；亚晶界均属小角度晶界，一般小于2°；②大角度晶界是相邻晶粒的位向差大于10°的晶界，多晶体中90%以上的晶界属于此类。纯扭转晶界和倾斜晶界均是小角度晶界的简单情况，两者的不同之处在于倾斜晶界形成时，转轴在晶界内；而扭转晶界的转轴垂直于晶界。在一般情况下，小角度晶界都可看成是两部分晶体绕某一轴旋转一角度而形成的，只不过其转轴既不平行于晶界也不垂直于晶界。对这样的小角度晶界，可看作是由一系列刃位错、螺位错或混合位错的网络所构成，这已被实验所证实。

多晶体材料中各晶粒之间的晶界通常是结构较复杂的大角度晶界，其中原子排列较不规则，不能用位错模型来描述。对于大角度晶界的结构了解远不如小角度晶界清楚，有人认为大角度晶界的结构接近于取向不同的相邻晶粒的界面，不是光滑的曲面，而是由不规则的台阶组成的模型。界面上既包含有同时属于两晶粒的原子，也包含有不属于任一晶粒的原子；既包含有压缩区，也包含有扩张区。这是由于晶界上的原子同时受到位向不同的两个晶粒中原子的作用。大角度晶界上原子排列比较紊乱，但也存在一些比较整齐的区域。晶界可看成坏区与好区交替相间组合而成。随着位向差θ的增大，坏区的面积将相应增加。一般来说，纯金属中大角度晶界的宽度不超过3个原子间距。

由于晶界上的原子排列是不规则的，有畸变，系统的自由能增高。晶界能定义为形成单位面积界面时，系统的自由能变化（$\frac{dF}{dA}$），它等于界面区单位面积的能量减去无界面时该区单位面积的能量。小角度晶界的能量主要来自位错能量（形成位错的能量和将位错排成有关组态所做的功），而位错密度又取决于晶粒间的位向差，所以，小角度晶界能γ也和位向差θ有关：

$$\gamma=\gamma_0\theta(A-\ln\theta) \tag{2-9}$$

式中，$\gamma_0=\frac{G\boldsymbol{b}}{4\pi(1-v)}$，为常数，取决于材料的切变模量$G$、泊桑比$v$、柏氏矢量$\boldsymbol{b}$；$A$为积分常数，取决于位错中心的原子错排能。注意，式（2-9）只适用于小角度晶界，而对大角度晶界不适用。一般来说，小角度晶界的晶界能随位向差增加而增大。

实际上，多晶体的晶界一般为大角度晶界，各晶粒的位向差大多在30°～40°，实验测出各种金属大角度晶界能约在0.25～1.0J/m² 范围内，与晶粒之间的位向差无关，大体上为定值。

2.6.3.3 晶界的特性

① 晶界处点阵畸变大，存在着晶界能。因此，晶粒的长大和晶界的平直化都能减少晶界面积，从而降低晶界的总能量，这是一个自发过程。晶粒的长大和晶界的平直化均需通过原子的扩散来实现，因此，温度升高和保温时间的增长，均有利于这两过程的进行。

② 晶界处原子排列不规则，因此在常温下晶界的存在会对位错的运动起阻碍作用，致使塑性变形抗力提高，宏观表现为晶界较晶体内具有较高的强度和硬度。晶粒愈细，材料的强度愈高，这就是细晶强化；而高温下则相反，因高温下晶界存在一定的黏滞性，易使相邻晶粒产生相对滑动。

③ 晶界处原子偏离平衡位置，具有较高的动能，并且晶界处存在较多的缺陷如空穴、杂质原子和位错等，故晶界处原子的扩散速度比在晶体内快得多。

④ 在固态相变过程中，由于晶界能量较高且原子活动能力较大，所以新相易于在晶界处优先形核。显然，原始晶粒愈细，晶界愈多，则新相形核率也相应愈高。

⑤ 出于成分偏析和内吸附现象，特别是在晶界富集杂质原子情况下，晶界熔点往往较低，故在加热过程中，因温度过高，将引起晶界熔化，导致“过热”现象产生。

⑥ 由于晶界能量较高、原子处于不稳定状态，以及晶界富集杂质原子，与晶体内相比，晶界的腐蚀速度一般较快。这就是用腐蚀剂显示全相样品组织的依据，也是某些金属材料在使用中发生晶间腐蚀破坏的原因。

孪晶是指两个晶体（或一个晶体的两部分）沿一个公共晶面构成镜面对称的位向关系，这两个晶体就称为孪晶，此公共晶面就称孪晶面。孪晶界可分为两类，即共格孪晶界和非共格孪晶界。共格孪晶界就是孪晶面。在孪晶面上的原子同时位于两个晶体点阵的结点上，为两个晶体所共有，属于完全共格晶面，它的界面能很低，在显微镜下是直线，这种孪晶界较为常见。如孪晶界相对于孪晶面旋转一角度，即可得到另一种孪晶界——非共格孪晶界，孪晶界上只有部分原子为两部分晶体共有，原子错排较严重，这种孪晶界的能量相对较高。根据孪晶形成原因的不同，可分为形变孪晶、生长孪晶和退火孪晶等。正因为孪晶与层错密切相关，一般层错能高的晶体不易产生孪晶。

2.6.3.4 相界

具有不同结构的两相之间的分界面称为相界。按结构特点，相界面可分为共格相界、半共格相界和非共格相界三种类型。

(1) 共格相界

共格是指界面上的原子同时位于两相晶格的结点上，即两相的晶格是彼此衔接的，界面上的原子为两者共有。图2.28 (a) 是一种无畸变的具有完全共格的相界，其界面能很低。但是理想的完全共格界面，只有在孪晶界，且孪晶界为孪晶面时才可能存在。对相界而言，其两侧为两个不同的相，即使两个相的晶体结构相同，其点阵常数也不可能相等，在形成共格界面时，必然在相界附近产生一定的弹性畸变，晶面间距较小处发生伸长，较大处产生压缩［图 2.28（b）］，以互相协调，使界面上原子达到匹配。这种共格相界的能量高于完全共格关系界面（孪晶界面）能量。

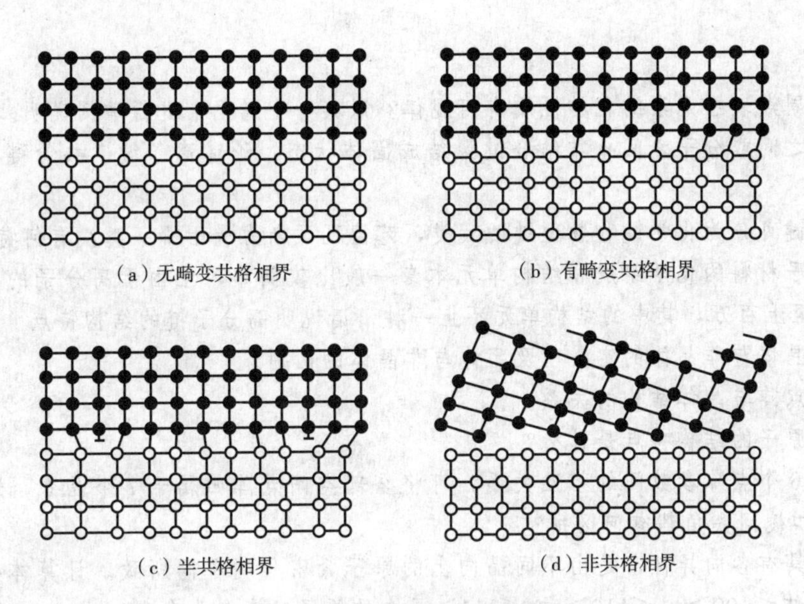

（a）无畸变共格相界　（b）有畸变共格相界

（c）半共格相界　（d）非共格相界

图 2.28　各种形式的相界

（2）半共格相界

若两相邻晶体在相界面处的晶面间距相差较大，则在相界面上不可能做到完全的一一对应，于是在界面上将产生一些位错［图 2.28（c）］，以降低界面的弹性应变能，这时界面上两相原子部分地保持匹配，这样的界面称为半共格界面或部分共格界面。半共格相界上位错间距取决于相界处两相匹配晶面的错配度。错配度 δ 定义为：

$$\delta=\frac{a_{\alpha}-a_{\beta}}{a_{\beta}}=\frac{\Delta a}{a_{\beta}} \tag{2-10}$$

式中，a_{α} 和 a_{β} 分别是 α 相和 β 相沿平行于界面的晶向上的原子间距。显然，δ 越大，弹性应变能越大。当 δ 增大到一定程度时，便难以继续保持完全共格，就会在界面上产生刃型位错，以补偿原子间距产生过大的影响，使界面弹性应变能降低。一般认为，错配度小于 0.05 时，两相可以构成完全共格界面；错配度大于 0.25 时，易形成非共格界面；错配度介于 0.05 与 0.25 之间时，则形成半共格界面。

（3）非共格相界

当两相在相界面处的原子排列相差很大，即 δ 很大时，只能形成非共格相界［图 2.28（d）］。这种相界与大角度晶界相似，可看成是由原子不规则排列、很薄的过渡层构成。相界能也可采用类似测晶界能的方法来测量。相界能由弹性畸变能和化学交互作用能两部分构成。弹性畸变能的大小取决于错配度 δ，而化学交互作用能取决于界面上原子与周围原子的化学键结合状况。相界面结构不同，这两部分的能量占比也不一样。如共格相界，界面上原子保持着匹配关系，原子结合键数目不变，以应变能为主；而对于非共格相界，由于界面上原子的化学键数目和强度与晶体内相比发生了很大变化，其界面能以化学能为主，总的界面能较高。在这三种不同结构的界面中，非共格界面具有最高的界面能，半共格界面具有的界面能次之，而共格界面的界面能最低。值得指出的是，界面结构不同，对新相的形核、生长过程以及相变后的组织形态等都将产生很大影响。

思考题:

1. 元素周期表中元素的化学性质有何规律?以某一金属元素进行举例说明。

2. 原子之间或分子之间也靠结合键聚结成固体状态,论述离子键、共价键和金属键的区别。

3. 结合键可分为化学键和物理键两大类,范德瓦耳斯力属于哪一类?有何特点?

4. 高分子材料的化学组成和结构单元本身一般比较简单,但由于高分子的分子量可高达几十万甚至上百万,其中的结构单元不止一种,请说明高分子链的结构特点。

5. 试述晶体与非晶体的定义以及晶体与非晶体的区别。

6. 辨析点阵与晶体结构的关系。

7. 金属原子的结构特点是什么?

8. 根据6个点阵参数间的相互关系,可将全部空间点阵归属于7个晶系,这7个晶系的棱边长度和棱间夹角都有何区别?

9. 晶体具有各向异性,是由不同晶向上的原子紧密程度不同所致。计算体心立方晶格的α-Fe单晶体<100>、<110>和<111>晶向的原子密度各为多少?

10. 根据热力学和统计物理学可以求得晶体在热平衡条件下的空位浓度$C_0=Ae^{-\frac{Q}{kT}}$,说明其中各项所代表的物理意义。

11. 理想晶体的临界切应力可表示为$\tau_m=\frac{G}{2\pi}$,试证明。

12. 泰勒、奥罗万等人认为常见的晶体是含有位错等晶体缺陷的实际晶体,利用位错理论讨论晶体的滑移过程。

13. 具有不同结构的两相之间的分界面称为“相界”。按结构特点,相界面可分为共格相界、半共格相界和非共格相界三种类型,分别绘图说明它们之间的异同。

第3章 固体材料中的相

无论是金属还是陶瓷和高分子材料，都是由不同结构的相组成。相是指在任一给定物质中，具有同一化学成分、同一原子聚集状态和性质均匀连续的组成部分，不同相之间由界面分开。固态物质可以是单相，也可以是多相，如固态金属、聚乙烯等是单相物质。一种或多种元素通过化学键而合成合金材料时，一定成分合金可以由若干不同的相组成，如钢是由α相和 Fe_3C 两相构成，普通陶瓷则是由晶相、玻璃相和气相组成。固体中各种不同的相根据结构可分为固溶体、金属间化合物、陶瓷晶体相、玻璃相、分子相和超材料相。本章将讨论这些相的组成、结构类型、形成规律及性能特点。

3.1 固溶体

合金化是改变和提高金属材料性能的最主要方法。合金元素的加入可形成不同的相及组织形态。由一种相组成的合金称为单相合金，而由几种不同相组成的合金称为多相合金。尽管合金中的组成相多种多样，但根据合金组成元素及其原子相互作用的不同，固态合金可分为固溶体相和金属化合物相两大类。固溶体是以某一组元为溶剂，在其晶体点阵中溶入其他组元原子（溶质原子）所形成的均匀混合的固态溶体，它保持着溶剂的晶体结构类型。如果组成合金相的异类原子有固定的比例，所形成的固相晶体结构与所有组元均不同，这种合金相称为金属化合物，这种相的成分多数处于两种金属元素溶解度之间，也称为中间相。

固溶体晶体结构的最大特点是保持着原溶剂的晶体结构。根据溶质原子在溶剂点阵中所处的位置可将固溶体分为置换固溶体、间隙固溶体和有序固溶体三类。

3.1.1 置换固溶体

溶质原子占据溶剂点阵的阵点，由溶质原子置换了溶剂点阵的部分溶剂原子，这种固溶体就称为置换固溶体，金属元素彼此间一般都能形成置换固溶体，但溶解度视不同元素而异，有些能无限溶解，有些只能有限溶解。影响溶解度的因素很多，取决于以下几个因素。

（1）晶体结构

晶体结构相同是组元间形成无限置换固溶体的必要条件。A 和 B 两组元中 B 为溶质元素，当 A 和 B 的结构类型相同时，B 原子才有可能连续不断地置换 A 原子，如图 3.1 所示。

如两组元的晶体结构类型不同，组元间的溶解度只能是有限的。形成有限固溶体时，溶质元素与溶剂元素的结构类型相同，则溶解度通常也比结构不同时大。表3.1列出一些合金元素在铁中的质量分数。

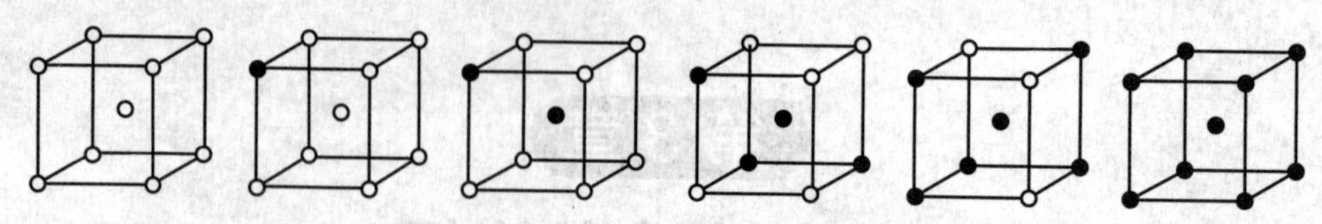

图3.1 无限置换固溶体原子置换示意图

（2）原子尺寸

实验结果表明，在条件相近情况下，原子半径差 $\delta_r<15\%$ 时，有利于形成溶解度较大的固溶体；而当 $\delta_r\geqslant15\%$ 时，δ_r 越大，则溶解度越小。原子尺寸因素的影响主要与溶质原子的溶入所引起的点阵畸变及其结构状态有关。δ_r 愈大，溶入后点阵畸变程度愈大，畸变能愈高，结构的稳定性愈低，溶解度愈小。

（3）化学亲和力

溶质元素与溶剂元素之间的化学亲和力愈强，合金组元间电负性差愈大，倾向于生成化合物而不利于形成固溶体，生成的化合物愈稳定，则固溶体的溶解度愈小。只有电负性相近的元素才可能具有大的溶解度。从各元素的电负性关系可以看出，它是有一定的周期性的，在同一周期内，电负性随原子序数的增大而增大，而在同一族中，电负性由上到下逐渐减小。

表3.1 合金元素在铁中的质量分数

元素	结构类型	在γ-Fe中最大质量分数/%	在α-Fe中最大质量分数/%	在α-Fe中的溶解度/%
C	六方金刚石型	2.11	0.0218	0.008（600℃）
N	简单立方	2.8	0.1	0.001（100℃）
B	正交	0.018～0.026	约0.008	<0.001（室温）
H	六方	0.008	0.003	约0.001（室温）
P	正交	0.3	2.55	约1.2（室温）
Al	面心立方	0.625	约36	35（室温）
Ti	β-Ti体心立方（>882℃） α-Ti密排六方（<882℃）	0.63	7～9	约2.5（600℃）
Zr	β-Zr体心立方（>862℃） α-Zr密排六方（<862℃）	0.7	约0.3	0.3（385℃）
V	体心立方	1.4	100	100（室温）
Nb	体心立方	2.0	α-Fe1.8（989℃） δ-Fe4.5（1360℃）	0.1～0.2（室温）
Mo	体心立方	约3	37.5	1.4（室温）

续表

元素	结构类型	在 γ-Fe 中最大质量分数/%	在 α-Fe 中最大质量分数/%	在 α-Fe 中的溶解度/%
W	体心立方	约 3.2	35.5	4.5（700℃）
Cr	体心立方	12.8	100	100（室温）
Mn	δ-Mn 体心立方（＞1133℃） γ-Mn 面心立方（1059～1133℃） α，β-Mn 复杂立方（＜1095℃）	100	约 3	76（室温）
Co	B-Co 面心立方（＞450℃） α-Co 密排六方（＜450℃）	100	76	76（室温）
Ni	面心立方	100	约 10	约 10（室温）
Cu	面心立方	约 8	2.13	0.2（室温）
Si	金刚石型	2.15	18.5	15（室温）

（4）原子价态

在某些以一价金属（如 Cu，Ag，Au）为基的固溶体中，溶质的原子价态愈高，其溶解度愈小。如 Zn、Ga、Ge 和 As 在 Cu 中的最大溶解度分别为 38%、20%、12%和 7%，而 Cd、In、Sn 和 Sb 在 Ag 中的最大溶解度则分别为 42%、20%、12%和 7%。溶质原子价态的影响实质上是由电子浓度决定的，即合金中价电子数目与原子数目的比值。

影响溶解度的因素除了上述因素外，还有温度。在大多数情况下，温度升高，溶解度升高，而少数含有中间相的复杂合金，情况则相反。

3.1.2　间隙固溶体

溶质原子分布在溶剂晶格间隙而形成的固溶体称为间隙固溶体。一般情况下，溶剂与溶剂的原子半径差 $\delta_r>30\%$ 时，不易形成置换固溶体；当溶质原子半径很小，$\delta_r>41\%$ 时，溶质原子就可能进入溶剂晶格间隙中而形成间隙固溶体。形成间隙固溶体的溶质原子通常是原子半径小于 0.1nm 的一些非金属元素，如 H、B、C、N、O 等（它们的原子半径分别为 0.046nm、0.097nm、0.077nm、0.071nm 和 0.060nm）。在间隙固溶体中，由于溶质原子一般都比晶格间隙的尺寸大，当它们溶入后，都会引起溶剂点阵畸变，点阵常数变大，畸变能升高。间隙固溶体都是有限固溶体，而且溶解度很小。

3.1.3　有序固溶体和超结构

图 3.2 为固溶体中溶质原子的分布示意图。实际上完全无序的固溶体并不存在。在热力学上处于平衡状态的无序固溶体中，溶质原子的分布宏观上是均匀的，但在微观上并不均匀。一定条件下，它们甚至会呈现出有规律分布，形成有序固溶体。这时溶质原子存在于溶质点阵中的固定位置，而且每个晶胞中的溶质和溶剂原子之比也是定值。有序固溶体的点阵结构有时也称超结构，超结构中元素的原子百分比接近定值。当无序固溶体从高温缓缓冷却到某一临界温度以下时，溶质原子会从统计随机分布状态过渡到占有一定位置的规则排列状态，即发生了有序化转变，形成有序固溶体。超结构的主要类型见表 3.2 和图 3.3。固溶体

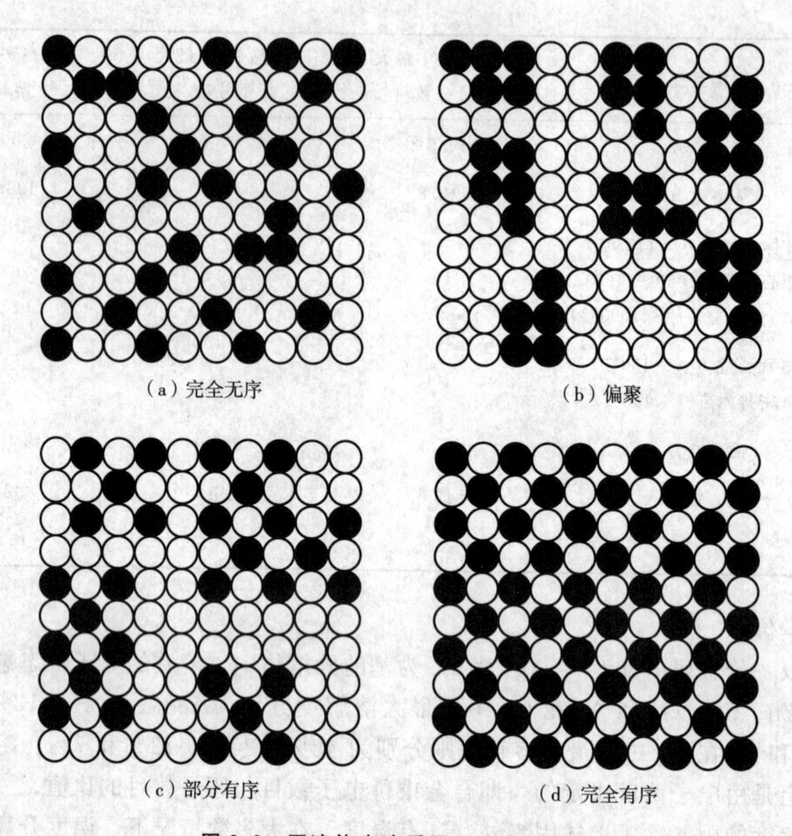

(a) 完全无序　(b) 偏聚

(c) 部分有序　(d) 完全有序

图 3.2　固溶体中溶质原子分布示意图

中有序化的基本条件是异类原子之间的相互吸引大于同类原子间的吸引作用，从而使有序固溶体的自由能低于无序态。固溶体经有序化后因原子间结合力增加，除硬度和屈服强度升高，电阻率降低，甚至有些非磁铁性合金有序化后具有明显的铁磁性。如 Ni_3Mn 和 Cu_2MnAl 合金，无序状态时呈顺磁性，但有序化后形成超点阵则成为铁磁性物质。

表 3.2　主要的超结构类型

结构类型	典型合金	晶胞图形	合金举例
以面心立方为基的超结构	Cu_3Au Ⅰ型	图 3.3 (a)	Ag_3Mg，Au_3Cu，$FeNi_3$，Fe_3Pt
	CuAu Ⅰ型	图 3.3 (b)	AuCu，FePt，NiPt
	CuAu Ⅱ型	图 3.3 (c)	CuAuⅡ
以体心立方为基的超结构	CuZn (β 黄铜) 型	图 3.3 (d)	β′-CuZn，β-AlNi，β-NiZn，AgZn，FeCo，FeV，AgCd
	Fe_3Al 型	图 3.3 (e)	Fe_3Al，α′-Fe_3Si，β-Cu_3Sb，Cu_2MnAl
以密排六方为基的超结构	$MgCd_3$ 型	图 3.3 (f)	$MgCd_3$，Ag_3In，Ti_3Al

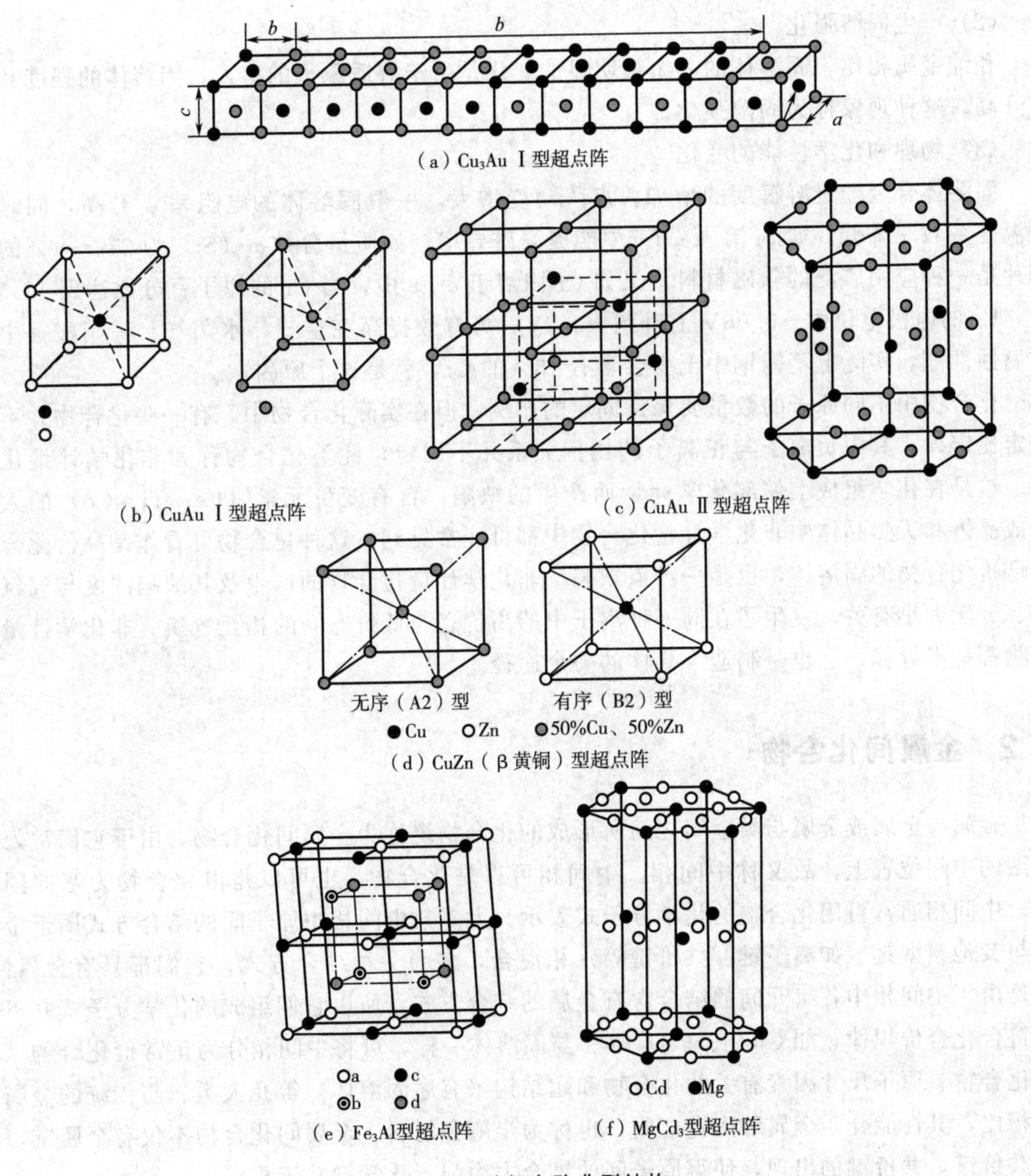

图 3.3 六种超点阵典型结构

3.1.4 固溶体的性质

和纯金属相比，溶质原子的溶入导致固溶体的点阵常数、强度和硬度、物理和化学性能发生以下变化。

(1) 点阵常数改变

形成固溶体时，虽然仍然保持着溶剂的晶体结构，但由于溶质与溶剂的原子大小不同，总会引起点阵畸变并导致点阵常数发生变化。对置换固溶体而言，当原子半径 $r_B > r_A$ 时，溶质原子周围点阵膨胀，平均点阵常数增大；当 $r_B < r_A$ 时，溶质原子周围点阵收缩，平均点阵常数减小。对间隙固溶体而言，点阵常数随溶质原子的溶入总是增大的，这种影响往往比置换固溶体大得多。

（2）产生固溶强化

和纯金属相比，固溶体的一个最明显的变化是由于溶质原子的溶入，固溶体的强度和硬度升高。这种现象称为固溶强化。

（3）物理和化学性能的变化

固溶体合金随着溶解度的增加，点阵畸变增大，一般固溶体的电阻率 ϕ 升高，同时电阻温度系数 α 降低。如 Si 溶入 α-Fe 中能提高磁导率，如质量分数 w（Si）为 2%～4%的硅钢片是一种应用广泛的软磁材料。又如 Cr 固溶于 α-Fe 中，当 Cr 的原子百分比达到 12.5%时，Fe 的电极电位由－0.06V 上升到＋0.2V，可有效提高在空气、水蒸气、稀硝酸等中的抗腐蚀性能，实际上不锈钢中至少会含有 13%的 Cr，就是这个原因。

化合物中不同原子的数量要保持固定的比例，但在实际化合物中，有一些化合物并不符合定比定律，其中负离子与正离子的比例关系并不固定，此类化合物称为非化学计量化合物。这是在化学组成上偏离化学计量而产生的缺陷，含有变价元素（Fe、Ti、Co）的人工合成晶体和天然晶体中非化学计量化合物中都可经常见到，这种化合物可看作是高价化合物与低价化合物的固溶体，也是一种点缺陷。非化学计量化合物的产生及其缺陷浓度与气氛性质、分压大小有关，发生了在同一种离子中的高价态与低价态间的相互置换。非化学计量化合物都是半导体，这也是制造半导体的一个途径。

3.2 金属间化合物

金属与金属或金属与类金属之间所形成的化合物统称为金属间化合物。由于它们常处在相图的中间位置上，故又称中间相。中间相可以是化合物，也可以是以化合物为基的固溶体。中间相通常可用化合物的化学分子式表示。大多数中间相中原子间的结合方式属于金属键与其他典型键（如离子键、共价键等）相混合，多为一种结合方式，它们都具有金属性。正是由于中间相中各组元间的结合含有金属的结合方式，所以它们组成的化学分子式并不一定符合化合价规律，如 CuZn、Fe_3C 等。与固溶体一样，可将中间相分为正常价化合物、电子化合物、原子尺寸因素有关的化合物和超结构（有序固溶体）等几大类。与传统的金属材料相比，其性能介于金属和陶瓷之间，也称为半陶瓷材料。金属间化合物不仅有金属键，还有共价键，共价键的出现，使得原子间的结合力增强，化学键趋于稳定。

3.2.1 种类及用途

金属间化合物具有许多特殊的物理化学性质，如电学性质、磁学性质、声学性质、电子发射性质、催化性质、化学稳定性、热稳定性和高温强度等，其中已有不少金属间化合物作为新的功能材料和耐热材料正在被开发和应用，主要有以下七种。

① 具有超导性质的金属间化合物：如 Nb_3Ge、Nb_3Al、Nb_3Sn、V_3Si、NbN 等；

② 具有特殊电学性质的金属间化合物：如在半导体材料中应用的 InTe-PbSe、GaAs-ZnSe 等；

③ 具有强磁性的金属间化合物：如稀土元素（Ce、La、Sm、Pr、Y）等和 Co 的化合物，具有特别优异的永磁性能；

④ 具有稀释氢能力的金属间化合物（常称为储氢材料）：如 $LaNi_5$、FeTi、R_2Mg_{17} 和

$R_2Ni_2Mg_{15}$ 等（R代表La、Ce、Pr、Nd或混合稀土），是一种很有前途的储能和换能材料；

⑤ 具有耐热特性的金属间化合物：如 Ni_3Al、NiAl、TiAl、Ti_3Al、FeAl、Fe_3Al、$MoSi_2$、$NbBe_{12}$ 和 $ZrBe_{12}$ 等，不仅具有很好的高温强度，并且在高温下具有较好的塑性；

⑥ 耐蚀的金属间化合物：如某些金属的碳化物，硼化物、氢化物和氧化物等，在侵蚀介质中很耐蚀，通过表面涂覆方法，可提高被涂覆件的耐蚀性能；

⑦ 具有形状记忆效应、超弹性和消震性的金属间化合物：如TiNi、CuZn、CuSi、MnCu、Cu_3Al 等，已在工业上得到应用。

下面对离子化合物、电子化合物和间隙化合物的形成规律及特点分别进行讨论。

3.2.2 离子化合物

离子化合物是指符合化合价规则的化合物，这类化合物的熔点、硬度及脆性均较高。在这种化合物 A_mB_n 中，正离子的价电子数正好能使负离子具有稳定的电子层结构，即：

$$me_C = n\ (8 - e_A) \tag{3-1}$$

式中 e_C 及 e_A 分别是非电离状态下正离子及负离子中的价电子数。

金属元素与周期表中Ⅳ族、Ⅴ族、Ⅵ族元素形成正常价化合物。化合物的稳定性与两组元的电负性差值大小有关。电负性差值愈大，稳定性愈高，愈接近于严格的离子化合物。电负性差值较小的 Mg_2Pb 显示出典型的金属性质。电负性差值较大的 Mg_2Sn 则显示半导体性质，主要是以共价键结合，电负性差值更大的MgS则为典型的离子化合物。离子化合物具有比较简单、不同于其组成元素的晶体结构，其分子式一般有AB、A_2B（AB_2）两种类型。图3.4给出了四种常见正常价化合物的结构类型。

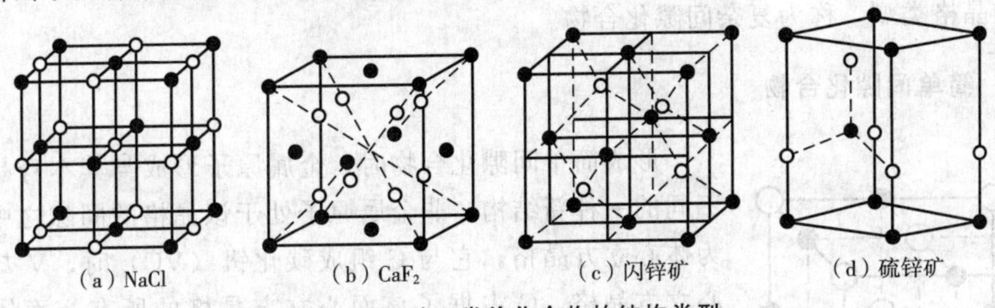

图3.4 四种正常价化合物的结构类型

NaCl结构是典型的离子结构，每种离子沿立方体的棱边交替排列，这种结构可视为由两种离子的面心立方结构彼此穿插而成。在ZnS（闪锌矿）立方结构中，每个原子具有4个相邻的异类原子。它也是由两种原子各自的面心立方点阵穿插而成。若晶胞由同类原子组成则具有金刚石结构。六方ZnS（硫锌矿）结构中，每一个原子也具有4个相邻的异类原子，如图3.4（d）所示（图中只画出了六方晶胞的1/3）。两种原子各自组成密排六方结构，但彼此沿 c 轴方向错开一个距离。在 CaF_2 结构中，Ca^{2+} 构成面心立方结构，而8个 F^- 位于该面心立方晶胞内8个四面体间隙的中心，因此晶胞中 Ca^{2+} 与 F^- 离子数的比值为4∶8，即1∶2是反 CaF_2 结构就是两种原子调换所得的结果。

3.2.3 电子化合物

电子化合物是由ⅠB族（元素周期表中过渡金属的铜副族，包括铜、银、金和人造元素铊）或过渡金属元素与ⅡB族、ⅢA族、ⅣA族金属元素形成的金属化合物。它不遵守化合价规律，而是按照一定电子浓度形成的化合物。电子浓度不同，形成化合物的晶格类型也不一样。对大多数电子化合物来说，其晶体结构与电子浓度都有对应关系。电子浓度为3/2时，呈体心立方结构，称为β相；电子浓度为21/13时，具有复杂立方晶格，称为γ相；电子浓度为21/12时，则为密排六方晶格，称为ε相。含有过渡族元素的电子化合物，计算电子浓度时，过渡族元素的价电子数为零。

电子浓度为3/2的β相，除呈现体心立方结构外，在不同条件下还可能呈复杂立方的β-Mn结构（μ相）或密排六方结构（ε相）。这是因为除了受电子浓度影响外，还受原子尺寸、溶质原子价和温度等的影响。一般来说，B族元素的原子价越高，尺寸越小、温度越低，越不利于形成β相，而越有利于μ相或ε相的形成。电子化合物虽然可用化学式表示，但其成分可在一定范围内变化，故可认为电子化合物是以化合物为基的固溶体。并且是以金属键为主，具有明显的金属特性。

3.2.4 间隙化合物

间隙化合物主要受组元的原子尺寸因素控制，通常是由过渡族金属与原子半径很小的非金属元素组成，后者处于化合物的晶格间隙中。

根据非金属原子（X）与过渡族金属原子（M）半径的比值（R_x/R_M）对这类化合物进行分类。$R_x/R_M \leqslant 0.59$时，化合物具有比较简单的结构，称为简单间隙化合物（又称间隙相）；当$R_x/R_M > 0.59$时，要满足ΔR（即$\frac{R_M - R_X}{R_M} \times 100\%$）$< 30\%$，形成的化合物具有非常复杂的晶格类型，称为复杂间隙化合物。

3.2.4.1 简单间隙化合物

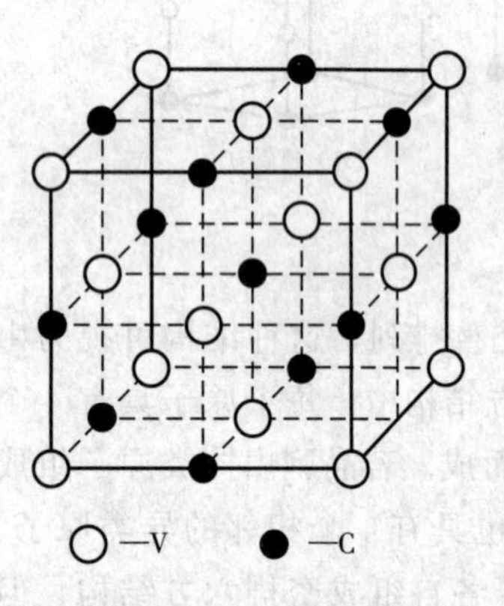

图3.5 VC晶体结构

形成简单间隙化合物时，金属原子形成与其本身晶格类型不同的一种新结构，非金属原子处于该晶格的间隙之中。如V为体心立方晶格，它与C组成碳化钒（VC）时，V却构成面心立方晶格，C占据了该面心立方晶格的所有八面体间隙位置，构成NaCl型晶体结构，如图3.5所示。

简单间隙化合物的分子式通常为MX、M_2X、MX_2、M_4X等，但实际成分常是在一定范围内，这与间隙的填充程序有关。有些结构简单的间隙化合物可互相溶解形成连续固溶体，如TiC-ZrC、TiC-VC、TiC-NbC等。但当两种间隙相中金属原子的半径差大于等于15%时，即使两者结构相同，相互的溶解度（质量分数）也很小。钢中常见的间隙相列于表3.3。

表3.3 钢中常见的间隙相

间隙相的化学式	钢中的间隙相	结构类型
M_4X	Fe_4N，Mo_4N	面心立方
M_2X	Ti_2H，Fe_2N，Cr_2N，V_2N，Mn_2C，W_2C，Mo_2C	密排六方

续表

间隙相的化学式	钢中的间隙相	结构类型
MX	TaC，TiC，ZrC，VC，ZrN，VN，TiN，CrN，ZrH，TiH	面心立方
	TaH，NbH	体心立方
	WC，MoN	简单立方
MX_2	TiH_2，ThH_2，ZnH_2	面心立方

3.2.4.2　复杂间隙化合物

复杂间隙化合物主要是 Cr、Mn、Fe、Co 的碳化物以及铁的硼化物等。在合金钢中常见的有 M_3C 型（如 Fe_3C）、M_7C_3 型（如 Cr_7C_3）、$M_{23}C_6$ 型（如 $Cr_{23}C_6$）和 M_6C 型（如 Fe_3W_3C）等。在这些化合物中，金属原子常被另一种金属原子置换。复杂间隙化合物的晶体结构都很复杂，有的一个晶胞中就含有几十到上百个原子。Fe_3C 是钢中很重要的一种复杂间隙化合物，通常称为渗碳体，其晶体结构属于正交晶系。

3.3　陶瓷晶体相

晶体相是组成陶瓷的基本相，它往往决定着陶瓷的力学、物理、化学性能。如以离子键结合的氧化铝晶体组成的刚玉陶瓷，具有机械强度高、耐高温及抗腐蚀等优良性能。陶瓷和金属类似，具有晶体结构，但与金属不同的是其结构中并没有大量的自由电子。这是因为陶瓷是以离子键或共价键为主的离子晶体（如 MgO、Al_2O_3 等）或共价晶体（如 SiC、Si_3N_4 等）。下面就这两类结构分别讨论。

3.3.1　陶瓷晶体相的结构

陶瓷氧化物都具有典型离子化合物的结构，可以分为以下五类。

（1）AB 型化合物的结构

AB 型的陶瓷材料，多具有 NaCl 型结构［图 3.4（a）］、闪锌矿（立方 ZnS）结构［图 3.4（c）］、硫锌矿（六方 ZnS）结构［图 3.4（d）］。

（2）AB_2 型化合物的结构

AB_2 型化合物以萤石（CaF_2）为代表，具有面心立方结构［图 3.4（b）］。属于此类型的化合物有 ThO_2、UO_2、CeO_2、BaF_2、PbF_2、CrF_2 等。CaF_2 熔点低，在陶瓷材料中用作助熔剂，优质的萤石单晶能透过红外线，UO_2 是重要的核材料。此外还有金红石型结构，也是陶瓷材料中比较重要的一种结构。

（3）A_2B_3 型化合物的结构

刚玉（α-Al_2O_3）是 A_2B_3 型化合物的典型代表，它具有简单六方点阵。除 α-Al_2O_3 外，属于刚玉型结构的 A_2B_3 型化合物还有 Cr_2O_3、α-Fe_2O_3、Ti_2O_3、V_2O_3 等。α-Al_2O_3 是极重要的陶瓷材料，它是刚玉-莫莱石瓷及氧化铝瓷中的主晶相，纯度在 99%以上的半透明氧化铝瓷可以作高压钠灯的内管及微波窗口。掺入不同的微量杂质元素可使 Al_2O_3 着色，如掺铬的氧化铝单晶即成红宝石，可用来制造仪表、钟表轴承等。

（4）ABO_3 型化合物的结构

钙钛矿（$CaTiQ_3$）作为 ABO_3 型化合物，其结构为简单立方点阵，也可以看成是由两个简单立方点阵穿插而成。其中一个被 O^{2-} 占据，另一个被 Ca^{2+} 占据，而较小的 Ti^{4+} 则位于八面体间隙中。钙钛矿型结构在电子陶瓷材料中十分重要，许多具有铁电性质的晶体（如 $BaTiO_3$、$PbTiO_3$ 等）都具有这种结构。

（5）AB_2O_4 型化合物的结构

AB_2O_4 型化合物中最重要的一种结构就是尖晶石（$MgAl_2O_4$），它具有面心立方点阵。其中 Mg^{2+} 形成金刚石结构。在每个四面体间隙中有 4 个密堆的氧离子形成四面体，中心即四面体间隙的中心，各四面体的位向都相同。在中心没有 Mg^{2+} 的氧离子四面体的其余 4 个顶点上分布有 Al^{3+}。这样，在一个结构胞中 Mg^{2+} 总数为 $8\times1/8+6\times1/2+4=8$ 个，O^{2-} 总数为 $4\times8=32$ 个，Al^{3+} 总数为 $4\times4=16$ 个，化学式符合 $MgAl_2O_4$。

3.3.2 硅酸盐

硅酸盐也是一种陶瓷材料，砖、瓦、玻璃、搪瓷等都是由硅酸盐制成。用于制造陶瓷材料的主要硅酸盐矿物有长石、高岭土、滑石、镁橄榄石等。硅酸盐的成分和结构都比较复杂，但在所有的硅酸盐结构中起决定作用的是 Si—O 间的结合键，这是人们理解各种硅酸盐结构的基础。

硅酸盐的基本结构单元是 SiO_4 四面体。Si 位于 O 四面体的间隙中。Si—O 间的平均距离为 0.16nm，小于硅、氧离子半径之和，这说明 Si—O 之间的结合不只是离子键，还有一定的共价键成分，因此，SiO_4 四面体的结合很牢固。不论是离子键还是共价键，每个四面体的氧原子外层只有 7 个电子，故为 -1 价，还能和其他金属离子键合。此外，每一个氧原子最多只能被两个 SiO_4 四面体所共有，此时该氧原子的外层电子数恰好达到 8。

SiO_4 四面体可以是互相孤立地在结构中存在，也可以通过共顶点互相连接，此时会形成多重的四面体配位群。中心的氧原子被每一个四面体单元所共用，因此变成了一个氧桥。硅酸盐结构中的铝离子与氧离子既可以形成铝氧四面体，又可形成铝氧八面体。按照硅氧四面体在空间的组合情况，可将硅酸盐分成岛状、链状、层状、骨架状四类。孤立硅氧四面体是指四面体之间不通过离子键或共价键结合。含孤立有限硅氧团的典型硅酸盐有镁橄榄石（Mg_2SiO_4）、锆石英（$ZrSiO_4$）等。镁橄榄石是镁橄榄石瓷中的主晶相。这种材料的电学性能很好，但膨胀系数高，抗热冲击性也差。镁橄榄石中 Mg^{2+} 的离子半径和 Fe^{2+} 及 Mn^{2+} 相近，因而这些离子可以相互置换而形成固溶体。表 3.4 列举了一些有代表性的含有限硅氧团的硅酸盐。

表 3.4 几种硅酸盐的结构与性能

硅酸盐类型		矿物名称	分子式	晶系	密度/（g/cm^3）	近似折射率	线膨胀系数/（10^6/℃）
有限硅氧团	单一四面体	镁橄榄石	$Mg_2[SiO_4]$	正交	3.21	1.65	11
		铁橄榄石	$Fe_2[SiO_4]$	正交	4.35	1.85	
		锆英石	$Zr[SiO_4]$	正交	4.60	1.97	4.5
	成对四面体	硅钙石	$Ca_3[SiO_2]$	正交		1.65	
	六节单环	绿柱石	$Be_3Al_2[Si_6O_{15}]$	六方	2.71	—	1
		堇青石	$Mg_2Al_3[Si_5AlO_{18}]$	正交	2.60	1.54	

续表

硅酸盐类型	矿物名称	分子式	晶系	密度/(g/cm^3)	近似折射率	线膨胀系数/(10^6/℃)
链状硅酸盐	顽火辉石	$Mg_2[Si_2O_6]$	正交	3.18	1.65	
	原顽火辉石	$Mg_2[Si_2O_6]$	正交	3.10		11
	斜顽火辉石	$Mg_2[SiO_6]$	单斜	3.18	1.6	8.9
	硅灰石	$Ca_3[Si_3O_9]$	三斜	2.92	1.63	12
	硅线石	$Al[AlSiO_5]$	正交	3.25	1.66	4.6
	红柱石	$Al_2[O/SiO_4]$	正交	3.14	1.64	10.6
	蓝晶石	$Al_2[O/SiO_4]$	三斜	3.67	1.72	9.2
	3∶2莫莱石	$Al[Al_{1.25}Si_{0.75}O_{4.875}]$	正交	3.16	1.65	4.5
	2∶1莫莱石	$Al[Al_{3.4}Si_{0.6}O_{4.8}]$	正交	3.17	1.66	

链状硅酸盐是由大量硅氧四面体通过共顶连接而形成的一维结构。它有两种形式，即单链结构和双链结构，如图3.6所示。由图3.6可见，单链结构的基本单元就是1个硅氧四面体，其分子式为$[SiO_3]^{2-}$；双链结构的基本单元是4个硅氧团，其中Si^{4+}排成六角形。在基本单元中，Si^{4+}离子数为4，O^{2-}离子数为11，分子式为$[Si_4O_{11}]^{6-}$。单链结构又可按一维方向的周期性而分成1节链、2节链、3节链、4节链、5节链和7节链。

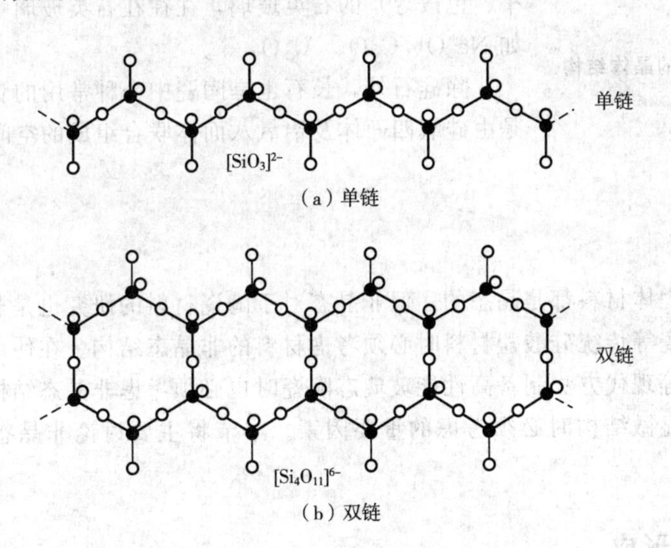

图3.6 链状硅氧四面体

层状硅酸盐是由大量的、底面在同一平面上的硅氧四面体通过在该平面上共顶连接而形成的具有六角对称的二维结构，如图3.7所示。图3.7表明，这种结构的基本单元是虚线所示的区域，其分子式为$[Si_4O_{10}]^{4-}$，因而整个这一层四面体可表示为$[Si_4O_{10}]_n^{4n-1}$。单元长度约为$a=0.52$nm，$b=0.9$nm，这也是大多数层状硅酸盐结构的点阵常数范围。

骨架状硅酸盐也称为网络状硅酸盐，它是由硅氧四面体在空间组成的三维网络结构。

SiO_2（硅石）是这类硅酸盐的典型代表。硅石有三种同素异构体，即石英、鳞石英和方石英。其稳定存在的温度范围如下。

$$石英\xrightarrow{870℃}鳞石英\xrightarrow{1470℃}方石英\longrightarrow熔融态$$

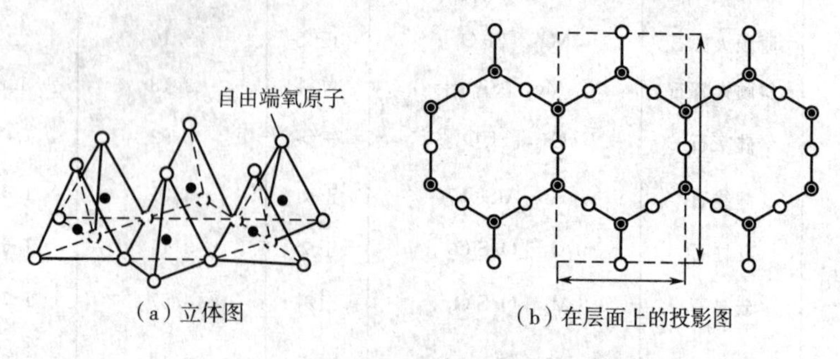

图 3.7 层状硅酸盐中的硅氧四面体

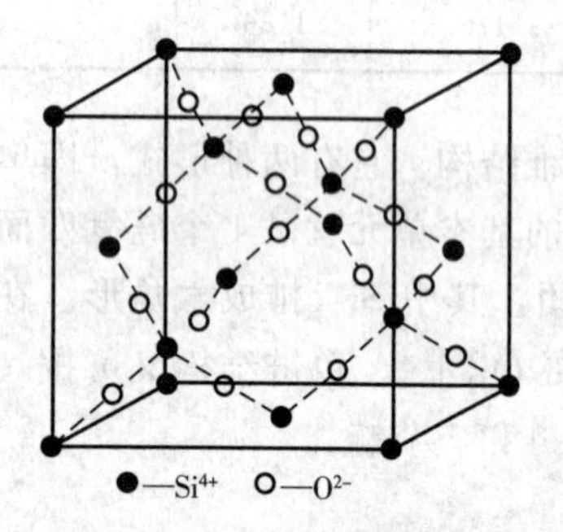

图 3.8 方石英的晶体结构

方石英的晶体结构如图 3.8 所示。从图 3.8 可见，Si^{4+} 排成金刚石结构，O^{2-} 则位于沿〈111〉方向的一对 Si^{4+} 之间。位于四面体间隙的 4 个 Si^{4+} 就是 4 个硅氧四面体的中心，这些硅氧四面体通过氧离子彼此相连，形成空间网络或骨架。

熔融的 SiO_2 通过快冷即得到石英玻璃。这种玻璃硬度高、热膨胀系数小、黏度高。为了得到特定性能（如成型性、折射率、色散等）的石英玻璃，往往在石英玻璃中加入离子氧化物如 Na_2O、CaO、Al_2O_3 等。

除硅石外，长石也是陶瓷中一种常用的骨架状硅酸盐，它是由硅氧四面体及铝氧八面体联合组成的空间网络结构。

3.4 玻璃相

虽然大多数固体材料都是晶态的，但非晶态对于陶瓷材料的研究也是非常重要的。在制备玻璃、釉和搪瓷等传统硅酸盐材料时必须考虑材料的非晶态结构。在使用气相沉积、真空蒸发、射频溅射等现代方法制备高性能玻璃态陶瓷时也必须考虑非晶态结构，同时非晶态也是研究各种陶瓷显微结构时必须考虑的重要因素。本节将主要讨论非晶态固体中最重要的玻璃。

3.4.1 玻璃的形成

玻璃一般由熔体固化而形成。如在熔体冷却时发生结晶，那么在熔点附近会有不连续的体积变化；如果不发生结晶，熔体的体积将连续变化，继续变小，直到一个温度，体积变化的程度较熔体变小，这个相对应的温度称为玻璃化温度 T_g，玻璃态的膨胀系数一般与晶态固体近似相同。如果冷却速度较慢，过冷熔体可以保持到一个较低的温度，因而会得到密度较高的玻璃；如冷却速度较快，则过冷熔体在较高的温度就转变成玻璃态。由此可以看出 T_g 与冷却速度有关，是一个随冷却速度变化而变化的温度范围，低于此温度范围，体系呈现如固体的行为，称为玻璃，高于此温度范围体系就是熔体。玻璃无固定的熔点，而只有熔体与玻璃体之间可逆转变的温度范围。

研究表明，只要有足够快的冷却速度，在各类材料中都会出现玻璃形成体。同样，如果在低于熔点范围内保持充分长的时间，则任何玻璃形成体也都能结晶。可见从热力学上已不足以说明玻璃的形成条件，必须同时从动力学角度来考虑玻璃的形成。

3.4.2 玻璃的结构

一百多年来，人们对玻璃结构进行了大量研究，目前主要的玻璃结构理论是晶子模型和无规网络模型。

（1）晶子模型

玻璃的X射线衍射图一般呈现宽阔的衍射峰，其中心位置与该玻璃材料相对应的晶体衍射图中峰值位置相对应。图3.9中SiO_2类似的实验结果证明玻璃是由一些被称为晶子的微晶所组成的，这些微晶中原子排列有序（短程有序），但从大范围看，整体玻璃中的原子排列是无序的（长程无序）。玻璃的衍射线宽化是由微晶子尺寸宽化效应所引起的，X射线研究表明，当粒子尺寸小于0.1μm时，衍射峰的宽度随粒子尺寸的减小而线性增加。晶子模型揭开了玻璃的一个结构特征，即微不均匀性及近程有序性，这个模型也曾应用到单组分和多组分玻璃中。

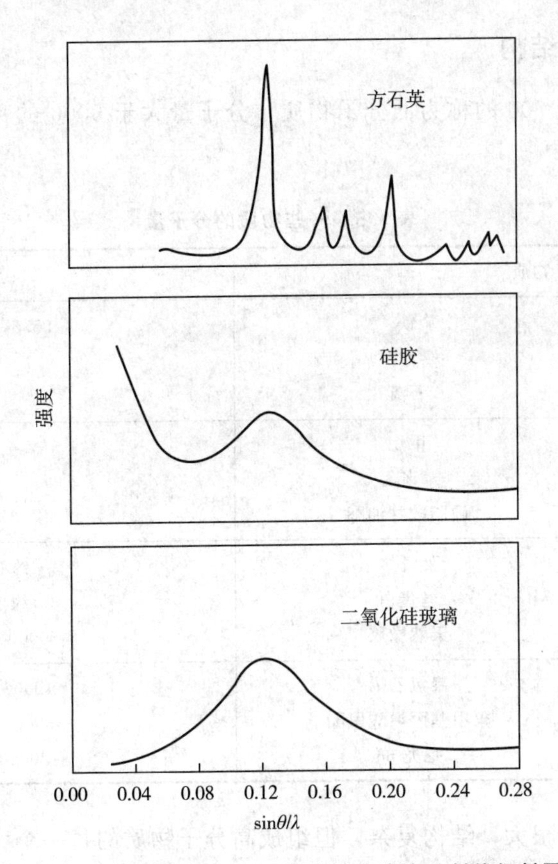

图3.9　方石英、硅胶与二氧化硅玻璃的X射线衍射图

(2) 无规网络模型

无规网络模型是由德国学者扎哈里阿森（Zachariasen）在 1932 年提出来的。按照这个模型，玻璃被看成是由缺乏对称性与周期性的三维网络或阵列组成的，其中的结构单元不做周期性排列。在氧化物玻璃中，这些网络由氧的多面体所组成。组成玻璃网络的氧多面体为三角形和四面体，多面体中心总是被多电荷离子，即网络形成离子（Si^{4+}、B^{3-}、P^{5+}）所占据，由于这些离子能导致形成多面体，故称之为网络形成体。网络中的氧离子有两种类型，凡属于两个多面体的称为桥氧离子，只属于一个多面体的称为非桥氧离子。网络中过剩的负电荷则由处于网络间隙中的网络变性离子来补偿，这些离子一般都是带低正电荷的金属离子（如 Na^+、K^+、Ca^{2+} 等），因为它们的主要作用是提供额外的正离子，从而改变网络结构，故称为网络变形体（网络改变体）。比碱金属和碱土金属化合价高而配位数低的正离子可以部分参加网络，称为中间体。氧化物玻璃结构的多面体的结合程度，甚至整个网络结合程度都取决于桥氧离子的比例，而网络变形体均匀而无序地分布在多面体骨架的空隙中。各种正离子的作用与化合价、配位数以及单键的强度大小有关。

3.5 分子相

分子相是指固体中分子的聚集状态，它决定了分子固体的微观结构。

3.5.1 高分子及其结构

通常将分子量小于 500 的称为低分子物质，分子量大于 5000 的称为高分子物质，如表 3.5 所示。

表 3.5 一些物质的分子量

物质			分子量
低分子	无机	铁	55.8（原子量）
		水	18
		石英	60
	有机	甲烷	16
		苯	78
		硬脂酸甘油酯	890
高分子	天然	天然纤维素	约 570000
		丝蛋白	约 150000
		天然橡胶	200000～500000
	合成	聚氯乙烯	12000～160000
		聚甲基丙烯酸甲酯	50000～140000
		尼龙 66	20000～25000

高分子物质分子量很大，结构复杂，但组成高分子物质的每一个大分子都是由一种或几种简单的低分子物质重复连接而成（就像晶体中具有单位晶胞一样）的，具有链状结构。能组成高分子化合物的低分子化合物称为单体。如聚乙烯是由低分子乙烯（$CH_2=CH_2$）单

体组成的。高分子化合物的分子很大，主要呈长链形，故常称大分子链或分子链。大分子链极长，其长度可达几百纳米以上，而截面直径一般不超过 1nm，它是由许多结构相同的基本单元重复连接构成的。组成大分子链的这种特定结构单元称为链节。链节的结构和成分代表高分子化合物的结构和成分。当高分子化合物只由一种单体组成时，单体的结构为链节的结构，也就是整个高分子化合物的结构（表 3.6）。

表 3.6 几种高分子材料的单体和链节

名称	原料（单体）	重复结构单元（链节）
聚乙烯	乙烯 $CH_2=CH_2$	$-CH_2-CH_2-$
聚四氟乙烯	四氟乙烯 $CF_2=CF_2$	$-CF_2-CF_2-$
顺丁橡胶	丁二烯 $CH_2=CH-CH=CH_2$	$-CH_2-CH=CH-CH_2-$
氯丁橡胶	氯丁二烯 $CH_2=C(Cl)-CH=CH_2$	$-CH_2-C(Cl)=CH-CH_2-$
腈纶（聚丙烯腈）	丙烯腈 $CH_2=CH(CN)$	$-CH_2-CH(CN)-$
涤纶（聚对苯二甲酸乙二酯）	乙二醇 对苯二甲酸	$-OCH_2CH_2O-C(=O)-C_6H_4-C(=O)-$

高分子化合物的大分子链由链节连成，链节的重复次数称为聚合度。所以，一个大分子链的分子量 M，应该是它链节的分子量 m 和聚合度 n 的乘积，即 $M=n\times m$。聚合度反映了大分子链的长短和分子量的大小。应该指出的是，高分子化合物中各个大分子链的链节数并不相同，长短不一，因而分子量不相等。一般多采用平均分子量来表达，即按大分子的质量分布求出其统计平均分子量。高分子化合物的性能及使用时的稳定性随着分子大小不同而变化。图 3.10 为聚乙烯的抗拉强度随聚合度的变化情况。

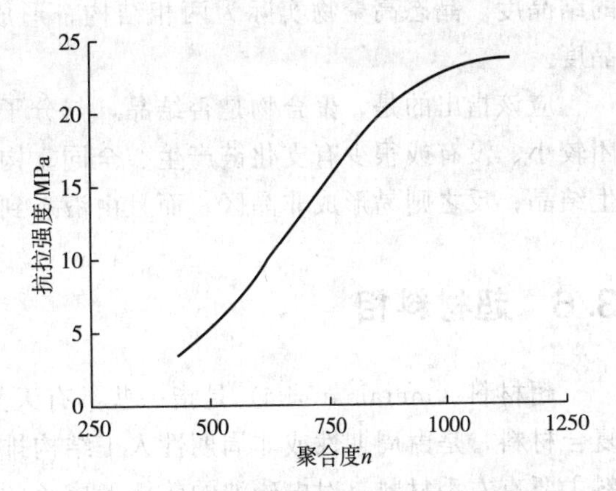

图 3.10 抗拉强度与聚乙烯聚合度的关系

3.5.2 结构单元

结构单元在链中的连接方式和顺序取决于单体及合成反应的性质。缩聚反应的产物变化较少，结构比较规整；加聚反应则不同，当链节中有不对称原子或官能团时，单体的加成可以有不同的形式，结构的规整程度也不同。

(1) 大分子链的几何形状

大分子链的形状主要有线型、支化型和体型（网状）三类。

① 线型高分子。线型高分子中整个分子呈细长线条状，好似一根线。但是以C—C为主链时，由于C—C原子间为共价键，键角为109°，聚合物链通常卷曲成不规则的线团状。乙烯类高聚物如聚乙烯、聚氯乙烯、聚苯乙烯等，未硫化的橡胶及合成纤维等，均具有线型结构。这类大分子的特点是由于分子链间没有化学键，能相对移动；在加热时经过软化过程而熔化，故易于加工，并具有良好的弹性和塑性。

② 支化型高分子。整个分子呈枝状。具有这类结构的高分子有高压聚乙烯、ABS树脂和耐冲击型聚苯乙烯等。由于分子不易规整排列，分子间作用力较弱，故对熔液的性质如黏度、强度、耐热性等都有一定的影响。所以，支化一般对高聚物的性能不利，支链越复杂和支化程度越高，影响越大。

③ 体型高分子。体型高分子的结构是大分子链之间通过支链或化学键连接成一起的交联结构，在空间呈网状。热固性塑料、硫化橡胶等就是此类结构。由于整个高聚物就是一个由化学键结合起来的不规则网状大分子，故非常稳定，具有较好的耐热性、难熔性、尺寸稳定性和机械强度，但塑性低、脆性大，故不能塑性加工，成型加工只能在网状结构形成之前进行。

(2) 大分子的聚集态结构

固体高聚物的结构分无定形和晶态两种。无定形高聚物的线型分子链很长，当其固化时，由于黏度增大，很难进行有规则的排列，多呈混乱无序的分布，组成无定形结构。实验表明，高聚物的无定形结构和低分子量物质的非晶态结构类似，都属于“远程无序，近程有序”结构。高分子聚合物由于分子链间存在大量交联，分子链不能做有序排列，故都具有无定形结构。线型、支化型和交联少的高分子聚合物固化时可以结晶，但由于分子链运动困难，不可能进行完全结晶。如结晶高聚物聚乙烯、聚四氟乙烯等，一般也只有50%～80%的结晶度。晶态高聚物实际为两相结构，形成晶区和非晶区。晶区所占的质量分数即为结晶度。

应该指出的是，聚合物是否结晶，与分子链的结构及冷却速度有关。分子链的侧基分子团较小、没有或很少有支化链产生、全同立构或间同立构及只有一种单体时，分子链容易产生结晶；反之则易形成非晶区。而且由液态到固态的冷却速度越小，越容易结晶。

3.6 超材料相

超材料（metamaterial）是指一些具有天然材料所不具备的超常物理性质的人工结构或复合材料，是由周期性或非周期性人工结构排列而成的人工复合材料。迄今发展出来的超材料主要有左手材料（对电磁波的传播形成负的折射率）、光子晶体、超磁性材料等，通常具有特殊的人工结构。超材料最先由苏联物理学家在1968年提出。他从麦克斯韦方程出发，分析了电磁波在拥有负磁导率和负介电常数材料中传播的情况，对电磁波在其中传输时表现出来的电磁特性进行了阐述，认为电场、磁场、电磁波传播波三矢量之间呈现出左手螺旋法则，与电磁波在传统材料中传播的情况正好相反，他定义该种材料为LHM（左手材料）。此后，众多突破性成果不断涌现。1999年，科学家采用由两个开口的薄铜环内外相套而成的人工结构胞元，设计出一种具有磁响应的周期结构，即开口谐振环结构。2001年，美国加州大学的研究者将铜线与开口铜环两种人工结构胞元组合在一起，并通过结构尺寸上的设计保证介电常数和磁导率出现负值的频段相同，首次将介电常数和磁导率同时表现负值的材料展现在人们面前，验证了左手材料的存在。美国加州大学圣地亚哥分校的研究人员首次人工制成了微波频段的左手材料。值得指出的是，我国的研究团队在隐形衣等超材料的研究和产业化方面成果也很显著。

目前人们已经研发出数百万计的人工结构。利用材料科学的原理，把各种人工结构引入超材料系统，就有可能获得人们想要的、具有新功能的超材料或器件。与传统材料按成分→结构→性能→运用的研究思路和方法完全不同，超材料是逆向设计的，即想要什么样的材料性能，可以通过定制设计结构而实现，这就为材料领域带来革命性的变革。超材料本质是一种功能复合材料，可由一种或一种以上人工结构组成，设计、制造出具有奇特功能的人工结构是复合材料的发展方向。

思考题：

1. 合金中的组成相多种多样，固态下金属元素彼此之间一般都能形成置换固溶体，影响金属溶解度的因素有哪些？

2. 碳能溶入铁中形成间隙固溶体，分析α-Fe与γ-Fe中碳溶解度的大小。

3. 为什么置换固溶体的两组元可无限固溶，而间隙固溶体则不可以？

4. 有序固溶体和超结构在微观结构上有何差异？

5. 金属与金属或金属与类金属之间所形成的化合物统称为金属间化合物，金属间化合物不同原子间是以何种价键方式结合的？请举例说明。

6. 形成简单间隙化合物时，金属原子形成与其本身晶格类型不同的一种新结构，非金属原子处于该晶格的间隙之中，钢中常见间隙相有哪些？

7. 晶体相是组成陶瓷的基本相，它往往决定着陶瓷的力学、物理、化学性能。陶瓷氧化物都具有典型离子化合物的结构，分别为哪几类？

8. 硅酸盐是一种廉价的陶瓷材料，基本结构单元是SiO_4四面体立方系晶体，在硅酸盐中这一结构的特点有哪些？

9. 人们对玻璃结构进行了大量的研究，目前主要的玻璃结构理论是晶子模型和无规网络模型，分别简述这两种理论。

10. 通常将分子量小于500的称为低分子物质，分子量大于5000的称为高分子物质，高分子相在结构上与金属的晶体结构有何区别？

11. 超材料是指一些具有天然材料所不具备的超常物理性质的人工结构或复合材料，是由周期性或非周期性人工结构排列而成的人工复合材料，请举例说明这类材料的结构特点是如何使其具有特异性能的。

第4章

金属的结晶过程

物质由液体经冷却转变为固体的过程称为凝固。金属液体在凝固后的固态金属大都是晶体，通常又将这一转变过程称为结晶。了解金属的结晶过程，研究和掌握结晶的基本规律，对于更好地控制金属的凝固条件，以获得性能优异的金属制品具有重要的意义。同时，研究金属的结晶规律，也可为研究固态相变打下基础。本章将讨论纯金属结晶的热力学和动力学问题，以及内外因素对晶体生长形态的影响，并在最后对实际凝固过程中铸件缺陷的形态进行分析。

4.1 金属的结晶

4.1.1 结晶现象

冷却曲线是表明金属冷却时温度随时间变化的关系曲线，多用热分析法配合其他分析法来测定金属的冷却曲线，用以研究金属的结晶过程。图 4.1 为热分析实验装置示意图。金属置于坩埚中加热熔化成液体，然后缓慢冷却。在冷却过程中，每隔一定时间测定一次温度，然后将实验数据绘制在温度和时间坐标图上，便得到如图 4.2 所示的金属冷却曲线。

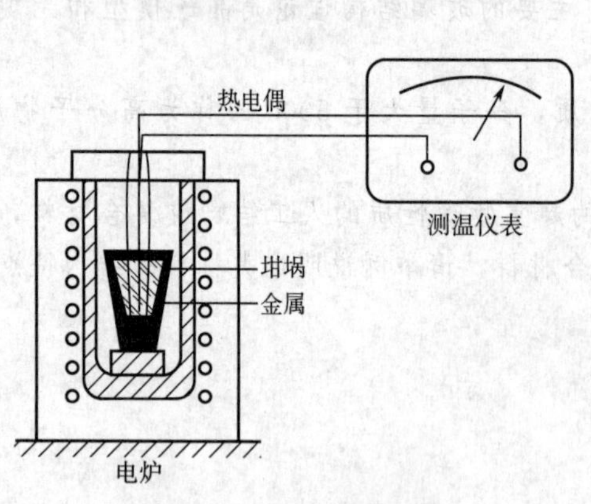

图 4.1 热分析实验装置

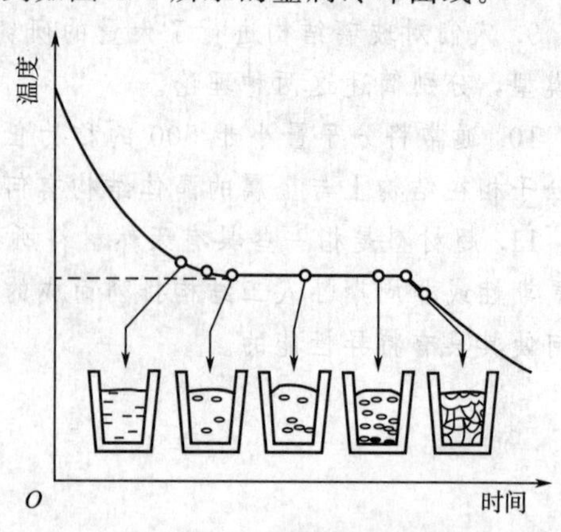

图 4.2 金属冷却曲线

从图 4.2 可见，液态金属在结晶之前随着冷却时间的延长，热量不断散失，温度下降。当冷却到某一温度时，温度并不随时间延长下降，在曲线上出现一个平台，这个平台所对应的温度，就是纯金属的结晶温度。这是由于金属结晶时放出的结晶潜热补偿了冷却时散失的热量，使结晶温度保持不变。平台延续的时间，就是结晶开始到终了的时间。结晶终了之后，由于没有结晶潜热补偿散失的热量，温度又重新下降。金属冷却曲线的形状与冷却速度等因素有关。

纯金属液体在无限缓慢的冷却条件（平衡条件）下的结晶温度称为理论结晶温度，用 T_0 表示，如图 4.3（a）所示。但在实际生产中，金属结晶时的冷却速度较快，此时液态金属将在理论结晶温度以下某一温度 T_n 才开始结晶，如图 4.3（b）所示。金属的实际结晶温度 T_n 低于理论结晶温度的现象，称为过冷现象。金属的结晶，必须在一定的过冷度下进行，不过冷就不可能结晶，过冷是结晶的必要条件。理论结晶温度与实际结晶温度之差 ΔT，称为过冷度，过冷度 $\Delta T=T_0-T_n$。研究表明，金属的过冷度不是一个恒定值，会受金属中杂质、冷却速度等因素的影响。一般来说，金属的纯度越高，过冷度越大。同一金属冷却速度越高，过冷度也越大，金属的实际结晶温度越低。

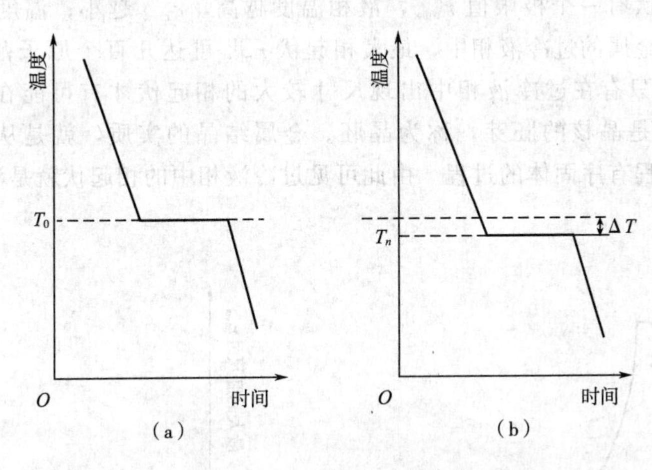

图 4.3 纯金属的冷却曲线

4.1.2 结构条件

液态金属过冷到实际结晶温度时，便会形核和晶核长大，即开始结晶。结晶能够进行，还必须满足结构条件和热力学条件。金属结晶时首先要形成原子排列类似固态金属的晶核，即晶胚，晶胚形成涉及金属结晶的结构条件，以下通过对液态金属结构的阐述，讲述金属结晶的结构条件。固态金属中原子的排列是有规则的。人们把固态金属的这种晶体结构特征，称为远程规则排列，也称远程有序，如图 4.4（a）所示。固态金属熔化后，液态金属中的原子仍处在相互作用半径之内，原子间存在着相当强的作用力。尤其是液态金属的温度接近熔点时，在较小的范围（从几十个到几百个原子范围）内，仍然存在着类似固态金属原子的远程规则排列，人们把液态金属的这种结构特征称为近程规则排列，又称近程有序，如图 4.4（b）所示。

液态金属中的原子动能较大，热运动激烈，而且原子间距较大，结合较弱，这就使得近

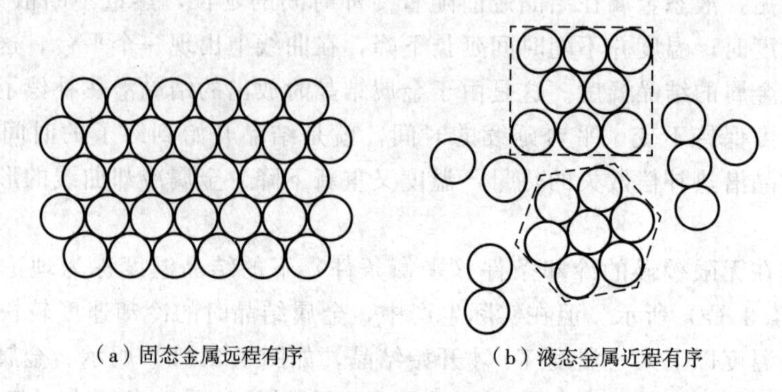

图 4.4　固态和液态金属结构

程有序的原子基团很不稳定，处于变化不定的状态。这种状态称为结构起伏或相起伏。在液态金属中，每一瞬间都可涌现出大量的尺寸不等的相起伏，在一定温度下，不同尺寸的相起伏出现概率不同，如图 4.5 所示。尺寸很小和很大相起伏的出现概率都很小。而且在每一温度下，最大的相起伏有一个极限值 $r_{\max}$，液相温度越高，$r_{\max}$ 越小；温度越低，$r_{\max}$ 越大，如图 4.6 所示。在金属的过冷液相中，最大相起伏 $r_{\max}$ 可达几百个原子范围，根据结晶的热力学条件判断，只有在过冷液相中出现尺寸较大的相起伏才有可能在结晶时转变成晶核，这些相起伏就是晶核的胚芽，称为晶胚。金属结晶的实质，就是从具有近程有序的液体转变为具有远程有序固体的过程。由此可见过冷液相中的相起伏就是液态金属结晶的结构条件。

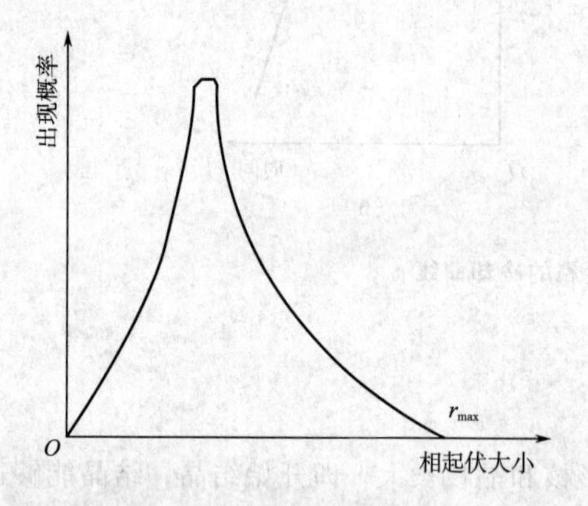

图 4.5　液态金属中不同尺寸的相起伏出现概率

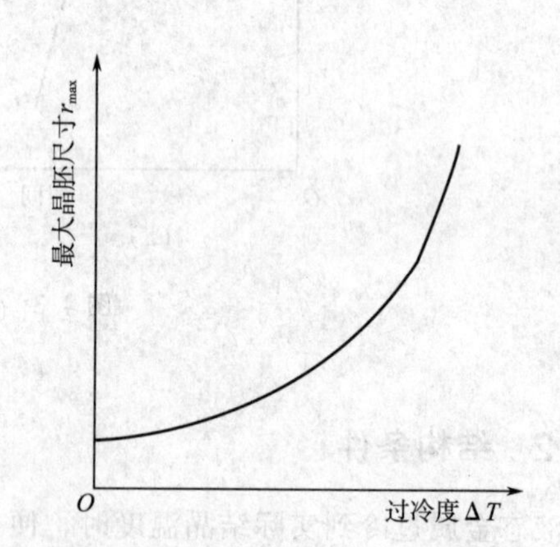

图 4.6　最大相起伏与过冷度的关系

4.1.3　热力学条件

按照热力学第二定律，在等温等压条件下，一切自发过程都是向使系统自由能降低的方向进行，一直进行到自由能具有最低值为止。在热力学中，自由能 $G=H-TS$，其中自由能 G 是状态函数，H 是热焓，T 是绝对温度，S 是熵。由于 S 恒为正值，故自由能是随温度的增加而减小的。纯金属结晶，一般在常压（一个大气压）和恒温条件下进行，是一个自发过程，遵循热力学第二定律。纯金属的液相、固相自由能随温度的变化曲线如图 4.7 所示。由于液态原子排列规律性比固态差，液态熵 S_L 大于固态熵 S_S，即液态金属自由能随温度的变化曲线较陡，G_L 与 G_S 两条曲线的斜率不同必然相交于某点，其对应温度为 T_0，此时，液、固两相的自由能相等，液、固两相共存，处于热力学平衡状态。温度 T_0 称为理论结晶温度，也就是金属的熔点。当温度高于 T_0 时，液相自由能低于固相，液相是稳定的，固相将熔化，结晶不能进行。相反，温度低于 T_0 时，固相自由能低于液相自由能，固相是稳定的，液相将结晶为固相，结晶能够进行。只有体系所处的温度低于理论结晶温度 T_0 时，液态金属的结晶才能发生。可见，金属结晶的热力学条件是固相自由能（G_S）必须低于液相自由能（G_L），即 $G_S < G_L$，固、液两相自由能差 $\Delta G = G_S - G_L$ 必须小于零。两相自由能差构成了金属结晶的驱动力。金属液体只有在过冷的条件下，才能满足这一热力学条件，这也是结晶必须过冷的根本原因。

应当指出的是，上述热力学条件，只是结晶的必要条件，并非充分条件。结晶能否发生，是由动力学因素决定的。

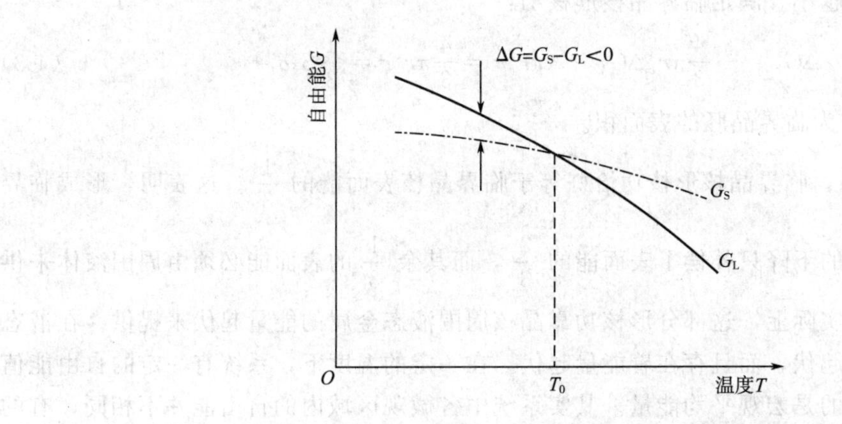

图4.7 纯金属的液相、固相自由能随温度变化曲线示意图

4.2 晶核的形成

金属的结晶有形核和长大两个基本过程。金属结晶形核有自发形核和非自发形核两种方式。实际金属结晶时，多以非自发形核为主。

4.2.1 自发形核

金属结晶时以过冷液态金属中存在的相起伏为基础形成结晶核心，这种形核方式称为自发形核。在自发形核时，新相在均匀的液相内形成晶核，液相中各区域出现新相晶核的概率相同，自发形核又称均匀形核或均质形核。

在一定过冷度下，液态金属中虽能出现各种不同尺寸的相起伏，但并不是所有的相起伏都能成为该过冷度下的结晶核心。只有那些尺寸较大、具备一定条件的相起伏才可能成为自发形核的胚芽或晶胚。晶胚内的原子组成了晶态的规则排列，外层原子却与液相中不规则排列的原子接触构成界面。在晶核形成时，系统自由能总的变化是上述两项能量的代数和，即系统的总自由能变化为：

$$\Delta G=-\frac{4}{3}\pi r^3\Delta G_V+4\pi r^2\sigma \tag{4-1}$$

式中，ΔG_V 为单位体积自由能差；σ 是单位面积的界面自由能（比表面能）；r 为晶胚的半径。

根据热力学第二定律，只有使系统的自由能降低，半径大小为 r 的晶胚才能稳定地存在并长大。当 $r<r_c$（r_c 为临界晶核半径）时，晶胚的长大使系统自由能增加，这样的晶胚不能长大。当 $r>r_c$ 时，晶胚的长大使系统自由能下降，这样的晶胚可以长大。$r=r_c$ 时，晶胚的长大趋势等于消失趋势，这样的晶胚称为临界晶核。

临界晶核半径 r_c 与过冷度 ΔT 的关系为：

$$r_c=\frac{2\sigma T_0}{\Delta H\cdot\Delta T} \tag{4-2}$$

由式（4-2）可知，临界晶核半径 r_c 与过冷度 ΔT 成反比，因此，温度越低，过冷度越大，则临界晶核半径越小。满足临界晶核形核功：

$$\Delta G_c=-\frac{4}{3}\pi r_c^3\Delta G_V+4\pi r_c^2\sigma=\frac{4}{3}\pi r_c^2\sigma=\frac{1}{3}S_c\sigma \tag{4-3}$$

式中，$S_c=4\pi r_c^2$ 为临界晶胚的表面积。

由式（4-3）可知，临界晶核形核功恰好等于临界晶核表面能的 $\frac{1}{3}$。这表明，形成临界晶核时，体积自由能的下降只补偿了表面能的 $\frac{2}{3}$，而其余 $\frac{1}{3}$ 的表面能必须由周围液体来供给，即需要形核功。实际上，这部分形核功靠晶核周围液态金属的能量起伏来提供。在液态金属中不但存在着相起伏，而且存在着能量起伏。在一定的温度下，系统有一定的自由能值与之相对应，但这指的是宏观平均能量。其实系统中各微观区域内的自由能并不相同，有的高于平均值，有的低于平均值，而且各微观区域所具有的能量大小随时间不断变化。这种在整个液态金属系统中每个微观区域内所具有的能量大小不一、起伏不定，偏离系统平均能量水平的现象，称为能量起伏。形核所需的形核功就是靠能量起伏提供。

综上所述，在过冷金属液相中，在相起伏大于临界晶核半径和能量起伏大于临界晶核表面能的 $\frac{1}{3}$ 的条件下，才能进行自发形核。

4.2.2 非自发形核

实际金属液体结晶时，晶核常常是在液相金属中外来固体质点的表面形成的，这种依附在液相中某种界面上形核的方式称为非自发形核。实际使用的金属并不很纯，金属熔化后，有一些难熔杂质的微小质点分布在熔液之中，这些质点可作为非自发形核的中心，非自发形核又称异质形核或非均匀形核。

非自发形核时，晶核在固相质点表面形成，晶核可能会有多种不同形状。为方便计算，设通过相起伏形成的晶核为球冠状，如图 4.8 所示。r' 表示晶核的曲率半径，θ 角表示晶核和基底的接触角，又称润湿角，σ_{SB} 表示晶核与基底之间的比表面能，σ_{SL} 表示晶核与液相之间的比表面能，σ_{BL} 表示基底与液相之间的比表面能。比表面能就是单位表面自由能，它在数值上等于表面张力。

当核稳定存在时，三种表面张力在交点处达到平衡，即：

$$\sigma_{BL}=\sigma_{SB}+\sigma_{SL}\cos\theta \tag{4-4}$$

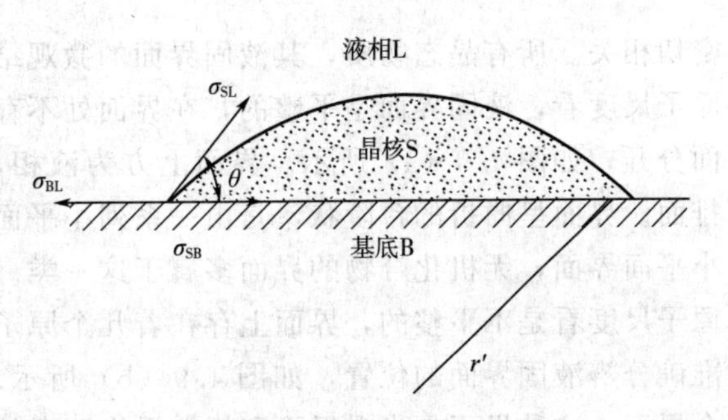

图4.8 非自发形核

非自发形核的临界晶核半径 r'_c：

$$r'_c=\frac{2\sigma_{SL}}{\Delta G_V} \text{ 或 } r'_c=\frac{2\sigma_{SL}T_0}{\Delta H\Delta T} \tag{4-5}$$

比较式（4-2）和式（4-5）可知，在同一过冷度下，非自发形核和自发形核的临界半径相同。但非自发形核的临界晶核半径 r'_c 是相起伏形成的球冠晶核的曲率半径，而自发形核的临界晶核半径 r_c 是相起伏形成的球的半径。当半径相等时，球冠的体积和表面积均小于球的体积和表面积。

由式（4-5）可得非自发形核的临界晶核形核功为：

$$\Delta G'_c=\frac{4}{3}\pi r'_c\sigma_{SL}\ \frac{2-3\cos\theta+\cos^3\theta}{4} \tag{4-6}$$

把式（4-6）与式（4-3）比较，得：

$$\Delta G'_c=\Delta G_c\frac{2-3\cos\theta+\cos^3\theta}{4} \tag{4-7}$$

由图4.8可以看出，θ 只能在 $0\sim\pi$ 变化，$\cos\theta$ 相应在 $1\sim-1$ 变化。当 $\theta<\pi$ 时，$\frac{2-3\cos\theta+\cos^3\theta}{4}$ 恒小于1，故有：

$$\Delta G'_c<\Delta G_c \tag{4-8}$$

这表明非自发形核比自发形核所需的形核功小，它可以在较小的过冷度下发生，容易形核。

4.3 晶核的长大

晶核形成后，液相中的原子不断通过扩散依附在晶核表面，使固液界面向液相中移动，晶核半径不断长大。晶核长大的驱动力是晶界能的下降，即长大前后的界面能差值。晶核的长大是连续地、均匀地进行，晶核长大过程中晶核的尺寸是比较均匀的，晶核平均尺寸的增大也是连续的。

4.3.1 长大条件

晶核形成之后在液固界面上一直发生着液相原子扩散至固相，而固相原子又离开界面迁向液相的动态过程。液相原子迁移至固相为凝固反应，固相原子迁移至液相为熔化反应。在理论结晶温度下，熔化与凝固两个过程处于动态平衡，此时晶核是不能长大的。晶核形成后只有液固界面取得动态过冷度，界面才能移动使晶核长大，称为晶核长大条件。一般金属的动态过冷度很小，在0.01～0.05℃之间。

4.3.2 长大方式

微观上晶体的长大是液体原子转移到固相表面的过程，微观长大方式与液固界面的结构密切相关。所有晶态物质，其液固界面的微观结构有两种类型，即光滑界面和粗糙界面。从原子尺度看，液固界面是平整的，在界面处不存在液固两相原子交错的情况，两相原子以界面分开，如图 4.9（a）所示。界面上方为液相，下方为固相，这种界面通常都是晶体的密排面。界面呈曲折的台阶状，是由一系列小平面组成的，每个小平面都是平整光滑的，又称小平面界面，无机化合物的界面多属于这一类。多数金属晶体和某些有机化合物的界面，从原子尺度看是不平整的，界面上存在着几个原子厚的过渡层，液固两相原子犬牙交错，难以准确分辨液固界面的位置，如图 4.9（b）所示。在光滑界面和粗糙界面之间，还存在着混合界面。这种界面是光滑界面和粗糙界面两者的结合，即从界面的一般形态来看，具有台阶形式的小平面，而且是晶体的一定晶面。但对每个台阶，原子分布又是粗糙的。少数材料如 Bi、Sb、Ga、Ge、Si 等界面较为复杂，其液固界面呈混合型。

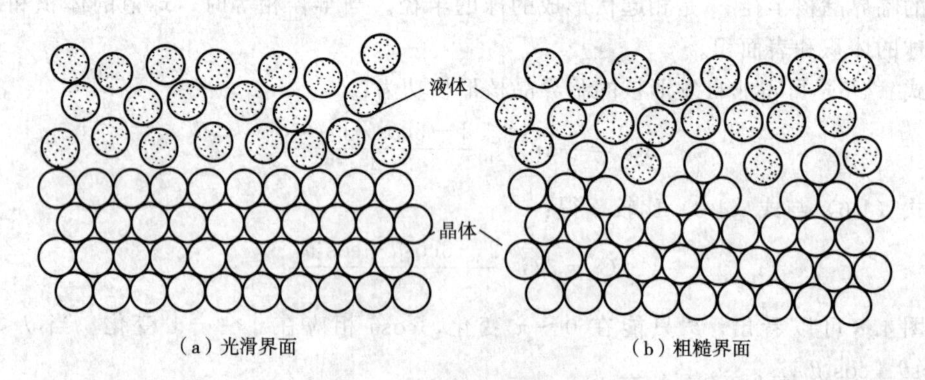

图 4.9　液固界面微观结构

由于粗糙界面上有近 50%的位置空缺原子，液相原子可以连续地向界面空位上填充，使液固界面沿法线方向向液相中移动，这种长大方式称为垂直长大。垂直长大只需克服原子间的结合力，而无其他能量障碍，而且添加原子的位置没有限制，所以长大速度很快，可达 10^{-2}cm/s。图 4.10 为粗糙界面的垂直长大示意图。

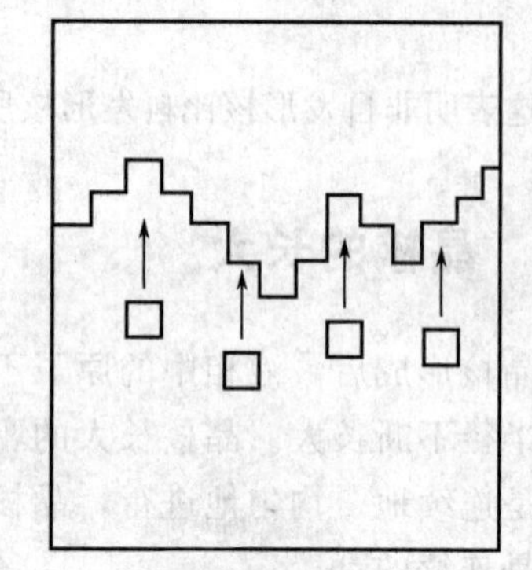

图 4.10　粗糙界面的垂直长大示意图

光滑界面的微观长大方式，有二维晶核长大和依靠晶体缺陷长大两种机制。二维晶核长大机制认为，长大过程中单个原子首先要占据界面平衡位置，这是一个能量增高的过程，由于界面光滑，而单个原子表面积大，界面能高，单位体积吉布斯自由能的降低不足以补偿界面能的增加，难以占据固液界面上的平衡位置。为降低表面能，增大单位体积吉布斯自由能差，液相原子需先形成一个二维晶核，以稳定在固液界面上。这一二维晶核在固液界面上形成之后，单个原子再向二维晶核侧面台阶处迁移，并与台阶连接，促使二维晶核展宽，直至覆盖固液界面为止。晶体继续长大需在新的固液界面上再形成二维晶核，直至液体耗尽为止，如图 4.11 所示。如果在固液界面上存在

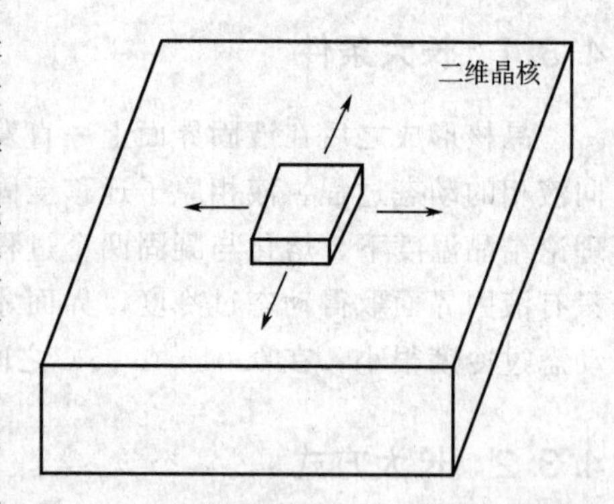

图 4.11　光滑界面的二维晶核长大机制

某种晶体缺陷，它为液相原子提供了连续向界面添加的现成台阶，能作为“二维晶核”促使晶体长大。晶核以这种方式长大无能量障碍，比二维晶核长大要快。但因缺陷位置有限，其长大速度比垂直长大要慢。常见的缺陷是光滑界面螺型位错的露头处。

4.3.3　长大形态

晶核长大中液固界面的形态取决于界面前沿液体中的温度分布。液体中一般有两种温度分布方式，即正温度梯度和负温度梯度，如图4.12所示。

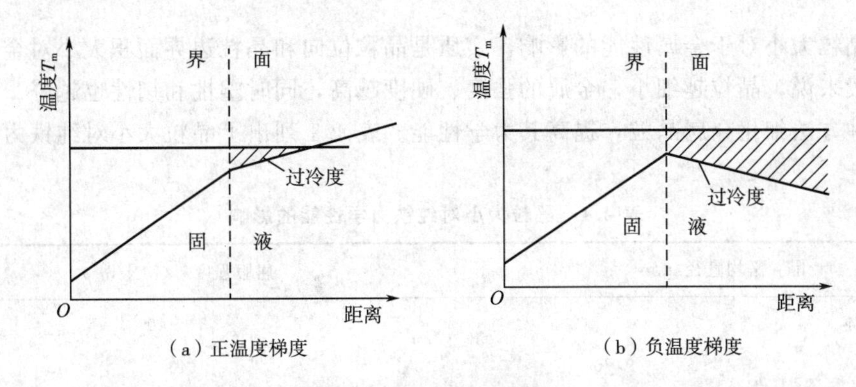

(a) 正温度梯度　　(b) 负温度梯度

图4.12　温度分布方式

距液固界面越远，液体温度越高，这种温度分布就是正温度梯度。通常金属液在锭模中的温度分布是正温度梯度。此时模型温度较低，首先结晶，模中心温度较高，液相的热量通过已结晶的固相和模型散失，因而界面前沿液体的过冷度随离开界面距离增大而降低。距液固界面越远，液体温度越低，这种温度分布就是负温度梯度。当锭模内金属液均被迅速过冷，靠近模壁液体首先形核发生结晶并释放出结晶潜热，此时固液界面温度最高，潜热通过模壁和周围过冷的液体而散失，这就是负温度梯度的凝固环境。

晶核的长大形态分平面长大和枝晶长大两种方式。平面长大方式是在液体具有正温度梯度分布的情况下，晶体以平面方式向液体推移长大，如图4.13(a)所示。界面处若偶然出现小的凸起伸入液相，因过冷度减小，长大速率降低或停止长大，而被周围部分赶上，界面将始终以平直界面向液相推移。在长大过程中晶体沿平行温度梯度的方向生长，或向散热的反向生长，而在其他方向的生长受到抑制。枝晶长大方式是指在液体具有负温度梯度条件下，晶体以树枝状方式长大，如图4.13(b)所示。此时固液界面不再保持平面，界面处偶然的凸起将伸入过冷的液相中，有利于晶体长大和凝固潜热的散失，从而形成一次晶轴，同时由于其潜热使邻近液体温度升高，过冷度降低，晶轴只在相邻一定距离的界面上形成，相互平行分布；在一次晶轴侧面仍为负温度梯度，便会分枝形成二次轴，以及多级的分枝，直至各枝晶相互接触，液体耗尽。

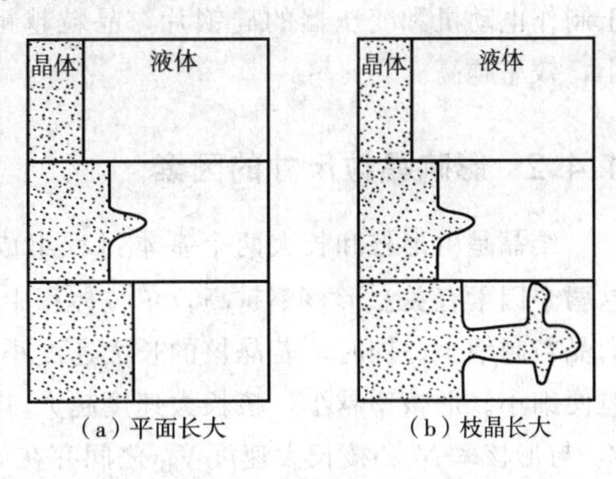

(a) 平面长大　　(b) 枝晶长大

图4.13　晶体长大方式

4.4 晶粒尺寸

金属结晶过程中形成的每一个稳定晶核最后都长大成为一个晶粒，结晶后的金属组织是由无数个晶体学位向各不相同的晶粒组成。金属是多晶体，晶粒大小的量度称为晶粒度。常用晶粒的平均面积、平均直径、单位面积平均晶粒数，以及晶粒度级别来表示晶粒度。

4.4.1 晶粒尺寸对性能的影响

金属晶粒大小对于金属性能的影响，实质是晶粒位向和晶粒边界面积大小对金属性能的影响。一般来说，晶粒越细小，金属的强度、硬度越高，同时塑性和韧性也越好。实际生产中采用多种方法细化金属晶粒，提高其力学性能。表 4.1 列出了晶粒大小对纯铁力学性能的影响。

表 4.1　晶粒大小对纯铁力学性能的影响

晶粒平均直径/mm		屈服强度/（MN/m^2）
单晶体		30～40
多晶体	9.70	40
	7.00	38
	2.50	44
	0.20	57
	0.16	65
	0.10	116

不同的使用环境和条件，对金属材料的晶粒大小要求也不一样。高温环境中服役的金属材料，晶粒过大和过小都不好。只有晶粒大小适中的金属材料，才具有较高的高温强度。用于制作电动机和变压器的硅钢片，晶粒越粗大越好，这是由于晶粒越粗大，其磁滞损耗越小，效率越高。

4.4.2 影响晶粒尺寸的因素

结晶是由形核和长大两个基本过程组成，晶粒大小必然与形核率 N 和核长大速度 V_G 这两个因素有关。形核率越高，单位体积中的晶核数越多，每个晶核的长大空间越小，形成的晶粒越细小。同时，若晶核的长大速度小，则在长大过程中就有可能形成更多的晶核，晶粒便细小。形核率越小，核长大速度越大，晶粒会越粗大。结晶后单位体积中晶粒的总数目 Z_V 与形核率 N 和核长大速度 V_G 之间存在如下关系：

$$Z_V = 0.9\left(\frac{N}{V_G}\right)^{\frac{3}{4}} \tag{4-9}$$

单位面积晶粒数目 Z_S 与形核率 N 和核长大速度 V_G 之间存在如下关系：

$$Z_S = 1.1\left(\frac{N}{V_G}\right)^{\frac{1}{2}} \tag{4-10}$$

由式（4-9）和式（4-10）可知，能促进形核（增加形核率 N）、抑制核长大（降低核长

大速度 V_G）的因素，都能使晶粒细化；反之，能抑制形核、促进核长大的因素，都能使晶粒粗化。即 N/V_G 数值越大，单位体积（面积）的晶粒数目越多，晶粒越细小，反之，则晶粒越粗大。

4.4.3 晶粒细化

在工业生产中为细化晶粒，改善和提高金属铸件的性能，常采用以下几种方法。

(1) 增加过冷度

形核率 N 和核长大速度 V_G 都与过冷度有关。一般在过冷情况下，形核率和核长大速度均随过冷度的增加而相应增大，但两者的增大倾向不同，形核率的增长率大于核长大速度的增长率，如图4.14所示。增加过冷度 ΔT 就能提高形核率 N 和核长大速度 V_G 的比值 N/V_G，使单位体积或单位面积的晶粒数目增大，从而细化晶粒。

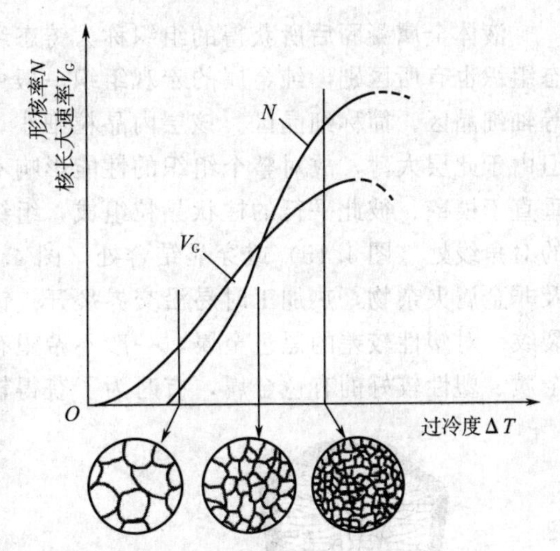

图4.14　形核率 N 和核长大速度 V_G 及过冷度 ΔT

增加过冷度的方法主要是提高液态金属的冷却速度。在铸造生产中，可以采用降低铸型的温度，提高液态金属的冷却速度，使用蓄热大和散热快的金属铸型，局部加冷铁以及采用水冷铸型等方法。采用提高冷却速度的方法来细化晶粒，往往只适用于小件或薄件，对大件难以实现。对于形状复杂的铸件，降低浇注温度会降低金属液体的流动性，使液态金属不能充满型腔，而提高冷却速度有时又容易引起变形和裂纹，造成废品。工业生产中还采用其他方法来细化晶粒。

(2) 变质处理

变质处理是指在浇注之前在液态金属中加入某种物质，促进非自发形核（增加形核率）或抑制晶核长大（降低晶核长大速度）而细化晶粒的一种方法，也称孕育处理。变质处理过程中，可向液态金属中加入同类金属的细粒，例如，在浇注灰铸铁时加入石墨粉，浇注高锰钢时加入锰铁粉，浇注高铬钢时加入铬铁粉等。也可向液态金属中加入少量某种元素，例如在钢液中加入Ti、Zr、V、B、Al等，在铸造铝合金液体中加入B、Zr、Ti等。还可向液态金属中加少量化合物，例如向铝液中加入TiC、VC、ZrC、WC、MoC等。以上这些变质剂（也称人工晶核）的细小颗粒在金属液体结晶时直接起晶核的作用而细化晶粒。变质处理时有的变质剂能减慢晶核长大速度而细化晶粒。例如在铝-硅合金中加入钠盐（NaF、NaCl等），活性Na使形核功减少，促使Si的形核，同时Na被吸附在Si晶体的表面，降低Si的表面张力，阻碍晶体长大，使Si晶粒细化。

(3) 振动和搅拌

在浇注和结晶过程中实施振动或搅拌，也可达到细化晶粒的目的。一方面振动或搅拌向液体中输入额外能量提供形核功，促进晶核形成，另一方面振动或搅拌使正在成长中的枝晶破碎，增加晶核数目。生产中常用机械振动、超声波振动和电磁搅拌等物理方法来细化晶粒。

4.5 铸件的组织

液态金属可在模中凝固，形成的铸态组织会影响其压力加工性能，也影响经过轧、锻加工后金属制品的组织和性能。对于直接使用的来说，铸态组织可直接影响其使用性能。本节主要介绍组织形成规律及一些常见的铸件组织缺陷。

4.5.1 宏观组织

液体金属凝固后所获得的组织称为铸态组织。金属种类不同或浇注条件改变，金属的铸态组织也有所区别。纯金属的宏观组织一般由三个晶区所组成，如图 4.15 所示。外壳层是等轴细晶区，简称细晶区。该层内晶粒细小，组织致密，成分较为均匀。其力学性能优良，但由于此层太薄，故对整个组织的性能影响不大。紧接外壳层细晶区的是内层柱状晶区，由垂直于模壁、彼此平行的柱状晶粒组成，组织也较致密。但在柱状晶交界处，如在横截面上的对角线处（图 4.15）或穿晶结合处（图 4.16）强度低、塑性差。此处常聚集着易熔杂质及非金属夹杂物，热加工时易沿交界裂开。铸件快冷时，由于内应力较大，也会沿该处形成裂纹。对塑性较差的黑色金属，一般不希望有较发达的柱状晶。而对于纯度较高、不含易熔杂质、塑性较好的有色金属，有时为了获得较为致密的组织，反而要使柱状晶的区域扩大。

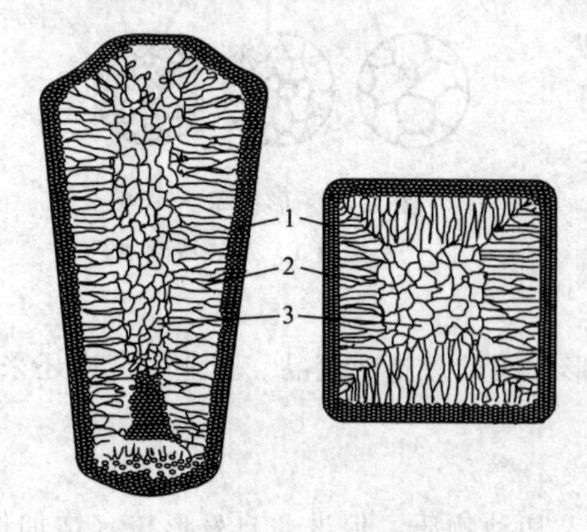

图 4.15 铸锭组织示意图

1—细晶区；2—柱状晶区；3—中心等轴晶区

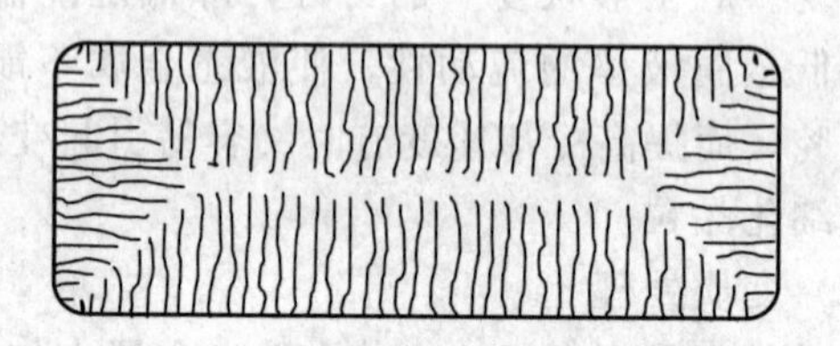

图 4.16 柱状晶区交界面处的脆弱分界面

中心部分是等轴晶区，由粗大的等轴晶粒组成。各等轴晶粒在长大时互相交叉，可能形成许多封闭小区，将残留在这些小区中的液体隔绝，当这些小区液体凝固时，由于得不到补缩而形成疏松（显微缩孔），形成的中心粗等轴晶区组织不致密，较疏松。但显微缩孔一般未氧化，经压力加工后，通常均可焊合，对力学性能影响不大。

依据浇注条件的不同，晶区的数目和它们的厚度会有所变化。一般来说，外壳层细晶区较薄，其他两个晶区较厚。高纯金属和某些合金，通常只有细晶区和柱状晶区，不会出现中心等轴晶区。

4.5.2 晶区的形成

前已述及，由外向内分别形成细晶区、柱状晶区和中心等轴晶区。这是由于液态金属在铸模冷却过程中，形成一定的温度梯度。铸模的材料和厚度不同，其吸热和散热的能力、冷却效果各异，模壁至中心的温度梯度会有区别。

（1）细晶区

液态金属浇入金属锭模后，由于模壁温度较低，模壁强烈吸热并散发热量，模壁对与之接触的那一层金属液体将产生激烈的冷却作用，即发生强烈的过冷，再加上模壁表面对液态金属的形核有促进作用，因而在靠近模壁的那部分液态金属中将形成大量晶核，并迅速长大至相互接触，从而形成等轴细晶区。表层细晶区的厚度与锭模的表面温度、热传导能力和浇注温度等因素有关。如锭模的表面温度低、热传导能力高、浇注温度低，便可获得较大的过冷度，从而使形核率增加，细晶区的厚度增大；反之，细晶区的厚度减小。

（2）柱状晶区

柱状晶区由垂直于模壁的粗大柱状晶组成。在细晶区形成的同时，锭模温度升高，散热速度降低，又由于细晶区形成时放出结晶潜热，故细晶区前沿的液态金属的冷却速度减缓，过冷度不大，形核变得困难，于是等轴细晶的形成趋于终止。尽管过冷度不大，结晶区内壁上仍然可以继续形核。由于垂直于模壁的方向上散热最快，因此晶体可沿散热方向最快的反方向向液体中长大。但这些晶轴的长大机会并不相同，只有那些晶轴与模壁垂直的晶粒，才能沿着与散热相反的方向，向液相中长大，而那些晶轴不与模壁垂直的晶粒，长大到一定程度后，由于晶粒间的相互接触而不能继续长大。晶轴垂直模壁的晶粒在向液相中长大的同时都受到四周正在长大着的晶粒的限制，只能彼此平行地向液相中长大，从而形成柱状晶区，如图 4.17 所示。

柱状晶生长的外因是传热的方向性。垂直模壁的方向散热最快，因而晶体沿其相反方向择优生长成柱状晶。柱状晶生长的内因是晶体生长的各向异性。例如，立方晶系的金属，其＜100＞方向生长速度最大，那些＜100＞方向恰好垂直于模壁的晶体截面积最大，它会以最快的速度沿垂直模壁的方向朝液相中心生长，这些具有优异取向的晶体就成长为柱状晶，而其他取向的晶体将被淘汰。

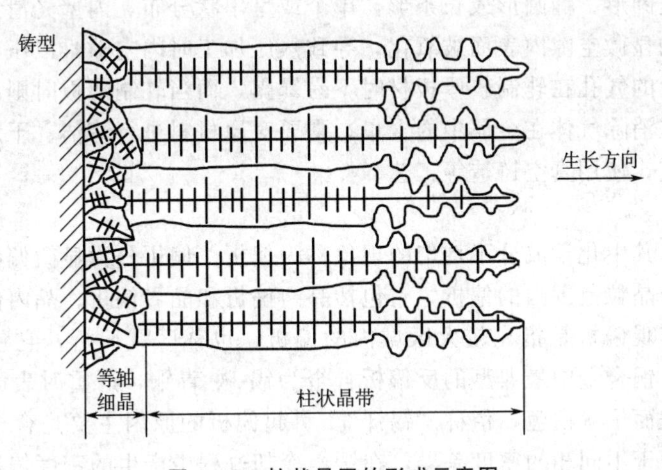

图 4.17　柱状晶区的形成示意图

在柱状晶长大的过程中，如果前方液体中始终没有形成新的晶核，则柱状晶就可以一直延伸到中心，直至与对面模壁上生长出来的柱状晶相遇。这种柱状晶称为穿晶。

（3）中心等轴晶区

随着柱状晶的生长，中心的液体经过散热也都降至金属熔点以下，有一定的过冷度，加之杂质等因素的作用，液态金属具备了形核的条件，由于过冷度小，这时会在剩余的整个液体中同时形成较小数目的晶核。由于中心的散热失去了方向性，这些晶粒在液体中能自由生长，各个方向的长大速度也差不多，可长成粗大的等轴晶粒。当它们长大到彼此相遇，或与柱状晶相遇时，长大即停止，全部液体凝固完毕，这就形成了明显的较粗大的中心等轴晶区。中心等轴晶区的形成机制，是一个比较复杂的问题，研究者对它做过大量的研究，从不同角度提出了各种理论。请参看有关文献资料，这里不再赘述。

4.5.3 铸件的缺陷

在铸件中，除组织不均匀外，还经常存在各种铸造缺陷，如缩孔、缩松、气孔以及偏析等，以下就铸件的几种主要缺陷的形成进行说明。

（1）缩孔和缩松

金属在凝固过程中，体积收缩，当熔液不能及时补充时，会出现收缩孔洞，称为缩孔或缩松。容积大而集中的缩孔称为集中缩孔，细小而分散的缩孔称为缩松，其中出现在晶界和枝晶间借助显微镜观察的缩松称为显微缩松。当熔液在锭模中由外向内、自下而上凝固时，由于液面的下降，最后凝固的部位得不到熔液的补充，便会在上部形成缩孔。缩孔周围的微小分散孔隙为缩松。缩孔表面多参差不齐，近似锯齿状；晶界和枝晶间的缩孔多带棱角，有些缩孔常被析出的气体所充填，孔壁较平滑，此时的缩孔也是气孔，在缩孔内和缩松的周围，还常会积聚各种低熔点的杂质而形成区域偏析。

（2）气孔

液态金属中总会或多或少地溶有一些气体，在金属凝固时，因气体在固态金属中的溶解度降低而部分析出，形成气泡，也可能金属凝固时发生某种化学反应而形成气泡。来不及上浮至液面的气泡就遗留在金属中，接近表面的气泡称为皮下气泡，分布在内的气泡称为内部气泡。气孔一般呈圆形、椭圆形或长条形，单个或呈串状分布，内壁光滑。气孔往往与缩松相结合，使内部的显微空隙内表面被氧化，导致热压加工时内空隙难以压合，影响金属材料的力学性能。少量的气孔在轧制较厚板材时不易暴露，而当轧制薄板时则出现起皮和发裂等现象。为了减少或消除气体在金属中的含量，常要对原材料进行清洁、干燥处理，铸造前采用除气、精炼工艺，使用真空铸造等工艺。

（3）偏析

金属凝固后，其中化学成分不均匀的现象称为偏析。偏析分为显微偏析和宏观偏析。显微偏析是指在一个晶粒范围内的偏析，它包括晶内偏析和晶界偏析。晶内偏析亦称枝晶偏析或树枝状偏析。宏观偏析是指在较大区域内的偏析，也称区域偏析，它包括正偏析、反偏析、密度偏析等。铜合金中最典型的反偏析合金为锡-磷-青铜，严重时表面出现大块状偏析瘤。这种偏析瘤表面呈灰白色，俗称“锡汗”。引起偏析的原因主要是合金凝固特性引起的显微偏析，这是由于不同相的密度差异，在缓慢冷却过程中产生的密度偏析。还有在凝固过程中的反偏析，反偏析形成的原因是原来铸件中心区富集低熔点元素的液体，由于铸件凝固时发生收缩而在柱状晶之间产生空隙（此处为负压），加上温度降低使液体中的气体析出形成正压，把铸件中心低熔点元素浓度较高的液体沿着柱状晶之间的“渠道”压至铸件的外层，形成反偏析。此外还有由熔化温度低、时间短、搅拌不均匀等引起的偏析。

铸件中的夹杂物，按其来源可分为两大类。一类是外来夹杂物，这类夹杂物是由耐火材料、炉渣等在冶炼、浇注过程中进入金属液中来不及上浮而滞留在其中造成的。外来夹杂物尺寸比较大，又称粗夹杂，它破坏了金属的连续性，在热加工和热处理时能形成裂纹，一般来说只要使用的工艺正确，就可避免外来夹杂物的形成。另一类是内生夹杂物，它是在液态金属冷却过程中形成的。溶解在金属液体中的氧、氮、碳等杂质元素在降温和凝固时，由于其溶解度降低，它们将与金属元素化合并以化合物形式从液相或固相中析出，最后在内部形成内生夹杂物，内生夹杂物的尺寸一般较小，也称细夹杂。内生夹杂物是不可避免的，使用正确的工艺只能减少其数量或改变其成分、大小及分布。外来夹杂物在制备好的试样检验面上，肉眼或借助放大镜可观察到。而内生夹杂物通常只有在光学显微镜下经放大后才能观察到。夹杂物的存在破坏了金属基体的连续性，它在金属中的形态、数量、大小和分布都不同程度地影响着金属的性能。

思考题：

1. 纯金属液体在无限缓慢的冷却条件下的结晶温度称为理论结晶温度，用 T_0 表示，而在实际冷却过程中液态金属将在理论结晶温度以下某一温度 T_n 才开始结晶，绘图说明这一现象。

2. 液态金属过冷到实际结晶温度时，便会形核和晶核长大，即开始结晶。但结晶能够进行，还必须满足哪些结构条件和热力学条件？

3. 金属结晶形核有自发形核和非自发形核两种方式，各有何特点？

4. 实际金属液体结晶时，晶核常常是非自发形核，请使用热力学第二定律绘图证明非自发形核的临界晶核形核功公式。

5. 晶核长大中液固界面的形态取决于界面前沿液体中的温度分布。液体中一般有两种温度分布方式，即正温度梯度和负温度梯度，分别用实际凝固环境进行举例说明。

6. 说明晶核平面长大和枝晶长大两种长大形态的特征及形成原理。

7. 金属晶粒大小对于金属性能的影响，实质是晶粒位向和晶粒边界面积大小对金属性能的影响，对晶粒大小对纯铁不同力学性能的影响举例说明。

8. 结晶后单位体积中晶粒的总数目 Z_V 与形核率 N 和核长大速度 V_G 之间存在关系：$Z_V=0.9\left(\frac{N}{V_G}\right)^{\frac{3}{4}}$，使用这一公式来说明形核率对晶粒尺寸的影响。

9. 利用公式 $Z_V=0.9\left(\frac{N}{V_G}\right)^{\frac{3}{4}}$ 分析工业生产中细化晶粒的工艺方法。

10. 铸件的组织缺陷有哪些，分别使用何种方法进行控制？

11. 分析铸件不同晶区的特点及其形成过程。

第5章

相图及其应用

在工业上除少数要求特殊性能的材料外，使用的金属材料绝大多数是合金。人们可通过对合金化学成分和组织结构的调整，来改善其工艺性能和提高其使用性能，从而满足各种用途对材料的要求，如耐蚀性、耐热性等。合金的性能与其成分和内部的组织结构密切相关，研究合金的性能必须把握合金的成分和组织结构的变化规律。本章将介绍合金的固态相结构，分析和研究几种典型的二元合金相图，了解合金的结晶过程，掌握合金的成分、组织结构和性能之间的关系，为进一步学习和研究合金的相变打下理论基础。

5.1 二元相图

相图是表示在平衡状态下合金的组织结构与其成分和温度关系的图形，是研究新合金和制定合金的熔炼、浇注、塑性加工以及热处理工艺时的重要依据，它是在极缓慢的冷却或加热条件（平衡状态）下测定的，也称平衡图。利用相图，人们不但能了解在平衡状态下不同成分合金随温度变化时的组织（相）状态，以及相的成分及其含量，还能了解合金在缓慢加热和冷却过程中可能发生的组织（相）转变。

5.1.1 表示方法

合金化学成分、温度和压力决定其所处状态。压力对液固相或固相之间的变化影响不大，而且金属的状态变化多数是在常压下进行，所以在研究合金的相变时一般不考虑压力的影响。影响二元合金状态的只有第二相组元的浓度和温度两个参数。如图5.1所示，二元合金的相图是以横坐标表示成分、纵坐标表示温度的温度-成分平面图形。横坐标上的任一点均表示一种合金的成分（一般用质量分数表示）。相图中的任意一点称为表象点，一个表象点的坐标值表示一个合

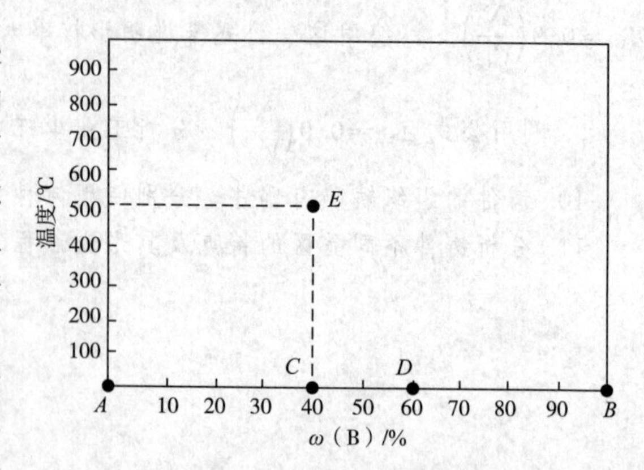

图5.1 二元合金相图的坐标

金的成分和温度。

5.1.2 杠杆定律

在结晶过程中，随结晶过程的进行，合金中各相的成分及其相对量不断发生变化。利用杠杆定律，不但能够确定任一成分的合金在任何温度下处于平衡的两个相的成分，而且还可以确定两个相的相对数量。二元系合金的杠杆定律适用于两相区。在两相区，两相的相对量与它们的各自成分相关。相图中，液相线是表示液相的成分随温度变化的平衡曲线，固相线是表示固相的成分随温度变化的平衡曲线。如图5.2所示，成分为$\omega(\mathrm{Ni})\%$的Cu-Ni合金Ⅰ在温度t_1时处于液相L和固相α两相共存状态。要确定液相L和固相α的成分，可通过t_1作水平线arb，其分别与液相线和固相线相交于a、b点，水平线与液相线交点a在成分坐标轴上的投影C_L即温度为t_1时液相L的成分，水平线与固相线交点b在成分坐标轴上的投影C_α。即温度为t_1时固相α的成分。计算液相和固相在温度t_1时的相对含量。

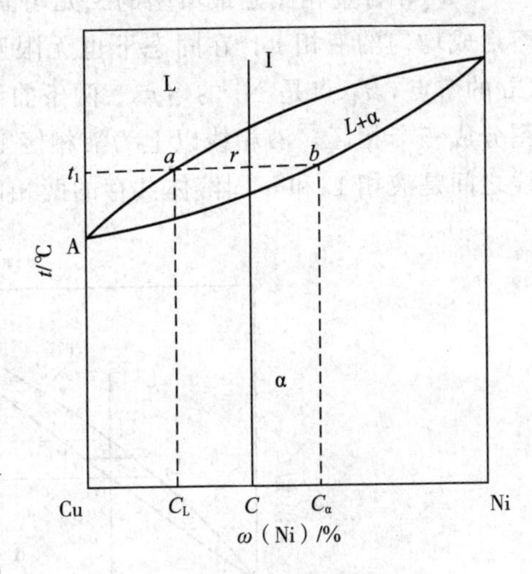

图5.2 杠杆定律

设图5.2中的合金Ⅰ在t_1时液相L的质量为m_L，固相α的质量为m_α，总质量为m，则有：

$$m = m_L + m_\alpha \tag{5-1}$$

由于液相L和固相α中的Ni质量之和应与合金Ⅰ中含的Ni质量相等，因此：

$$m_L \cdot C_L + m_\alpha \cdot C_\alpha = m \cdot C \tag{5-2}$$

式中C_L、C_α、C分别为液相L、固相α及合金Ⅰ中Ni的质量分数。

将式(5-1)代入式(5-2)可得：

$$m_\alpha(C_\alpha - C) = m_L(C - C_L) \tag{5-3}$$

由式(5-3)和图5.2可得：

$$m_\alpha \cdot rb = m_L \cdot ar \text{ 或 } \frac{m_L}{m_\alpha} = \frac{rb}{ar} \tag{5-4}$$

还可求出合金中各相的相对量（质量分数）为：

$$\frac{m_L}{m} = \frac{rb}{ab} \times 100\%,\quad \frac{m_\alpha}{m} = \frac{ar}{ab} \times 100\% \tag{5-5}$$

式(5-4)与力学中的杠杆定律相似，也称为杠杆定律。为形象地对杠杆定律进行解释，如图5.3所示，可将r点看作支点，则杠杆两端的质量与其臂长成反比。

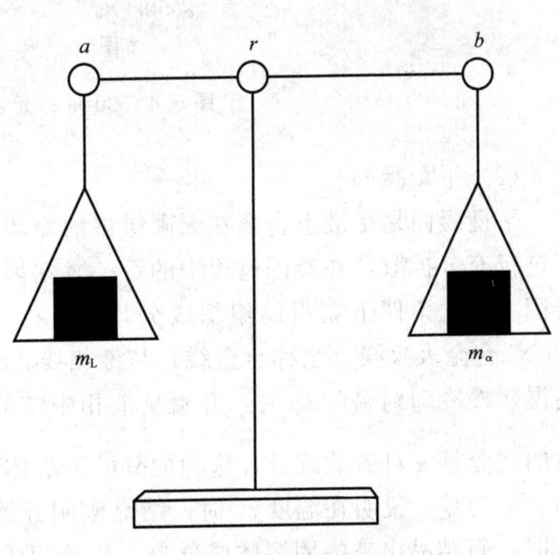

图5.3 杠杆定律力学比喻

5.1.3 相图分析

5.1.3.1 二元匀晶相图

组元不但在液态无限互溶，而且在固态也无限互溶的合金系形成的相图称为匀晶相图。由液相结晶出单相固溶体的过程称为匀晶转变。几乎所有的二元合金相图都包含有匀晶转变部分。属于二元匀晶相图的合金还有 Cu-Ni、Au-Ag、Au-Pt、Fe-Ni、Fe-Cr、Mo-W 等。

（1）相图特点

Cu-Ni 合金相图是最典型的二元匀晶相图，如图 5.4（a）所示。Cu 和 Ni 在液态无限互溶形成均匀的液相 L，在固态下也无限互溶形成无限固溶体 α 相。图中有两个点，t_A 点是 Cu 的熔点，t_B 点是 Ni 的熔点。两条曲线，$\overline{t_A t_B}$ 是液相线，$\underline{t_A t_B}$ 是固相线。这两条曲线将相图分成三个相区，液相线以上为液相区 L，固相线以下为单相 α 固溶体区，在液相线与固相线之间是液相 L 和 α 固溶体共存的两相区。

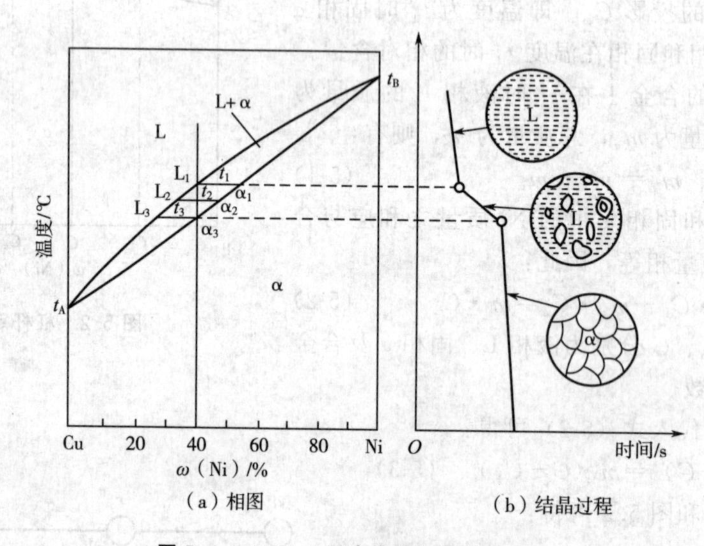

（a）相图　　（b）结晶过程

图 5.4　Cu-Ni 二元合金相图及结晶过程

（2）平衡凝固

平衡凝固是指液态合金在无限缓慢的冷却条件下进行的凝固，因冷却十分缓慢，原子能够进行充分扩散，在凝固过程中的每一时刻都能达到完全的相平衡，这种凝固过程称为平衡凝固。在此条件下获得的组织成分均匀，称为平衡组织。图 5.4（b）中 ω(Ni) ＝40%的 Cu-Ni 合金表象线（也称合金线）与液相线、固相线的交点分别为 L_1 和 α_3。当液态合金自高温缓慢冷却到温度 t_1 时，开始从液相中结晶出 α 固溶体。根据杠杆定律此时结晶出固溶体的成分是 α 对应的成分，这种成分的固溶体记作 α_1，即 $L_1 \overset{t_1}{\rightleftharpoons} \alpha_1$。用杠杆定律可求出 α_1 的含量为零，说明在温度 t_1 时，结晶刚刚开始，固相尚未形成。合金液体继续冷却到温度 t_2 时，新结晶出来的固溶体成分为 α_2，液相成分为 L_2。从温度 t_1 到 t_2 的冷却过程中，在温度 t_1 下结晶出来的成分为 α_1 的固溶体通过原子扩散变成了成分为 α_2 的固溶体，液相 L_1 的成分也变成了 L_2 的成分，液固两相达到新的平衡关系，即 $L_2 \overset{t_2}{\rightleftharpoons} \alpha_2$。此时液相 L_2 和固相

α_2 的相对量可用杠杆定律求出。合金不断冷却，液相的成分沿液相线变化，量不断减少，而固溶体的成分沿固相线变化，量不断增多。当合金冷却到温度 t_3 时，结晶结束。此时得到了 α_3 成分的固溶体，与原合金成分相同的单相 α 固溶体。图 5.4（b）所示为 $\omega(\mathrm{Ni})=40\%$的 Cu-Ni 合金的冷却曲线和平衡结晶时的组织变化示意图。其他成分的 Cu- Ni 合金的结晶过程均与上述合金相似。

固溶体合金的结晶过程由形核和核长大两个基本过程组成。由于固溶体合金中存在第二组元，结晶时液相和固相成分均发生变化，从而使得结晶过程变得复杂，主要表现在以下两个方面。

① 固溶体结晶是异分结晶。纯金属结晶出来的晶体与液相的成分完全一样，称为同分结晶。而固溶体合金结晶出来的固相成分与液相成分不同，这种结晶称为异分结晶，或称选择结晶。固溶体形核时不仅需要有一定的相起伏和能量起伏，而且需要一定的成分起伏或浓度起伏。通常所说的液态合金成分是指宏观的平均成分。但从微观角度来看，由于原子运动扩散，在任一瞬间，液相中某些微小体积的成分总是偏离液相的平均成分。微小体积的成分、大小和位置不断地变化，这就是成分起伏或浓度起伏。固溶体合金便在那些相起伏、能量起伏和成分起伏都能满足要求的地点进行形核。由于固溶体合金液体结晶是异分结晶，还需要一定的成分起伏，所以固溶体合金结晶比纯金属结晶过冷倾向要大一些。

② 固溶体合金的结晶需要一定的温度区间，不是在恒温下进行的。在此温度区间内的每一温度下，只能结晶出某一成分和一定数量的固相。随着温度的降低，固相的数量增加，液相的数量减少，同时固相和液相的成分分别沿着固相线和液相线连续地改变，直至固相线的成分与原合金的成分相同时结晶完毕。在固溶体合金结晶时，始终进行着溶剂和溶质原子的扩散过程，其中不但包括液相和固相内部原子的扩散，还包括固相与液相通过界面进行的原子相互扩散，这就需要足够的时间，才能保证平衡结晶过程的进行。因此固溶体合金的结晶速度比纯金属慢。

(3) 非平衡凝固

在实际生产中，液态合金浇入铸型的冷却速度较快，扩散过程尚未完全进行时温度就继续下降了，这种液态合金在较快的速度冷却、原子来不及充分扩散的条件下进行的结晶称为不平衡结晶。在结晶过程中，每一温度下结晶出来的固溶体，其平均成分将要偏离固相线所示的成分。不平衡结晶所得的组织称为不平衡组织。合金的不平衡结晶，随冷却速度和原子的扩散能力不同，成分可能是多种多样的。在这里仅讨论在结晶过程中液相的成分能够随时借助扩散、对流或搅动等作用完全均匀化，而固相中不发生扩散或扩散不充分的不平衡结晶。

成分为 C_0 合金的不平衡结晶过程如图 5.5 所示。在实际生产中成分为 C_0 的合金可能要过冷到温度 t_1 才开始结晶，这时结晶出成分为 α_1 的固溶体。当温度继续下降到 t_2 时，析出成分为 α_2 的固溶体，依附在 α_1 晶体周围生长。平衡结晶时，通过扩散，先结晶出来的 α_1 固溶体成分与 α_2 相同。但当冷却速度较快，原子来不及扩散或扩散不充分，晶体内外的成分很不均匀。这时固溶体的平均成分不是 α_1，也不是 α_2，而是 α_1 和 α_2 之间的 α_2'。同理，当温度下降到 t_3 时，固溶体的平均成分也不是 α_3，而是 α_3'。当温度下降到 t_4，平衡结晶时，C_0 成分的合金应结晶结束，固溶体的成分应为 α_4，不平衡结晶时固溶体的平均成分为 α_4'，与合金的成分 C_0 不同，仍有一部分液相尚未结晶，只有当温度降低到 t_5 时，结晶才结束，固溶体的平均成分为 α_5'，即原合金的成分 C_0。

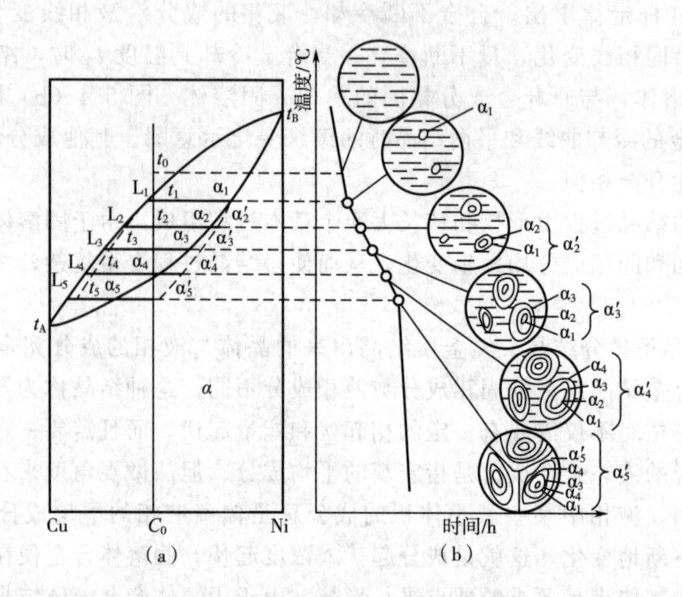

图 5.5 固溶体不平衡凝固示意图

图 5.5（a）中，α_1、α_2'、α_3'、α_4'、α_5'连成的虚线是冷却速度较快时固相的平均成分线，固相平均成分线与固相线的意义不同，固相线的位置与冷却速度无关，位置固定；而固相平均成分线位置与合金的冷却速度有关，冷却速度越快，偏离固相线的程度越大，反之则偏离程度越小，当冷却速度极为缓慢时，则与固相线重合。同理，若液相内原子也不能进行充分扩散，则在不平衡条件下结晶的液相线也会有所偏离，如图 5.5（a）中右侧虚线所示。由图 5.5（b）可见，固溶体不平衡结晶得到的固溶体的化学成分是不均匀的，先后从液相中结晶出的固相成分不同。先结晶的部分含高熔点组元较多，后结晶的部分含低熔点组元较多，在一个晶粒内部存在着浓度差别，这种在一个晶粒内成分不均匀的现象叫晶内偏析。由于固溶体结晶是以枝晶长大方式长大的，枝干和枝间的化学成分不同，所以又称为枝晶偏析。由于形核及长大先后不一，液相凝固后不同晶粒之间的成分不同，这种不同晶粒间化学成分不均匀的现象，称为晶间偏析。上面所述的偏析总称为显微偏析。铸钢组织也是树枝状晶，其中先结晶出来的枝干含碳量较低，而后结晶出来的分枝含碳量较高，枝晶间隙部位含碳量更高，也存在着枝晶偏析现象。

枝晶偏析的程度取决于相图的形状、偏析元素原子的扩散能力以及冷却速度。若相图中液相线和固相线之间的水平距离大，则先结晶出来的枝干和后结晶出来的枝间的成分差别也大，偏析严重；若相图中液相线与固相线垂直距离大，即先后结晶的固溶体的结晶温度差别大，温度越低，原子的扩散能力越小，扩散速度越慢，偏析越严重。偏析元素原子的扩散能力越大，则偏析的程度就越小；反之，偏析程度越大。冷却速度越快，实际结晶温度越低，原子的扩散能力越小，则偏析程度越大。但如果冷却速度极快，则对于小体积铸件来说就可能把液相过冷到接近固相线的温度，在这样的过冷情况下，结晶出来的固相成分就很接近合金的原始成分，因而偏析程度反而小。枝晶偏析的存在，特别是粗大的树枝状晶会使合金的力学性能降低，特别是降低塑性和韧性，甚至使合金不易进行压力加工。枝晶偏析也会使合金的耐蚀性降低。为消除晶内偏析，工业生产中广泛使用均匀化退火，即将铸件加热至低于其固相线的较高温度，进行较长时间的保温，并缓慢冷却使偏析元素的原子能充分扩散，以达到均匀成分的目的。

不平衡结晶造成的合金成分偏析，一般来说是有害的。但工业生产中也可利用它来提纯金属。图5.6为利用异分结晶选择结晶来提纯金属的示意图。杂质浓度为 x 的金属自液态冷却到与液相线相交的温度时，结晶出杂质浓度为 y 的金属固体，它含的杂质（B）浓度低于 x。若将这部分结晶出来的固相自液体中取出，然后再将其重新熔化并再次凝固，则先结晶出来的金属固体的杂质浓度将变为 z，其含有的杂质（B）浓度又低于 y。如此多次重复，就可以获得纯度很高的金属，这就是区域熔炼提纯法，是利用固溶体不平衡结晶条件下的选择结晶产生偏析的原理来提纯金属的有效方法。实际工业生产中的生产工艺原理如图5.7所示，用感应加热等方法，使金属棒从左到右局部熔化。由于凝固出来的固相的溶质（杂质）浓度总是低于相界处的液体浓度，所以当熔化区从左端移到右端时，溶质（杂质）原子就富集于右端。如此重复，金属棒（除去右端）的纯度就大为提高。区域熔炼时，金属（A组元）的提纯程度与平衡条件下合金中固相和液相中的溶质（B组元）浓度的比值有关，即与分配系数（$K=\dfrac{y}{x}$）有关。y 为溶质（杂质）B在固相中的浓度，x 为溶质（杂质）B在液相中的浓度。可见 K 值越小，其提纯效果越好。当 $K=0.1$ 时，一般只需进行五次区域熔炼，就可使金属棒前半部分的杂质含量降低至原来的千分之一。区域熔炼法已广泛用于提纯许多半导体材料、金属、有机及无机化合物等。

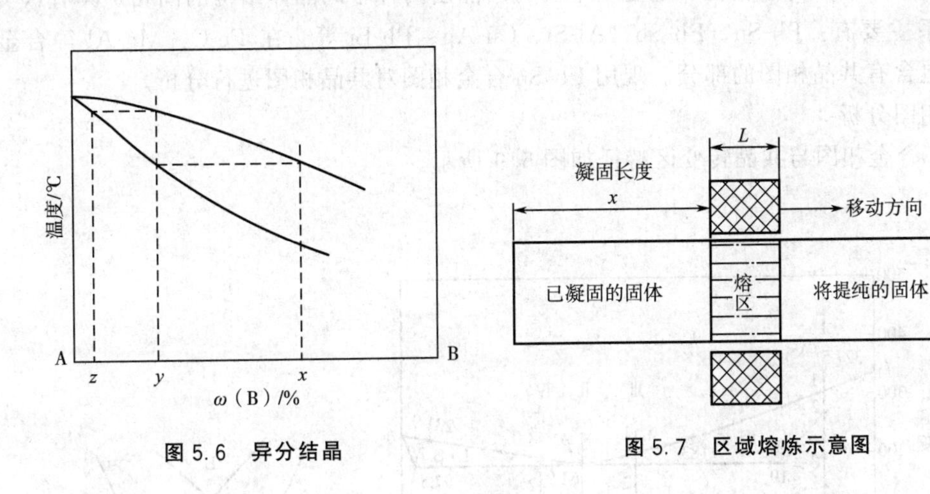

图5.6　异分结晶

图5.7　区域熔炼示意图

（4）成分过冷

固溶体合金结晶时，由于固液界面前沿液相中的溶质分布发生了变化，改变了液相的熔点，此时，过冷是由成分变化和实际温度分布这两个因素共同决定，这种过冷称为成分过冷或组成过冷。显然，决定成分过冷度大小及其分布的基本因素是结晶时固液界面附近液相中的溶质浓度分布和实际温度分布状况。

（5）晶体的长大

一般固溶体合金中的溶质含量为0.2%以上时，便易出现成分过冷。实际上，成分过冷是合金结晶的普遍现象，它对晶体的长大方式和晶体的形核、铸件的宏观组织等都有重要影响。固溶体合金结晶时，若不出现成分过冷，晶体的长大只能呈平面推移，即为平面长大方式，最后形成平面状的晶粒界面。若固液界面前沿的液相有较小的过冷度，将引起界面的不稳定，晶体就不能稳定地以平面方式长大，固相界面上某些偶然凸出部分，就可能伸入过冷

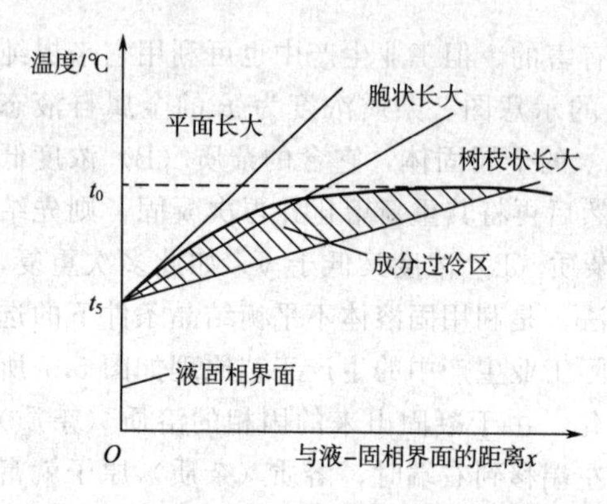

图 5.8 成分过冷对晶体长大方式的影响

区而长大，使生长着的界面变为凹凸不平类似胞状结构，故称为胞状组织。这种长大方式称为胞状长大方式。对于A-B合金，当$K<1$时，因固相表面的凹处易富集组元B，形成显微偏析。晶体组织显示出规则的胞状组织，横向大致呈网状但有的也可以成板状，而纵断面呈线条状。固液界面前沿的液相有很大的过冷度时，固相表面的凸出部分，就会很快地伸向过冷液相中长大，并在侧向分枝，形成树枝状组织。上述三种长大方式与成分过冷的关系示意在图5.8中。此外，由于成分过冷度大小的影响，还可能存在着混合长大方式，因而在各组织之间还有过渡的形态，形成介于平面状与胞状之间的平面胞状晶，以及介于胞状与树枝状晶之间的胞状树枝状晶。

5.1.3.2 共晶相图

两组元在液态时无限互溶，在固态时有限互溶，发生共晶转变的二元合金相图称为共晶相图。此时某一成分的液相在一定温度下同时结晶出两种不同晶体结构的固相。具有这类相图的合金系主要有：Pb-Sn、Pb-Sb、Al-Si、Cu-Ag、Pb-Bi等。在Fe-C、Mg-Al等合金相图中，也包含有共晶相图的部分。现用Pb-Sn合金相图对共晶相图进行分析。

(1) 相图分析

Pb-Sn合金相图与共晶转变区特征如图5.9所示。

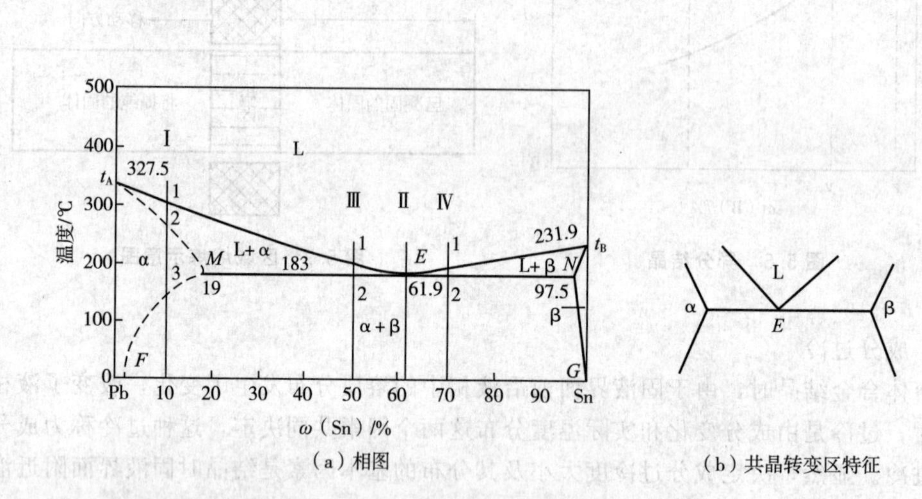

(a) 相图　　(b) 共晶转变区特征

图 5.9 Pb-Sn合金相图与共晶转变区特征

Pb-Sn合金有三个基本相：L、α和β相。其中的L相是Pb和Sn两组元在高温液态时无限互溶形成的均匀液相，α相是溶质Sn溶于溶剂Pb中形成的有限固溶体，β相为溶质Pb溶于溶剂Sn中形成的有限固溶体。相图中的特性点有：t_A、t_B、M、E、N、F、G。t_A为327.5℃，是Pb的熔点温度，t_B是231.9℃，为Sn的熔点温度，M点ω(Sn) =19%、183℃，其对应Sn在α固溶体中的最大溶解度（固溶度）。N点w(Sn) =97.5%、183℃，对应Pb在β固溶体中的最大溶解度（固溶度）。F和G点分别对应α和β固溶体在室温时的溶解度。E点ω(Sn)＝61.9%、183℃，是共晶点，即具有E点成分［ω(Sn)＝61.9%］的Pb-Sn合金液相L_E在183℃下要同时结晶出成分为M点对应的α_M和成分为N点对应的β_N固溶体，即发生共晶转变（共晶反应）：$L_E \xrightarrow{183℃} \alpha_M + \beta_N$。$E$点成分［ω(Sn)＝61.9%］为共晶成分，183℃为共晶温度，转变产物（$\alpha_M+\beta_N$）称为共晶体或共晶组织，共晶转变在恒温下进行。

在相图中，t_AE和t_BE为液相线。t_AMENt_B为固相线，其中水平线MEN为三相L、α、β共晶线。当ω(Sn)＝19%～97.5%的Pb-Sn合金液相冷却到共晶线（183℃）上时，剩余液相的成分均为共晶成分，它将在共晶温度183℃发生共晶转变，MEN称为共晶线。MF线为Sn在α相中的溶解度曲线（或称固溶度曲线）。NG线为Pb在β相中的溶解度曲线。α相和β相在183℃时的溶解度最大，分别为ω(Sn)＝19%和ω(Pb)＝2.5%。在室温下，α相和β相的溶解度分别为F和G点，即α相和β相的溶解度均随温度的降低而减少。

相图中有液相区L、α相区和β相区三个单相区，三个两相区L＋α、L＋β、α＋β相区，还有一个L＋α＋β三相区，共晶线MEN为三相区，共晶线对应成分的合金从高温冷却到共晶线时剩余液相要发生共晶转变，共晶转变时三相共存，所以共晶线MEN为三相区。

根据共晶点（E点）和室温平衡组织类型可把Pb-Sn合金分为四大类：M点以左、N点以右成分的合金称为固溶体合金；E点［ω(Sn)＝61.9%］成分的合金称为共晶合金；E点左边、M点右边成分的合金称为亚共晶合金；E点右边、N点左边成分的合金称为过共晶合金。

(2) 典型合金的平衡结晶及其组织

① 合金Ⅰ（F-M之间成分的合金）。图5.9中以锡含量ω(Sn)＝10%的Pb-Sn合金为例进行分析。该合金由液相缓慢冷却到表象线与液相线的交点1时，开始结晶出α固溶体。随温度的降低，从1点冷却到2点的过程中，α固溶体的数量不断增多，液相的数量不断减少，α固溶体的成分沿t_AM线变化，液相的成分沿t_AE线变化。当合金冷却到表象线与固相线相交的2点时，合金结晶完毕，其组织为单相α固溶体。继续冷却，在2点至3点温度范围内，α固溶体的晶体结构和成分均不发生变化。当冷却到3点时，即表象线与固溶度曲线MF相交的温度时，Sn在Pb（或α固溶体）中的溶解度达到该温度时的饱和溶解度，即饱和状态。温度再降低至3点以下的温度时，α固溶体变为过饱和状态，此时将发生过剩的Sn以β固溶体的形式从过饱和的α固溶体中析出（或沉淀）的过程。随着温度的不断降低，从α固溶体中继续析出β固溶体，α固溶体的成分沿固溶度曲线MF变化，而析出的β固溶体成分沿固溶度曲线NG变化。由固溶体中析出或沉淀另一个固相的过程称为二次结晶，二次结晶析出的相称为二次相或次生相。次生相β固溶体用$\beta_{Ⅱ}$表示，以区别于从液相中直接结晶出来的初生β固溶体。由于固态下原子的扩散能力小，析出的次生相不易长大，一般都比较细小，分布于晶界或晶内。

图5.10所示为锡含量ω(Sn)＝10%的Pb-Sn合金平衡结晶过程示意图。该合金室温下的平衡组织为在α固溶体的基体上分布着细小的$\beta_{Ⅱ}$固溶体的混合组织，即$\alpha+\beta_{Ⅱ}$。

位于M点和F点之间的其他合金的平衡结晶过程与上述合金相似，其室温组织都是$\alpha+\beta_{Ⅱ}$。只是α和$\beta_{Ⅱ}$相的相对量不同。成分越接近M点，$\beta_{Ⅱ}$相则越多。α相与$\beta_{Ⅱ}$相的相对量可用杠杆定律求得，次生相的性质、形态、大小、数量和分布对合金的性能有很大影响。

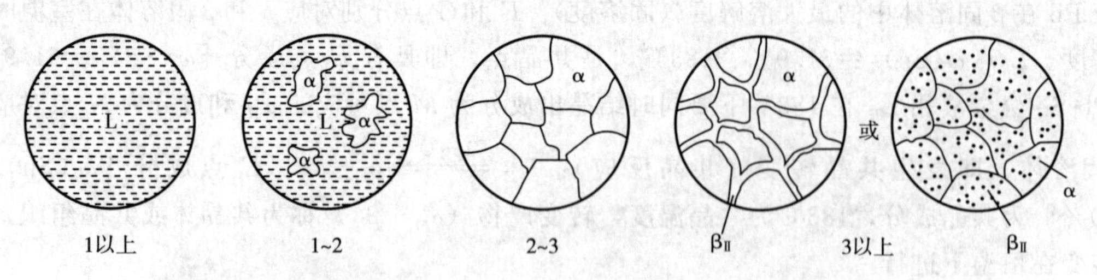

图 5.10 锡含量 ω(Sn) =10%的 Pb-Sn 合金平衡结晶过程示意图

构成多相合金中次生相的可以是纯金属、固溶体或金属化合物。在一般工业合金中产生强化的主要是硬而脆的金属化合物。次生相呈质点弥散分布，会使强度、硬度得到显著的提高，且对塑性和韧性的不利影响减至最低程度。呈连续网状分布在晶界上的次生相，会使合金的强度和塑性下降。

② 合金Ⅱ（共晶合金）。共晶成分［ω(Sn) ＝61.9%］合金Ⅱ由液态缓慢冷却到共晶温度 t_E（183℃）时，将发生共晶转变，即由液相中同时结晶出 α 和 β 两种固溶体，其反应式如下：

$$L_E \xrightleftharpoons{t_E} \alpha_M + \beta_N$$

共晶转变在恒温下进行，一直进行到液相完全消失为止。此时合金的显微组织是由 α_M 和 β_N 组成的两相混合物。合金共晶转变结束后继续冷却时，共晶组织中的 α_M 和 β_N，固溶体的成分将分别沿固溶度曲线 MF 和 NG 变化，并分别析出 $\beta_{Ⅱ}$ 和 $\alpha_{Ⅱ}$ 相，由于这些次生相与共晶组织中的 α 相和 β 相混在一起，在显微镜下难以分辨，共晶合金室温平衡组织为（α＋β)，并且 α 相和 β 相交错分布。图 5.11 所示为 Pb-Sn 共晶合金平衡结晶过程示意图。

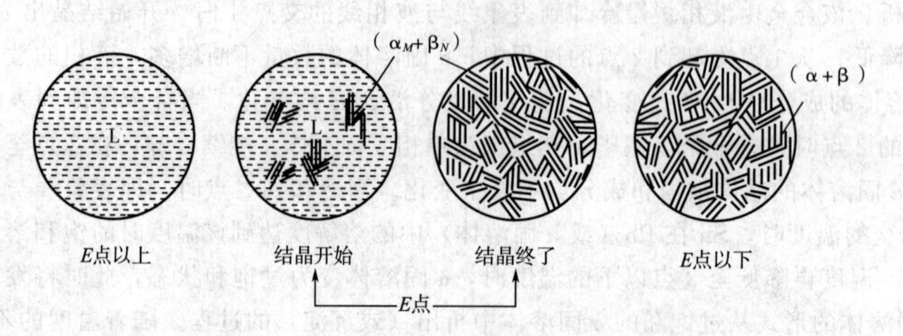

图 5.11 Pb-Sn 共晶合金平衡结晶过程示意图

③ 合金Ⅲ（亚共晶合金）。成分位于 Pb-Sn 合金相图中 M 点与 E 点之间的合金称为亚共晶合金。现分析 w(Sn) ＝50%合金Ⅲ的平衡结晶过程。合金缓慢冷却到 1 点温度（即表象线与液相线交点）时，开始从液相中结晶出初生 α 固溶体。随着温度的降低，初生 α 固溶体的数量不断增多，而液相数量则相应减少，α 固溶体的成分沿 t_AM 线变化，液相成分则沿 t_AE 线变化。当温度降到 2 点（t_E，183℃）时，初生 α 固溶体的成分相当于 M 点的成分，而液相成分相当于 E 点（共晶成分）的成分。在 t_E（共晶温度，183℃）时，成分相当于 E 点（共晶成分）的剩余液相将发生共晶转变：

$$L_E \xrightleftharpoons{t_E} \alpha_M + \beta_N$$

这一转变一直进行到剩余液相全部转变为（$\alpha_M+\beta_N$）共晶体为止。共晶转变结束后，合金组织是由初生α固溶体（α_M）和（$\alpha_M+\beta_N$）共晶体组成。初生α固溶体也称为先共晶α固溶体。初生α固溶体与共晶体中的α固溶体虽为同一种相（成分、结构相同），但由于结晶条件不同，因而在显微组织中的形态不一样。

当合金从温度 t_E（183℃）继续冷却时，由于固溶体的溶解度随温度的降低而减少，将从初生α固溶体、共晶组织中的α固溶体和β固溶体中析出β_{II}和α_{II}相。但在金相显微镜下，只能观察到从初生α固溶体中析出的β_{II}相，而从共晶组织中析出的α_{II}和β_{II}相一般难以分辨，也可忽略不计，所以亚共晶合金的室温平衡组织为$\alpha+\beta_{\text{II}}+(\alpha+\beta)$。图5.12所示为Pb-Sn合金亚共晶合金平衡结晶过程示意图。

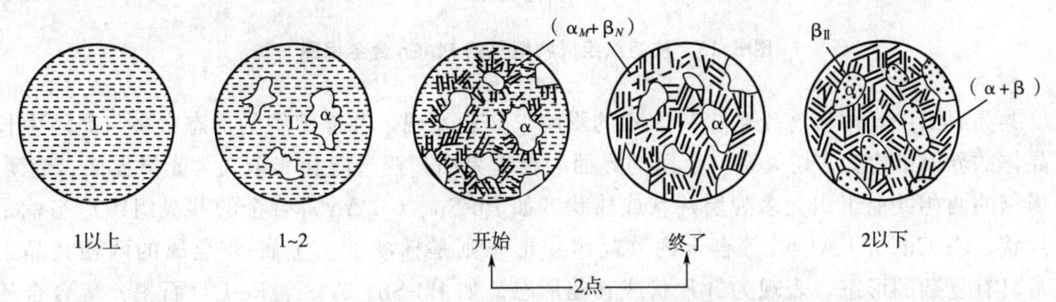

图5.12 Pb-Sn合金亚共晶合金平衡结晶过程示意图

所有成分位于 M 点和 E 点之间的亚共晶合金，其平衡结晶过程都和上述合金类似，其显微组织均由初生α固溶体和分布其上的β_{II}相以及共晶体（α+β）所组成。只是合金成分不同时，初生α固溶体和共晶体（α+β）的相对量有所不同，成分点越靠近 E 点，组织中的共晶体（α+β）所占的相对量越多，而初生α固溶体越少。

④ 合金Ⅳ（过共晶合金）。成分位于Pb-Sn合金相图中的 E 点和 N 点之间的合金称过共晶合金。这类合金的结晶过程与亚共晶合金相似，不同的是初生相为β固溶体，次生相为α_{II}。合金在室温下的组织为$\beta+\alpha_{\text{II}}+(\alpha+\beta)$。成分位于 N 点和 G 点之间的合金的平衡结晶过程与 $\omega(\text{Sn})=10\%$ 的Pb-Sn合金（合金Ⅰ）基本相似，所不同的是，它首先从液相中结晶出来的是β固溶体，继续冷却时将从β固溶体中析出次生相α_{II}固溶体，由于β固溶体的溶解度曲线 NG 很陡，次生相α的量很少。这种合金室温下的平衡组织是β固溶体和其上分布着的细小的α_{II}固溶体的混合物，用$\beta+\alpha_{\text{II}}$表示。

从上述分析可知，各类典型合金的组织形态和组成是不同的。组织中的α、β、α_{II}、β_{II}及（α+β）在显微镜下都有各自的特征形貌，并能清楚地被辨认和识别，是组成显微组织的独立部分，通常把它们称为合金的组织组成物（也称组织组分）。尽管各类典型Pb-Sn合金结晶后的显微组织各不相同，但它们均是由α相和β相两个相组成的，所以把组成组织的α相和β相分别称为合金的相组成物（也称相组分）。

进行金相分析时，主要是用组织组成来表示合金的显微组织。在相组成物相同的情况下，由于两个相的形态、数量、大小和分布的不同，它们在显微组织上会显示出很大的差异，合金的性能因此产生显著的不同。为便于分析研究合金的组织，常将合金的组织组成物直接标在相图的相应区域内，如图5.13所示。这种填写法称组织组成物填写法，以区别于图5.9所示的相组成物填写法。

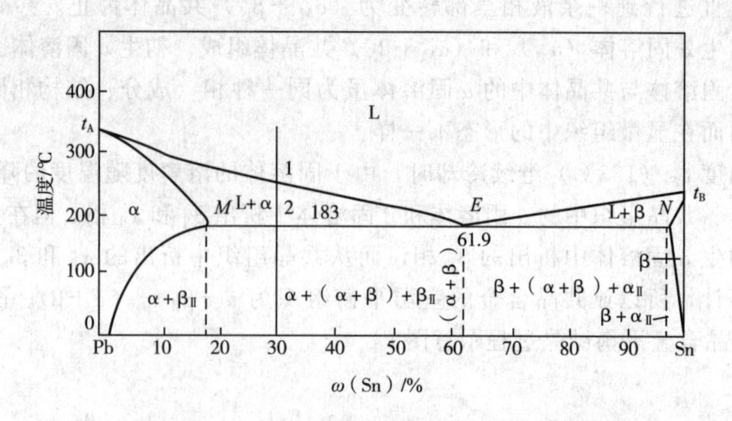

图 5.13 按组织组成物填写的 Pb-Sn 合金相图

共晶组织的具体形态受到多种因素的影响。实验发现，共晶组织的形态大多与晶体生长时晶体的界面结构有密切关系。金属的界面为粗糙界面，亚金属和非金属为光滑界面。金属-金属型的两相共晶组织大多为层片状或棒状。如 Pb-Sn、Cu-Ag 等合金的共晶组织形态就是层片状，Cr-Cu、Al-Al_3Ni 等合金的共晶组织形态则是棒状的。金属-非金属的两相共晶组织常具有复杂的形态，表现为针片状或其他形态。如 Pb-Sb、A-Si、Fe-C（石墨）等合金的共晶组织有着复杂的形态，称为不规则形共晶。

(3) 非平衡结晶及其组织

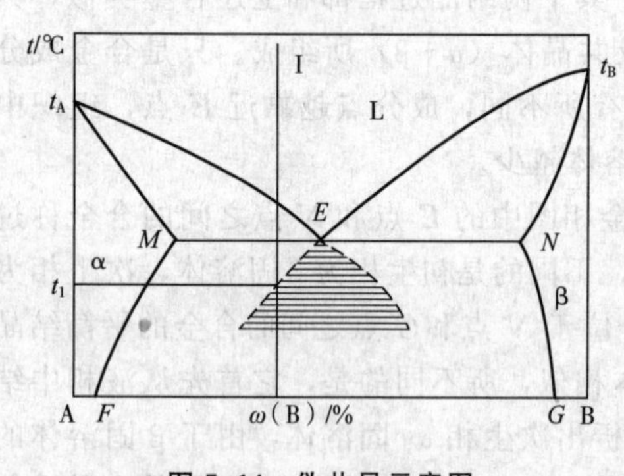

图 5.14 伪共晶示意图

① 伪共晶。已知在平衡结晶条件下，只有共晶成分的合金在结晶最后才能获得 100% 的共晶组织，然而在不平衡结晶时，成分在共晶点附近的亚共晶或过共晶合金也可能获得全部共晶组织，这种由非共晶合金所得到的共晶组织称为伪共晶。若单纯从热力学条件考虑，当合金液体过冷到如图 5.14 所示的两条液相线的延长线所辖的影线区时，就可得到共晶组织。此时合金液体具有一定的过冷度，对于 α 相和 β 相都是过饱和的，既可以结晶出 α 相，又可以结晶出 β 相，形成共晶组织，图 5.14 中的影线区称为伪共晶区。实验结果表明，伪共晶组织形态与平衡结晶的共晶组织形态完全相同。

在不平衡结晶条件下可能获得伪共晶组织的合金成分范围，与伪共晶区的形状有关，而伪共晶区的形状与 α 和 β 两相的结晶速度有关。α 相和 β 相的结晶速度，一方面取决于它们自身的长大速度，另一方面取决于共晶点在相图中的位置。如 α 相自身结晶速度快，共晶点又靠近 α 相区（此时，α 相成分与液相成分相差小），则 α 相将优先生长，成为先共晶的初生相。即使是共晶成分的合金，也不可能全部得到共晶组织，在相图上伪共晶区就应偏向 β 相一方，如图 5.15 (a) 所示。如果共晶点靠近 α 相区，但 α 相自身长大速度缓慢，则伪共晶区大致对称，如图 5.15 (b) 所示。作为上述两者的中间状态，伪共晶区将如图 5.15 (c) 所示。

伪共晶区在相图中的位置，对说明合金中出现的不平衡组织很有帮助。如在 Al-Si 合金

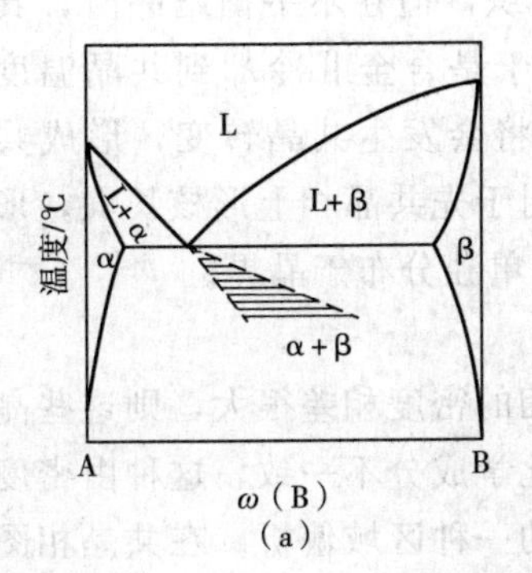

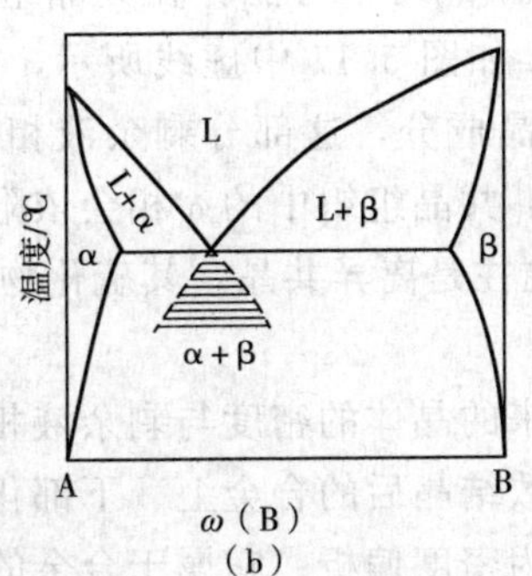

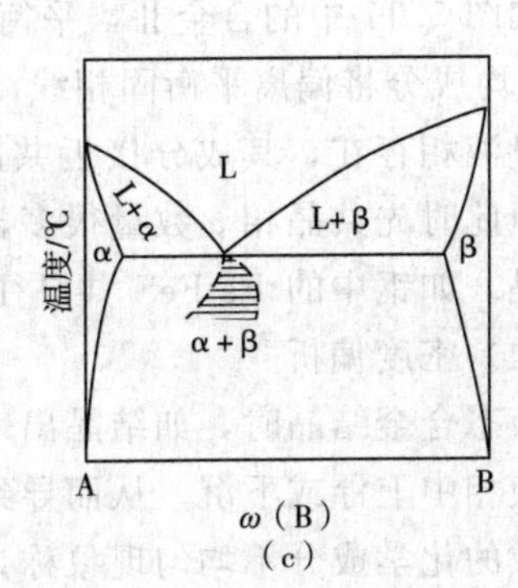

图 5.15　三种伪共晶区

系中，共晶成分的 Al-Si 合金在快冷的条件下得到的组织不是共晶组织，而是亚共晶组织，即初生 α 固溶体和细小的（α+Si）共晶体，原因可用图 5.16 来说明。如图 5.16 所示，伪共晶区偏向 Si 一边，共晶成分的液相过冷到 a 点温度时，没有落在伪共晶区内，只有先结晶出初生 α 相之后，使液相成分右移到 b 点时，才能发生共晶转变，这犹如共晶点向右移动了，因此，Al-Si 共晶合金得以形成亚共晶组织。同理，也可说明过共晶 Al-Si 合金在快冷或变质处理时，可能获得共晶或亚共晶组织。

② 离异共晶。当合金中先共晶相（初生相）的数量显著超过共晶体的数量时，有时共晶组织中与先共晶相相同的相会依附于先共晶相上生长，剩下的另一相则单独存在于晶界处，从而使共晶组织的特征消失，这种两相分离的共晶称为离异共晶。离异共晶可以在平衡结晶条件下获得，也可以在不平衡结晶条件下获得。如图 5.17 中的合金Ⅰ，其成分接近 M 点而远离共晶点 E，当它缓慢冷却到共晶温度时，已先结晶出大量先共晶相 α 固溶体，此时，剩下的少量液相将发生共晶转变，因为共晶组织中的 α 相如果在已有的先共晶相 α 相上长大，要比重新形核长大容易得多。这样共晶组织中的 α 相将依附于先共晶相形核长大，而共晶中的 β 相则存在于 α 相的晶界处，形成离异共晶。合金成分越接近点 M 或点 N，则越易产生离异共晶。

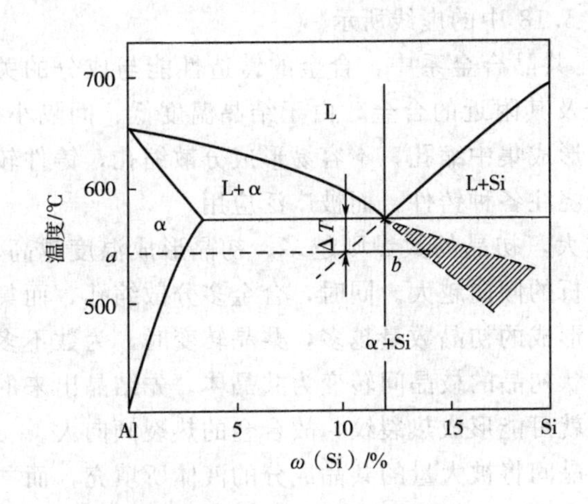

图 5.16　Al-Si 合金的伪共晶区

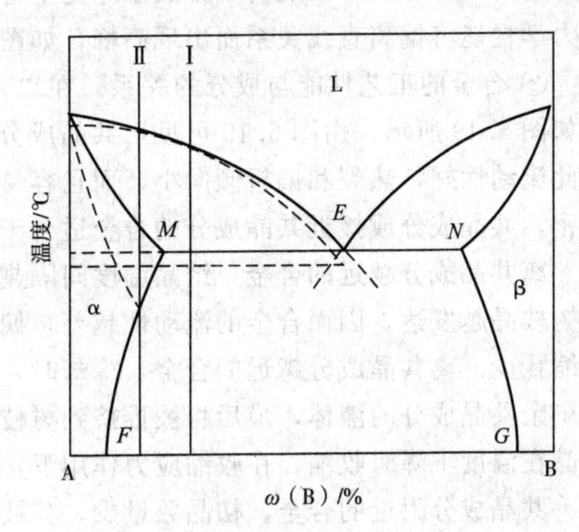

图 5.17　离异共晶示意图

如图 5.17 中的合金Ⅱ，平衡结晶时不可能存在共晶组织，但在不平衡结晶时，其固相 α 的平均成分将偏离平衡固相线，如图 5.17 中虚线所示，于是合金Ⅱ冷却到共晶温度时仍有少量液相存在，其成分接近共晶成分，这部分剩余液相将会发生共晶转变，形成共晶组织。但此时先共晶相 α 数量很多，共晶组织中的 α 相会依附于先共晶相上形核长大，形成离异共晶。如钢中的 Fe-FeS 共晶往往是离异共晶，其硫化物单独分布于晶界。

(4) 密度偏析

液态合金结晶时，如结晶出来的晶体的密度与剩余液相的密度相差很大，则这些晶体便会在液相中上浮或下沉，从而导致结晶后的合金上、下部化学成分不一致，这种由密度不同而造成的化学成分不均匀现象称为密度偏析。它属于合金的一种区域偏析。在共晶相图中合金结晶时，若形成的初生固相的密度与液相相差很大，则初生固相将会上浮或下沉，形成密度偏析。显然，合金组元的密度相差越大，相图的结晶成分间隔越大，则初生固相和剩余液相的密度相差也越大，因而合金的密度偏析越严重。此外，结晶时的冷却速度越小，相图的结晶温度间隔越大，则初生固相在液相中有越多的时间上浮或下沉，这也将增加密度偏析的程度。密度偏析使合金铸件各部分性能不一致，甚至造成剥落现象，影响合金的使用性能和加工性能。密度偏析一旦出现，是不能通过热处理方法和其他方法来消除的。只能在其结晶时采取适当措施来减轻或消除。如提高结晶时的冷却速度，使初生固相来不及上浮或下沉。也可在合金中加入某种元素使其形成与液相密度相近的高熔点化合物，这样它就在结晶时从液相中先结晶出来，并形成树枝状或针片状骨架，阻止初生固相的上浮或下沉，以减轻密度偏析。如在 Pb-Sb 轴承合金中加入一定量的 Cu，使其先形成 Cu_2Sb 化合物骨架，可减轻或消除 Pb-Sb 轴承合金的密度偏析。在生产中，也可利用密度偏析来除去合金中的杂质或提纯贵重金属。

(5) 共晶合金的性能与成分的关系

① 合金的力学性能、物理性能与成分的关系。在二元共晶合金系中，合金的力学性能、物理性能与成分的关系如图 5.18 所示。由图 5.18 可见，在有限固溶体区，合金的性能与成分之间呈直线关系。在两相区内，合金的力学性能和物理性能是两相性能的平均值，即性能与成分呈直线关系（只有电化学位除外）。应当指出的是，只有当合金中两相的晶粒较粗，而且是均匀分布时，性能与成分关系才完全符合直线关系。当形成细小的共晶组织时，合金的力学性能将偏离直线关系而出现高峰，如图 5.18 中的虚线所示。

② 合金的工艺性能与成分的关系。在二元共晶合金系中，合金的铸造性能与成分的关系如图 5.19 所示。由图 5.19 可见，共晶成分及其附近的合金，由于结晶温度低、间隔小，因此流动性好，热裂和偏析倾向小，而且容易形成集中缩孔，不容易形成分散缩孔，铸件较致密，共晶成分或接近共晶成分的合金适合于浇注各种铸件，而被广泛应用。

离共晶成分越远的合金，结晶温度间隔越大，初晶的数量则越多；初晶形成温度越高，则树枝晶越发达，因而合金的流动性越差，偏析的倾向越大。同时，合金多分散缩孔，而集中缩孔少。离共晶成分越远的合金，冷却时，形成的初晶数量越多，共晶转变时，为数不多的剩余共晶成分的液体，最后将被推挤到树枝状初晶的枝晶间转变为共晶体。先结晶出来的初晶在温度下降时收缩，在收缩应力作用下，就可能形成热裂纹，故合金的热裂倾向大。

共晶成分附近的合金，初晶数量少，其枝晶间将被大量的共晶成分的液体所填充，而共晶成分的液体是在恒温下结晶，故不产生收缩应力，结晶终了后，具有较多的共晶组织，在继续冷却时具有较高的抵抗收缩应力的能力，因而减少了产生热裂纹的可能性，故热裂倾向

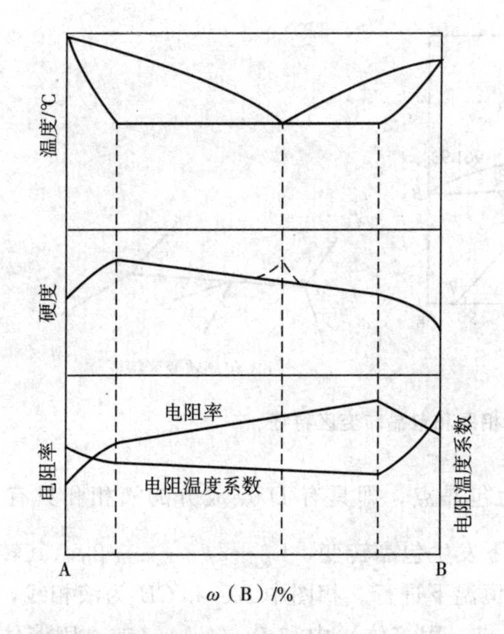

图5.18　形成两相混合物的合金的力学性能、物理性能与成分的关系

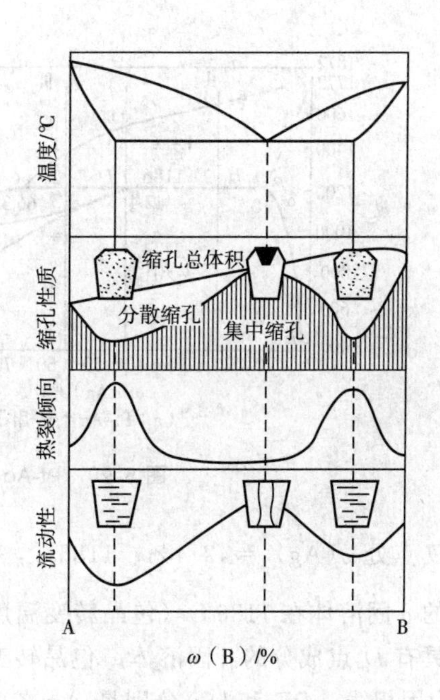

图5.19　形成两相混合物的合金的铸造性能与成分的关系

小。合金具有单相固溶体组织时，有良好的塑性，适于进行冷、热变形加工；而形成两相混合物组织的合金塑性比单相固溶体差，特别是其中含有硬而脆的相，且沿着另一相的晶界呈连续网状分布时，其塑性就更低。这类合金的压力加工性能也不如单相固溶体合金。若合金中含有低熔点共晶，其热压力加工性能最差。因为在加热过程中，低熔点共晶首先熔化，热压力加工时，合金易发生压裂，此现象称为热脆性。若钢中硫含量过高，硫与Fe形成FeS，FeS与Fe形成低熔点（985℃）的二元共晶（FeS+Fe），钢在高温（1200℃）加热轧锻时易开裂，而产生热脆性。因此，硫在钢中被认为是一种有害杂质，冶炼时要严格控制。

5.1.3.3　包晶相图

两组元在液态下相互无限溶解，在固态下相互有限溶解，并发生包晶转变的二元合金相图，称为包晶相图。具有包晶转变的二元合金系有Pt-Ag、Sn-Sb、Ag-Sn、Cu-Sn、Cu-Zn等。Fe-C相图的左上部分是包晶相图。以Pt-Ag相图为例，对包晶相图进行分析。

(1) 相图分析

Pt-Ag合金相图和包晶转变区特征如图5.20所示。

Pt-Ag合金有三个基本相：L相、α相和β相。L相为Pt和Ag两组元在高温液态时形成的无限互溶的均匀液相，α相是溶质Ag溶于溶剂Pt中形成的有限固溶体，β相为溶质Pt溶于溶剂Ag中形成的有限固溶体。相图中的特性点有A、B、C、D、P、E、F。A点是Pt的熔点1772℃。B点为Ag的熔点961.93℃。C点处ω(Ag)＝66.3%、1186℃，C点是包晶转变时液相的成分点。P点处ω(Ag)＝10.5%、1186℃，P点是包晶转变时α固溶体的成分点，也是α固溶体的最大溶解度。E和F点分别是α和β固溶体在400℃时的溶解

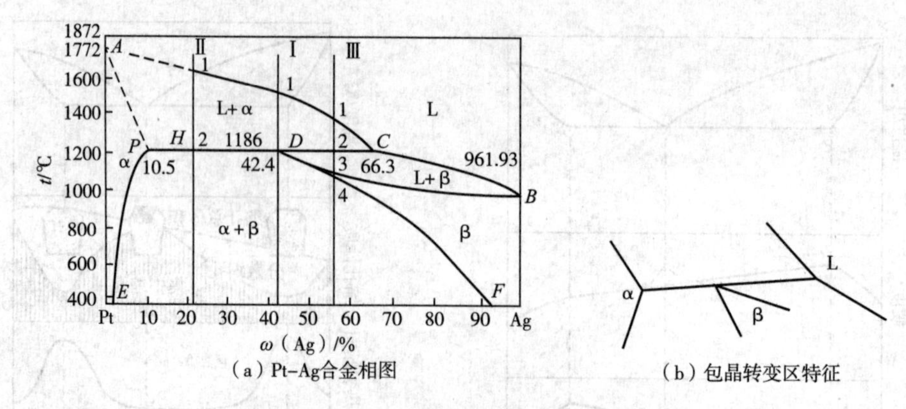

（a）Pt-Ag合金相图　　（b）包晶转变区特征

图 5.20　Pt-Ag 合金相图和包晶转变区特征

度。D 点处 ω(Ag)＝42.4%、1186℃，其为包晶点，即具有 D 点成分的液相和具有 P 点成分的 α 固溶体在 1186℃（包晶转变温度）下发生包晶转变，$L_D+\alpha_P \xrightarrow{1186℃} \beta_D$。其转变产物是具有 D 点成分的 β 固溶体。包晶转变在恒温下进行。相图中 AC 和 CB 为液相线，$APDB$ 为固相线。PE 和 DF 分别是 Ag 在 Pt（或 α 固溶体）中和 Pt 在 Ag（或 β 固溶体）中的溶解度曲线。PDC 是三相 L、α、β 共存水平线，也称包晶线，凡成分在 ω(Ag)＝10.5%～66.3%的 Pt-Ag 合金冷却到此线上（1186℃）时均要发生包晶转变，故称包晶线。相图中有三个单相区：液相 L、α 和 β 相区，三个两相区：L＋α、L＋β、α＋β，还有一个三相区：L＋α＋β。

（2）典型合金的平衡结晶及其组织

① 合金Ⅰ［ω(Ag)＝42.4%的 Pt-Ag 合金］。合金Ⅰ由液相缓冷到表象线与液相线的交点 1 时，开始从液相中结晶出 α 固溶体，随温度降低，α 固溶体的数量不断增多，而液相数量则不断减少，α 固溶体和液相的成分分别沿 AP 线和 AC 线变化。当温度降低到 t_D（1186℃）时，α 固溶体的成分相当于 P 点成分，液相的成分相当于 C 点成分，两相的相对量可用杠杆定律求得。

在温度 t_D（1186℃）时，一定数量（42.4%）和一定成分（P 点成分）的 α_P 固溶体，与一定数量（57.6%）和一定成分（C 点成分）的液相 L_C 将发生包晶转变，完全转变为成分相当于 D 点的 β 固溶体，即：$L_C+\alpha_P \xrightarrow{t_D} \beta_D$。

这一转变过程，将一直进行到液相 L_C 和固溶体 α_P 全部消失，完全转变为 β_D 固溶体为止。生成的 β_D 固溶体继续冷却时，由于 Pt 在 β 固溶体中的溶解度随温度降低而沿溶解度曲线 DF 减少，因而将不断地从 β 固溶体中析出 $\alpha_{Ⅱ}$ 固溶体，合金Ⅰ的室温平衡组织为 $\beta+\alpha_{Ⅱ}$。合金Ⅰ的平衡结晶过程如图 5.21 所示。

在进行包晶转变时，β_D 固溶体［ω(Ag)＝42.4%］依附于 α 固溶体［ω(Ag)＝10.5%］的表面形核，并消耗液相 L_C［ω(Ag)＝66.3%］和 α 固溶体而长大。由于在各晶界面上存在着浓度梯度，因此液相 L 中的 Ag 将不断地由液相向 β_D 固溶体扩散，继而向 α_P 固溶体扩散。而 α_P 固溶体的 Pt 则不断地由 α_P 固溶体向 β_D 固溶体扩散，继而向液相 L 中扩散。β_D 固溶体将不断地消耗液相而向液相中生长，同时也不断地消耗 α_P 固溶体而向内生长，直到液相和 α_P 固溶体全部消耗完毕为止，最后形成单一的 β_D 固溶体。这种结晶过程，

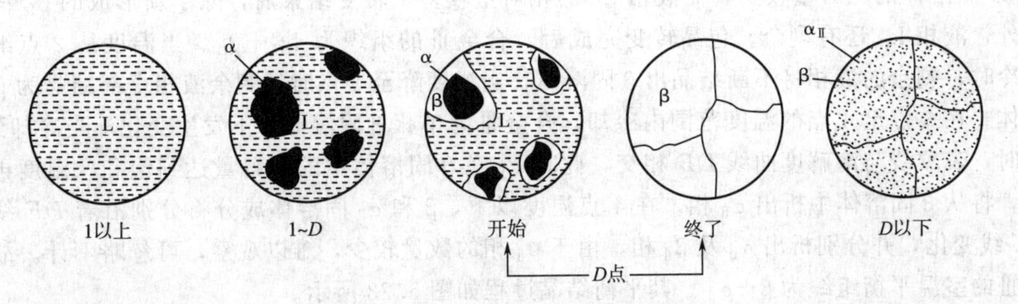

图5.21 合金Ⅰ的平衡结晶过程示意图

新生β固溶体是包围着α固溶体，并不断消耗液相和α固溶体而结晶，即为包晶转变。

② 合金Ⅱ［ω(Ag) ＝10.5%～42.4%的Pt-Ag合金］。由图5.20所示，合金Ⅱ为ω(Ag) ＝22%的Pt-Ag合金。合金Ⅱ由液态缓慢冷却到1点温度时，开始结晶出初生α固溶体，随着温度从1点降至2点，结晶出来的初生α固溶体的数量不断增加，液相数量相应减少，α固溶体的成分沿AP线变化，而液相成分沿AC线变化。当温度降低至2点(t_D1186℃）时，初生α固溶体的成分相当于P点成分，液相成分相当于C点成分。

在温度为t_D（1186℃）时，对应P点成分的$α_P$固溶体和对应C点成分的液相L_C共同作用，发生包晶转变。与包晶成分的合金Ⅰ比较，合金Ⅱ在t_D温度包晶转变前时$α_P$固溶体相对量较多，液相L_C相对量较少，转变结束后，除新形成的$β_D$固溶体外，$α_P$固溶体还有剩余。包晶转变完成后，合金Ⅱ的组织为$α_P+β_D$。

当从t_D温度继续冷却时，$α_P$和$β_D$固溶体的成分分别沿溶解度曲线PE和DF变化，将不断地从β固溶体中析出$α_{Ⅱ}$相和从α固溶体中析出$β_{Ⅱ}$相，合金Ⅱ在室温下的平衡组织为$α+β_{Ⅱ}+β+α_{Ⅱ}$。合金Ⅱ的平衡结晶过程如图5.22所示。

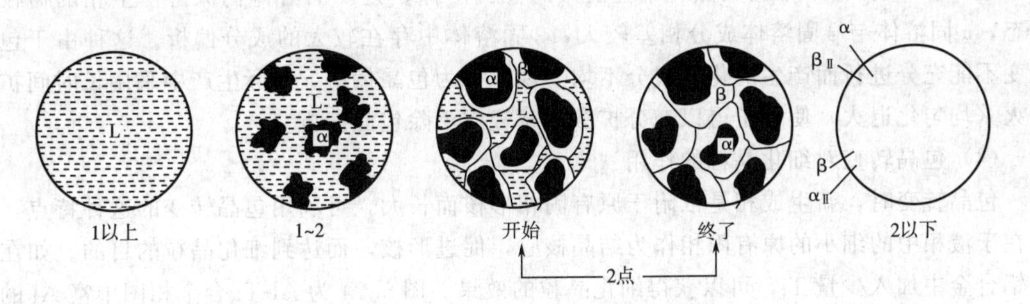

图5.22 合金Ⅱ的平衡结晶过程示意图

③ 合金Ⅲ［ω(Ag) ＝42.4%～66.3%的Pt-Ag合金］。如图5.20所示，合金Ⅲ为ω(Ag) ＝56%的Pt-Ag合金。合金Ⅲ由液态缓慢冷却到1点温度时，开始结晶出初生α固溶体，随着温度从1点降低至2点，结晶出来的初生α固溶体的数量不断增加，液相数量相应减少，α固溶体和液相的成分分别沿AP线和AC线变化。当温度降低至2点(t_D1186℃）时，初生α固溶体的成分相当于P点成分，液相成分相当于C点成分。温度t_D（1186℃）时，成分对应P点的$α_P$固溶体和成分对应C点的液相L_C共同作用，发生包晶转变，即：$L_C+α_P \xrightarrow{t_D} β_D$。与包晶成分的合金Ⅰ比较，由于合金Ⅲ在$t_D$温度包晶转变前

时 α_P 固溶体的相对量较少，而液相 L_C 的相对量较多，转变结束后，除了新形成的 β_D 固溶体外，液相 L_C 还有剩余。包晶转变完成后，合金Ⅲ的组织为 $L_C+\beta_D$。当温度从 2 点继续缓冷时，剩余的液相将不断结晶出 β 固溶体，当温度降至 3 点时，剩余液相全部结晶为 β 固溶体。在 3 点至 4 点的温度范围内冷却，合金Ⅲ为单相 β 固溶体，不发生变化。当冷却到 4 点时，表象线与溶解度曲线 DF 相交，此时 Pt 在 β 固溶体中的溶解量达到饱和，温度再降低，将从 β 固溶体中析出 $\alpha_{\text{Ⅱ}}$ 相。在 4 点温度以下，β 和 $\alpha_{\text{Ⅱ}}$ 固溶体成分将分别沿着 DF 线和 PE 线变化，并分别析出 $\alpha_{\text{Ⅱ}}$ 及 $\beta_{\text{Ⅱ}}$ 相，由于 $\beta_{\text{Ⅱ}}$ 相的数量较少，难以观察，可忽略不计。故合金Ⅲ的室温平衡组织为 $\beta+\alpha_{\text{Ⅱ}}$。其平衡结晶过程如图 5.23 所示。

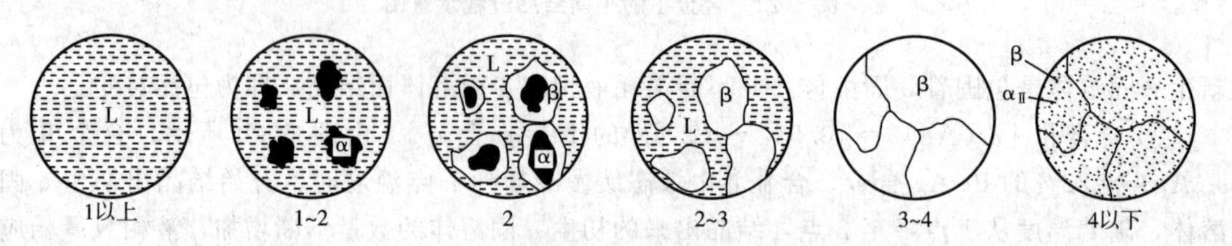

图 5.23　合金Ⅲ的平衡结晶过程示意图

（3）合金的非平衡凝固

如上所述，合金在发生包晶转变时，新生成的 β 相依附于 α 相上形核并长大，β 相将逐渐包围 α 相，从而使 α 相和液相被 β 相分隔开。包晶转变中 α、β 和 L 三相共存，成分差别很大。因此，β 相欲继续长大，即包晶转变要得以进行，必须通过 Pt 和 Ag 的扩散。一般来说，原子在固相中的扩散速度要比在液体中慢得多，因而包晶转变的速度是非常缓慢的。实际生产条件下，冷却速度都较快，扩散往往来不及进行或进行得不充分、不完全，故包晶转变实际上很难充分进行，因而得到不平衡组织。组织中保留有较多的 α 固溶体（包晶反应相或初生相），或保留了平衡结晶时本应消失的 α 固溶体，且 α 固溶体仍保持初生相的树枝状形态，α 固溶体与 β 固溶体成分相差较大，β 固溶体中存在较大的成分偏析。这种由于包晶转变不能充分进行而产生的化学成分不均匀现象称为包晶偏析。实际生产中采用长时间扩散退火（均匀化退火）使原子得以充分扩散来减轻或消除包晶偏析。

（4）包晶转变对细化晶粒的作用

包晶转变时，新生成相是依附于原有固相形核而长大，可利用包晶转变的这种特点，以存在于液相中的细小的原有固相作为结晶核心，促进形核，而达到细化晶粒的目的。如在铝或铝合金中加入少量 Ti，可以获得细化晶粒的效果。图 5.24 为 Al-Ti 合金相图中富 Al 的一角。由图 5.24 可知，Ti 溶于 Al 中可形成面心立方晶格的 α 固溶体，Al 与 Ti 又可形成金属化合物 Al_3Ti（又称 β 相），Ti 含量高于 0.15%的 Al-Ti 合金在 665℃将发生包晶转变，即：

$$L+Al_3Ti \longrightarrow \alpha$$

铝或铝合金中加入少量 Ti［$w(\text{Ti})\geqslant 0.15\%$］后，合金在发生包晶转变之前先形成大量细小的树枝状初晶 Al_3Ti。当发生包晶转变时，α 相便依附于 Al_3Ti 而形核，即 Al_3Ti 相的存在促进了形核。另一方面，新生相 α 将消耗 Al_3Ti，并向 Al_3Ti 方向生长，有可能使 Al_3Ti 树枝状晶体的细小薄弱部分断开，从而增加形成 α 固溶体的晶核数。这样，铝或铝合金将获得细小的晶粒。在铜及铜合金中加入少量的铁或镁，在镁合金中加入少量的锆或锆的盐类，也可利用上述包晶转变达到细化晶粒的目的。

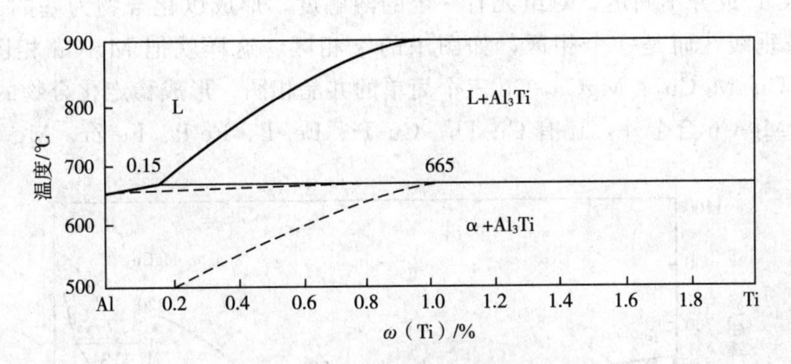

图 5.24 Al-Ti 合金相图中的富 Al 部分

5.1.3.4 其他类型的二元合金相图

匀晶、共晶和包晶相图是三种最基本的二元合金相图，此外还有其他类型的二元合金相图，现简要介绍如下。

(1) 组元间形成化合物的相图

在某些二元合金系中，组元间可能形成金属化合物，它们可能是稳定的，也可能是不稳定的。根据金属化合物的稳定性，这类相图又可分为两种不同的形式。

① 形成稳定化合物的相图。稳定化合物是指有一定熔点，且在熔点以下能保持固有的晶体结构而不发生分解的金属化合物，又称为熔解式化合物。此类化合物加热熔化后，形成的液相的成分与原化合物完全相同。Mg-Si 合金就是这类形成稳定化合物的典型例子，Mg-Al 合金相图如图 5.25 所示。Mg 与 Si 可以形成稳定的化合物 Mg_2Si，其中 Si 含量为 36.6%（质量分数），熔点为 1087℃，其是一个成分固定的正常价化合物。在相图中代表 Mg_2Si 的是一条垂线，它表示一个单相区 Mg_2Si。这样，就可把 Mg_2Si 看作是一个独立组元，把相图分成两个简单的共晶相图，即 Mg-Si 相图是由 Mg-Mg_2Si 和 Mg_2Si-Si 两个简单共晶相图组成，可以单独进行分析。

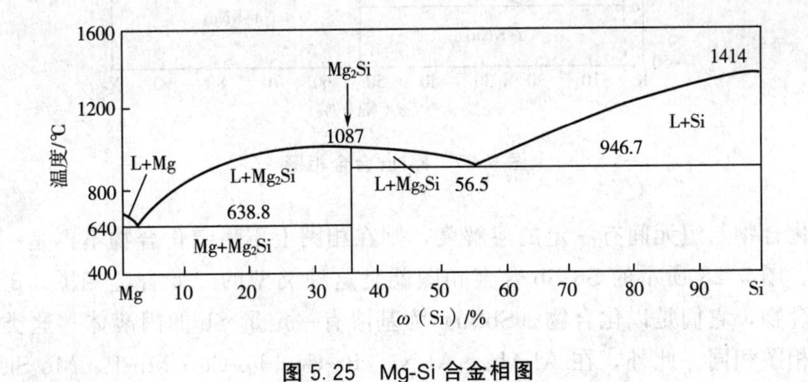

图 5.25 Mg-Si 合金相图

如组元间形成的稳定化合物与组成该合金系的组元间有一定的溶解度，那这一成分在一定范围变化的稳定化合物在相图上就不是一条垂线，而是一个相区。图 5.26 为 Mg-Cu 合金相图，存在两个稳定化合物 Mg_2Cu 和 $MgCu_2$，其中的 Mg_2Cu 成分固定，在相图中为一条垂线；而 $MgCu_2$ 成分不固定，对组元有一定的溶解度，形成以化合物为基的固溶体，在相图中不是一条垂线，而是一个相区，如图中的 γ 相区。这样就把 Mg-Cu 相图分成了 Mg-Mg_2Cu、Mg_2Cu-$MgCu_2$、$MgCu_2$-Cu 三个简单的共晶相图。形成稳定化合物的二元系很多，除了 Mg-Si、Mg-Cu 合金外，还有 Cu-Th、Cu-Ti、Fe-B、Fe-P、Fe-Zr、Mg-Sn 等。

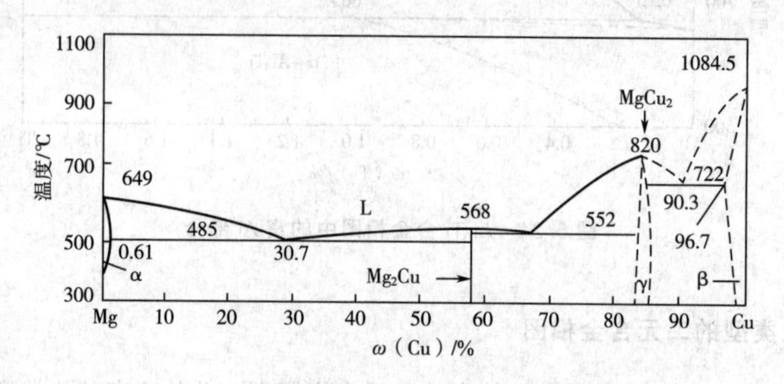

图 5.26　Mg-Cu 合金相图

② 形成不稳定化合物的相图。不稳定化合物是指加热时能发生分解的化合物，又称分解式化合物。此类化合物加热分解时，形成液相的成分与原化合物不同。图 5.27 为 K-Na 合金相图。由图 5.27 可知，一定成分的 K-Na 合金在 6.9℃以下形成不稳定的化合物 KNa_2，将其加热到 6.9℃时分解为液体和钠晶体。反之，合金从高温冷却到 6.9℃时将发生包晶转变，即：

$$L+Na \xrightarrow{6.9℃} KNa_2$$

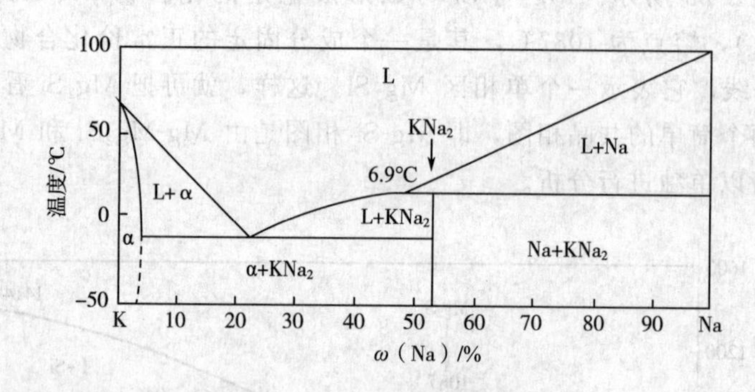

图 5.27　K-Na 合金相图

不稳定化合物与组元间有一定的溶解度，则在相图上不稳定化合物不再是一段垂线，而是一个相区。图 5.28 所示的 Sn-Sb 合金相图就是这种类型的二元合金相图，β′相或 β 相即为不稳定化合物，它们是以化合物（SbSn）为基溶有一定量 Sb 的固溶体。这类相图的分析与简单包晶相图相同。此外，在 Al-Mn、Al-Ni、Be-Ce、Fe-Ce、Mn-P、Mo-Si 等二元合金系中都能形成不稳定化合物。

（2）偏晶、熔晶和合晶相图

① 偏晶相图。某些合金冷却到一定温度时，一定成分的液相 L_1，将分解为一定成分的固相和另一个一定成分的液相 L_2，这种转变称为偏晶转变。

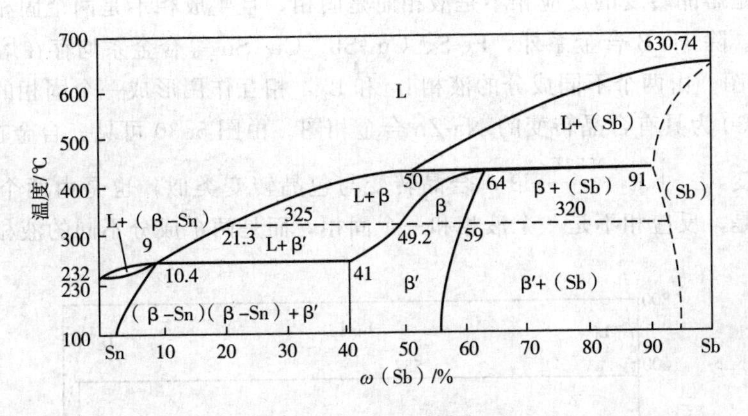

图 5.28 Sn-Sb 合金相图

图 5.29 为 Cu-Pb 二元合金相图。其中水平线 *BMD* 为偏晶线，*M* 点［ω(Pb)＝36%］为偏晶点，955℃为偏晶温度。具有 *M* 点（$L_{36} \xrightarrow{955℃} L_{87} + Cu$）成分的液相冷却到偏晶温度时，将发生偏晶转变。

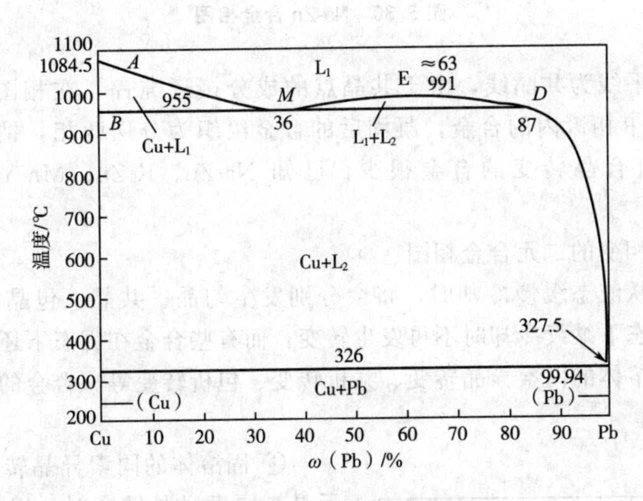

图 5.29 Cu-Pb 合金相图

图 5.29 中两相区 L_1+L_2 内是不相混合的，且成分不相同的两种液相。相图中下面一条水平线为共晶线，因为共晶点［ω(Pb)＝99.94%］和共晶温度（326℃）与纯铅和它的熔点（327.5℃）很接近，在相图中很难表示出来。除 Cu-Pb 合金系外，Cu-S、Ca-Cd、Ca-Na、Co-Pb、Ni-Pb、Cu-Fe、Cu-Se、Mg-Ag、Mn-Pb、Bi-Co、Cr-Cu 等合金系都有偏晶转变。

② 熔晶相图。某些合金，当冷却到一定温度时，会由一个固相转变为一个液相和另一个固相，这种转变称为熔晶转变。Na-Zn 相图就包含有熔晶转变，如图 5.30 所示。含微量硼的 Fe-B 合金在 1381℃时发生熔晶转变，即：

$$\delta \xrightarrow{1381℃} \gamma + L$$

1381℃温度水平线为熔晶线。熔晶转变与共晶转变类似，都是由一个相分解为另外两个相，但不同的是熔晶转变的反应相不是液相而是固相，且生成相不是两个固相，而是一个液相和一个固相。除 Fe-B 合金系外，Fe-S、Cu -Sb、Cu- Sn 等合金系均存在熔晶转变。

③ 合晶相图。由两个不同成分的液相 L_1 和 L_2，相互作用形成一个固相的转变，称为合晶转变。图 5.30 为具有合晶转变的 Na-Zn 合金相图。由图 5.30 可见，合金在 557℃水平线将发生合晶转变，$L_1 + L_2 \xrightarrow{557℃} \beta$，合晶转变与包晶转变类似，也是由两个相转变为一个相，所不同的是，反应相不是一个液相和一个固相，而是两个成分不同的液相。

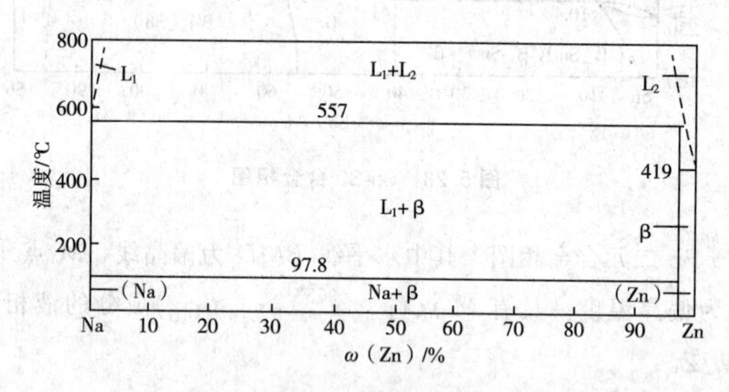

图 5.30 Na-Zn 合金相图

图中 419℃水平线为共晶线，由于共晶点的成分接近纯锌，在相图中很难表现出来。此外，成分在 $L_1+\beta$ 相区内的合金，凝固后的合金组织为分层两相，钠在上层，化合物 β 相位于下层。具有合晶转变的合金很少，已知 Na-Zn、K-Zn、Mn-Y 等合金系有这类转变。

(3) 具有固态相变的二元合金相图

通常，合金在从液态缓慢冷却时，将会分别发生匀晶、共晶、包晶等转变而结晶为固态。有些合金在固态下继续冷却时不再发生转变，而有些合金在固态下还会发生各种类型的转变。常见的有固溶体的同素异晶转变、共析转变、包析转变等。合金的固态相变在生产中具有很重要的意义。

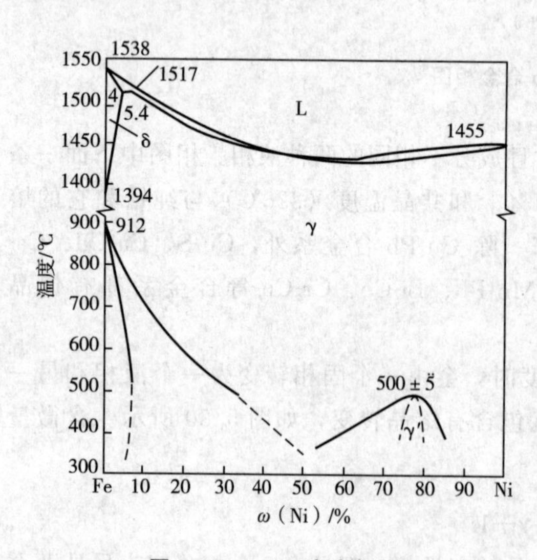

图 5.31 Fe-Ni 合金相图

① 固溶体的同素异晶转变。当合金中的组元具有同素异晶转变时，以该组元为基的固溶体也会发生同素异晶转变。图 5.31 所示为 Fe-Ni 合金相图。Fe 是具有同素异晶转变的金属组元，在不同温度下具有三种形态，即体心立方的 α-Fe 和 δ-Fe，面心立方的 γ-Fe。Ni 没有同素异晶转变。Ni 能溶于 Fe 中形成 α、γ、δ 三种固溶体。在 Ni 含量小于 4%，Fe-Ni 合金从高温缓慢冷却时会发生 δ 固溶体转变为 γ 固溶体和 γ 固溶体转变为 α 固溶体的固态相变，这种固态相变就是固溶体的同素异晶转变。

除 Fe-Ni 合金外，Fe-C、Fe-Co、Fe-Mn、Fe-V 等合金也有同素异晶转变。

② 共析转变。某些合金凝固形成固溶体

后，再继续冷却到一定温度时，将会由一定成分的固溶体转变为不同成分和不同晶体结构的两个固相，这种转变称为共析转变。同共晶转变相似，其都是由一个相分解为两个固相，所不同的是共析转变的反应相是固相而不是液相。共析转变也是一个恒温转变，共析转变相图也具有共晶转变相图中类似的共析点和共析线，共析转变的产物（两相混合物）称为共析体或共析组织。标准的Fe-C合金相图的左下部分就是典型的共析相图，*S*点是共析点，*PSK*线是共析线，Fe-C合金在727℃时会发生共析转变，$As \xrightarrow{727℃} F_p + Fe_3C$，相关内容在此不进行深入讨论。

③ 包析转变。某些合金在固态下的一定温度时，由两种不同成分、不同晶体结构的固相互相作用而形成第三种一定成分的新固相的转变，称为包析转变。包析转变与包晶转变相似，所不同的只是包析转变为两个固相作用形成一个固相，而包晶转变是由一个液相与一个固相作用形成另一个固相。与包晶转变相图相类似，包析转变相图有包析点、包析线、包析转变温度，包析转变也是在恒温下进行的。

工业上常用的合金中，有些相图是比较复杂的，但任何复杂的合金相图其基本类型还是匀晶型、共晶型和包晶型三大类，为了便于分析，将三大类的转变特征综合列于表5.1中。

表5.1 二元合金相图的分类及特征

相图类型	图形特征	转变特征	转变名称	相图型式	转变式	说明
			共晶转变	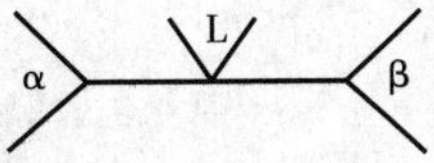 α L β	$L \rightleftharpoons \alpha+\beta$	恒温下由一个液相L同时转变为两个成分不同的固相α及β
共晶型	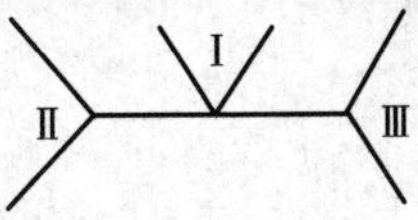 Ⅱ Ⅰ Ⅲ	$Ⅰ \rightleftharpoons Ⅰ \rightleftharpoons Ⅱ+Ⅲ$	共析转变	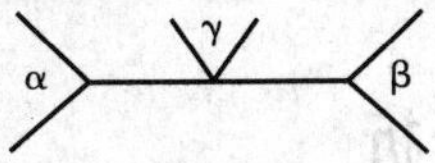 α γ β	$\gamma \rightleftharpoons \alpha+\beta$	恒温下由一个固相γ同时转变为另外两个固相α及β
			偏晶转变	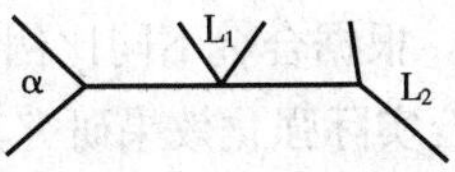 α L_1 L_2	$L_1 \rightleftharpoons L_2+\alpha$	恒温下由一个液相L_1同时转变为成分不同的液相L_2和固相α
共晶型	Ⅱ Ⅰ Ⅲ	$Ⅰ \rightleftharpoons Ⅰ \rightleftharpoons Ⅱ+Ⅲ$	熔晶转变	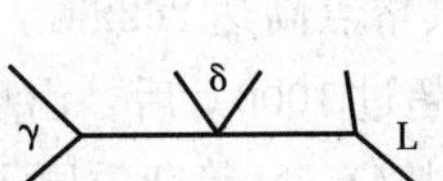 γ δ L	$\delta \rightleftharpoons L+\gamma$	恒温下由一个固相δ同时转变为成分不同的固相γ和液相L

续表

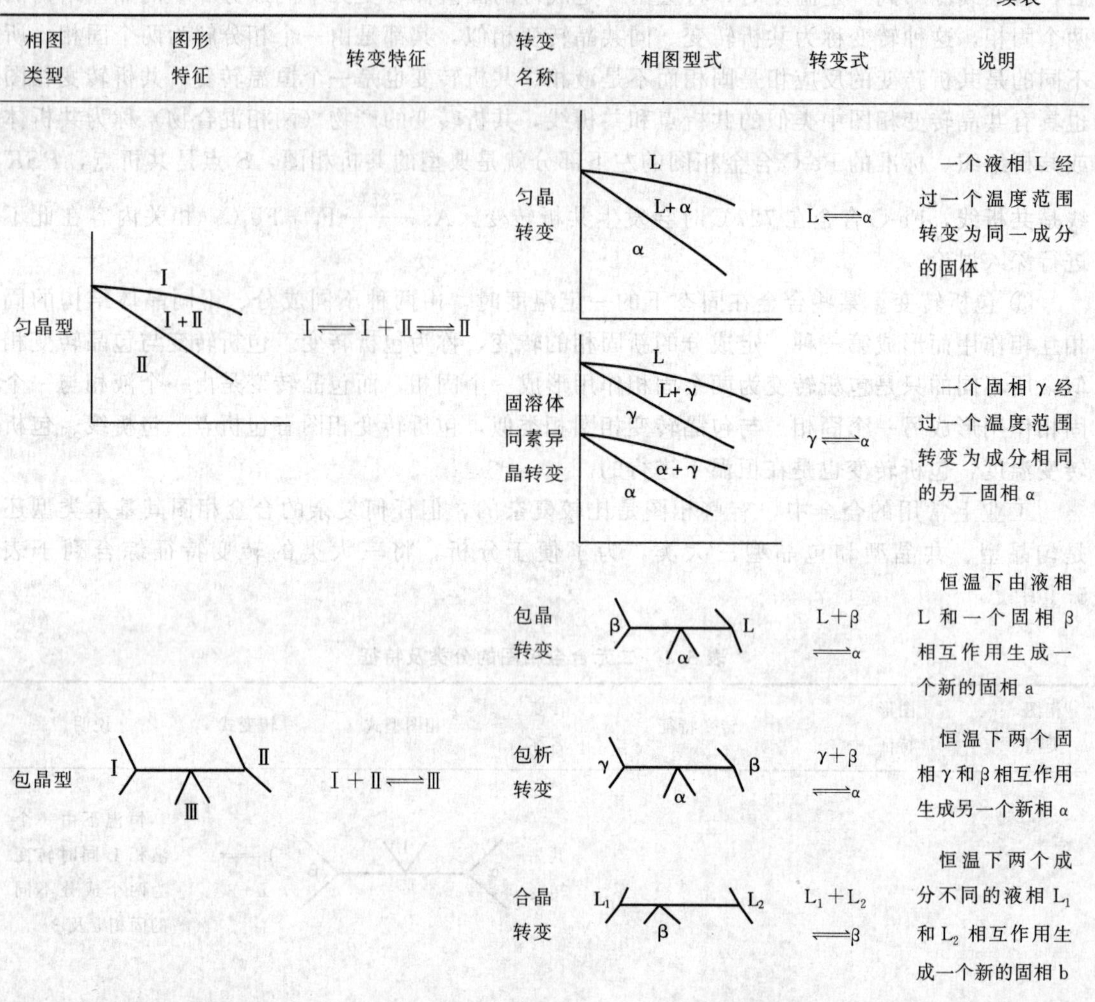

相图类型	图形特征	转变特征	转变名称	相图型式	转变式	说明
匀晶型	I；I+Ⅱ；Ⅱ	$\text{I} \rightleftharpoons \text{I}+\text{Ⅱ} \rightleftharpoons \text{Ⅱ}$	匀晶转变	L；L+α；α	$L \rightleftharpoons \alpha$	一个液相L经过一个温度范围转变为同一成分的固体
			固溶体同素异晶转变	L；L+γ；γ；α+γ；α	$\gamma \rightleftharpoons \alpha$	一个固相γ经过一个温度范围转变为成分相同的另一固相α
包晶型	I；Ⅱ；Ⅲ	$\text{I}+\text{Ⅱ} \rightleftharpoons \text{Ⅲ}$	包晶转变	β；L；α	$L+\beta \rightleftharpoons \alpha$	恒温下由液相L和一个固相β相互作用生成一个新的固相a
			包析转变	γ；β；α	$\gamma+\beta \rightleftharpoons \alpha$	恒温下两个固相γ和β相互作用生成另一个新相α
			合晶转变	L_1；L_2；β	$L_1+L_2 \rightleftharpoons \beta$	恒温下两个成分不同的液相L_1和L_2相互作用生成一个新的固相b

5.2 二元相图的分析

利用分析相图可以了解材料宏观缺陷的微观机制，对解决材料研制和生产中的实际问题有重要帮助，在生产实践中具有重大的指导意义。本节通过分析Mo基合金中添加Ti、Zr、Fe、Cr和W共5个元素的二元相图，根据合金不同比例成分在不同温度下对应的组织，进而可以预测合金中组织的形成及变化，结合实际强化效果研究其对Mo合金室温性能和高温性能的影响机制。

5.2.1 Mo合金强化机制

Mo属于难熔金属，其熔点高达2622℃，使其在将近1000℃的高温下仍具有较高的强度及抗蠕变能力，但使用温度超过1000℃后，出现再结晶，形成粗大的等轴晶组织，高温强韧性急剧下降，同时再结晶过程中O、N等杂质原子由于在基体中的溶解度极小，大量地向晶界扩散聚集，并生成脆性化合物，导致了纯Mo的“再结晶脆性”，严重限制了Mo的适用范围。

Mo的固溶强化机制主要有两种：一是处于位错堆积处的杂质原子降低了晶格的弹性不

完善性，降低了整体内能，进而需要更高的再结晶激活能，提高了再结晶温度，主要为溶质元素与Mo基体尺寸因子绝对值相差不大且溶质元素含量较少时的固溶强化方式；二是当溶质元素与Mo基体尺寸因子绝对值相差较大时，溶质元素造成了晶格畸变，阻碍位错的交叉滑移，起到强化作用。在不同温度时，Mo合金固溶强化的作用方式也不同。在$0.4T_{熔点}$～$0.7T_{熔点}$温度范围，主要是通过固溶在Mo基体中的元素原子对位错的影响和弥散分布的第二相，通过钉扎晶界和占据再结晶形核位置实现组织强化；在$0.7T_{熔点}$温度以上，主要以提高金属晶格中原子间键合力获得超高温工作强度。

5.2.2 Mo-Ti、Mo-Zr的部分相图分析

Ti相对于Mo的尺寸因子为+4.4，所以由图5.32可以看出在882℃以上时，β-Ti与Mo均为体心立方结构，形成连续固溶体。理论上随着Ti含量增加，由第一种机制起主要强化作用，转变为两种机制共同起强化作用，Mo-Ti合金的抗拉强度应在双体心立方含量范围内随之单调增加。

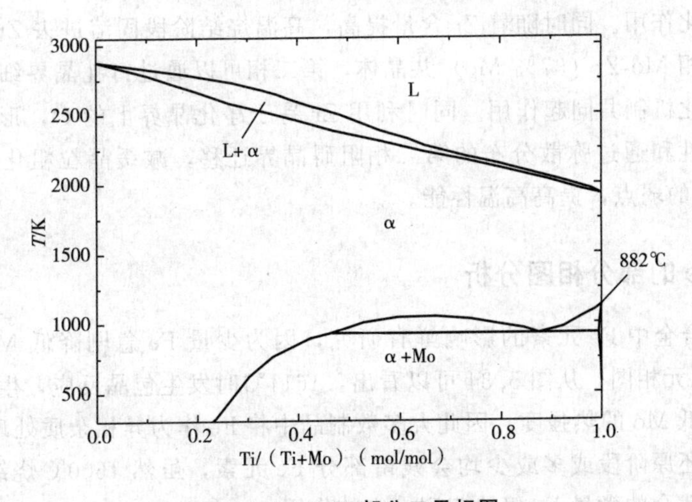

图5.32 Mo-Ti部分二元相图

在实际产品中，Mo-Ti合金的强度并非随着Ti含量的增加而增加。研究表明，在Ti含量为0%～1%时，随Ti含量增加，抗拉强度先增加后降低，在Ti含量为0.8%时，达到最大值。根据相图，Mo基体中可固溶β-Ti，但Ti的活性极强，容易与O结合，而Ti在Mo中扩散速度很慢，这点通过模拟计算Mo-Ti二元相图也能得到。这种低温段扩散速度极慢的特性，导致Ti的添加量越多，局部富集就造成Mo基中存在的熔点低的$TiMo_2$、$TiMo_4$等金属间化合物越集中，当Ti含量>0.8%，局部富集第二相尺寸过大，则恶化合金性能，降低抗拉强度。Mo-Ti遵循合金固溶强化机制，进一步强化需要控制第二相颗粒的大小和分布。

图5.33为Mo-Zr二元相图，由图5.33可以看出，Zr在Mo中溶解度很低，在1000℃以上才会有>1%的溶解度，并且扩散速度慢，固溶的Zr多集中在晶内位错密度高的区域，导致了固溶的不均匀性，这点与Ti的固溶性能比较相似，大部分Zr难以溶解到Mo基体中，而是以ZrO_2的形式分布在晶界附近。

虽然低温阶段时，Zr的溶解度很小，但由于Zr与Mo之间大的尺寸因子，固溶进基体中的Zr周围形成了强烈的晶格畸变应力场，进而阻碍位错移动。因此，少量的Zr可起到比

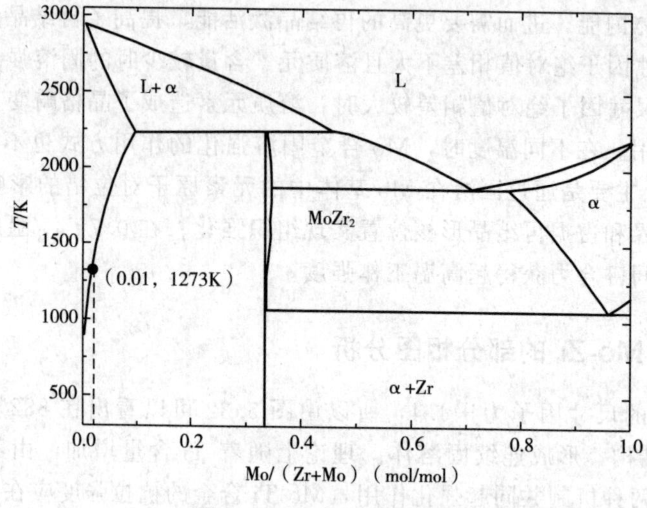

图 5.33 Mo-Zr 二元相图

较明显的固溶强化作用。同时随着 Zr 含量提高，高温烧结阶段固溶进去 Zr，冷却过程中弥散析出形成第二相 Mo_2Zr（37% Mo）共晶体，第二相可以通过钉扎晶界细化晶粒，此时弥散强化和细晶强化机制共同起作用。同时利用 Zr 易于净化晶界上的 O，形成第二相 ZrO_2，可以改善低温脆性和通过弥散分布的第二相阻碍晶界迁移，减缓晶粒粗化过程，进而改善 Mo“高温软化”的弱点，提高高温性能。

5.2.3 Mo-Fe 的部分相图分析

目前对 Mo 合金中 Fe 元素的影响鲜有研究，因为少量 Fe 急剧降低 Mo 合金熔点。图 5.34 为 Mo-Fe 二元相图。从图 5.34 可以看出，1611℃时发生包晶反应，生成比钼熔点低得多的包晶体，降低 Mo 的热强度，因此大多数制品中将 Fe 作为异相杂质处理。由于制备 Mo 粉过程中冶炼和还原阶段或多或少均会残留部分 Fe 元素，虽然 1600℃烧结时存在微量 Fe 元素的挥发，但残余的微量 Fe 仍然起到一定的作用。

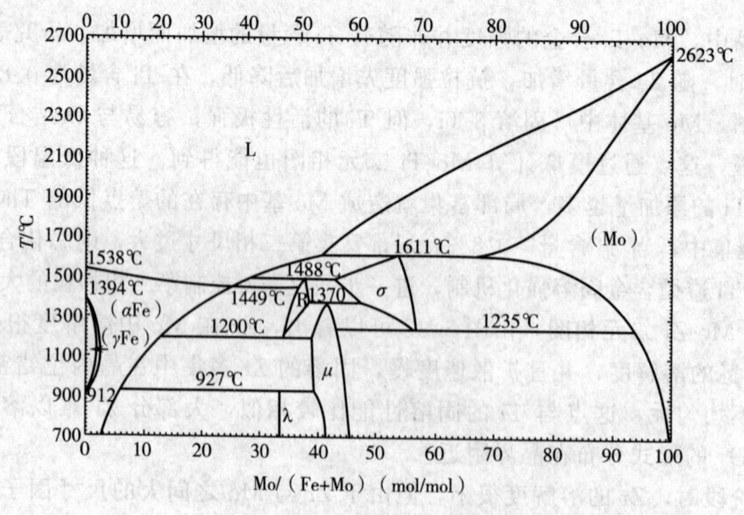

图 5.34 Mo-Fe 二元相图

Fe 相对于 Mo 的尺寸因子绝对值为 9%，且这限制了 Fe 在 Mo 中的溶解度。从图 5.34 Mo-Fe 相图中可知，随着温度的下降，Fe 与 Mo 先后生成两种金属间化合物，分别为脆性相 FeMo 和复杂立方结构相 Mo_6Fe_7，因此为了防止形成对钼性能产生不利影响的金属间化合物，钼中 Fe 含量应低于 0.3%。通过组织强化改善钼合金高温强度时，弥散第二相起主要作用，由于 Fe 不像 Ti、Zr 和 O 元素有强的亲和力，因此不能形成大量弥散分布的第二相，以固溶体强化为主。

5.2.4 Mo-Cr 相图分析

图 5.35 为 Mo-Cr 二元相图，由图 5.35 可以看出 Mo、Cr 可以形成连续固溶体，在全体温度和成分范围内均未形成金属间第二相化合物，从低温阶段 Mo、Cr 互溶情况可以看出室温平衡状态下 Mo、Cr 为完全互不溶体。这就限制了 Cr 在 Mo 合金化过程中的应用，高温阶段固溶在 Mo 基体中的 Cr 通过晶格畸变虽然对强化具有一定效果，但由于高温强化主要依赖于第二相的弥散强化，因此强化效果不理想。合金冷却到室温时由于 Mo、Cr 为完全互不溶体，进而导致 Cr 在晶界大量析出，恶化合金的室温性能。

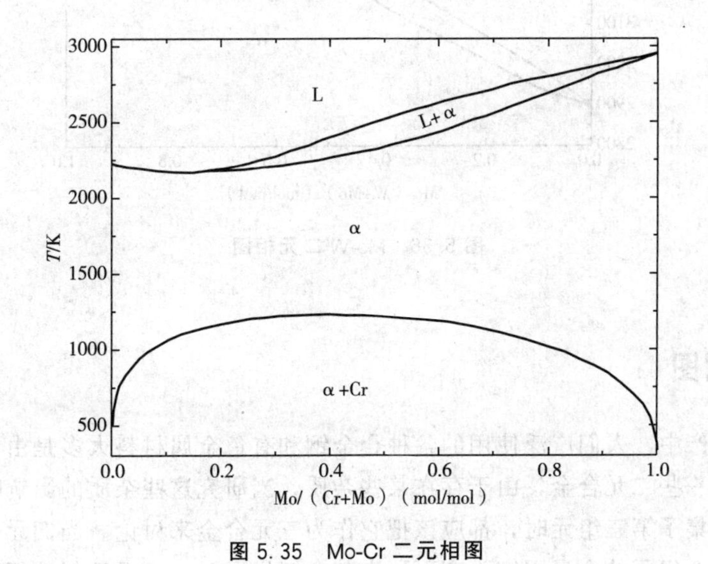

图 5.35 Mo-Cr 二元相图

5.2.5 Mo-W 相图分析

Mo 合金在 $0.7T_{熔点}$ 以上温度使用时，影响其强度的主要因素为位错的攀移，位错攀移激活能与自扩散激活能有关，因此可以通过大量固溶，增强固溶体晶体晶格键合力，提高自扩散激活能，改善 Mo 合金高温性能。这条强化途径中，要求添加的元素熔点比 Mo 高、对 Mo 合金的加工性能影响小，由于添加量大，应考虑成本问题，因此 W 应为该途径最具潜力的元素。

W 为体心立方结构，相对于 Mo 的尺寸因子很小，为+0.06。研究表明，Mo-W 固溶所需生成热很小，可以忽略不计，且仅在极低的温度才具有相位分离的趋势，通过密度泛函数计算可发现 Mo、W 电子结构十分相似，相互作用很小。因在 Mo、W 表面应变速度不同，会对功函数有轻微影响。由图 5.36 Mo-W 二元相图可以看出，二者在固液相温度范围内完全连续无限固溶，且钼合金熔点随 W 含量单调线性增加。因此从理论上来说 Mo-W 合金可以提高 Mo 基体的晶体晶格键合力，提高高温强度，但由于 W 极差的加工性能，大量固溶 W 必定会对 Mo 合金的加工性能产生影响，因此 Mo 合金中 W 的含量应该以 Mo 合金高温性能和加工性能要求综合决定。研究表明，Mo-W 系合金 W 含量＜10%时，抗拉强度提高 5%，强化作用不明显；20%≤W 含量＜30%时，晶粒细化，塑性变形抗力增加；W 含量≥30%时，合金变形困难。

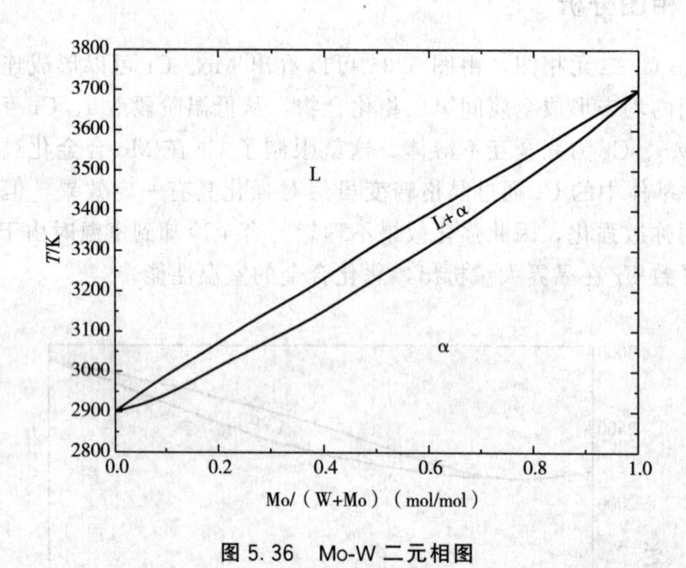

图 5.36　Mo-W 二元相图

5.3　三元相图

实际工业生产中，人们广泛使用的各种合金钢和有色金属材料大多是由两种以上的组元构成的。即使是一些二元合金，由于存在某些杂质，当研究这些杂质的影响时，特别是发生偏析而在局部富集了第三组元时，都应该把它作为三元合金来讨论。当四元合金和多元合金中有一组元或多个组元的含量固定不变而研究其余三组元时，也可近似地把它们作为三元合金来进行分析研究。为了更好地了解和掌握各种金属材料的成分、组织和性能之间的关系，除了要研究二元合金相图外，还需研究三元合金相图甚至多元合金相图。三元合金相图类型很多，图形比较复杂，至今仍在进行研究。本节主要介绍的是在生产中常应用三元合金相图的等温截面、变温截面和投影图。

5.3.1　三元相图的表示

二元合金相图是一个平面图形，其成分可用一条水平直线（成分坐标）表示出来。三元合金是由三个组元构成的，只有已知其中两个组元的含量，才能确定第三个组元的含量，即三元合金的成分有两个自变量，表示成分的坐标应为两个，需要用一个平面来表示。三元合金在各温度下的组织状态还需要在垂直于两个成分坐标（平面）的温度坐标表示，因此三元合金相图是一个立体图形。构成三元合金相图的主要是一系列的空间曲面，而不是二元相图中那些平面曲线。

通常用等边三角形表示三元合金的成分，这种三角形称为成分三角形，如图 5.37 所示，三角形的三个顶点代表 A、B、C 三个纯组元。三角形的三条边分别表示三个二元合金，即 AB 边为 A-B 二元合金，BC 边为 B-C 二元合金，CA 边为 C-A 二元合金。三角形内的任意一点表示一定的三元合金。

在成分三角形内表示三元合金的成分，需要利用等边三角形的几何特性。由等边三角形内的任意一点 O（合金 O）顺序作各边的平行线。$Om+On+Op=AB=BC=CA$，若以三角形的边长为 100%，则三条平行线 Om、On、Op 的长度分别表示合金 O 中组元 A、B、C 的含量。由图 5.37 可知，$Om=a$、$On=b$、$Op=c$，在成分三角形中可分别用 a、b、c 线段的长度表示合金 O 中 A、B、C 三组元的含量。用成分三角形表示三元合金的成分时，有顺时针和逆时针方向标注法。图 5.37 和图 5.38 所示为顺时针方向的标注法。

图 5.38 所示为画有网格的成分三角形，它是为了便于确定某点表示的合金成分而特意加绘的。图 5.38 中 O 点合金的成分可用下述方法求得：

① A 组元的含量。过 O 点作平行于顶点 A 的对边 BC 的平行线 Oa，该线与 AC 边交于 a 点，则 a 点指出 A 组元的含量为 55%。

② B 组元的含量。过 O 点作平行于顶点 B 的对边 AC 的平行线 Ob，该线与 AB 边交于 b 点，则 b 点指出 B 组元的含量为 20%。

③ C 组元的含量。过 O 点作平行于顶点 C 的对边 AB 的平行线 Oc，该线与 BC 边交于 c 点，则 c 点指出 C 组元的含量为 25%。

图 5.38 中 E、F 点的成分可用同样方法求得。

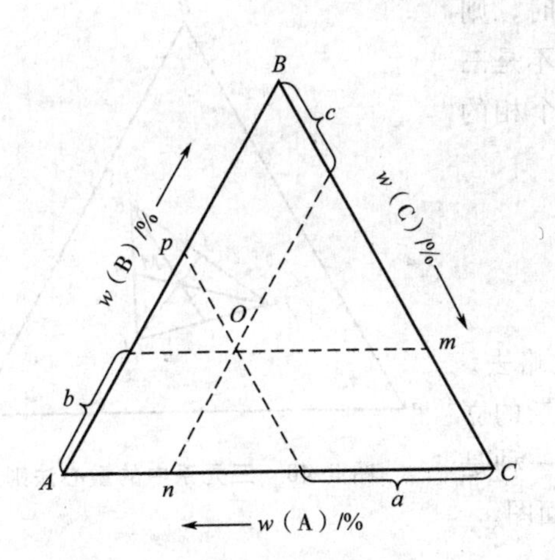

图 5.37　用成分三角形确定合金的成分

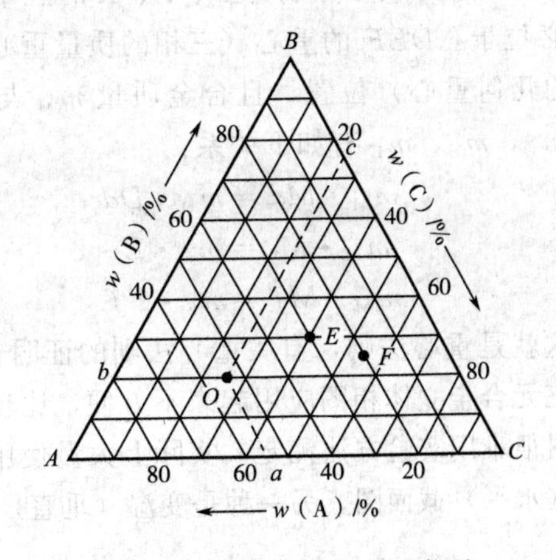

图 5.38　有网格的成分三角形

5.3.2　直线定律

三元系中的直线定律如图 5.39 所示，由图 5.39 可知三元合金系中 c 点成分的合金在某温度下处于两相平衡，这两个相的成分分别为 a 和 b，则 a、b、c 三个成分点必定位于同一直线上，且 a 相与 b 相的质量比为 $\frac{m_a}{m_b}=\frac{cb}{ac}$（即两相的质量之比与截距成反比）。这个定律就

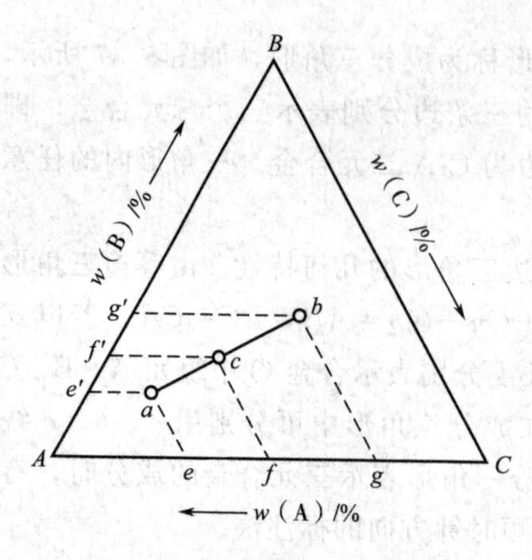

图 5.39 三元系中的直线定律

是二元系中的杠杆定律，为区别起见，在三元系中称之为直线定律或直线法则。若将已知成分和质量的两个合金 a 与 b 熔合在一起，熔合而成的新合金的成分点 c 必在 a 与 b 的连线上，且 c 点到 a 点与 b 点的长度与合金 a 和合金 b 的质量成反比，即 $\frac{bc}{ac}=\frac{m_a}{m_b}$，据此可求 c 点的成分。

由三元相图中的直线定律可得出以下结论：

① 在三元系中，若有一个相分解为另外两个相时，则这三个相的成分点必在同一直线上，且相的质量与各自的截距成反比。

② 在三元系中，若有两个相相互作用形成第三个相时，则这三个相的成分点必定在同一直线上，其位置可根据两相的质量之比与截距成反比来确定。

③ 用直线定律可确定三元合金在结晶过程中处于平衡的两相部分。假定已知合金的成分，以及由液相结晶出来的固相成分，就能求出剩余液相的成分；假定已知合金成分和剩余液相的成分，就可确定结晶出来的固相的成分。

5.3.3 重心法则

三元系中的重心法则如图 5.40 所示，当 M 点成分的合金分解为成分分别为 D、E、F 的三个相时，则 M 点必位于△DEF 的重心（三相的质量重心，不是三角形的几何重心）位置，且合金质量 m_M 与三个相的质量 m_D、m_E、m_F 有如下关系：

$$m_M \cdot Md = m_D \cdot Dd$$
$$m_M \cdot Me = m_E \cdot Ee$$
$$m_M \cdot Mf = m_F \cdot Ff$$

这就是重心法则，有关重心法则的证明在此略去。

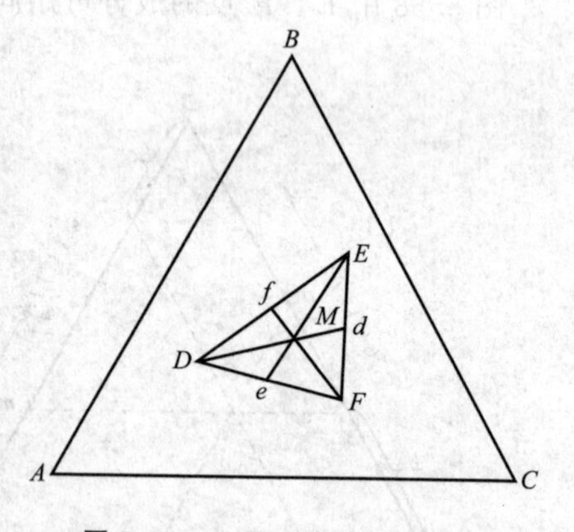

图 5.40 三元系中的重心法则

三元合金立体相图应用起来不方便，比较复杂的立体相图很难用实验方法测定，实际上大量使用的一种是等温（水平）截面图，另一种是变温（垂直）截面图。

5.3.4 等温和变温截面

5.3.4.1 等温截面

等温截面又称水平截面，它相当于用一平行于成分三角形的水平面与立体相图相截时而得到的图形。等温截面图能表明不同成分的合金在某一温度时平衡相的数目和成分，还可用直线定律和重心法则来确定各平衡相的相对质量，它还能帮助理解相图的空间概念。等温截面实际上是用各种实验方法测定出来的，而并不是在立体相图上截取下来的。

图5.41所示温度为t时的等温截面。该温度低于C组元的熔点而高于A、B组元的熔点。该截面相当于FGE水平面与三元相图相截所得的图形，如图5.42所示。其中曲线L_1L_2是水平面与液相面的交线，称为液相线。曲线S_1S_2是水平面与固相面的交线，称为固相线。曲线L_1L_2和S_1S_2把等温截面划分为三个相区。曲线L_1L_2与曲线S_1S_2之间是固、液两相共存区（L+α）。图5.41中，在温度为t时，成分点位于$A_tL_2L_1B_t$区内的合金都是液相L状态，成分点位于$C_tS_1S_2$区内的合金都是固相α状态，成分点位于$L_2S_2S_1L_1$区内的合金都是液相L+固相α的两相共存状态。

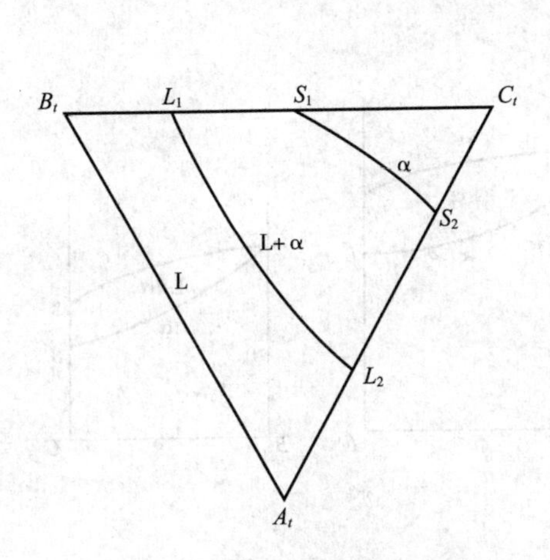

图5.41 温度为t时的等温截面

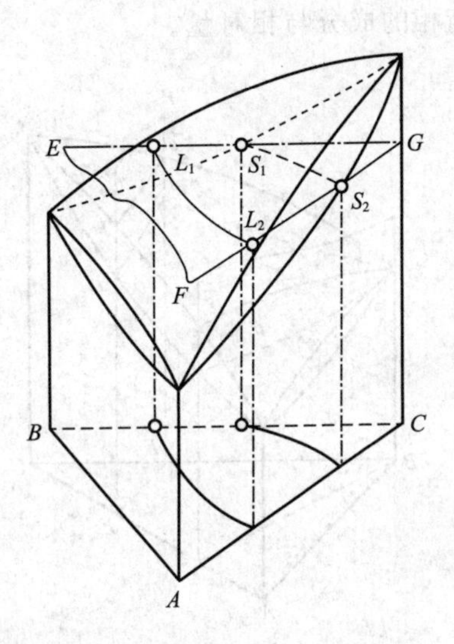

图5.42 三元相图等温截面的截取

处于单相区的合金，相的成分与合金的成分相同。在两相区中，液相与固相的成分存在一定的对应关系。三元合金两相平衡当温度固定时，还有一个自由度。也就是说，两个相的成分只有一个可以独立改变，另一个相的成分随之而定。如图5.43，成分为x的合金在温度为t时的液相与固相的成分分别为L_t和α_t，根据直线定律，L_t、α_t和x点应在一条直线上，这种直线叫共轭线，它是由实验测得的。也就是说，在温度t时，除了$L_t\alpha_t$直线以外，其他通过x点与S_1S_2和L_1L_2相交的直线都不是共轭线。根据直线定律，就可确定成分为x的合金在温度t时液相L和固相α的成分，液相L和固相α的质量比为$\frac{m_L}{m_\alpha}=\frac{\alpha_t x}{L_t x}$。

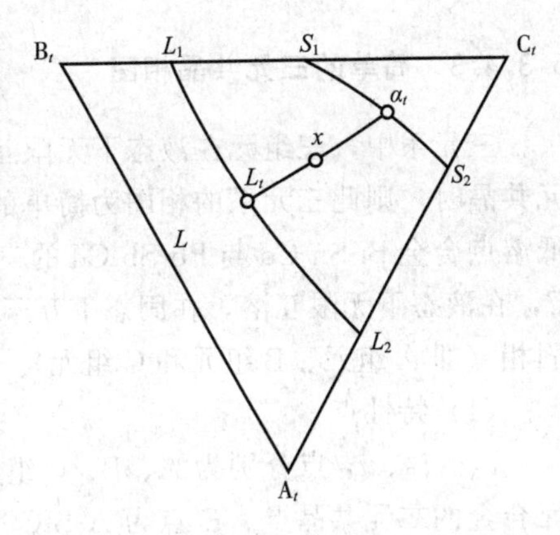

图5.43 两相区中相成分的确定

5.3.4.2 变温截面

变温截面又称垂直截面。通常采用的变温截面有两种，如图5.44所示。一种为通过平行于成分三角形某一边所作的变温截面，此时，位于截面上的所有合金含某一组元的量是固定的，如图5.44（b）中的EF变温截面所有合金含C组元的量固定不变；另一种是通过成分三角形某一顶点所作的截面，这个截面上所有合金中另两顶点所代表的组元含量的比值是一定的，如图 5.44（c）中的 BG 变温截面中所有合金 A 组元和 C 组元含量的比值是一定的。

变温截面与二元合金相图类似，图 5.44（b）和图 5.44（c）中上下两条曲线分别是液相线和固相线。L、L＋α、α 相区分别为液相区、两相区及固相区。利用变温截面可以分析合金的结晶过程，确定相变温度，了解合金在不同温度下所处的状态以及合金的室温平衡组织。但是由于共轭线通常不在截面图上，所以不能用直线定律在变温截面图中的两相区确定两个平衡相的成分与相对量。

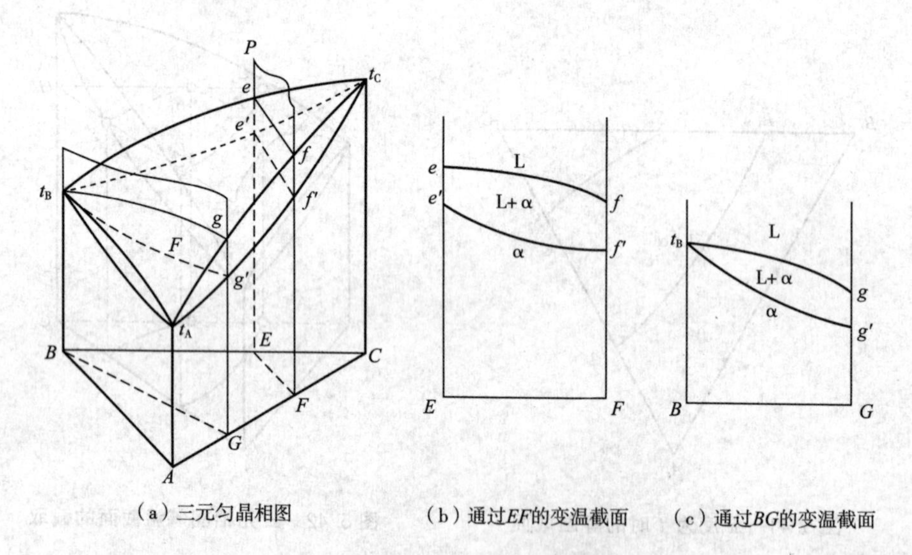

（a）三元匀晶相图　（b）通过EF的变温截面　（c）通过BG的变温截面

图 5.44　三元匀晶相图的变温截面

5.3.4.3　简单的三元共晶相图

三元系中，三组元在液态下无限互溶，在固态下任意两组元互不溶解，并形成简单的二元共晶时，则此三元系的相图为简单的三元共晶相图，如图 5.45（a）所示。工业上使用的低熔点合金 Bi-Sn-Cd 与 Pb-Sb-Cd 的三元合金相图就是属于这种类型的相图。三元合金 A-B-C，在液态下无限互溶，在固态下互不溶解，因此，合金有四个基本相：一个液相 L 和三个固相（即 A 组元、B 组元和 C 组元）。图 5.45（a）所示为 A-B-C 三元合金相图的立体模型。

（1）特性点

t_A、t_B、t_C 点分别为 A、B、C 组元的熔点。E_1、E_2、E_3 点分别为 A-B、B-C、C-A 二元合金的二元共晶点。E 点为 A-B-C 三元合金的三元共晶点，即具有 E 点成分的三元合金液相缓冷至 E 点所在的温度时，将发生三元共晶转变：$L_E \xrightarrow{t_E} A+B+C$，同时从液相中结晶出固相 A、B、C 纯组元。(A＋B＋C) 称为三元共晶体或三元共晶组织。

（2）特性线

相图中有三条二元共晶线。E_1E 是（A＋B）二元共晶曲线，凡在成分三角形上与 E_1E 线对应成分的三元合金液相，缓慢冷却至该线上时将开始发生二元共晶转变：$L_{E_1E} \longrightarrow A+B$。同理，$E_2E$ 是（B＋C）二元共晶曲线，E_3E 是（C＋A）二元共晶曲线。

（3）特性面

相图中有三个液相面。$t_AE_1EE_3t_A$ 空间曲面是合金冷却时从液相中开始结晶出初晶 A 的液相面，同样，$t_BE_1EE_2t_B$ 空间曲面是合金冷却时从液相中开始结晶出初晶 B 的液相面，$t_CE_2EE_3t_C$ 空间曲面是合金冷却时从液相中开始结晶出初晶 C 的液相面。

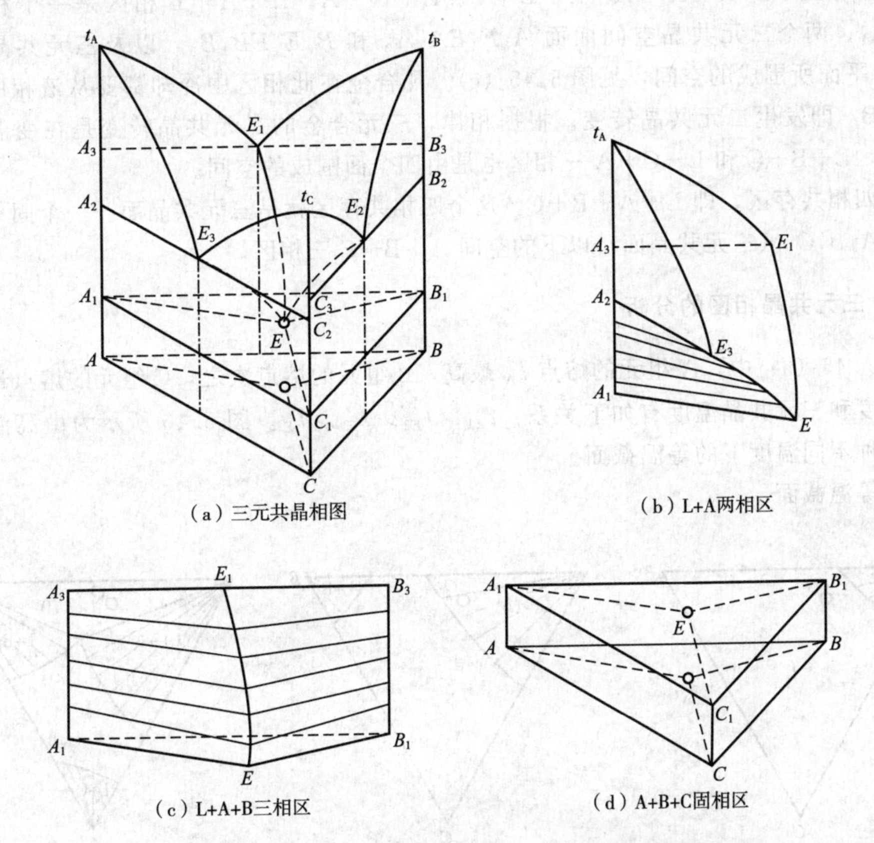

（a）三元共晶相图

（b）L+A两相区

（c）L+A+B三相区

（d）A+B+C固相区

图 5.45　三元共晶相图与空间各区

相图中有六个二元共晶空间曲面。它们是由许多水平线组成的，水平线一端在相应的纵轴上，另一端则位于二元共晶曲线上，此水平线是一系列等温截面与二元共晶空间曲面的交线，也是连接两平衡相的共轭线，如图 5.45（b）、（c）所示。$A_3E_1EA_1A_3$ 和 $B_3E_1EB_1B_3$ 空间曲面是合金冷却时从液相中开始结晶出（A+B）的二元共晶曲面，即 $L \longrightarrow A+B$。同样，$B_2E_2EB_1B_2$ 和 $C_3B_2B_1C_1C_3$ 空间曲面是合金冷却时从液相中开始结晶出（B+C）的二元共晶曲面，即 $L \longrightarrow B+C$。$C_2E_3EC_1C_2$ 和 $A_2E_3EA_1A_2$ 空间曲面是合金冷却时从液相中开始结晶出（C+A）的二元共晶曲面，即 $L \longrightarrow C+A$。

相图中有一个固相面，即水平面$\triangle A_1B_1C_1$，又称为三元共晶面。所有三元合金冷却到该面温度（三元共晶温度 t_E）时，剩余液相的成分为三元共晶成分，三元共晶成分的液相在三元共晶温度时会发生三元共晶转变：$L_E \xrightarrow{t_E} A+B+C$。三元合金的三元共晶转变在恒温下进行。

（4）相区

相图中有九个空间相区。三个液相面以上为液相区。三个双相区，即 L＋A、L＋B、

L＋C。L＋A 相区是由一个液相面 $t_AE_1EE_3t_A$、两个二元共晶空间曲面 $A_3E_1EE_3A_3$ 和 $A_2E_3EA_1A_2$、两个斜边三角形$\triangle t_AE_1A_3$ 和$\triangle t_AE_3A_2$（相图侧面）所围成的空间，见图 5.45（b）。凡合金在此相区中冷却都要从液相中不断结晶出初晶 A。L＋B 和 L＋C 相区也分别是由一个液相面、两个二元共晶空间曲面和两个相图侧面所围成的空间。

三个三相区，即 L＋A＋B、L＋B＋C、L＋C＋A。L＋A＋B 相区是一个相图侧面 $A_3B_3B_1A_1$、两个二元共晶空间曲面 $A_3E_1EA_1A_3$ 和 $B_3E_1EB_1B_3$，以及三元共晶面上的$\triangle A_1EB_1$ 平面所围成的空间，见图 5.45（c）。凡合金在此相区中冷却都要从液相中不断结晶出 A＋B，即发生二元共晶转变。根据相律，三元合金的二元共晶转变是在变温下进行的。同样，L＋B＋C 和 L＋C＋A 三相区也是由四个面围成的空间。

一个四相共存区，即 L＋A＋B＋C。这个四相共存区就是三元共晶面。一个固相区，即固相面$\triangle A_1B_1C_1$（三元共晶面）以下的空间 A＋B＋C 三相区。

5.3.4.4 三元共晶相图的分析

在图 5.45（a）中，A 组元的熔点 t_A 最高，B 组元的熔点次之，C 组元的熔点最低。二元共晶温度和三元共晶温度有如下关系：$t_{E1}>t_{E2}>t_{E3}>t_E$。图 5.46 所示为由高温至低温所作的 6 种不同温度下的等温截面。

（1）等温截面

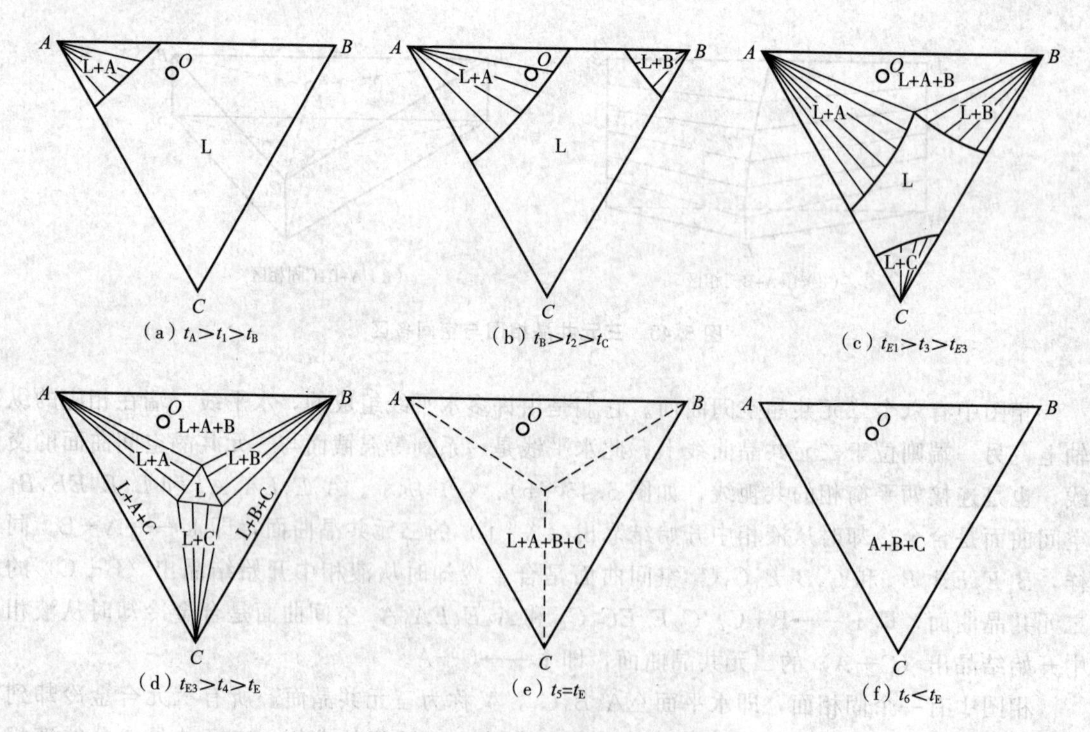

图 5.46 三元共晶相图的等温截面

图 5.46（a）是 t_1 温度下的等温截面，由于 $t_A>t_1>t_B$，故截面只与结晶出初晶 A 的液相面相交，整个等温截面分为两个相区，即液相区 L 和两相区 L＋A。t_1 温度时 O 点成分合金位于液相区，故其处于液相状态。图 5.46（b）是 t_2 温度下的等温截面，由于 $t_B>t_2>t_C$，故截面同时与结晶出初晶 A 和结晶出初晶 B 的液相面相交，整个等温面被分为三个相

区，即液相区 L、两相区 L+A 和 L+B。因 O 点成分合金位于 L+A 的两相区，故其在 t_2 温度下为初晶 A 与液相 L 的两相平衡状态。图 5.46（c）是 t_3 温度下的等温截面，由于 $t_{E1}>t_3>t_{E3}$，故截面在 AB 边这一侧与两个二元共晶空间曲面相交，交线是两条直线，AB 边与这两条直线所围区域是 L+A+B 三相区。因 O 点成分合金位于三相区内，故其在 t_3 温度下处于 L、A、B 三相平衡状态。其组织为 L+A+（A+B）。图 5.46（d）是 t_4 温度下的等温截面，由于 $t_{E3}>t_4>t_E$，故截面与六个二元共晶空间曲面相交，交线为六条直线，它们分别与三角形的三条边围成三个三相区；截面与三个液相区相交形成三个两相区；由于 $t_4>t_E$，故等温截面图中还有一小块液相区。O 点成分合金此时的状态与组织和 t_3 时相同，但二元共晶的量较多些。图 5.46（e）是 t_5 温度下的等温截面，由于 $t_5=t_E$，故等温截面就是三元共晶截面，剩余液相在 t_5 温度时发生三元共晶转变，形成三元共晶体（A+B+C）。故 O 点成分合金此时四相平衡状态，其组织为 L+A+（A+B）+（A+B+C）。图 5.46（f）是 t_6 温度下的等温截面，由于 $t_6<t_E$，故任何成分的三元合金在此温度下均为固相。O 点成分合金此时的组织 A+（A+B）+（A+B+C），即初晶 A+二元共晶（A+B）+三元共晶（A+B+C）。

图 5.47 所示为 O 点成分合金在 $t_1\sim t_6$ 温度下结晶过程的组织示意图，它说明了 O 点成分合金从高温液相冷却到室温时的组织转变过程。图 5.47（f）是 O 点成分合金在室温下的组织示意图。

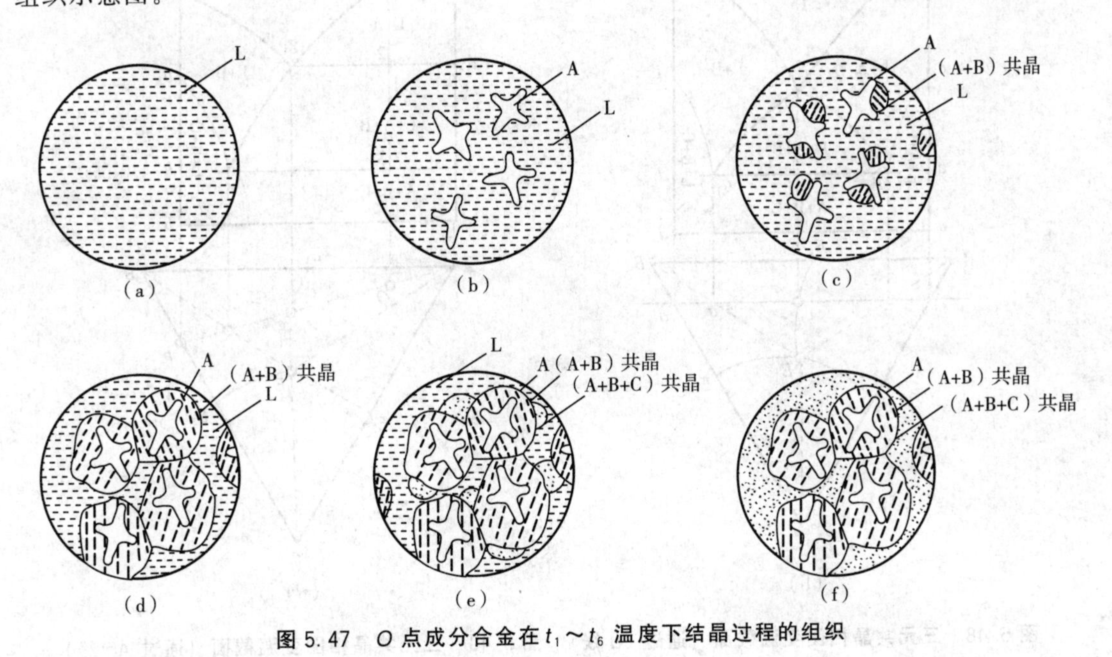

图 5.47 O 点成分合金在 $t_1\sim t_6$ 温度下结晶过程的组织

（2）变温截面

变温截面也称垂直截面，它是垂直于成分三角形的。

图 5.48 所示为通过 cd 线（$cd//AB$）作的变温截面，其中图 5.48（a）指出截面与三元共晶相图各区相截的情况。图中 c_3e_1、d_3e_1 分别是截面与结晶出 A 组元和结晶出 B 组元的液相面的两条交线；c_2p_1、p_1e_1、e_1q_1、q_1d_2 是截面分别与四个二元共晶空间曲面的交线；c_1d_1 是截面与三元共晶面的交线。根据变温截面图上各线的意义，即可填出图中各相区的相组成物，其结果如图 5.48（b）所示。

图 5.49 所示为通过 Ab 线所作的变温截面，其中图 5.49（a）中指出了截面与三元共晶相图各区相截的情况。图中 t_Ag_1、g_1b_3 是截面分别与两个液相面的交线；A_2g_1、g_1r_1、r_1b_2 是截面分别与三个二元共晶空间曲面的交线；A_1b_1 是截面与三元共晶面的交线。根据变温截面图上各线的意义，即可填出各相区的相组成物，其结果如图 5.49（b）所示。

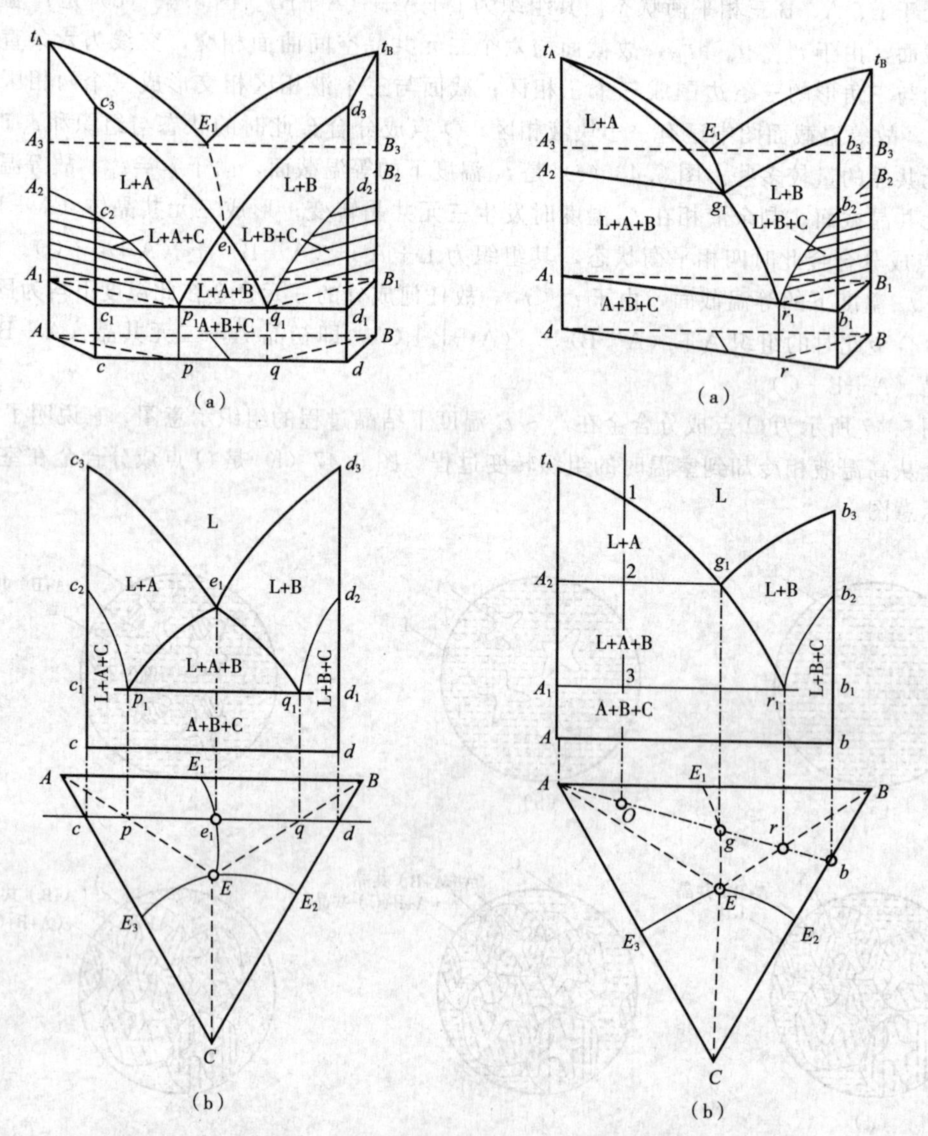

图 5.48　三元共晶相图变温截面（通过 cd 线）　图 5.49　三元共晶相图变温截面（通过 Ab 线）

在变温截面上可以分析合金的结晶过程，说明某合金在某一定温度下的状态，并能够判断其组织。如图 5-49（b）中 O 点成分合金，1 点温度以上为液相，从 1 点开始直到 2 点，由液相中不断结晶出初晶 A，从 2 点开始发生二元共晶转变（L ⟶ A+B）直到 3 点；在 3 点（三元共晶温度）时，恒温下发生三元共晶转变，即（L ⟶ A+B+C），直到液相转变耗尽为止。故可推断 O 点成分的合金在室温下的组织是初晶 A、二元共晶体（A+B）和三元共晶体（A+B+C）。变温截面虽然能说明合金的结晶过程，但不能用直线定律和重心法则来确定平衡相的成分及相对量。

（3）投影图和合金结晶过程分析

共晶相图的投影图是把空间相图中所有相区的交线都投影到成分三角形中，是把相图在垂直方向压成一个平面。图5.50所示为简单三元共晶相图的投影图。图中E_1E、E_2E、E_3E是三条二元共晶曲线的投影，AE、BE、CE三条虚线是二元共晶曲面与三元共晶面的交线。此外，AE_1EE_3A、BE_1EE_2B、CE_2EE_3C分别是三个液相面的投影。AEE_1、BEE_1、BEE_2、CEE_2、CEE_3、AEE_3则分别是六个二元共晶曲面的投影。$\triangle ABC$为三元共晶面的投影。点E是三元共晶点的投影。

在AE_1EE_3A区中的合金，结晶时首先结晶出初晶A；在BE_1EE_2B区中的合金，结晶时首先结晶出初晶B；在CE_2EE_3C区中的合金，结晶时首先结晶出初晶C。在AEB区内的合金，在结晶出初晶A或初晶B完毕后，继续冷却会发生L⟶A+B的二元共晶转变，形成二元共晶体（A+B）；在BEC区中，在结晶出初晶B或初晶C完毕后，继续冷却发生L⟶B+C的二元共晶转变，形成二元共晶体（B+C）；在CEA区中，在结晶出初晶C或初晶A完毕后，继续冷却发生L⟶C+A的二元共晶转变，形成二元共晶体（C+A）。所有的合金发生二元共晶转变的同时，剩余的液相成分分别沿二元共晶曲线变化，冷却到三元共晶温度t_E时，剩余液相的成分变为E点成分。E点成分的液相在t_E温度下发生L⟶A+B+C的三元共晶转变，形成三元共晶体（A+B+C）。

在上述分析的基础上，下面讨论图5.50中O成分合金的结晶过程。O点成分的合金从液相冷却时首先结晶出初晶A，根据直线定律液相成分沿Ob变化，随着温度降低，初晶A数量增多，液相数量减少其成分最终变到二元共晶线上的b点。继续冷却b点成分的液相会发生L⟶A+B二元共晶转变，形成二元共晶体（A+B），这时液相成分沿二元共晶线bE变化，从b点到达E点。E点成分的液体将在三元共晶温度t_E时发生三元共晶转变L⟶A+B+C，直到液体耗尽为止，形成三元共晶体（A+B+C）。低于三元共晶温度t_E继续冷却，合金组织不再发生变化。用同样方法可以分析投影图中其他不同区域合金的结晶过程。表5.2列出了投影图中各区域合金的室温平衡组织。

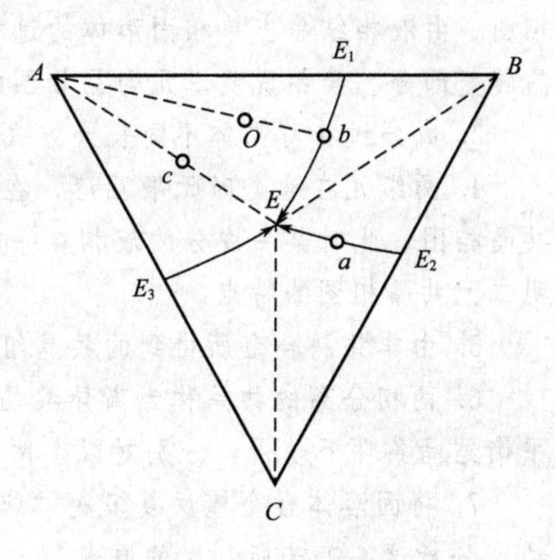

图5.50 简单三元共晶相图的投影图

表5.2 投影图中各区域合金的室温平衡组织

合金成分点所在区域	合金的平衡组织
E_1AEE_1	A+（A+B）+（A+B+C）
E_3AEE_3	A+（A+C）+（A+B+C）
E_3CEE_3	C+（A+C）+（A+B+C）
E_2CEE_2	C+（B+C）+（A+B+C）
E_2BEE_2	B+（B+C）+（A+B+C）
E_2BEE_1	B+（A+B）+（A+B+C）

续表

合金成分点所在区域	合金的平衡组织
AE 虚线	A+（A+B+C）
BE 虚线	B+（A+B+C）
CE 虚线	C+（A+B+C）
E_1E 线	（A+B）+（A+B+C）
E_2E 线	（B+C）+（A+B+C）
E_3E 线	（C+A）+（A+B+C）
E 点	（A+B+C）

思考题:

1. 合金在结晶过程中，随结晶过程的进行，合金中各相的成分及其相对量，都在不断地发生变化。利用杠杆定律，不但能够确定任一成分的合金在任何温度下处于平衡的两个相的成分，而且还可以确定两个相的相对数量，举例说明杠杆定律的使用方法。

2. 由组元不但在液态无限互溶，而且在固态也无限互溶的合金系形成的相图称为匀晶相图。由液相结晶出单相固溶体的过程称为匀晶转变。几乎所有的二元合金相图都包含有匀晶转变部分。绘图说明二元匀晶相图的特点。

3. 成分过冷与晶体不同长大方式的关系有哪些？

4. 两组元在液态时无限互溶，在固态时有限互溶，发生共晶转变的二元合金相图称为共晶相图。此时某一成分的液相在一定温度下同时结晶出两种不同晶体结构的固相。绘图说明二元共晶相图的特点。

5. 由非共晶合金所得到的共晶组织称为伪共晶，使用相图分析伪共晶区的出现原理。

6. 两相分离的共晶称为离异共晶。离异共晶可以在平衡结晶条件下获得，也可以在不平衡结晶条件下获得，分别对以上两种条件出现离异共晶的现象进行分析。

7. 将固溶体合金棒反复多次“熔化-凝固”并采用定向快速凝固的方法可对金属进行提纯，分析这一工艺所利用的原理。

8. 什么是包晶相图，有何特点？具有包晶转变的组织形态有何特点？

9. 请举例说明三元相图的成分三角形如何使用。

10. 请举例说明三元相图的直线定律如何使用。

11. 请简要说明什么是三元相图的重心法则。

12. 讨论三元相图等温截面和变温截面的作用和使用方法。

第6章

材料的变形与破坏

金属材料在外力作用下，将发生弹性变形和塑性变形，甚至断裂。塑性变形是不可恢复的变形。结构材料在服役条件下如出现显著的塑性变形，会丧失其正常的工作能力，发生失效现象。而对材料进行塑性加工时，就是要利用材料的塑性，在外力的作用下使其产生塑性变形。本章讲述的主要内容包括塑性变形的物理本质，金属塑性变形的机制和基本规律，金属塑性变形的宏观规律，金属组织性能变化的基本规律以及高分子、陶瓷材料的变形规律。

6.1 拉伸时材料的力学性能

材料的力学性能也称机械性质，是指材料表现出来的变形、破坏等方面的特征。以下分别介绍低碳钢、铸铁和木材三种材料在拉伸和压缩时的力学性能。

6.1.1 低碳钢

低碳钢是指含碳量低于0.25%的碳素钢。这种钢材在工程上使用广泛。其在拉伸试验中表现出的力学性质也最为典型。图6.1为低碳钢的应力-应变曲线。图中纵坐标$\sigma=\dfrac{P}{A}$，P是载荷，也就是拉伸时所施加的力，A是材料横截面的原始面积；横坐标$\varepsilon=\dfrac{\Delta L}{L}$，$\Delta L$是材料的伸长量，而$L$是材料的原始长度。绘出的应力-应变曲线能够直观地表征材料在不同受力阶段的力学性能。

(1) 弹性阶段（Oa阶段）

胡克定律：$F=KX$。K是弹性系数，X是形变量，F是这种形变量下的物体产生的弹力。在最初σ不断增加时，σ与ε成正比，即$\sigma=E\varepsilon$，E是材料的弹性模量。此时，a处的应力被称为比例极限，记为σ_p。继续增加拉力，在b以内，当撤去载荷后，材料会恢复至原来形状，所有的形变消失，故b点处相应的应力被称为弹性极限，即为σ_e。σ_p和σ_e的值非常接近，故Oa和ab几乎在同一直线上。

(2) 屈服阶段（bc阶段）

当应力大于弹性极限后，如果接触载荷，那么试件的变形只能消失一部分，即原来发生

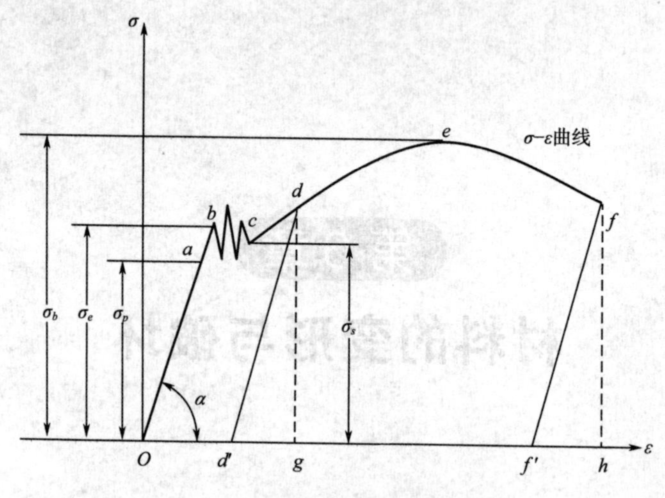

图 6.1 低碳钢的应力-应变曲线

弹性形变的部分，而剩下的不能消失的是塑性变形或残余变形。就像弹簧一样，要是拉力过大，弹簧不能完全恢复到原来的样子，只能恢复其一部分。线段 dd' 的斜率与 Oa 几乎是相同的。其原因在于当载荷完全撤去时，试件会部分恢复原状，恢复的部分遵循胡克定律，故会按照原来的弹性系数恢复，剩下的 Od' 就是塑性形变量。

（3）强化阶段（ce 阶段）

过了强化阶段之后，若继续增加载荷，材料又恢复了抵抗变形的能力，继续施加载荷，试件将断裂。此处的应力 σ_b 被称为强度极限。

（4）局部变形阶段

过了 e 点之后，在试件的某一局部范围内，横截面尺寸迅速缩小，使得试件继续变形所需的载荷也越来越小，但是在拉伸的过程中，A 是材料横截面的原始面积，保持不变，而 P 越来越小，故 σ 越来越小，导致曲线呈下降趋势，直至 f 点材料被拉断。

6.1.2 铸铁

铸铁主要是由铁、碳和硅组成的合金。铸铁在拉伸时与低碳钢完全不同，如图 6.2 所示。在拉伸时，只有应力较小的初始部分接近直线，在此阶段，其形变直至拉断基本是弹性变形，且形变量很小，而塑性变形几乎没有发生，整个拉伸过程无屈服现象，不出现局部颈缩。它在较小的拉应力下就被拉断，是典型的脆性材料。由于没有屈服现象，故铸铁拉断时的强度极限是衡量其安全性的唯一指标，由图 6.2 可见铸铁等脆性材料的抗拉强度很低，不宜作为生产受拉零件的原材料使用。

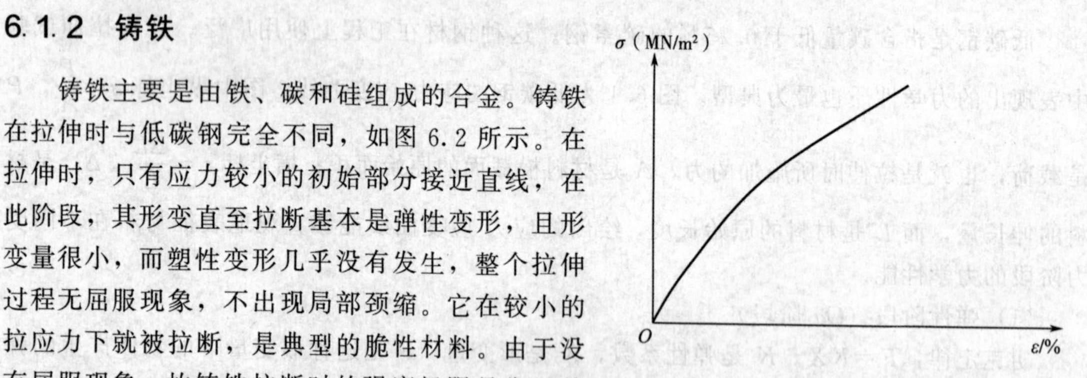

图 6.2 铸铁的应力-应变曲线

6.1.3 木材

木材是一种特殊的材料。由于其是生物材料，故其力学性质在很大程度上都是取决于它的生物性质。木材存在纹线，沿着不同纹线的方向其抗拉程度也是不同的。木材顺纹抗拉强度，是指木材沿纹理方向承受拉力载荷的最大能力。木材的顺纹抗拉强度较大。木材顺纹拉伸破坏主要是纵向撕裂粗纤维和微纤维间的剪切。纤维纵向的 C—C、C—O 结合非常牢固，所以木材顺纹拉伸时的变形很小，强度值却较高。当垂直于木材纹线的方向对木材进行拉伸时，纤维受垂直方向的拉伸，横纹方向纤维中纤维素链间是以氢键（—OH）结合的，这种键的能量比木材纤维素纵向分子间 C—C、C—O 结合的能量要小得多，所以木材的横纹抗拉强度比顺纹抗拉强度低。

6.2　压缩时材料的力学性能

（1）低碳钢

前已述及拉伸时的低碳钢。因其弹性系数是不变的，在压缩时低碳钢也保持着原来的弹性系数发生形变。超过其原来的形变量之后，即超出弹性极限之后，该试件被破坏，部分产生塑性变形。随后当应力超过屈服极限之后，试件越压越扁，横截面积随着载荷增加不断增大（由于摩擦试件两端的横向变形受阻，呈鼓形），即使压成饼状也不会断裂，因此无法测出压缩时的强度极限。

（2）铸铁

铸铁在拉伸时没有屈服现象，所以在压缩时这种现象也没有表现出来。由于铸铁的抗剪强度弱于抗压强度，所以在较小的变形下，突然压断（这是剪应力作用的结果）。故铸铁是一种抗压强度极限比抗拉强度极限大很多的脆性材料，多用于制造机器的机座、机床车等。

（3）木材

不同于前述的金属材料，木材受到压缩的力也分为顺着纹线方向的力和垂直纹线方向的力。当顺着木材纹线施加压力时，受力比较稳定。此时木材的破坏是由于木材在纵向上会发生弯曲、产生扭矩，最后导致破坏，所以它已不属于顺纹抗压的范畴。当垂直于木材纹线施加压力时，木材承受横纹全部压力，宏观上其纵向管状排列的细胞（管胞或纤维等）受压逐渐变得紧密而被压实，压力越大，管状细胞被压缩得越密实，最大值出现的位置越难以确定；木材管状细胞在被压紧密实化的同时，已产生了永久变形，理论上木材管状细胞已处于破坏状态。横纹局部抗压试验时，压板两侧的纤维承受拉伸和剪切作用；当承压板凹陷入木材，上部的纤维先破坏，而较内部的纤维未受影响；当载荷继续增加时，试样未受压的端部会突出，或呈水平劈裂；试样突出部分增加了直接载荷下的木材强度。在木材径向受压时，由于早材强度低于晚材，其抗压曲线由早材弹性阶段（$O\sim A$）、早材破坏阶段（$A\sim B$）和晚材弹性阶段（$B\sim C$）三段曲线组成（图 6.3）。

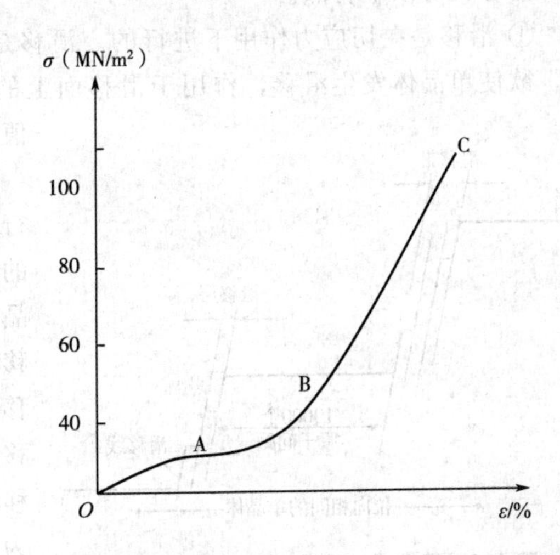

图 6.3　垂直于木材纹线施加压力时的应力-应变曲线

6.3 塑性变形机制

金属材料在外力作用下，将发生弹性变形和塑性变形，甚至断裂。塑性变形是不可恢复的变形。金属材料获得广泛应用的一个重要原因，是它具有优良的塑性变形能力。塑性变形是不可逆的，即在力的作用去除后，材料中残留下来的永久变形。在常温下，单晶体塑性变形的基本方式有两种：滑移和孪生。其中滑移是常温下最基本、最重要的塑性变形方式。孪生通常在低温高速下才起作用，这种变形机制在对称性较低的密排六方金属中尤为重要。

塑性变形的其他机制还有以下三种：①不对称变向；②非晶机制；③晶界滑动。第一种通常是变形协调机制；第二、第三种一般是高温下起作用的变形机制。本节重点介绍滑移和孪生，其他三种变形机制主要介绍非晶机制和晶界滑动。

6.3.1 滑移

将锌单晶体的圆柱试样表面抛光后拉伸，在试样表面上就会出现一系列平行的变形痕迹（图 6.4）。用光学显微镜观察，这些变形痕迹实际上是晶体表面上形成的浮凸，它是由一系列滑移迹线所组成，称为滑移带。

图 6.4 300℃拉伸的锌单晶体

经 X 射线结构分析发现，其晶体结构和晶体位向均未发生改变，只是其中一部分晶体沿着某一晶面（原子排列紧密的晶面）和晶向（原子排列紧密的方向）相对于另一部分晶体发生了相对滑动，此变形方式称为滑移。

滑移具有以下特点。

① 滑移是在切应力作用下进行的。滑移是切应力作用的结果，与正应力无关。试验表明，欲使单晶体发生滑移，作用于滑移面上的切应力在滑移方向上的分量必须达到某临界值，这个临界值称为临界分切应力。

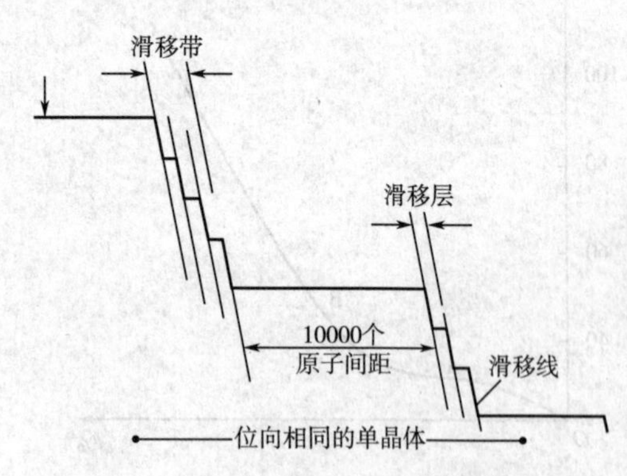

图 6.5 滑移带、滑移层和滑移线示意图

② 滑移总是沿着原子排列最密的原子面进行。因为这些晶面的面间距最大，面与面之间的结合力最弱，切变阻力最小，最容易沿这些晶面发生滑移。一个滑移面和此面上的一个滑移方向组成一个“滑移系”，晶体的滑移是沿滑移系进行的。相邻滑移线间的晶体片层称为滑移层，滑移层厚度约为 100 个原子间距。每条滑移线所产生的台阶高度称为滑移量，滑移量约为 100 个原子间距，滑移带之间的距离约为 10000 个原子间距（图 6.5）。

③ 滑移的结果产生滑移带，滑移的距离是原子间距的整数倍。滑移必然在晶体表面造成一系列微小台阶，在光学显微镜下，这些台阶表现为由很多相互平行的滑移线组成的滑移带。在具体的晶体中，滑移面和滑移方向不是任意的。因此，滑移系是有限的。在不同晶体结构中，滑移面数与滑移方向数的乘积就是该晶体的滑移系数。表 6.1 列出了几种典型金属结构的滑移面、滑移方向与滑移系数量。

表 6.1　典型金属结构的滑移面、滑移方向和滑移系数量

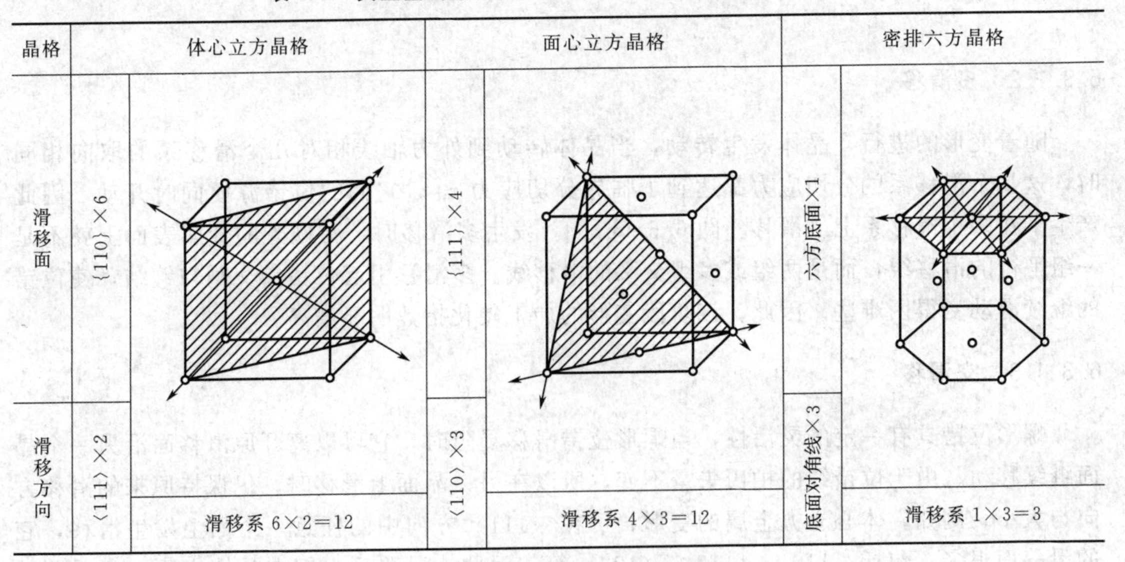

晶格	体心立方晶格	面心立方晶格	密排六方晶格
滑移面	{110}×6	{111}×4	六方底面×1
滑移方向	〈111〉×2	〈110〉×3	底面对角线×3
	滑移系 6×2=12	滑移系 4×3=12	滑移系 1×3=3

在面心立方的金属（如铜、铝、银、镍等）中，其滑移面是 {111} 密排晶面，滑移方向是〈110〉密排晶向；在体心立方的金属（如 α-铁、铬、钼、钨等）中，其滑移面是 {110} 晶面，滑移方向是〈111〉晶向；在密排六方金属（如锌、镉、镁等）中，其滑移面是 {1000} 晶面，滑移方向是〈1120〉晶向。在体心立方金属中，其滑移面除 {110} 外，在 {112}、{123} 晶面上也常发生滑移。滑移系多的金属要比滑移系少的金属变形协调性好，塑性高。如面心立方金属比密排六方金属塑性好。对一定结构的晶体来说，滑移方向一般是固定的，但滑移面随温度不同有所改变。例如，面心立方金属铝在室温时的滑移面为 {111}，在高温时，还可以增加新的滑移面 {100}。由于在高温下参与滑移的滑移面增多，出现新的滑移系，因此塑性也相应增加。

6.3.1.1　单滑移

滑移是通过晶体中的位错在切应力作用下逐步移动来实现的，因此按位错滑移运动的方式，可将滑移变形分为单滑移、多滑移和交滑移几种。图 6.6 为滑移所造成的滑移线形态示意图。一般金属在塑性变形开始阶段，仅有一组滑移系开动，此种滑移称为单滑移，当外加切应力超过某滑移系的临界分切应力时，由于位错的不断增殖运动和扩展，大量的位错沿滑移面移出晶体表面，就产生了滑移量为 Δ 的滑移台阶［图 6.6（a）］。当有柏氏矢量为 $\boldsymbol{b}$ 的 n 个位错移出晶体时，滑移量 Δ 就是柏氏矢量 $\boldsymbol{b}$ 的 n 倍，即 $\Delta=n\boldsymbol{b}$。如将抛光后的试样经轻微变形，人们就会观察到由许多平行的滑移线所形成的滑移带，这就是由单滑移所造成的结果。单滑移通常在滑移系比较少或塑性变形刚刚开始阶段出现。

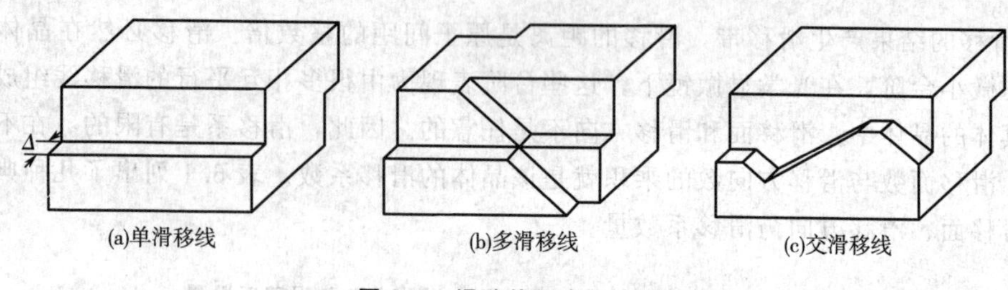

图 6.6 滑移线形态示意图

6.3.1.2 多滑移

随着变形的进行，晶体发生转动，当晶体转动到外力轴线相对几个滑移系的取向相同时，这几个滑移系的分切应力都达到了临界分切应力 τ_c，它们的位错源便同时开动，因此产生了在多个滑移系上的滑移［图 6.6（b）］。发生多滑移时，在抛光的金属表面上就不是一组平行的滑移线，而是两组或多组交叉的滑移线。多滑移引起位错的交割与缠结，使位错的继续滑动变得困难些。因此，该阶段变形的加工硬化指数明显增高。

6.3.1.3 交滑移

螺形位错具有一定的灵活性，当螺形位错滑移受阻时，它可以离开原滑移面沿另一个晶面继续移动。由于位错线的柏氏矢量不变，所以在另一晶面上滑移时，仍保持原来的滑移方向与大小。例如，体心立方金属的变形，可在〈111〉方向中的任意一个面上发生滑移，它的滑移面很多，包括｛110｝、｛112｝、｛123｝等。因此，滑移后人们在晶体表面上所看到的滑移线不再是直线而呈折线或波纹状［图 6.6（c）］。交滑移与许多因素有关，通常是变形温度越高，变形量越大，交滑移越显著。

滑移仅是晶体间的相对滑动，并不引起晶体结构的变化，切应力达到临界值时，滑移面两侧的个别原子对晶体造成很大的切应变，破坏它们之间的结合，使它们分离，并使其在相邻位置上形成新的原子对，如果这一过程持续下去，则滑移面两侧的晶体将依次进行原有原子对之间的分离和新原子对之间的结合，从而使两部分晶体发生相互滑动（图 6.7）。在这个滑移过程完成之后，晶体即恢复原来的结构，整个滑移的距离为原子间距的整数倍。

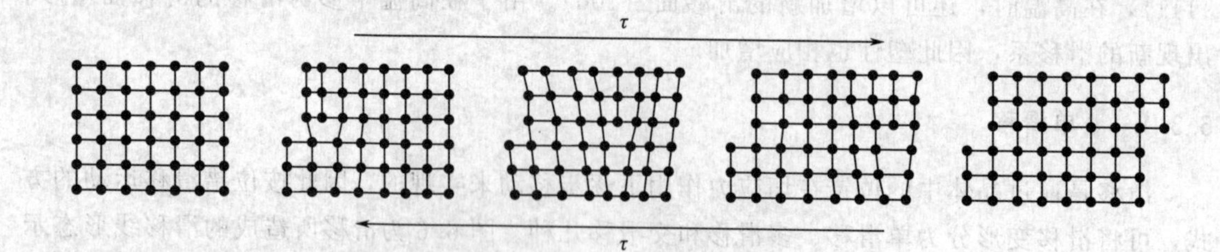

图 6.7 沿滑移面滑移示意图

6.3.2 孪生

孪生是形成孪晶的过程。在切应力作用下，晶体中一部分相对于另一部分沿一定晶面（孪生面）、一定晶向（孪生方向）作均匀的移动（图 6.8）。每层晶面的移动距离与该面距孪生面的距离成正比，即相邻晶面的相对位移量相等，孪生后移动区与未移动区构成镜面对称，形成孪晶。

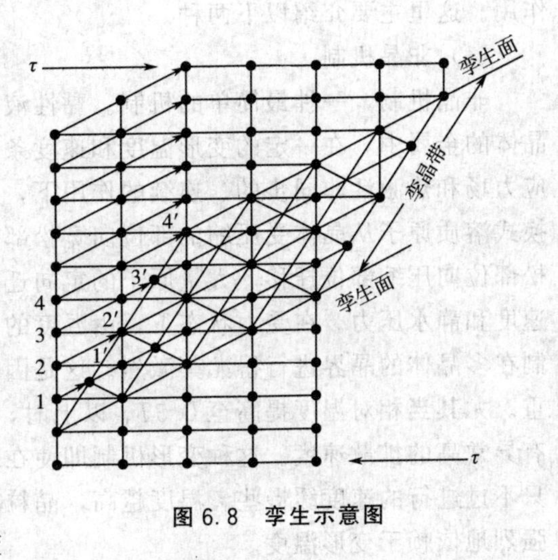

图 6.8 孪生示意图

6.3.2.1 孪生变形的特点

孪生与滑移类似，也是使晶体发生切变，孪生切变也是沿着特定的晶面和晶向发生的，它们分别叫做孪生面和孪生方向，统称孪生系。孪生使一部分晶体发生均匀移动，而滑移是不均匀的，只集中在滑移面上。孪生后晶体变形部分与未变形部分成镜面对称关系，位向发生变化，而滑移后晶体各部分的位向并未改变。孪生需要更大的切应力，对塑性变形的贡献较小，但孪生能够改变晶体位向，使滑移系转动到有利的位置，因而可以使受阻的滑移通过孪生调整取向而继续变形。由孪生的变形过程可知，孪生与滑移有以下区别：孪生所发生的切变均匀地波及整个孪生变形区，而滑移变形只集中在滑移面上，切变是不均匀的；孪生切变时原子移动的距离不是孪生方向原子间距的整数倍（而是几分之一原子间距），而滑移时原子移动的距离是滑移方向原子间距的整数倍；孪生变形后，孪晶面两边晶体位向不同，成镜像对称，而滑移时，滑移面两边晶体位向不变；由于孪生改变了晶体的取向，因此孪晶经抛光浸蚀后仍可被观察到，而滑移所造成的台阶经抛光浸蚀后不会重现。

6.3.2.2 发生孪生变形的条件

一般来说，滑移系多的立方晶系金属易于滑移，不易孪生。如面心立方金属 Cu、Al、Ag、Au 等，只有在极低的温度下（4～78K）变形，才发生孪生。如 α-Fe 只有在变形温度低、变形速度大时，才会出现孪生。在滑移系少的，对称性低的密排六方金属（如 Zn、Cd）中易于孪生，特别是在晶体取向不利于滑移时，在变形一开始就以孪生机制进行变形。通常所观察到的孪生总是发生在滑移之后，所以孪生比滑移难以进行，当滑移已剧烈进行并受到阻碍时，往往在高度应力集中的地方才足以诱发孪生。孪生所需要的切应力要比滑移大很多，例如镁晶体孪生所需的切应力约为 5～35MPa，而滑移时的临界分切应力仅为 0.5 MPa。

孪生在高应力下形核之后，可以在远小于孪晶萌生的应力下扩展。扩展是以相当于声波的速度，极快地沿着孪生面和垂直孪生面的两个方向同时进行。所以在爆发孪晶时，可以听到响声。孪生时，每层原子的切变量正比于孪生面的距离，因此，切变量随孪生区的增长而增大。此过程会引起基体相当大的弹性应变，这就需要通过基体另外的塑性变形机制（如滑移或扭折）来协调，否则就会出现裂缝，使变形难以进行。

6.3.3 其他变形机制

当金属的变形温度较低时，起控制作用的变形机制主要是滑移和孪生。然而随着变形温度的提高，其他变形机制就显得越来越重要了，并且在一定条件下，对材料的变形起着支配作用。这里主要介绍以下两种。

(1) 非晶机制

非晶机制，一种最简单的机制。黏性液体和非晶体的流动就是靠这种机制来实现。在多晶体的金属中，在一定的变形温度和速度条件下，也可观察到这种机制。非晶机制是原子在应力场和热激活非同步的、连续的作用下，发生定向迁移的过程。它包括间隙原子和大的置换式溶质原子从晶体受压缩的部位向宽松部位迁移；空位和小的置换式溶质原子从晶体的宽松部位向压缩部位迁移。大量原子的定向迁移将引起宏观的塑性变形，其切应力取决于变形速度和静水压力。在受力状态下，由温度的作用产生的这种变形机制，又称热塑性。这种机制在多晶体的晶界进行得尤其激烈。这是因为，晶界原子的排列是很不规则的，畸变相当严重。尤其当相对温度提高至 $0.5T_{熔}$ 以上时，原子的活动能力显著增大，所以原子沿晶界具有异常高的扩散速度。这种变形机制即使在较低的应力下，也会随时间的延续不断地发生，只不过进行的速度缓慢些。温度越高，晶粒越小，扩散性形变的速度就越快。此种变形机制强烈地依赖于变形温度。

(2) 晶界滑动

多晶材料在高温下的塑性变形可以通过晶界滑动进行。以晶界为界，两边晶粒发生滑动的现象叫做晶界滑动。晶界滑动机制只是在近些年来提出的，对其机制还未完全弄清。从多晶体变形的连续性来考虑，在晶界滑动的同时，必须有其他变形机制来起协调作用。

多晶体中的晶界可连成一条曲折的通路，当有一水平切应力作用在晶界滑动中，在晶粒的边角部位会产生应力集中，只有当该应力集中被松弛时，晶界滑动才得以进行。有关研究结果表明，这种应力集中可以通过晶内位错滑移和晶体内沿着垂直于滑移面方向上的攀移运动产生塑性变形来松弛，或者通过高温慢速下的非晶机制来协调。晶界滑动不能简单地看成是晶粒的相对滑动，沿晶界的不同点，甚至同一地方不同时间，其滑移量也是不同的。晶界的滑移量可以通过试验的方法来观察和测量。其一是用划痕法直接观测两个晶粒表面相交晶界处的滑移量；其二是观测变形前后的晶粒形状，若全部变形中没有晶界滑移，则晶粒的平均伸长应和试样伸长比例一样。测量变形前后晶粒形状的改变就可以确定晶界滑移量。

晶界滑移量与晶界性质密切相关。在高温蠕变中测定具有对称倾斜晶界的锌双晶的晶界滑移量，可以得出晶界滑移量与晶界性质的关系，即倾角越小，晶界能越低，晶界滑移量越小。这就表明，在低角晶界，晶界滑移难以发生；相反，在原子错排严重的高角晶界，晶界滑移就比较容易进行。此外，晶界滑移的速度随变形时间的延长而减慢，产生了所谓晶界硬化现象。实际在高温变形时，在不同的晶界结构和不同的变形温度-速度条件下，变形机制不尽相同，它是一些机制综合作用的结果。只有在相当高的变形温度和足够慢的变形速度下，晶界滑移才在总变形量中占有足够大的分量。

6.4 多晶体塑性变形的特点

工程上使用的绝大多数金属材料是由多个晶粒组成的多晶体，多晶体的塑性变形与单晶体无本质差别，每个晶粒的塑性变形仍以滑移等方式进行，只是变形过程比较复杂。从滑移的特点可以看出，滑移实质上是位错线的运动。而晶体滑移时其临界分切应力的大小主要取决于位错运动时所需克服的阻力。对单晶体来说，这种阻力大小取决于金属本质（原子间结合力、晶体结构类型等）、位错的数量、位错与位错及位错与缺陷间的相互作用等因素。对多晶体而言，影响滑移的因素主要在于晶体中晶粒的位向及晶界对位错运动的阻碍，同时为保证变形体的协调性和连续性，在滑移过程中晶粒又要与周围的晶粒相配合。

6.4.1　变形的不均匀性

晶界是相邻晶粒的过渡区域，原子排列紊乱，同时也是杂质原子和各种缺陷集中的位置。当晶体位错起动到晶界时，被此处紊乱的原子钉扎起来，滑移被迫停止，产生位错堆积，从而使位错运动阻力增大，金属变形抗力提高。粗晶试样的拉伸试验表明，试样往往呈竹节状（图6.9），由于晶界的变形抗力较大，变形较小，故晶界处较粗。

在多晶体中，相邻晶粒间存在着位向差，它们的变形很难同步进行，变形量也各不相同。当一个晶粒发生塑性变形时，周围晶粒如不发生塑性变形，则必须产生弹性变形来与之相协调，从而成为该晶粒进一步塑性变形的阻力。

多晶体塑性变形的不均匀性，不仅表现在同一晶粒的不同部位，而且也表现在不同晶粒之间。当外力加在具有不同取向晶粒的多晶体上时，每个晶粒滑移系上的分切应力因取向因子不同而存在着很大的差异。因此，不同晶粒进入塑性变形阶段的起始时间也不同。如图6.10所示，分切应力首先在软取向的晶粒B中达到临界值，优先发生滑移变形；而与其相邻的硬取向晶粒A，由于没有足够的切应力使之滑移，不能同时进入塑性变形。这样硬取向的晶粒将阻碍软取向晶粒的变形，于是在多晶体内便出现了应力与变形的不均匀性。同样在多晶体内部机械性能不同的晶粒，由于屈服强度不同，也会产生类似的应力与变形的不均匀分布。

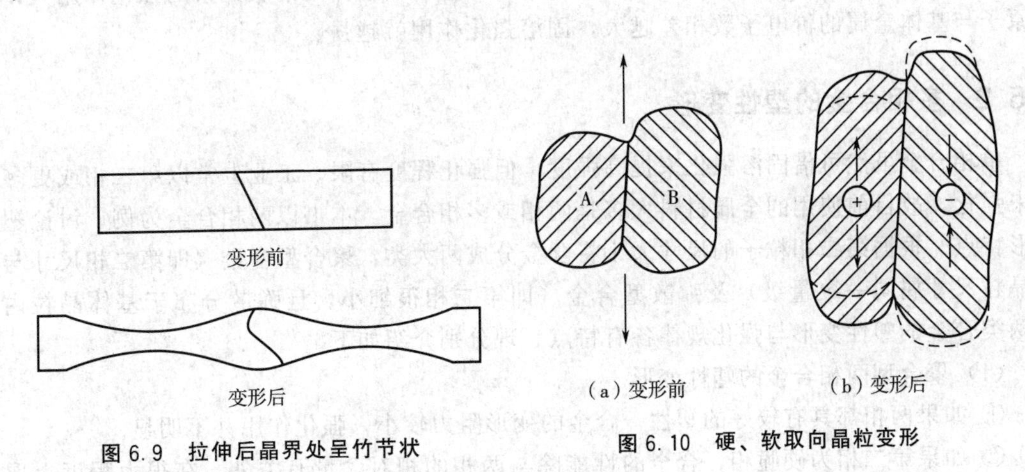

图6.9　拉伸后晶界处呈竹节状

图6.10　硬、软取向晶粒变形

6.4.2　晶界作用及晶粒大小的影响

多晶体在塑性变形时，滑移并不是在所有晶粒中同时发生，而是在那些取向有利的晶粒中首先发生，然后再扩展到其他晶粒。不过这种扩展会受到限制，滑移常常会被终止在晶界。实验表明，相邻晶粒取向差越大，这种阻碍作用越强烈。因为取向差越大，晶界处原子排列越紊乱，畸变能越高，阻碍效应越明显。此外，取向差越大，滑移转入相邻晶粒时，阻力也越大。晶粒大小对滑移的影响实际上是晶界和晶粒间位向差共同作用的结果。晶粒细小时，其内部的变形量和晶界附近的变形量相差较小，晶粒的变形比较均匀，减少了应力集中。而且，晶粒越小，晶粒越多，晶界的总变形量可以分布在更多的晶粒中，从而使金属能够承受较大量的塑性变形而不被破坏。因此，金属材料得到细小而均匀的晶粒组织，并且能够使其强度、塑性及韧性均得以改善（即细晶强化）。细晶强化是一种极为重要的强化机制，不但可以提高强度，而且还能改善钢的韧性。这一特点是其他强化机制所不具备的。

6.5 合金的塑性变形

提高材料强度的另一种方法是合金化，工业上一般使用固溶体合金和多相合金。合金塑性变形的基本方式仍是滑移和孪生，但由于组织、结构的变化，其塑性变形各有特点。

6.5.1 固溶体的塑性变形

当合金由单相固溶体构成时，随溶质原子含量的增加，其塑性变形抗力大大提高，表现为强度、硬度的不断增加，塑性、韧性的不断下降（即固溶强化）。固溶强化的实质主要是溶质原子与位错的弹性交互作用阻碍了位错的运动，由于溶质原子的溶入造成了晶体的点阵畸变，并以溶质原子为中心产生应力场。该应力场与位错应力场发生弹性交互作用，为使位错运动，必须施加更大的外力。因此，固溶体合金的塑性变形抗力要高于纯金属。

影响固溶强化效果的因素很多，一般规律如下：溶质原子含量越高，强化作用越强，但不保持线性关系，低浓度时强化效应更为显著；溶质原子与基体金属的原子尺寸相差越大，强化作用也越大；形成间隙固溶体溶质元素比形成置换固溶体的溶质元素的强化作用大；溶质原子与基体金属的价电子数相差越大，固溶强化作用就越强。

6.5.2 多相合金的塑性变形

单相合金虽然可借固溶强化来提高强度，但强化程度有限。工业上常以第二相或更多的相来强化，故目前使用的金属材料大多是两相或多相合金。本书以两相合金为例，讨论塑性变形特点。根据第二相粒子的尺寸大小将合金分成两大类：聚合型合金（即第二相尺寸与基体晶粒尺寸属同一数量级）及弥散型合金（即第二相很细小，且弥散分布于基体晶粒内）。这两类合金的塑性变形与强化规律各有特点。现分别介绍如下。

（1）聚合型两相合金的塑性变形

① 如果两相都具有较好的塑性，合金的变形阻力较小，强化作用并不明显。

② 如果第二相为硬脆相，合金的性能除与两相的相对含量有关外，在很大程度上取决于相的形状和分布。大致可以分为 3 种情况：

一是当硬脆的第二相呈连续网状分布在塑性相的晶界上时，因塑性相晶粒被硬脆相包围分割，其变形能力无法发挥。此时硬脆相越多，网状越连续，合金的塑性会越差，强度也随之降低。过共析钢中的二次渗碳体若呈网状分布于原奥氏体晶界上时，钢的脆性增加，强度和塑性降低。

二是硬脆的第二相呈层片状分布在基体相上，如钢中的珠光体组织，由于变形主要集中在基体相中，所以位错的移动被限制在很短的距离内，增加了继续变形的阻力。珠光体越细，片层间距越小，其强度越高，变形更加均匀，塑性也越好，类似于细晶强化。

三是硬脆相呈较粗颗粒状分布于基体上，如共析钢及过共析钢中经球化退火后的球状渗碳体，因基体连续，渗碳体对基体变形的阻碍作用大大减弱，故强度降低，塑性、韧性得到改善。

(2) 弥散型两相合金的塑性变形

当第二相以细小弥散的微粒均匀分布于基体相中时，将产生显著的强化作用。根据第二相微粒是否变形，将强化方式分为两类。

① 不可变形微粒的强化作用（图 6.11）。当移动着的位错与不可变形微粒相遇时，将受到粒子的阻挡而弯曲；随着外应力的增大，位错线受阻部分弯曲、相遇，留下包围着粒子的位错环，而其余部分则越过粒子继续移动。

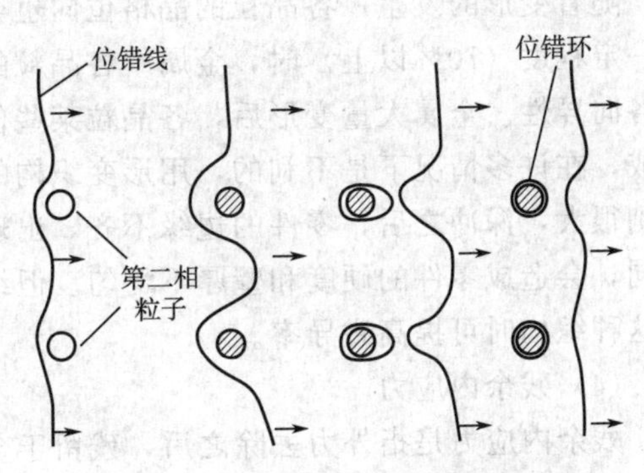

图 6.11 位错绕过第二相粒子的示意图

显然，位错绕过时，既要克服第二相粒子的阻碍作用且留下一个位错环，又要克服位错环对位错源的反向应力，因此，继续变形时必须增大外应力，从而提高强度。一般情况下，减小粒子尺寸或提高粒子的体积分数，都使合金的强度提高。

② 可变形微粒的强化作用。当第二相为可变形微粒时，位错将切过粒子使基体一起变形。

在这种情况下，强化作用取决于粒子本身的性质及其与基体的联系，主要有以下几方面的作用：由于粒子的结构往往与基体不同，故当位错切过粒子时，必然造成其滑移面上原子错排，需要错排能；每个位错切过粒子时，使其生成一定宽度的台阶，需要表面能；粒子周围的弹性应力场与位错产生交互作用，阻碍位错运动；粒子的弹性模量与基体不同，引起位错能量和线张力变化。上述强化因素的综合作用，使合金强度得到提高。此外，粒子的尺寸和体积分数对合金强度也有影响。增加体积分数或减小粒子尺寸都有利于提高合金强度。

6.5.3 塑性变形对金属组织与性能的影响

塑性变形对金属组织与性能主要有以下几方面的影响。

(1) 晶粒沿变形方向伸长、性能趋于各向异性

金属塑性变形时，不但外形发生变化，内部晶粒的形状也发生相应的变化，通常是沿着变形方向晶粒被拉长。当变形量很大时，各晶粒将会被拉长成为细条状，各晶粒的某些位向趋于一致。此时，金属的性能会具有明显的方向性，呈一定程度的各向异性，纵向的强度和塑性远大于横向。

(2) 位错密度增加，形成亚结构，产生加工硬化

经塑性变形后，金属内部的位错数目将随着变形量的增大而增加，位错的交互作用使位错运动困难，因而使塑性变形的阻力增大，变形难以进行，使金属的强度和硬度越来越高，塑性和韧性下降，产生所谓的加工硬化。加工硬化是指金属在塑性变形过程中，随着变形量的增加，金属的强度和硬度上升，塑性和韧性下降的现象。加工硬化是有效的强化机制。如纯金属、黄铜、防锈铝合金一般都比较软，通过加工硬化，可提高它们的强度。加工硬化还是均匀塑性变形和压力加工的保证。已变形的部分产生加工硬化后强度提高，使进一步变形

难以进行而停止，未变形部分则开始发生变形，从而产生均匀的塑性变形。拉丝时，若无加工硬化，各处强度相等，则因直径不同而拉断。加工硬化也是零件安全的保证。如设计零件时取 σ_b、σ_s，当零件工作受到超过 σ_s 的力时就会产生加工硬化，使强度提高到 σ_b 才会断裂。

（3）织构现象

随着变形的发生，各晶粒的晶格位向也会沿着变形的方向同时发生转动，故在变形量达到一定程度（70%以上）时，金属中各晶粒的某些取向会大致趋于一致，使金属表现出明显的各向异性。金属大量变形后，各晶粒某些位向趋于一致的结构叫做形变织构。形变织构的形成，在许多情况下是不利的，用形变织构的板材冲制筒形零件时，处于不同方向上的塑性差别很大，深冲之后，零件的边缘不齐，出现“制耳”现象。另外，板材在不同方向上变形不同，会造成零件的硬度和壁厚不均匀。但织构也有益处，如制造变压器铁芯的硅钢片，具有这种织构时可提高磁导率。

（4）残余内应力

残余内应力是指外力去除之后，残留于金属内部且平衡于金属内部的应力。它主要是金属在外力作用下，内部变形不均匀造成的，它可分为以下3类：

第一类，金属表层与心部变形不均匀或零件一部分和另一部分变形不均匀而平衡于它们之间的宏观内应力。

第二类，相邻晶粒变形不均匀，或晶内不同部位变形不均匀，造成的微观内应力。

第三类，由于位错等缺陷的增加，所造成的晶格畸变应力。

第一、第二类在残余内应力中所占比例不大，第三类占90%以上。残余内应力对零件的加工质量影响较大。如在圆钢冷拉时，圆钢表层的变形量较小，而心部变形量较大，使表层产生拉应力，心部产生压应力。若将这根圆钢表层切削去一层，会引起应力重新分布使工件产生变形。

6.6 金属的断裂行为

金属的断裂是指金属材料在变形超过其塑性极限而呈现完全分开的状态。这是因为材料受力时，原子相对位置发生了改变，当局部变形量超过一定限度时，原子间结合力遭受破坏，便出现了裂纹，裂纹经过扩展而使金属断开。

金属的塑性加工就是利用金属具有塑性的这一特点，通过塑性变形而成形的。金属塑性的好坏表明了它抑制断裂能力的高低。在塑性加工生产中，尤其对塑性较差的材料，断裂常常是人们极为关注的问题。加工材料的表面和内部的裂纹，以至整体性的破断，皆会使成品率和生产率大大降低。为此，有必要了解断裂的物理本质及其规律，有效地防止断裂，尽可能地发挥金属材料的潜在塑性。

6.6.1 基本类型

金属的断裂可呈现许多类型，其分类方法很多。根据断裂前金属是否有明显的塑性变形，可将断裂分为韧性断裂与脆性断裂两种。通常将单向拉伸的断面收缩率小于等于5%者称为脆性断裂；大于5%者称为韧性断裂。此外，按断裂面相对作用力间的取向关系，可将断裂分为正断和剪断两种形式。垂直于最大正应力的断裂称为正断；沿最大切应力方向发生的断裂称为剪断（图 6.12）。通常正断沿解理面断裂，剪断沿滑移面断裂。

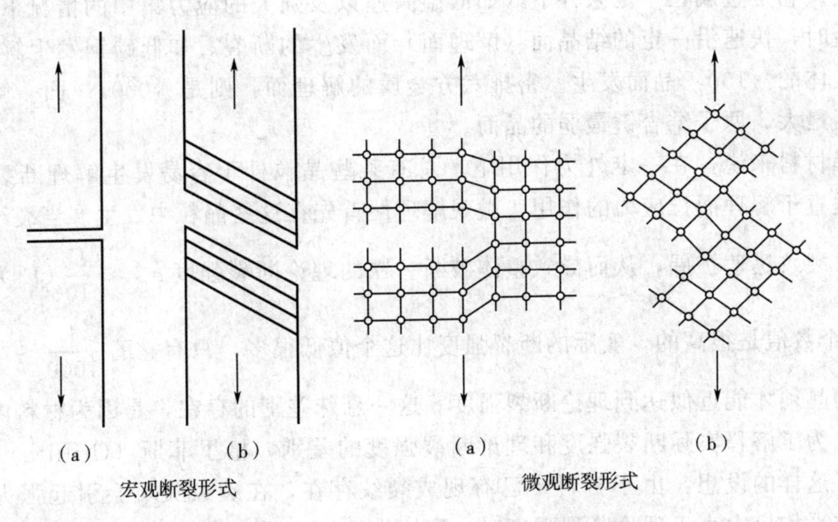

图 6.12 正断与剪断的宏观与微观形式

从微观形态上，按裂纹的走向又可将断裂分为穿晶断裂和沿晶断裂两种方式。断裂究竟以何种方式进行，取决于裂纹扩展的路径。裂纹的扩展遵循能量消耗最小原理。也就是说，裂纹扩展总是沿着原子键合力最薄弱的面进行。多晶材料沿晶粒边界发生分离而产生的断裂，称为沿晶断裂或晶间断裂。这种断裂是由某种原因使晶界弱化而发生的。通常是由于：晶界处析出硬脆第二相，高温作用使晶界弱化或杂质原子向晶界偏聚，以及晶界与环境作用而弱化（如应力腐蚀开裂等）。

沿晶断裂可以是沿晶脆性断裂，也可以是沿晶韧性断裂。沿晶韧性断裂，在电子显微镜下观察表现为沿晶界断裂面上分布有韧窝特征。在晶界很薄的金属层中萌生微孔，这些微孔长大并聚合而形成韧窝。例如，钢中的碳化物或硫化物粒子在晶界上的析出；沉淀硬化铝合金中的合金元素沿晶界附近贫化，使该区强度变弱，都会引起此种断裂。这种断裂常在高温蠕变时见到。

沿晶断裂多属脆断。一般认为是晶界脆性开裂，或者是由沿晶界析出连续的脆性膜所致。例如，含磷量高于 0.08%和含砷量高于 0.3%的钢轨，低温脆性组织的产生，使得钢轨在−40～60℃就已变脆。钢淬火后回火，若回火温度高于 600℃，回火后快冷，不会使钢变脆。但是，若使钢由 500℃左右缓冷或在 350℃～500℃保温，钢就会变脆。这是因为有害元素 P、S、Ge、As 等扩展到奥氏体晶界，使晶界偏析导致晶间结合力减弱，在应力作用下产生沿晶断裂。当钢中含有杂质硫，由于生成低熔点共晶（如 FeS-Fe 共晶熔点为 985℃；FeO-FeS 共晶熔点为 910℃），就会引起钢的热脆；当铜中含有铋、锑、铅等也会在热加工中造成沿晶脆断。沿晶断裂的微观断口呈“冰糖块”形貌。这是因为断口反映出晶粒多面体的特征。裂纹穿过晶粒内部而发生的断裂称为穿晶断裂。按其断裂的微观过程可分为解理断裂和微孔聚合断裂两种机制。

6.6.1.1 脆性断裂

处于脆性状态的金属材料，塑性变形能力很低，裂纹尖端的应力集中不能因塑性变形发生而松弛。所以强烈的应力集中会迫使显微裂纹迅速扩展而导致脆性断裂。解理断裂属于穿晶脆性断裂。它是金属在一定条件下（如低温高速以及强大的应力集中的情况下），当应力达到一定值时，快速沿一定的结晶面（解理面）而发生的断裂。如低碳钢发生解理断裂时，常沿着铁素体的｛100｝晶面发生。密排六方金属的解理面，则是｛0001｝面。解理面常是原子面间距最大，原子结合键最弱的晶面。

对多晶材料来说，在一定外力作用下，总有某些晶粒处于容易发生解理断裂的有利取向，由于垂直于解理面拉应力的作用，微观解理便首先在这些晶粒中发生。当裂纹达到临界尺寸以后，裂纹迅速扩展，从而导致整体破断。铁的理论断裂强度 $\sigma_m \approx \frac{E}{10}$（$E$ 为铁的弹性模量）。这个数值是很高的，实际的断裂强度比这个值低很多，只有它的 $\frac{1}{1000} \sim \frac{1}{100}$。只有毫无缺陷的晶须才能近似达到理论断裂强度。这一悬殊差别的存在，是因为材料内部存在有各种缺陷。为了解释实际断裂强度和理论断裂强度的差别，格里菲斯（Griffith）早在 1920 年就提出了这样的设想：由于材料中已有现成裂纹存在，在裂纹尖端会引起强大的应力集中。在外加平均应力小于理论断裂强度时，裂纹尖端已达到理论断裂强度，因而引起裂纹的急剧扩展，使实际断裂强度大为降低。由于裂纹长度不同，所引起应力集中的程度也不同，对于一定尺寸的裂纹就有一个临界应力 σ_c。当外加应力超过 σ_c 时，裂纹才迅速扩大，导致断裂。从严格意义上来说，金属中不存在纯粹的脆性断裂，裂纹的形核和传播与局部塑性变形密切相关。因此，Griffith 理论用来说明金属的断裂问题时还要适当加以补充和修正。Griffith 理论提出以后，有很多学者力图用各种方法来观测这种裂纹，然而在原始材料中并找不到如此大的裂纹存在。可是却有相当多的试验表明裂纹是由塑性变形产生的。由此可见，裂纹的形核与塑性变形息息相关。变形与断裂是处于同一变形体中既相互联系又互相斗争的矛盾双方。从位错理论的观点来看，金属的塑性变形是位错不断运动和增殖的过程。塑性变形受阻，就意味着运动着的位错遇到了某种障碍。在此处便形成了高度的应力集中，随着塑性变形的进行所累积的应力集中程度越来越大，当此应力达到足以破坏原子间的键合力时，便开始裂纹的形核。随着变形的发展，裂纹不断长大。当裂纹长大到一定尺寸以后，便失稳扩展，直至最终断裂。

6.6.1.2 韧性断裂

材料经明显的塑性变形后发生的断裂称为韧性断裂。尽管韧性断裂在塑性加工中是较为常见的，但在理论上的研究尚不够充分和完善。塑性加工中，由于受力方式和变形条件不同，可发生各种各样的韧性断裂。为简明起见，现以单向拉伸为例，来讨论韧性断裂的过程及特点。拉伸时的韧性断裂，通常以“颈缩”（局部断面积的减少）为前导。如图 6.13 所示，当载荷超过拉伸应力-应变曲线的最高点 B 时，应变硬化产生的强度增加不足以补偿截面积的减少，试样便产生了

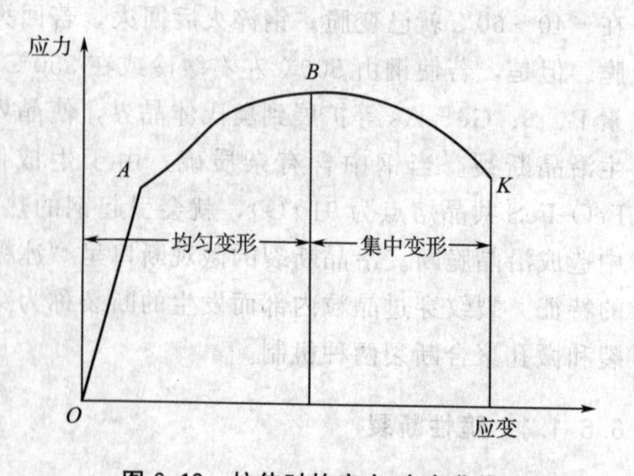

图 6.13 拉伸时的应力-应变曲线

集中变形，出现了“细颈”。由于细颈中心承受较强的三向拉应力［图6.14（a）］，显微空洞首先在此处形成［图6.14（b）］，随后长大并聚合成裂纹。在继续加载的情况下，裂纹便沿着与拉伸垂直的方向扩展，长大成一中央裂纹［图6.14（c）］。最后在细颈边缘处，沿与拉伸轴成45°方向被剪断［图6.14（d）］，形成所谓“杯锥断口图”［图6.14（e）］。杯锥断口是常见的韧性断口。断口的底部一般与主应力方向垂直。此处金属的晶粒被拉长得像纤维一样，因而韧性断口也称纤维状断口。仔细观察可发现它是由许多小窝组成，仿佛断裂面是由许多在断裂前以薄壁隔开的小孔洞组成的。这是塑性变形过程中，微孔不断扩展和孔壁不断伸长而造成的韧窝。

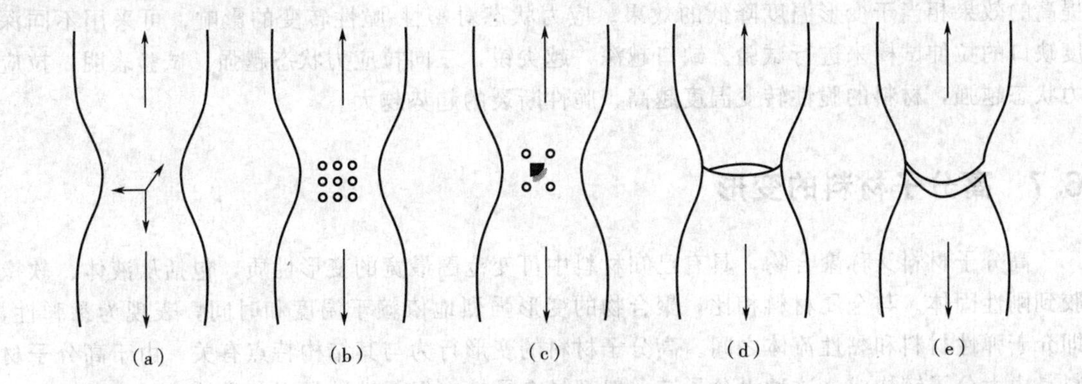

图6.14 标准断裂

低碳钢、铝合金和铜合金等的韧性断裂多起源于空洞。这是由金属在熔炼过程中混入氧化物、硫化物等夹杂物粒子而造成的。对于多相合金来说，难变形的第二相粒子是造成空洞的原因。当基体金属变形时，在夹杂物或第二相难变形粒子的相界面上产生强烈的附加拉应力，若界面的结合力弱，则由于拉应力的作用很容易发生剥离，于是就在相界面上产生了空洞。夹杂物与第二相粒子的数量、几何形状、大小及其与基体结合的强度都是影响断裂的重要参数。夹杂物或第二相粒子引起空洞而发生断裂，空洞长大方式明显地受应力状态的影响。在均匀变形阶段空洞沿拉伸轴向长大，相邻空洞难以联结。但是，出现细颈以后，由于细颈中心部位具有强烈的三向拉应力的作用，空洞急剧向横向长大，彼此联结便形成了裂纹。由于细颈的发展，试样的截面积减小，空洞间的距离变短，空洞更易于联结，而导致断裂。另外，金属在塑性变形时所承受的应力状态不同，其断裂的微观形貌也不同。

6.6.2 影响因素

塑性与脆性并非金属固定不变的属性，像金属钨，虽在室温下呈现脆性，但在较高的温度下具有塑性。在拉伸时为脆性的金属，在高静水压下却呈现塑性。在室温下拉伸为塑性的金属，在出现缺口、低温、高变形速度时却可能变得很脆。所以，金属是韧性断裂还是脆性断裂，取决于各种内在因素和外在条件。因此，对塑性加工来说，很有必要了解塑性-脆性转变条件，尽可能防止脆性，向有利于塑性提高方面转化。影响塑性-脆性转变的主要因素有变形温度、变形速度、应力状态、组织结构等等。试验研究表明，大多数金属材料（除面心立方以外）的变形中有一个重要的现象：随着变形温度的改变，都有一个从韧性断裂到脆性断裂的转变温度，此温度称为脆性转变温度，常以 T_c 来表示。高于或在此温度（T_c）是韧性断裂，在此温度以下是脆性断裂。对一定材料来说，脆性转变温度越高，说明该材料的脆性越大。如果变形温度不变，改变其他参数，如晶粒度、变形速度、应力状态等，同样也会出现塑性-脆性转变现象。对这种现象的解释，人们认为断裂应力 σ_f 对温度不敏感，热激活对脆性裂纹的传播不起多大作用，屈服强度 σ_s 却随温度变化很大，温度越低，σ_s 越高。将 σ_s 与 σ_f 对温度作图，则两条曲线的交点所对应的温度就是 T_c。当 $T>T_c$ 时，$\sigma_f>\sigma_s$，此时材料要经过一段塑性变形后才能断裂，故表现为韧性断裂；在 $T<T_c$，$\sigma_f<\sigma_s$ 时，材料未来得及塑性变形就已经发生断裂，则表现为脆性断裂。变形速度的影响与此相似，由于变形速度的提高，塑性变形来不及进行而使 σ_s 增高，但变形速度对断裂应力 σ_f 影响不大。所以在一定的条件下，就可以得到一个临界变形速度 ε_e，高于此值便产生脆性断裂。变形速度提高的效果相当于变形温度降低的效果。应力状态对塑性-脆性转变的影响，可采用不同深度缺口的拉伸试棒来进行试验。缺口越深、越尖锐，三向拉应力状态越强。试验表明，拉应力状态越强，材料的脆性转变温度越高，脆性断裂的趋势越大。

6.7 高分子材料的变形

高分子材料又称聚合物，具有已知材料中可变范围最宽的变形性质，包括从液体、软橡胶到刚性固体。与金属材料相比，聚合物的变形强烈地依赖于温度和时间，表现为黏弹性，即介于弹性材料和黏性流体之间。高分子材料的变形行为与其结构特点有关。由于高分子材料是由大分子链构成，这种大分子链一般都具有柔性（但柔性链易引起黏性流动，可采用适当交联保证弹性），除了整个分子的相对运动外，还可实现分子不同链段之间的相对运动。这种分子的运动依赖于温度和时间，具有明显的松弛特性。

6.7.1 热塑性高分子材料

热塑性指高分子具有加热软化、冷却硬化的特性。人们日常生活中使用的大部分塑料属于这个范畴。加热时变软以致流动，冷却变硬，这种过程是可逆的，可以反复进行。热塑性高分子材料中树脂分子链都是线型或带支链的结构，分子链之间无化学键产生，加热时软化流动，冷却变硬的过程是物理变化。聚乙烯、聚丙烯、聚氯乙烯、聚苯乙烯、聚甲醛、聚碳酸酯、聚酰胺、丙烯酸类塑料、聚苯醚、氯化聚醚等都是热塑性塑料。

6.7.1.1 应力-应变曲线

图 6.15 给出了聚合物的一条典型应力-应变曲线。σ_L，σ_s，σ_b 分别称为比例极限、屈服强度和断裂强度。当 $\sigma<\sigma_L$ 时，应力与应变为线性关系，主要是由键长和键角的变化引起的弹性变形。当 $\sigma>\sigma_L$ 时，链段发生可恢复的运动，产生可恢复的变形，同时应力-应变曲线偏离线性关系。当 $\sigma>\sigma_s$ 时，聚合物屈服，同时出现应变软化，即应力随应变的增加而减小，随后出现应力平台，即应力不变而应变持续增加，最后出现应变强化导致材料断裂。屈服后产生的是塑性变形，即外力去除后，留下永久变形。

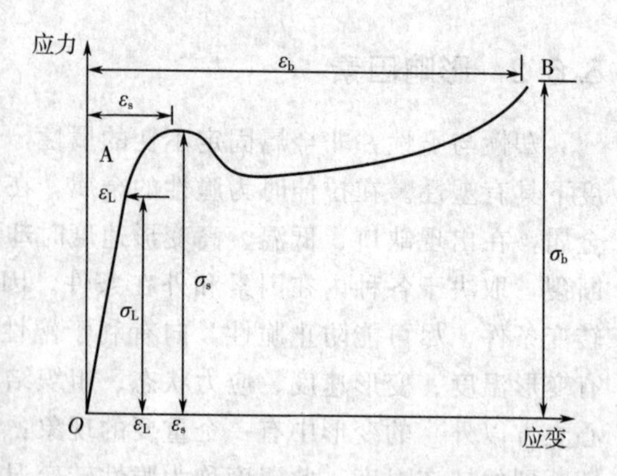

图 6.15 典型的应力-应变曲线

由于聚合物具有黏弹性，其应力-应变行为受温度、应变速率的影响很大。图 6.16 给出了有机玻璃在室温附近几十摄氏度温度范围内的一组应力-应变曲线。由图 6.16 可见，随温度的上升，有机玻璃的弹性模量、屈服强度和断裂强度下降，延展性增加。在 4℃，有机玻璃是典型的脆性材料，而在 60℃，已变成典型的韧性材料。一般来说，材料在玻璃化温度 T_g 以下只发生弹性变形，而在 T_g 以上产生黏性流动。应变速率对应力-应变行为的影响是增加应变速率，相当于降低温度。

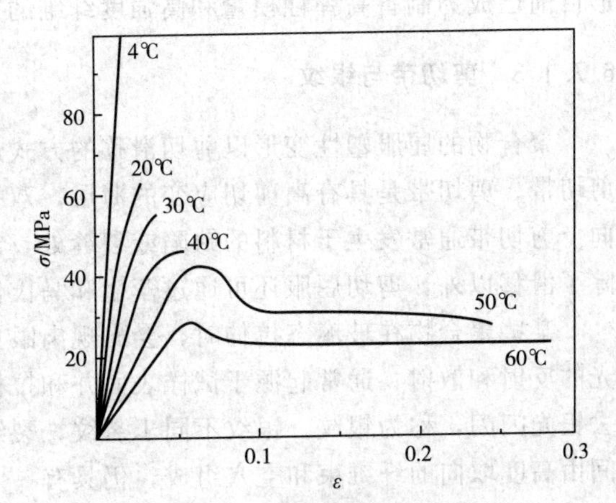

图 6.16 温度对有机玻璃拉伸应力-应变行为的影响

6.7.1.2 屈服与冷拉

由图 6.15、图 6.16 可知，聚合物的弹性模量和强度比金属材料低很多，屈服应变和断裂伸长比金属高，屈服后出现应变软化，屈服应力与温度和应变速率显著相关。

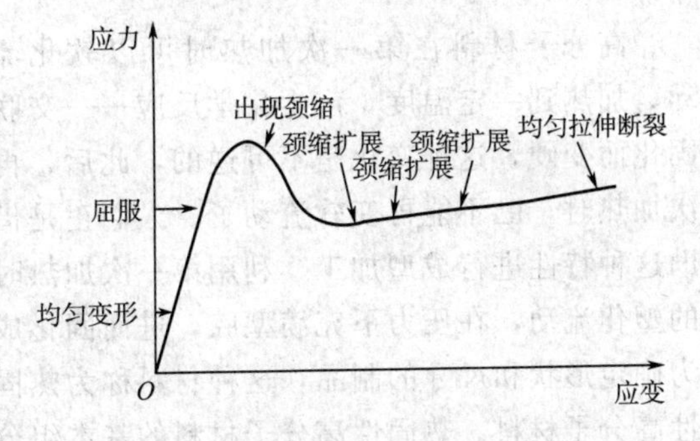

图 6.17 玻璃态高聚物典型应力-应变曲线

有些聚合物在屈服后能产生很大的塑性变形，其本质与金属不同。图 6.17 所示是玻璃态高聚物典型拉伸应力-应变曲线。在拉伸初始阶段，试样均匀拉伸，到达屈服点时出现颈缩，继续拉伸时，颈缩区和未颈缩区的截面都基本保持不变，但颈缩不断沿试样扩展，直到受力区均匀变细后，才再度被均匀拉伸至断裂。如试样在拉断前卸载，或试样因被拉断而自动卸载，则拉伸产生的大变形除少量恢复外，大部分变形将保留下来，这样的拉伸过程称为冷拉。

玻璃态聚合物冷拉后残留的变形，表面上看是不可恢复的塑性变形，但只要把试样加热到某一温度以上，形变基本上全能恢复，这说明冷拉中产生的形变在高弹性范围，这种在外力作用下被迫产生的高弹性称为强迫高弹性。强迫高弹性产生的原因是在外力作用下，原来被冻结的链段得以克服摩擦阻力而运动，使分子链发生高度取向而产生大变形。部分结晶高聚物冷拉后残留的变形大部分必须在温度升高到某一特定温度以上才能恢复，这是因为结晶聚合物的冷拉过程伴随着晶片的取向、结晶的破坏和再结晶等。取向导致的硬化使颈缩能沿试样扩展而不断裂。聚合物冷拉成颈过程的真应力-真应变曲线见图 6.18。聚合物的冷拉变

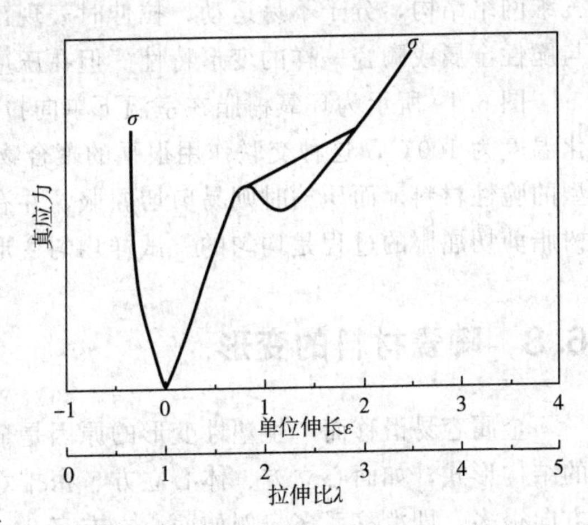

图 6.18 聚合物冷拉过程的真应力-真应变曲线

形目前已成为制备高弹性模量和高强度纤维的重要工艺。

6.7.1.3 剪切带与银纹

聚合物的屈服塑性变形以剪切滑移的方式进行。滑移变形可局限于某一局部区域，形成剪切带。剪切带是具有高剪切应变的薄层，双折射度很高，这说明剪切带内的分子链高度取向。剪切带通常发生于材料的缺陷或裂缝处，或应力集中引起的高应力区。而在结晶相中，除了滑移以外，剪切屈服还可通过孪生和马氏体转变的方式进行。

某些聚合物在玻璃态拉伸时，会出现肉眼见的微细凹槽，类似于微小的裂纹。它可发生光的反射和散射，通常起源于试样表面并和拉伸轴垂直。这些微细凹槽因能反射光线而看上去银光闪闪，称为银纹。银纹不同于裂纹，裂纹的两个张开面之间完全是空的，而银纹面之间由高度取向的纤维束和空穴组成，仍具有一定强度。银纹是由材料在张应力作用下局部屈服和冷拉造成的。

6.7.2 热固性高分子材料

高分子材料在第一次加热时可以软化流动，加热到一定温度，产生化学反应——交联固化而变硬，这种变化是不可逆的，此后，再次加热时，已不能再变软流动了。人们正是借助这种特性进行成型加工，利用第一次加热时的塑化流动，在压力下充满型腔，进而固化成为确定形状和尺寸的制品，这种材料称为热固性高分子材料。热固性高分子材料的基本组分是体型结构的聚合物，所以一般都是刚性的，而且大都含有填料。工业上重要的品种有酚醛塑料、氨基塑料、环氧塑料、不饱和聚酯塑料及有机硅塑料等。热固性高分子材料是刚性的三维网络结构，分子不易运动，拉伸时表现出与脆性金属或陶瓷一样的变形特性。但在压应力下它们仍能发生塑性变形。

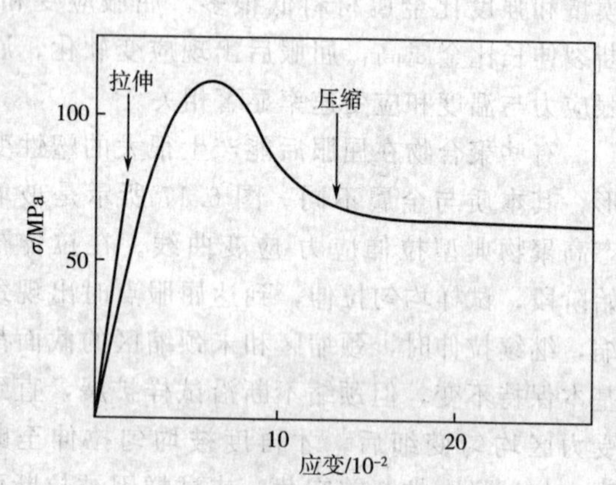

图 6.19 环氧树脂在室温下单向拉伸和压缩时的应力-应变曲线

图 6.19 所示为环氧树脂在室温下单向拉伸和压缩时的应力-应变曲线。环氧树脂的玻璃化温度为 100℃，这种交联作用很强的聚合物，在室温下为刚硬的玻璃态，在拉伸时好像典型的脆性材料。而压缩时则易剪切屈服，并有大量的变形，而且屈服后出现应变软化。环氧树脂剪切屈服的过程是均匀的，试样均匀变形，无任何局部变形。

6.8 陶瓷材料的变形

金属容易滑移而产生塑性变形的原因是金属键没有方向性，原子排列呈最密排、最简单的结构形式，如面心立方、体心立方、密排六方等结构。容易产生滑移的最密排面和最密排方向很多，即滑移系多，例如面心立方有 24 个滑移系统，体心立方有 48 个滑移系统。陶瓷材料的脆性大，在常温下基本不出现或极少出现塑性变形的主要原因在于陶瓷材料具有非常少的滑移系统（表 6.2）。

表 6.2 一些陶瓷晶体中的滑移系统

晶体	滑移系统	独立系统数	附注
C（金刚石），Si，Ge	{111} $\langle 1\bar{1}0\rangle$	5	$T>0.5T_m$
NaCl，LiF，MgO，NaF	{110} $\langle 1\bar{1}0\rangle$	2	低温
NaCl，LiF，MgO，NaF	{110} $\langle 1\bar{1}0\rangle$，{001} $\langle 1\bar{1}0\rangle$，{111} $\langle 1\bar{1}0\rangle$	5	高温
TiC，UC	{111} $\langle 1\bar{1}0\rangle$	5	高温
PbS，PbTe	{001} $\langle 1\bar{1}0\rangle$，{110} $\langle 001\rangle$	3	
CaF_2，UO_2	{001} $\langle 1\bar{1}0\rangle$	3	
CaF_2，UO_2	{001} $\langle 1\bar{1}0\rangle$，$\mid 110 \mid$ $\langle 111\rangle$	5	高温
C（石墨），Al_2O_3，BeO	{0001} $\langle 11\bar{2}0\rangle$	2	
TiO_2	{101} $\langle 10\bar{1}0\rangle$，{110} $\langle 001\rangle$	4	
$MgAl_2O_4$	{111} $\langle 1\bar{1}0\rangle$，{110}	5	

6.8.1 陶瓷材料的塑性

陶瓷一般为离子键或共价键，具有明显的方向性，同号离子相遇时具有极大的斥力。陶瓷中只有个别滑移系统能满足滑移的几何条件与静电作用条件。晶体结构越复杂，满足这些条件就越困难。因此，陶瓷材料中只有为数极少的具有简单晶体结构的材料，如 MgO、KCl、KBr 等（均为 NaCl 型结构）在室温下具有塑性。一般的陶瓷材料由于晶体结构复杂，在室温下没有塑性，而且陶瓷材料一般是多晶体，比单晶体更难产生滑移。这是由于多晶体的晶粒取向混乱，即使个别晶粒的某个滑移面和滑移方向恰好处于滑移的有利位置时，由于受到周围晶粒的制约，滑移也难以进行。在晶界处，由于位错的堆积引起应力集中而导致微裂纹，也限制了塑性变形的进行。

6.8.2 单晶陶瓷的塑性

单晶陶瓷中只有少数晶体结构简单（如 MgO、KCl、KBr 等）的陶瓷在室温下具有一定塑性，而绝大多数陶瓷只有在高温下才有明显的塑性变形。

（1）NaCl 型结构晶体的塑性变形

NaCl 型离子晶体中，低温时滑移最容易在 {110} 面和 [110] 方向发生。几何条件与静电作用条件均使滑移面及滑移方向受到限制。滑移过程中，NaCl 型晶体滑移方向 [110] 是晶体结构中最短平移矢量方向（图 6.20）。在滑移过程中，沿 $\langle 110\rangle$ 的平移不需要最近邻的同号离子并列，因而不会形成大的静电斥力。对于 NaCl 型离子晶体，沿 {100} $\langle 1\bar{1}0\rangle$

滑移时，在滑移距离的一半时静电能较大，这时同号离子处于最近邻位置。在高温下可以观察到这些离子晶体中的 {100} <110>滑移。

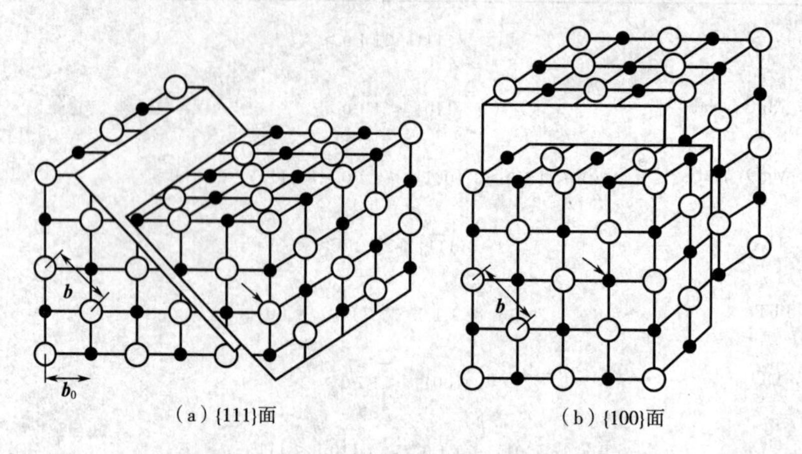

（a）{111}面　　（b）{100}面

图 6.20 NaCl 型结构沿<110>方向的滑移

图 6.21 为单晶 MgO 在 1300℃高温压缩变形的 σ-ε 关系。沿<111>方向压缩时，比在<110>或<100>方向压缩更难出现滑移。在离子晶体中，一个位错必须维持正负离子位置的比例。MgO 中一个在 {$1\bar{1}0$} 沿<$1\bar{1}0$>方向滑移的刃型位错需要移去一个分子平面（两个原子平面），其柏氏矢量 **b** 大于基本的 Mg-O 距离，如图 6.22 所示。离子晶体中的位错运动比金属中复杂得多、困难得多，须在高温下才易实现。

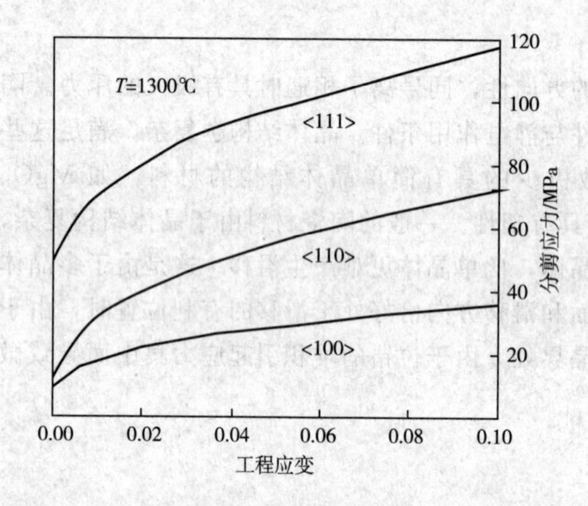

图 6.21 单晶 MgO 在 1300℃高温压缩变形的 σ-ε 关系

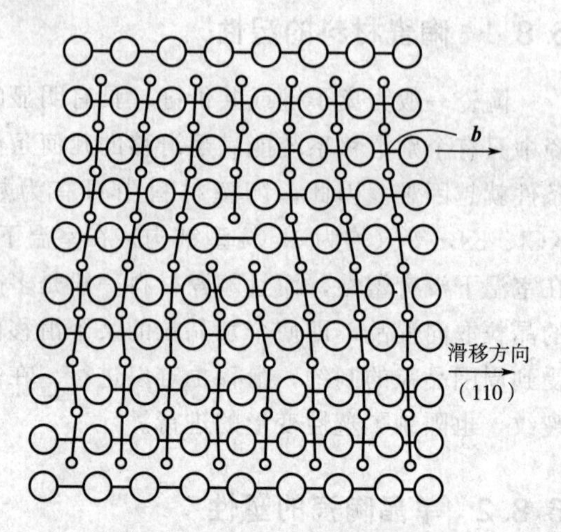

图 6.22 MgO 中刃型位错结构

(2) Al_2O_3 晶体的塑性变形

Al_2O_3 是一种有广泛应用前景的非立方晶系陶瓷，强烈的各向异性可能对高温塑性产生重大影响。Al_2O_3单晶在高温（900℃）时，通常在 {0001} <$11\bar{2}0$>滑移系产生滑移，在更高的温度下也可能产生非基面滑移 [如棱柱面 {$1\bar{2}10$} <$10\bar{1}0$>滑移系]，但即使在很高的实验温度（1700℃），非基面滑移应力也比基面滑移大得多（10 倍），如单晶 Al_2O_3 在

900℃以上时的初始塑性行为。单晶 Al_2O_3 在高温下出现明显的屈服现象，随温度升高，屈服强度明显降低，与金属类似，应变速率也敏感地影响屈服强度，随应变速率增加，屈服强度明显上升。

6.8.3 多晶陶瓷的塑性

作为陶瓷工程构件，极少采用单晶体，一般为多晶体。如前所述，陶瓷的塑性来源于晶内滑移或孪生，晶界的滑动或流变。在室温或较低温度下，由于陶瓷结合键的特性，陶瓷不易发生塑性变形，通常呈现典型的脆性断裂。在较高的工作温度（$>0.5T_m$，T_m 为材料熔点的绝对温度），晶内和晶界均可出现塑性变形现象。

为了提高陶瓷的烧结密度或实现液相烧结，往往在陶瓷制备工艺过程中添加熔点较低的烧结助剂，在烧结过程中，这些低熔点烧结助剂会集中在晶界。在多晶陶瓷高温塑性变形过程中，晶粒尺寸与形状基本不变，也就是说晶粒内部位错运动基本上没有起动，这时塑性变形的主要贡献来源于晶界相的滑动或流变。晶粒越细，晶界所占比例越大，晶界成分、结构和特性的作用越大。为了提高陶瓷的高温强度或提高陶瓷的高温塑性变形抗力，从烧结助剂考虑，应加入熔点较高的添加剂。从晶粒尺寸看，细晶化虽可提高室温下陶瓷的强度和韧性，但在高温下，由于晶界比例增大，晶界流动抗力反而降低。具有一定方向性排列的针状或板状晶陶瓷表现出较高的高温塑性变形抗力。

可通过一定的工艺方法改变晶界的结构，从而改善多晶陶瓷的晶界行为，例如为了改善 Si_3N_4 陶瓷的烧结性能，提高瓷件质量，在 Si_3N_4 陶瓷中加入氧化物烧结助剂（MgO，Al_2O_3 等），这些氧化物在 Si_3N_4 晶界形成低熔点玻璃相，这些玻璃相在高温下会使 Si_3N_4 陶瓷产生塑性变形，同时又使 Si_3N_4 陶瓷的高温强度降低。人们也能通过热处理的方法使 Si_3N_4 陶瓷晶界玻璃相转变为晶相，明显提高 Si_3N_4 陶瓷的高温强度，降低高温塑性变形的能力。

多晶陶瓷材料的塑性变形与高温蠕变、超塑性有十分密切的关系。深入开展多晶陶瓷塑性变形研究不仅具有十分重要的工程实际意义，也具有十分重要的理论意义。由于陶瓷材料塑性变形困难，变形量十分小，并且只在在相当高的温度下才呈现明显的塑性变形，此时又给塑性的观测带来了很大的困难。此外，先进结构陶瓷的晶粒比较细小（μm 数量级以下），必须在高温（1300℃以上）、足够放大倍数（数千到数万倍）下进行观测，这给陶瓷多晶塑性变性的研究带来了很大的困难，导致有关陶瓷塑性的研究还处于落后状态。

6.8.4 陶瓷材料的超塑性

陶瓷的超塑性是指在一定的温度和应力作用下，材料显示出非常高的塑性变形率，其拉伸变形量可超过100%。近年来研究表明，陶瓷材料出现超塑性颗粒的临界尺寸范围约为200～500nm。这个尺寸范围表明晶界体积百分数约为50%以上，因此晶界流变性能是超塑性的重要条件。一般认为，陶瓷材料是硬而脆的材料，即使在高温下塑性也是有限的。但近年来的研究表明，在一定条件下，如晶粒超细化（μm 数量级以下）的 Al_2O_3 和 ZrO_2 等在高温下（>1300℃）会出现超塑性现象。陶瓷材料的超塑性对于难以加工的陶瓷材料来说，具有重要的工程意义。

思考题：

1. 材料的力学性能是指材料表现出来的变形、破坏等方面的特征。使用应力-应变曲线分析低碳钢、铸铁和木材三种材料在拉伸和压缩时的力学性能。

2. 绘图说明单滑移、多滑移和交滑移的区别及发生条件。

3. 发生孪生变形的条件是什么？

4. 当金属的变形温度较低时，起控制作用的变形机制主要是滑移和孪生。随变形温度的提高，其他变形机制就显得越来越重要了，并且在一定条件下，对材料的变形起着支配作用。其他变形机制还有哪些？

5. 工程上使用的绝大多数金属材料是由多个晶粒组成的多晶体，多晶体的塑性变形与单晶体无本质差别，但变形的过程比较复杂，请说明多晶体金属材料的变形特点。

6. 固溶体合金是工业上常使用的材料，它在塑性变形时有何特点？

7. 塑性变形会对金属的组织和性能产生影响，请分别对加工硬化和织构现象的产生原理进行分析。

8. 分别对金属材料的韧性断裂和脆性断裂过程进行分析。

9. 高分子材料的应力-应变曲线与金属材料有可区别。

10. 陶瓷材料的脆性大，在常温下基本不出现或极少出现塑性变形的主要原因在于陶瓷材料具有非常少的滑移系统，以 NaCl 型晶体为例分析单晶陶瓷材料的塑性变形特点。

第7章

加工过程中材料的组织转变

在塑性加工过程中，不仅改变了金属材料的形状、尺寸和表面质量，而且也使其组织和性能发生了显著的变化。因此，必须掌握塑性加工中各种工艺因素对组织与性能的影响，才能正确地选择工艺条件，控制金属材料的性能，使其既能充分发挥良好的工艺性，又有利于塑性成形，还可达到控制产品使用性能的要求。本章将着重讲述加工过程中组织和性能之间的内在联系和变化规律，把宏观现象与微观本质联系起来。

7.1 金属的冷变形

冷变形的金属组织，从晶粒形状和取向到微细结构都发生了强烈变化。这些变化对金属的性能和能量状态都将产生明显影响。

7.1.1 微观结构的变化

多晶体金属经冷变形后，将抛光与浸蚀后的试样在光学显微镜下观察，可发现原来等轴的晶粒沿着主变形的方向被拉长。变形量越大，拉长越显著。变形量过大时，各个晶粒已不能很清楚地分辨，出现了纤维状组织。图7.1为冷轧变形前后的晶粒形状变化，在沿最大主变形方向取样观察，才能反映出最大变形程度下金属的纤维状组织。

金属在冷变形过程中，随变形的进行，组织中的位错密度迅速提高。使用透射电子显微镜观察，可以发现严重冷变形后，位错密度可由原来退火状态的$10^6 \sim 10^7/cm^2$增至$10^{11} \sim 10^{12}/cm^2$，这些位错在变形晶粒中的分布也很不均匀。只有在变形量比较小或者在层错能低的金属中，由于位错难以产生交滑移和攀移，位错可动性差，此时位错的分布才能均匀分散。在变形量大且层错能较高的金属中，位错的分布很不均匀，会形成位错缠结的高位错密度区（约比平均位错密度高五倍）和位错密度低的区域。其中位错密度低的区域会在晶粒的内部出现小晶粒，这些小晶粒的取向差仅几度，这种结构称为胞状亚结构。胞状亚结构实际上是位错缠结的空间网络，其中高位错密度的位错缠结形成了胞壁，而胞内晶格畸变很小，位错密度很低。通常金属在产生10%左右的变形时，就会很明显地形成胞状亚结构。变形量不太大时，随变形量的增加，胞的数量增多，尺寸减小，而胞壁的位错变得更加密集，胞间的取向差也逐渐增加。经强烈的冷变形，胞的外形也沿着最大主变形方向被拉长，形成大

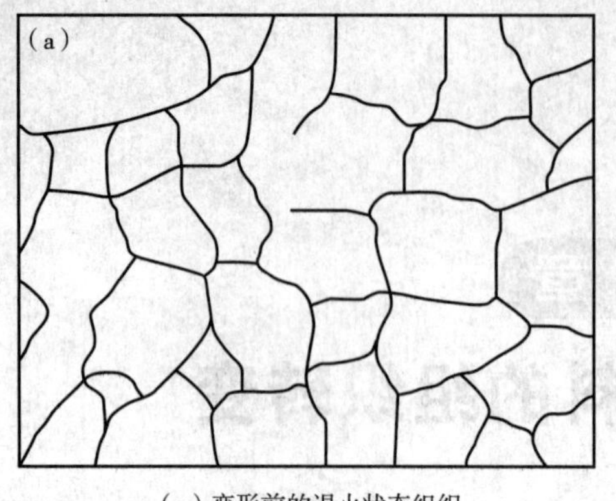

(a) 变形前的退火状态组织

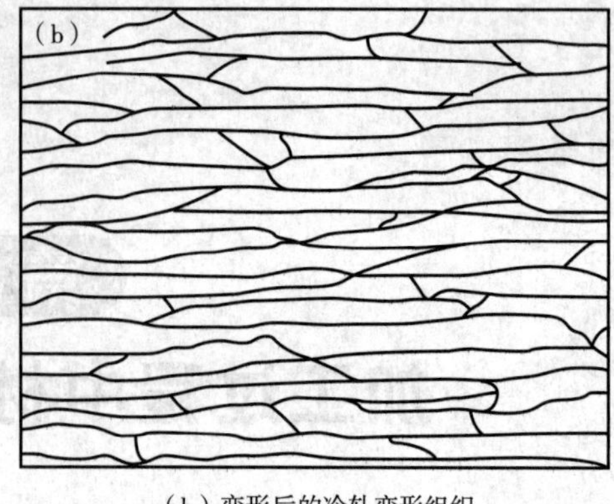

(b) 变形后的冷轧变形组织

图 7.1 冷轧变形前后晶粒形状变化

量的排列很密的长条状的形变胞。亚结构的出现，对材料的性能有很大影响，亚结构的尺寸越小，其强化效果越好。因此，可以利用亚晶来强化金属材料。

对于低层错能金属，如不锈钢和黄铜，由于扩展位错很宽，位错灵活性差，在这些材料中易观察到位错的塞积群，不易形成胞状亚结构。经冷变形的金属其他晶体缺陷（如空位、间隙原子以及层错等）也会有明显增加。

多晶体塑性变形时，各个晶粒滑移的同时，也伴随有晶体取向相对于外力有规律的转动过程。尽管由于晶界的联系，这种转动受到一定的约束，但当变形量较大时，原来为任意取向的各个晶粒也会逐渐调整，引起多晶体中晶粒方位出现一定程度的有序化。这种多晶体中由原来取向杂乱排列的晶粒，变成各晶粒取向大体趋于一致的过程称为择优取向。具有择优取向的晶体组织称为变形织构。金属及合金经过挤压、拉拔、锻造和轧制以后，都会产生变形织构。塑性加工方式不同，可出现不同类型的织构。通常，变形织构可分为丝织构和板织构。丝织构是在拉拔和挤压加工中形成的。这种加工都是在轴对称情况下变形，其主变形为两向压缩，一向拉伸。变形后晶粒有一共同晶向趋向与最大主变形方向平行。金属经拉拔变形后，其特定晶向平行于最大主变形方向（即拉拔方向），形成丝织构。试验表明，对于面心立方金属（如金、银、铜、铝、镍等），经较大变形程度的拉拔后，丝织构为［111］和［100］方向，如表 7.1 所示。对于面心立方金属，丝织构与金属的堆垛层错能有关，层错能越高的金属，［111］丝织构越强烈。对于体心立方金属，不论成分如何，其丝织构是相同的。如经过拉拔的 α-铁、钼、钨等金属都具有［110］丝织构。

表 7.1 金属的变形织构

晶体结构		板（辗轧）织构	丝（拉拔）织构
面心立方	α-黄铜型	(110)［112］	［100］为主
	纯铜型	(146)［21$\bar{1}$］或 (123)［1$\bar{2}$1］	［111］为主
体心立方		(100)［011］	［110］
密排立方		(0001)［10$\bar{1}$0］	［10$\bar{1}$0］

注：面心立方晶体的变形织构，与层错能有关。

板织构是在轧制或者宽展很小的矩形件镦粗时形成。其特征是各个晶粒的某一晶向趋向于与轧向平行，某一晶面趋向于与轧制平面平行，因此板织构用其晶面和晶向共同表示。体心立方金属（如 α-铁、钼、钨等），其（100）面平行于轧面，[011] 晶向平行于轧向，板织构可用（100）[011] 来表示。面心立方金属所形成的板织构：一般层错能高的金属形成的如纯铜型织构为（146）[$21\bar{1}$] 或（123）[$1\bar{2}1$]，层错能低的金属是 α-黄铜型织构为（110）[112]。金属材料的织构类型除与晶体结构、变形方式、层错能有关外，还受化学成分和加工工艺的影响。织构不是描述晶粒的形状，而是描述多晶体中晶体取向的特征。应当指出的是，若变形金属中的每个晶粒都转到上述所给出织构的晶向和晶面，这只是一种理想情况。实际上变形金属的晶粒取向只能是趋向于这种织构。一般是随着变形程度的增加，趋向于这种取向的晶粒越多，这种织构就越完整。织构可用 X 射线衍射和电子背散射衍射（EBSD）来测定。

7.1.2 组织的变化

材料在变形后性能会发生变化，特别是冷变形金属内部组织的变化，会导致有关性能的改变。

7.1.2.1 加工硬化现象

随变形程度的增加，材料的强度和硬度可提高 2～3 倍，而延伸率会下降为原来的 10% 左右。这种金属在变形过程中，随着变形程度的增加，强度和硬度明显增高，而塑性迅速下降的现象称为加工硬化。金属的加工硬化现象，可用硬化曲线来做定量描述。它反映了变形抗力与变形程度变化的关系。通常用单向拉伸时，金属的强度与变形程度的关系来表示，称为加工硬化曲线。

应力随应变提高的速率为加工硬化率或加工硬化系数。图 7.2 为以切应力（τ）和切应变（ε）表示的单晶体的加工硬化曲线。切应力小于 τ_c 时，是弹性变形阶段，当切应力大于 τ_c 时，为塑性变形阶段。塑性变形阶段的硬化曲线可分为三段：第一阶段加工硬化率 θ_{I} 很小，加工硬化效应不明显，称易滑移阶段；第二阶段加工硬化率 θ_{II} 远高于 θ_{I}，近似恒定，这阶段为线性硬化阶段；第三阶段的加工硬化率 θ_{III} 减小，为硬化速率降低区，硬化曲线呈抛物线状，为抛物线硬化阶段。实际金属晶体硬化曲线的各个阶段出现的早晚、长短并不相同，这与晶体的结构类型、取向、杂质含量、初始状态及变形温度和速度相关。

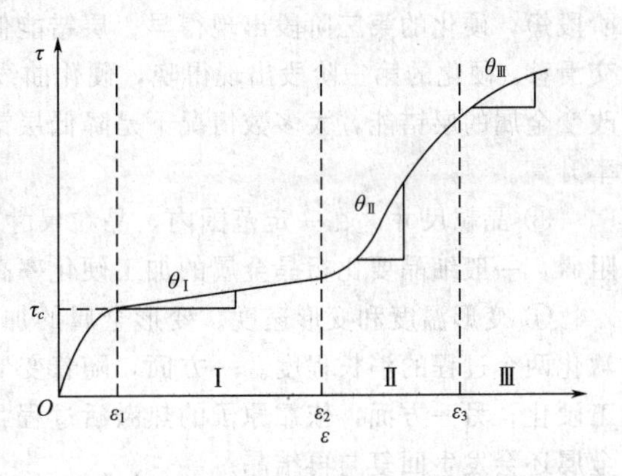

图 7.2 单晶体的加工硬化切应力-应变（τ-ε）曲线

加工硬化过程也可由材料的微观变形机制来解释。通过透射电镜观察发现，在第一阶段具有相互平行的滑移线，说明此阶段只有一组滑移系开动，为单滑移。滑移面上的位错移动很少受到其他干扰。少量硬化主要来源于平行位错间的弹性交互作用，位错运动的阻力很小，因此易滑移阶段 θ_{I} 很小。第二阶段线性硬化阶段，滑移线随切变量的增加而变短。这是因为该阶段是从多滑移开始，由于相交滑移面上的位错相遇，发生了交割和位错反应，产生了位错的塞积和缠结，以致形成胞状亚结构，使位错不能越过这些障碍，而被限制在一定范围内活动。继续变形，必须增大外加切应力，才能克服位错间的强大的交互作用力。试验结果表明，在第二阶段硬化中，随着变形量的增加，位错密度迅速增高，使变形抗力显著增加，加工硬化率 θ_{II} 很高。第三阶段加工硬化与位错的交滑移过程有关。该阶段的加工硬化系数随变形量的增加有所减小。这表明变形抗力增加到一定程度以后，滑移面上的位错可以通过交滑移，异号位错彼此抵消，这不仅使位错密度降低，而且还可使位错绕过障碍使部分位错复活，从而引起加工硬化率 θ_{III} 下降。

多晶体由不同取向的晶粒构成，由于变形的整体性和协调性要求，多晶体的变形不可能出现单滑移。所以硬化曲线不会出现单晶硬化曲线的第一阶段。由于多晶系滑移的作用，多晶体硬化曲线的加工硬化率较高。

7.1.2.2 加工硬化影响因素

室温下纯铁随变形程度的增加，加工硬化显著。当变形速度增大时，硬化有所增强。高温变形时，温度越高，软化作用越强烈，由于软化是一个过程，随着变形速度的提高，软化作用减弱，硬化效应明显。当变形温度足够高，变形速度足够慢或加工硬化率很低时，变形所引起的硬化有足够时间通过软化来抵消，此时金属材料不出现加工硬化。

影响加工硬化的因素主要有以下四个。

① 晶体结构。晶体结构不同，其加工硬化趋势也不同。密排六方单晶，由于只沿一组滑移面作单滑移，加工硬化率很小，易滑移阶段长；而立方晶系的滑移系较多，可以同时成交替地在几个滑移面上滑移，位错间的交互作用强，加工硬化率高。

② 层错能。层错能高的金属材料（如铝），扩展位错窄，交滑移容易，硬化曲线的第二阶段短，硬化的第三阶段出现得早；层错能低的金属材料（如铜），扩展位错宽，不易发生交滑移，硬化的第三阶段出现得晚，硬化曲线的第二阶段长。金属中的杂质和合金元素，会改变金属的层错能，大多数情况下是降低层错能，使扩展位错变宽，交滑移困难，加工硬化率升高。

③ 晶粒尺寸。在一定范围内，晶粒尺寸对加工硬化也有影响，这是由于晶界对变形的阻碍，一般细晶要比粗晶金属的加工硬化率高。

④ 变形温度和变形速度。变形金属的加工硬化情况，取决于塑性变形过程中，硬化与软化两个过程的消长程度。一方面，随着变形的进行，位错密度增加，位错运动受阻产生加工硬化；另一方面，依靠原子的热激活过程，可以帮助位错越过某些障碍。在高温环境中，金属还会发生回复与再结晶。

7.1.3 性能的变化

7.1.3.1 加工性能

加工性能的变化主要是指经塑性变形后的金属材料，使用不同加工方式，会出现不同类型的织构。织构的存在导致工件在不同方向上性能的差异，即各向异性。

具有各向同性的金属板材，经深冲后，冲杯边缘通常是比较平整的。具有织构的板材冲杯的边缘则出现高低不平的波浪形。人们把具有波浪形凸起的部分称为制耳（图 7.3）。这种由于织构而产生的制耳现象称为制耳效应。为避免各向异性，消除或减轻制耳效应，可以通过恰当地选择塑性加工变形工艺和退火制度，或适当地调整化学成分。

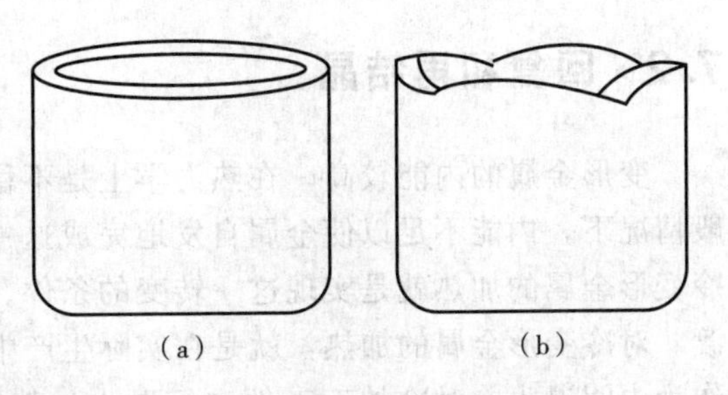

图7.3 深冲件上的制耳

人们通常不希望材料出现各向异性，但各向异性也会带来一些有益的功能。在铁磁金属材料中，就充分地利用取向磁性具有显著的各向异性效应。例如，变压器用硅钢片，就希望通过适当冷轧和退火，得到（110）［001］高斯取向。具有这种织构的材料，沿轧制方向磁导率最高，铁损最小。如将这种板材，沿轧制方向切成长条，堆垛成矩形铁框，使轧向与磁场平行，就可得到磁导率最高的铁芯。这样就使铁损大大减少，显著提高了变压器的功能，减小变压器的体积。此外，还能利用织构来提高材料强度。如密排六方的铍和钛板（0001）织构，在平面应力的作用下，具有很高的强度。这种板材适用于承受平面应力，如抗压容器的制造。

7.1.3.2 物理性能

经冷变形后的金属内能增加，自由能比变形前增高，处于热力学不稳定状态，有自发地恢复到变形前状态的趋势，此时物理性能也会有所改变。

（1）密度

冷变形后，金属的晶内或晶间出现了显微裂纹、裂口和空洞等缺陷，金属的密度降低，如青铜退火后密度为8.915 g/cm^3，经80%冷变形后，其密度降至8.886 g/cm^3。相应的铜密度由8.905 g/cm^{3}降至8.89 g/cm^3。

（2）导电性

一般来说，随着冷变形程度的增加，金属位错密度增加，点阵发生畸变使电阻增高，例如，冷变形达到82%的铜丝，电阻增加2%，冷变形99%的钨丝，电阻增加50%。冷拔钢丝预先经铅池淬火，含碳量为0.58%，随着冷变形程度的增加，电阻会显著降低。这是因为此时片状珠光体取向趋向于钢丝的轴向，方向性所引起的电阻降低超过基体冷加工所引起的电阻升高。冷变形还会破坏晶间物质，使晶粒彼此接触，也可减少电阻，增加导电性，冷变形对导电性的影响要综合考虑。

（3）耐蚀性能

冷变形能增加金属的残余应力和内能，通过降低其化学稳定性，降低耐蚀性能。如冷变形的纯铁在酸中的溶解速度要比退火状态快，冷变形所产生的内应力是造成金属腐蚀（应力腐蚀）的一个重要因素，在实际应用中是相当普遍的问题。经冷加工后的黄铜，由于存在内应力，在氨气、铵盐、汞蒸气以及海水中会发生严重的腐蚀破坏，高压锅炉、铆钉等受力部件也易于发生腐蚀破坏。应力腐蚀的主要防治方法就是退火，消除内应力。

（4）其他性能

此外，冷变形还会使金属的导热性降低。铜冷变形后，其导热性只有原来的78%。冷变形还可改变磁性。如锌和铜，冷变形后可减少其抗磁性。高度冷加工后，铜可变为顺磁性的金属，顺磁性金属的冷变形也会降低其磁化敏感性。

7.2 回复和再结晶

变形金属的内能较高，在热力学上是不稳定的，它总会有向稳定状态转化的趋势。在一般情况下，内能不足以使金属自发地完成这一转化，要完成这一转化还要靠外界供给能量。冷变形金属的加热就是实现这一转变的条件。温度升高，使原子能克服势垒，向稳定状态过渡。对冷变形金属的加热，就是在实际生产中所应用的退火。这一工艺的作用有两个：一是作为中间退火，对冷加工工件进行退火，其目的是恢复其工艺塑性，以便进一步进行冷加工；二是退火作为最终产品的热处理，主要是控制成品性能，以得到不同的强度和塑性组合，生产出不同硬度的制品。变形金属在加热时软化过程大致可分为三个阶段。加热温度较低时，通过光学显微镜观察不出组织的变化，此阶段为回复阶段。当加热温度超过一定温度后，组织和性能皆发生明显变化，生成新的无畸变的新晶粒，此阶段为再结晶阶段。当温度继续升高，会发生相邻晶粒的相互吞并和长大，即晶粒长大阶段。本节将主要介绍加热时的回复和再结晶过程。

7.2.1 回复

回复是指变形后金属在低于再结晶温度下加热时，显微组织与强度、硬度均不发生明显变化，只有某些物理性能和微细结构发生改变。这是由于原子在微晶内只进行短距离扩散，使点缺陷和位错在退火过程中发生运动，从而改变了它们的数量和分布状态。

在回复温度较低（$0.1T_m \sim 0.3T_m$，T_m 指熔点）时，回复的主要机制是空位运动和空位与其他缺陷的结合，如空位与间隙原子结合，空位与间隙原子在晶界和位错处湮没，使点缺陷的密度下降，电阻显著降低，内应力减小。此时由于点缺陷周围引起的应力场较小，硬度和强度变化也会较小。

当回复温度较高（$0.3T_m \sim 0.5T_m$）时，回复主要是通过位错的运动，使原来在变形体中分布杂乱的位错向低能量状态重新分布和排列成亚晶粒。亚晶粒的形成方式有两种：一种是由多滑移产生的位错交割与缠结，形成蜂窝状组织。在高温回复时，一方面蜂窝内部的位错被吸引到蜂窝壁上，另一方面蜂窝壁上的位错重新调整和排列，因而在变形的晶粒内部形成了许多亚晶粒。亚晶粒内部位错密度相当低，接近于完整晶体结构。亚晶间取向差也很小。规整化完成之后，形变胞演变为清晰的亚晶粒。形成亚晶粒的另一种方式是“多边化”，在弯曲变形的滑移面上，同号刃型位错，由于同号应力场的叠加，晶体处于较高的应变能状态，这就是多边化过程的驱动力。在较高的回复温度下，位错通过攀移和滑移可将一个晶粒分成位向差很小的亚晶粒，这就是多边化过程。

在回复阶段中，对低层错能的金属（如黄铜、铜和镍等），由于扩展位错很宽，难以产生交滑移和攀移，力学性能没有显著的变化。而对高层错能的金属（如铝和α-铁），由于扩展位错窄，容易产生滑移和攀移，回复阶段的强度与硬度下降较明显。

电阻率是对点缺陷敏感的性能，由于回复阶段点缺陷明显减少，因此电阻率明显下降。此外，在回复阶段的宏观内应力几乎也可完全消除，微观内应力能部分消除。实验结果表明，回复程度随时间的变化呈指数规律。在一定的回复温度下，性能的回复开始进行得快，随时间的延长，回复速度接近零。回复温度越高，回复速度越快。此外还可看出，每个回复温度都有一个回复程度的极限值。加热温度越高，回复的极限程度越大，达到此极限程度所需时间越短。这一事实说明，回复过程是一个先快后慢的过程，所以在较低温退火时过分延长时间没有意义。

7.2.2 再结晶

冷加工变形金属加热到一定温度（再结晶温度对纯金属一般认为 $T_{结} \geqslant 0.4T_{m}$）后，会在原来变形的金属中重新形成新的无畸变等轴晶，这一过程称为金属的再结晶。再结晶后，金属的强度、硬度显著下降，塑性显著提高，加工硬化和内应力消除，物理性能也得到明显恢复。金属大体上恢复到冷变形前的状态。

金属的再结晶通过形核和长大的方式完成。再结晶的形核机制较复杂。不同的金属和不同的变形条件，形核方式也不一样。在高倍率的电子显微镜下观察，再结晶晶核来源于晶界的凸出，或来源于亚晶粗化。当变形程度较小时，由于不均匀变形，各晶粒中的位错密度不同，晶界两侧胞状组织的大小不同。在高温下就可以观察到大角晶界上有一小段向胞状组织较细的一侧凸起，被晶界扫过的区域储存能基本释放。这个小区域就可作为再结晶核心而长大。这种机制在Cu、Ni、Al、Ag及Al-Cu两相合金中已观察到。当变形程度较大时，高层错能金属就会形成胞状亚结构，这种组织在回复阶段，通过亚晶的合并长大成为再结晶核心，低层错能金属则可以通过亚晶界的迁移长大来实现。在一个位错密度大的小区域，通过位错的攀移和重新排列，能将储存的能量释放，向四周长大，随着晶粒的长大，它与周围的取向差也逐渐增大，亚晶界变成了大角晶界，则成为再结晶的晶核。再结晶晶核形成以后，晶粒长大的机制是靠晶界迁移。晶界迁移的驱动力是再结晶晶粒与周围变形基体之间的应变能之差。再结晶晶粒长大所需的表面能，由这部分的应变能的减少来提供。晶界两侧的应变能差越大，晶界迁移速度越快。当再结晶的晶粒相互接触时，晶界两侧的应变能差变为零。此时，以应变能为动力的晶界迁移停止，再结晶过程结束。

具有变形织构的冷加工金属，经过再结晶退火后，通常仍具有择优取向，称此为再结晶织构。再结晶织构可能与原来变形织构相同，也可能不同。例如，冷拔铝丝形成的〈111〉丝织构，在500℃以下退火，仍然为〈111〉丝织构，而在600℃以上退火就变为〈112〉或〈210〉丝织构。

再结晶织构形成的机制有两种。一种是定向生长理论，这种理论认为，在变形基体中存在着各种取向的晶核，在退火加热时，只有那些与母体间存在取向有利的晶核具有最大的迁移速度，这些晶核的生长将抑制其他晶核的长大。一些不适合取向的晶粒，在退火中被吞并，结果形成了再结晶织构。另一种是定向形核理论，该理论认为，再结晶一开始形成的晶核就与母体间有一定取向关系，如母体具有织构，那么具有一定取向关系的再结晶晶核长大后也必然形成织构。退火后的金属，如有再结晶织构存在，其机械性能会出现各向异性。织构越完整，各向异性就越明显。

7.3 晶粒长大

以应变能为动力的再结晶过程完成后，金属已处于较低的能量状态。但从界面能的角度来看，细小晶粒合并成粗大晶粒，总表面积会减少，界面能会降低，组织就会稳定。所以，再结晶过程完成之后，若继续升高温度或延长加热时间，晶粒还会长大，加热温度越高，时间越长，晶粒长大就越明显。晶粒长大有两种：一种是正常的均匀长大，称为一次长大或正常晶粒长大；另一种是非正常长大，在晶粒长大过程中个别晶粒具有异常长大能力，因而晶粒大小相差极为悬殊，这种长大称异常晶粒长大或二次再结晶。

7.3.1 正常晶粒长大

在一个多晶的集合体中，由于晶粒大小、形状、晶界边数和曲率半径不同，相互间的稳定性也不同，但总是曲率半径大的晶粒吞食曲率半径小的晶粒，即晶界向着曲率中心方向迁移。这是因为，在一个弯曲晶界上（图 7.4），位于晶界凹入一侧的原子比凸出一侧的原子稳定，因为它的配位数大，原子间结合比较牢固。所以在高温热激活下，晶界处的原子将由凸出表面移向凹入表面，如图 7.4 中小箭头所示，晶界将向曲率中心方向迁移（如图 7.4 中大箭头所示）。晶界迁移的驱动力与弯曲半径成反比。晶粒长大时的晶界迁移表现出如下规律：小晶粒常被大晶粒所吞并；弯曲晶界总是趋向于平直化（图 7.5）；三叉晶界处（图 7.6），若夹角不等于 120°，晶界总向角度小的方向移动，当三个晶界夹角成 120°时，才停止迁移；在二维平面中，晶界边数少于 6 的晶粒不稳定，必然缩小，以至消失（图 7.7），最终使晶界外形趋于稳定的正六边形。

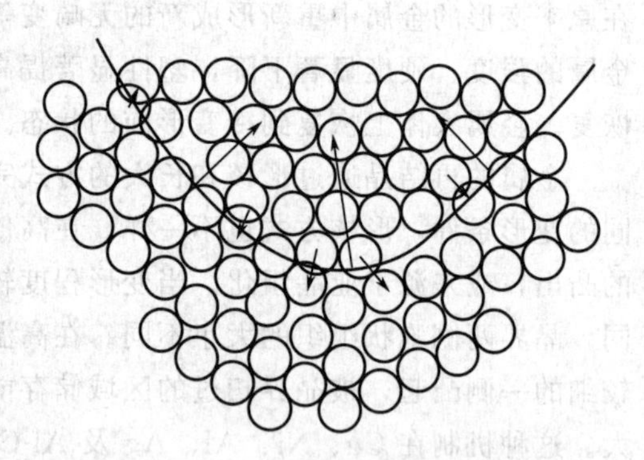

图 7.4 晶界迁移的方向

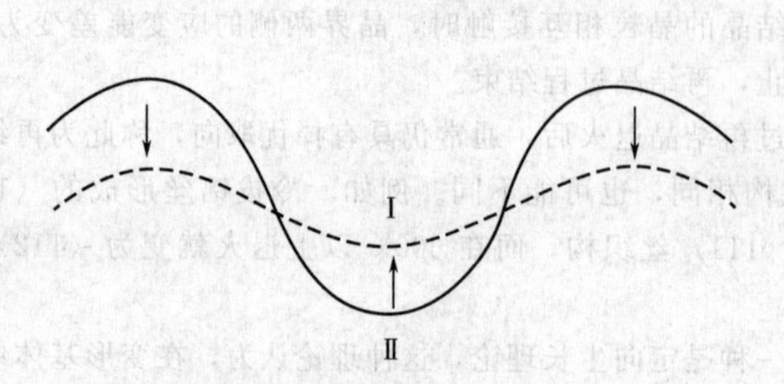

图 7.5 晶界向曲率中心移动，趋向于平直化

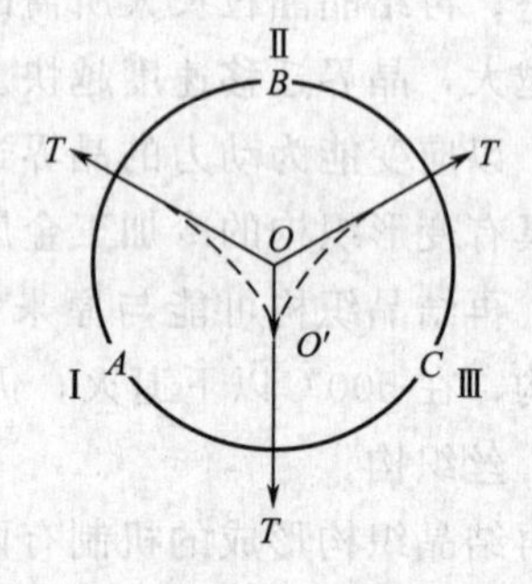

图 7.6 晶界移动使三个夹角趋于 120°

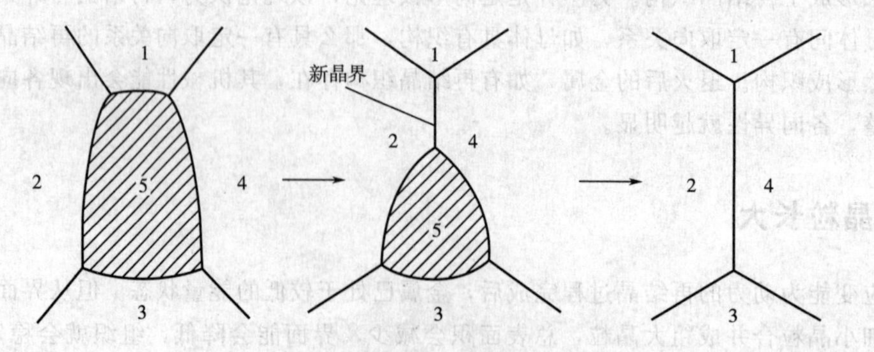

图 7.7 晶粒边界少于 6 的晶粒的缩小和消失

实际上，要达到这种稳定状态需要很长的保温时间，此外由于晶界迁移要受到杂质、第二相以及空洞等的影响，所以人们所观察到的晶粒外形和分布并不理想，晶粒常呈无规则的形状。

金属晶粒长大符合以下经验公式：

$$\overline{D_t}=Kt^n \tag{7-1}$$

式中，$\overline{D_t}$ 为时间 t 时的平均晶粒直径；K 为比例常数；n 为与退火温度有关的指数，n 值小于 0.5。

7.3.2 异常晶粒长大

当再结晶完成后，如继续在较高的温度下加热，某些晶粒将以吞并周围晶粒的方式迅速长大，会在尺寸大致相等的晶粒中出现少数粗大晶粒，这种现象称为异常晶粒长大或二次再结晶。这种异常晶粒长大是由于阻碍晶界迁移的第二相或杂质溶入基体金属中，使晶界得以迁移而急剧长大。或是在再结晶织构中，由于少数个别晶粒与其余晶粒不同，位向差大，易于迁移，它们也会迅速地吞并周围的基体晶粒而产生异常晶粒长大。二次再结晶产生的粗大晶粒，会降低材料的机械性能，应尽量避免。但在某些情况下，如在硅钢片生产中，则可以利用二次再结晶获得高斯织构｛110｝＜001＞和立方织构｛100｝＜001＞。人们也可利用二次再结晶来制造单晶体。

7.3.3 晶粒大小的控制

再结晶以后晶粒大小直接影响塑性加工制品的机械性能和表面质量。控制再结晶退火后的晶粒尺寸就成为控制材料性能的一个重要问题。对于金属材料来说，退火后的晶粒大小主要取决于冷变形量和退火温度。常用空间再结晶图来描述再结晶退火后的晶粒尺寸、变形程度和退火温度三者的关系。它是制定塑性加工生产工艺的重要参考依据。当温度一定时，变形程度越大，再结晶后晶粒越小；当变形程度一定时，温度越高，再结晶退火以后的晶粒越大。在低变形程度时出现一个晶粒尺寸非常大的区，即是由临界变形量造成，当强烈冷变形且在高温下退火时也会产生特别粗大的晶粒。这是由于发生了二次再结晶。为获得强度高的细晶组织，在制定塑性加工工艺时，就要避开临界变形区和二次再结晶区。

除上述影响晶粒大小的因素以外，材料中的杂质和合金元素、原始晶粒大小、加热速度和加热时间对退火后再结晶晶粒大小也有不可忽视的影响。一般来说，杂质和合金元素含量越高，再结晶后晶粒越细（表 7.2），原始晶粒越细，再结晶后晶粒也越细。

表 7.2　金属的纯度和加热速度对再结晶后晶粒大小的影响

加热方式	晶粒度（晶粒数：mm^2）			
	99.95%Al	Al+4%Cu	Al+0.5%Si	Al+1%Mg_2Si
慢速加热（随炉加热）	36	225	49	30
快速加热（盐浴）	36	1150	64	145

7.3.4 再结晶织构的控制

控制金属材料的再结晶织构，对于保证某些材料使用性能要求具有重要的意义。当织构带来危害时，就要设法减少或尽量消除它。在利用织构时，就要尽可能增大某种织构。减轻或消除织构与各向异性可以通过恰当地选择塑性加工工艺和退火制度，或者适当地调整化学成分来达到。图 7.8 是铜板冷轧压延率和退火温度对制耳高度的影响。由图 7.8 可以看出，压延率越大，退火温度越高，制耳高度越高。为降低制耳，尽量不要采用高的压延率和高的退火温度。冷轧压延率对白铜制耳高度的影响如图 7.9 所示。图 7.9 表明，对白铜进行 2h 720℃的退火处理，为获得小的制耳，应控制适宜的锰含量和退火前的冷轧压延率，当锰含量达到 0.12%，冷轧压延率应控制在 70%～80%，当锰含量达到 0.3%，冷轧压延率应控制在 15%～30%。

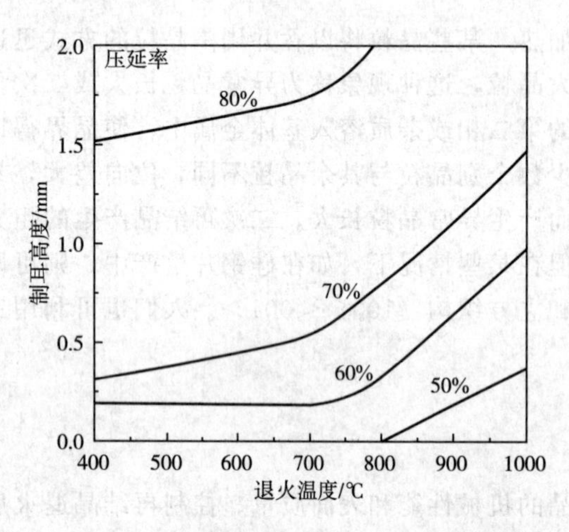

图 7.8　铜板的加工工艺与制耳高度关系

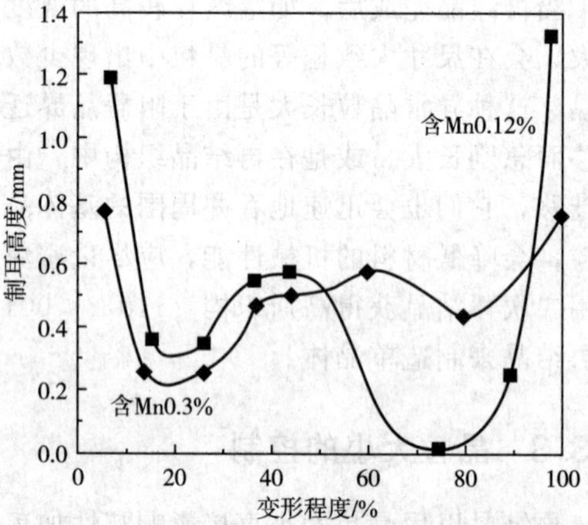

图 7.9　冷轧压延率对白铜制耳高度的影响

为减少制耳，当加工织构与退火织构不同时，可采用二者相叠加的办法。如铝的加工织构为（110）[112] ＋（112）[111]，冲压后，在与轧制方向成45°的方向上形成制耳。退火后为立方织构，则在与轧向成0°、90°的位置上产生制耳，当加工织构与退火织构均衡时，则制耳很小。对于退火状态的铝板，若在铝中加入 0.1%的 Zn，则可消除软铝板的各向异性。

进行深冲压加工的钢板还可利用各向异性。为说明此问题首先引入塑性应变比的概念。塑性应变比 R 是评价金属薄板深冲性能的重要参数。它用拉伸试验时宽度方向的应变 ε_ω 和厚度方向应变 ε_t 的比 $R=\frac{\varepsilon_\omega}{\varepsilon_t}$ 来表示。当板面内有各向异性时，R 值随拉伸方向不同而异。一般使用平均值 $\bar{R}=\frac{R_0+2R_{45}+R_{90}}{4}$。$\bar{R}$ 值越大，则深冲性能越好。18Cr 不锈钢板的性能已证明（111）面与板面（轧面）平行的方向越多，$\bar{R}$ 值越高。通过改变二次冷轧压延率的分配，可轧出不同含量的（111）和（100）面织构。研究结果表明，（111）面的增加和（100）面的减少与 $\bar{R}$ 的增加成正比。

7.4　热加工组织

金属的热加工与冷加工的主要区别在于，金属热加工后，硬化（加工硬化）和软化（回复与再结晶）两种过程同时出现。在热加工中，由于软化作用可以抵消和超过硬化作用，不会出现加工硬化现象，而冷加工则与此相反，有明显的加工硬化现象出现。

热加工中的软化过程比较复杂，按其性质可以分为以下几种：①动态回复；②动态再结晶（在外力的作用下，在变形过程中发生的再结晶）；③亚动态再结晶；④静态再结晶；⑤静态回复。后三者是在热变形停止或中断时，借助热变形的余热，在无载荷作用下发生。

7.4.1 动态回复

金属在热变形时，若只发生动态回复的软化过程，其应力-应变曲线如图7.10所示。曲线明显地分为三个阶段。第一阶段为微变形阶段。此时，试样中的应变速度从零增加对应的应变速度，其应力-应变曲线为直线，达到屈服应力后，变形进入第二阶段，加工硬化率逐渐降低，最后进入第三个稳定变形阶段。此时，加工硬化被动态回复所引起的软化过程抵消。此时由变形所引起的位错增加速率与动态回复引起的位错消失速率几乎相等，达到了动态平衡，最后一段曲线与横坐标接近平行。

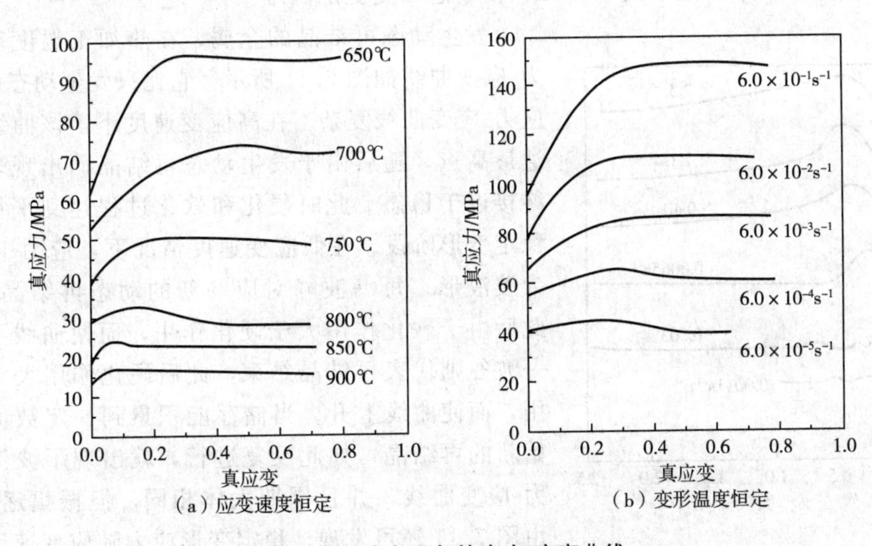

图7.10 动态回复的应力-应变曲线

动态回复通过位错的攀移、交滑移和位错从结点脱钉来实现。热加工中的动态回复所产生的热加工亚结构不能依靠冷加工和静态回复两个过程叠加而得到。若把变形金属从稳定变形阶段迅速冷却后，取样做电镜观察，可发现拉长的晶粒内部出现了许多等轴的亚晶粒。亚晶尺寸受变形温度和应变速度的影响。变形温度越高，应变速度越慢，亚晶尺寸越大。随亚晶尺寸的增加，亚晶内部和亚晶界上的位错密度都降低，亚晶界上的位错也从紊乱状态变为较规整的排列，使胞状亚晶的轮廓清晰。这是由于温度的提高和应变速度的减少利于位错的相互抵消。这种亚结构的变化与位错密度的减少有关。对铝亚结构的研究发现，亚晶的平均尺寸几乎线性地取决于变形温度，而变形温度对亚晶的取向差影响很小。

在稳定变形阶段，亚晶的形态由所受应力和变形温度决定。在高应力和低变形温度（低于$0.6T_m$）下，亚晶沿变形方面被拉长。但在较高的变形温度下，甚至在很大的变形（达4000%）时，亚晶仍成等轴状。动态回复过程取决于金属所处的变形条件，图7.10为工业纯铁在高温下的应力-应变曲线。其中图7.10（a）为应变速度为$1.5\times10^{-3}/s$，不同温度下的真应力-真应变曲线。加工硬化在变形初期占优势，随变形的进行，由于动态回复引起的软化作用加大，随后到达稳定变形阶段，应力趋于恒定。变形温度越高，动态回复速度越快，进入稳定变形阶段越早，稳定变形阶段的变形应力越小。图 7.10（b）说明在一定变形温度下应变速度越高，达到稳定变形阶段越晚，所需的变形应力越大，应变速度越低，达到稳定变形阶段越早，且所需的变形应力越低。由此可见，应变速度慢和变形温度高，或者应变速度快和变形温度低所造成的影响是相同的。

动态回复过程与金属层错能密切相关。对于高层错能金属（如铝、α-铁、低碳钢等），由于扩散位错很窄，位错容易发生交滑移、攀移和容易从位错网中解脱出来，从而使异号位错相互抵消，使亚晶组织中的位错密度降低，储存能下降，不足以引发动态再结晶。这类金属在热加工中容易发生动态回复。胞状亚组织的轮廓清晰，胞壁规整。溶质原子通常能降低层错能，使扩展位错变宽，使交滑移、攀移困难，从而阻碍动态回复，增加动态再结晶的可能性。在 Zr-Sn 合金中，Sn 增加到 5%时，堆垛层错能从 $240mJ/m^2$ 减少为 $60mJ/m^2$。堆垛层错宽度从 25b 增加到 100b，在相同的温度和应变速度下，随 Sn 含量的增加，这些合金的平均亚晶尺寸从 3.5μm 减小到 0.7μm，使动态回复更加困难。

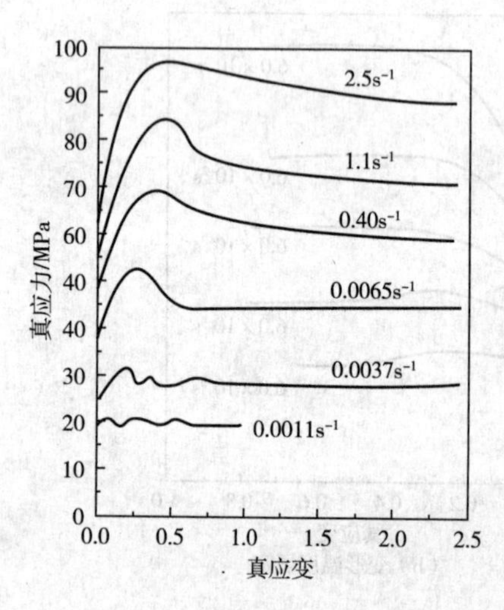

图 7.11 Fe（0.25%C）在 1100℃动态再结晶的应力-应变曲线（流变曲线）

发生动态再结晶的金属，在热加工温度范围内应力-应变曲线如图 7.11 所示。它比只发生动态回复时的应力-应变曲线复杂。在高应变速度下，该曲线迅速到达最高点，随后由于发生动态再结晶而出现软化，最终接近于稳态。此时硬化和软化过程达到平衡，处于稳定变形阶段。在低应变速度情况下，应力-应变曲线为波浪形。每一波峰对应一新的动态再结晶的开始，此后由于软化作用大于硬化作用，而使曲线下降。每一波谷则代表再结晶结束，此后硬化作用大于软化作用，而使曲线上升。当储存能积累到一定数值后又开始新的再结晶。如此反复进行，就出现了波浪形的应力-应变曲线，并且周期大体相同，但振幅逐渐减小。由图 7.11 还可发现，稳定变形应力随应变速度的减小而降低。变形温度的升高也有类似影响。

在再结晶形核长大期间还有塑性变形出现，再结晶新形成的晶粒在长大的同时也在变形。再结晶完成后，晶粒仍处于形变状态，其应变能由中心向边缘逐渐减小。当位错密度增加到一定数值后，又开始新的再结晶。应变速度高时，其再结晶的晶内应变能梯度也高。在再结晶完成之前，晶粒中心的位错密度已达到足以激发另一次再结晶的程度，新的晶核又开始形成并长大。在应力-应变曲线上不表现波浪形。这种状态的组织会使流变应力保持较高的数值。值得指出的是，动态再结晶后的晶粒越小，变形抗力越大。变形温度越高，应变速度越低，动态再结晶后的晶粒就越大。因此，控制变形温度、应变速度及变形量就能调整热加工材料的晶粒大小与强度。

动态再结晶容易发生在层错能较低的金属及合金中（如铜、黄铜、γ-铁、不锈钢等）。由于它们的扩展位错很宽，位错难以从位错网中解脱出来，也难以通过交滑移和攀移而相互抵消，变形开始阶段形成的亚组织回复得很慢，此时，亚组织中位错密度很高，且亚晶尺寸很小，胞壁中有较多位错缠结。在一定的应力和变形温度条件下，当材料在变形中储存能积累到足够高时，就会发生动态再结晶。

动态再结晶的能力除与堆垛层错能相关外，还取决于晶界迁移的难易。金属越纯，发生动态再结晶的能力越强。例如，经真空熔炼和区域提纯的铁能发生动态再结晶，而在一般工业纯度的铁中就没有观察到动态再结晶。固溶于合金中的溶质原子，虽能减小回复的可能性，增加动态再结晶的能力，但溶质原子能妨碍晶界迁移，减慢动态再结晶的速度。弥散的第二相也能阻止晶界迁移，妨碍动态再结晶的进行。三种铜材压缩时的应力-应变曲线如图7.12所示，在500℃的变形温度下，当压缩的应变速度是$1.8\times10^{-2}/s$，真应变为0.1时，纯度99.999%铜的动态再结晶就开始，应力迅速下降。在很小的应变范围内进入稳定变形阶段，应力-应变曲线平缓。在含氧0.01%铜中，由于弥散的Cu_2O粒子阻碍晶界运动，使动态再结晶滞后。在Cu-Ni合金中，能观察到更大的差别。加入9.5%Ni后显著减少了动态回复的速度，加工硬化率比前两者都高，达到0.7时，动态再结晶仍未得到充分发展。在奥氏体碳素钢、低合金钢、不锈钢、工具钢以及黄铜、蒙乃尔、镍基高温合金中都发现了动态再结晶，其中合金元素起了延迟动态再结晶、增加强度的作用。在热加工温度较低时，一般不发生动态再结晶，但会使金属的韧性降低。

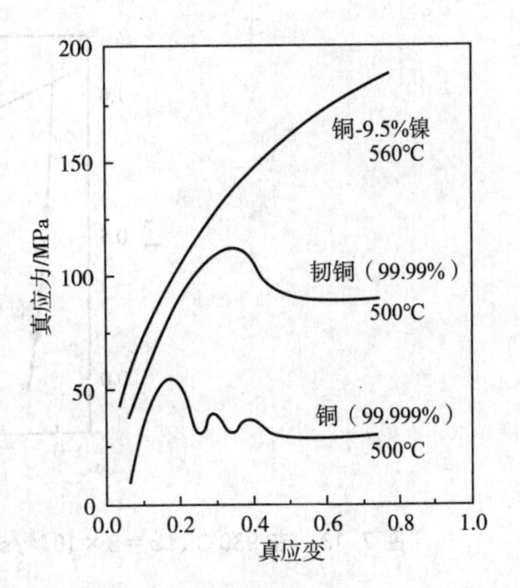

图7.12 三种铜材压缩时的应力-应变曲线

7.4.2 组织软化

在热变形间断期间，或者热变形完成以后，如果金属仍处于较高温度，此时金属将会发生以下三种软化过程：静态回复、静态再结晶和亚动态再结晶，以下分别进行讲述。

金属经热变形后，形成位错胞状结构，使内能增高，金属处于热力学不稳定状态。变形停止后，若变形程度不超过临界变形程度，将会发生静态回复。热变形后的静态回复，受变形温度、变形程度和变形速度的影响。合金元素对热变形后静态回复速度的影响也很明显。固溶合金元素通常能降低堆垛层错能，使位错的攀移、交滑移和脱钉困难，阻止了回复的进行。析出物也能起到稳定亚晶界的作用，同样使回复滞后。在930℃、$\dot{\varepsilon}=8\times10^{-2}/s$、$\varepsilon=25\%$热变形后Nb对低碳钢静态回复速度的影响如图7.13所示。从图7.13可清楚看到，在普通碳钢中加入Nb元素后，静态回复明显滞后。

热变形后，若金属仍处于再结晶温度以上，则将发生静态再结晶，重新形成无畸变的等轴晶。若条件允许，新晶粒可以不断向变形基体长大，直到变形金属完全消失。随着变形温度的增加，开始再结晶的温度增加。如随着变形温度的升高，铝合金开始再结晶温度急剧升高。随着热变形程度的增加，开始再结晶温度降低。热变形速度的增加，会减少再结晶孕育期，并增加其后的再结晶速度。合金元素和杂质原子对晶界迁移具有阻碍作用，能延迟静态再结晶的进行，并细化晶粒。静态再结晶后的新晶粒，释放了旧晶粒全部储存能，大幅度降低金属强度。回复能力较强的金属，静态再结晶过程进行得较慢，易被热变形后的冷却过程控制。回复能力较弱的低层错能金属，能迅速出现静态再结晶。

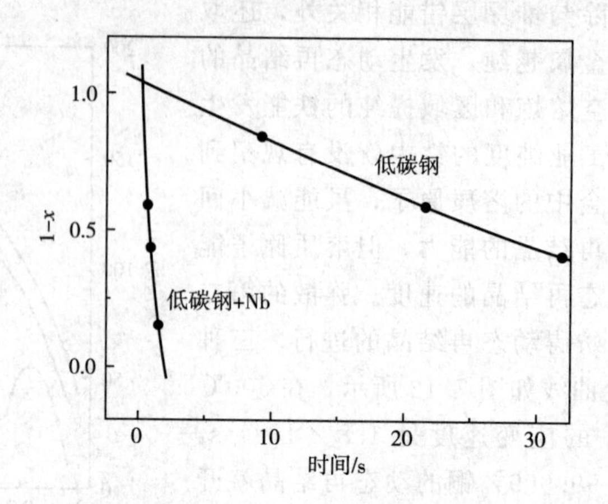

图 7.13 在 930℃、$\dot{\varepsilon}=8\times10^{-2}$/s、$\varepsilon=25\%$ 热变形后 Nb 对低碳钢静态回复速度的影响

在热变形过程中已经形成但尚未长大的动态再结晶晶核，以及长大到中途的再结晶晶粒会被遗留下来。变形停止后，当变形温度足够高时，这些晶核和晶粒还会继续长大，发生软化，这一过程称为亚动态再结晶。这一再结晶过程不需要形核时间，也没有孕育期，所以在变形停止后进行得非常迅速，比传统的静态再结晶要快一个数量级。这一点在实际生产中很重要，如在停止变形以前的材料中已发生了动态再结晶，则必须考虑与亚动态再结晶有关的组织和性能变化。

软化过程随热变形变形速度和变形程度的增加而加快，但变形后的冷却速度会全部或部分地抑制静态软化过程。不能仅把热加工作为一种成形手段，而忽视了热加工组织对产品性能的影响，也要重视热加工对组织与性能改善的作用。人们把合金化、加工工艺、热处理工艺同金属材料的组织和性能紧密地联系起来，开展多方面的综合性的研究，才能发展出一些新的材料强化工艺。

7.4.3 强度和塑性

一般情况下，金属的塑性随着变形温度的升高和变形速度的降低而增高，而变形抗力的变化则与此相反。由图 7.14、图 7.10 可知，在热变形的稳定变形阶段，应力随变形温度的升高而降低，随变形速度的减少而降低。对于动态回复能力较强的金属，由于变形抗力低，晶粒之间的变形协调性好，不易形成裂纹，而表现出比较好的工艺塑性；对于动态回复能力较弱的金属，由于变形抗力高，变形的协调性差，易产生裂纹。尤其在三角晶界处，由于晶界滑动产生应力集中，极易产生裂纹。所以在动态再结晶发生之前，其工艺塑性极低。但发

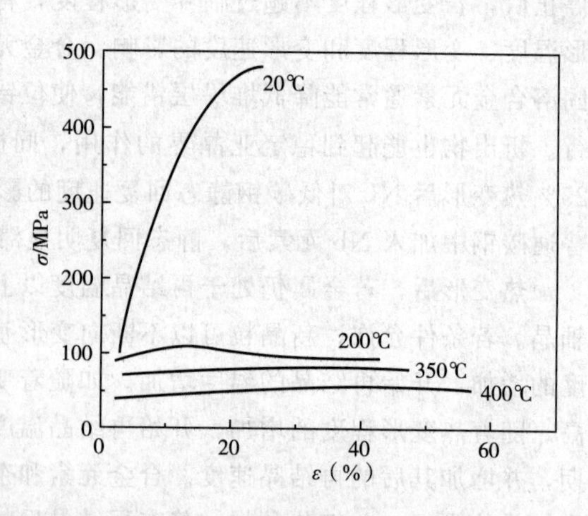

图 7.14 铝合金冷热变形的应力-应变曲线

生动态再结晶软化过程后会阻止裂纹扩展，甚至会使裂纹愈合，使变形抗力明显降低，极大改善塑性。

易发生动态再结晶的材料，常因工艺过程的间断（如多道次轧制时道次之间的间隙时间），引起亚动态再结晶和部分静态再结晶，此时，再结晶首先发生在应变较大的区域。在随后热加工中会使变形抗力降低，塑性提高。在连续变化的热变形温度和变形速度下，会由于热变形金属中亚晶粒大小的变化，而使变形抗力和塑性发生相应改变。变形速度的影响在热加工中也是不容忽视的。当变形速度较高和热效应较小时，若软化过程来不及进行，会引起变形抗力增加和塑性降低。对一些热加工温度范围很窄的金属材料，在高速变形下，由于热效应较大，热量又来不及散失，致使温度过高，则会发生低熔点相或共晶组织的熔化，使塑性与变形抗力均急剧下降，甚至会出现热裂现象，终止变形。在室温下热加工的亚结构对材料强度有明显影响。热变形的动态回复所形成的亚结晶，可经快速冷却后保留到室温。具有这种亚结构的材料，其强度要比退火状态的高。研究者发现，材料的室温强度 σ_{RT} 与热加工亚晶直径 d 具有以下关系：

$$\sigma_{RT}=\sigma_A+Nd^{-p} \tag{7-2}$$

式中，σ_A 是无亚晶界时粗粒材料的屈服强度；N 为常数，表明亚晶界阻力的系数；P 是指数，在铝、工业纯铁、Fe-3%Si、Zr 与 Zr-Sn 合金中，P 大约为 1。通常把亚晶产生的强化称为亚结构强化，某些钢材的控制轧制就与亚结构强化有关。

热变形时的动态再结晶组织可用快速冷却的方法使之保留到室温。这样可以制止和控制亚动态再结晶和静态再结晶的发生。其晶粒的大小可由热变形条件和冷却条件来控制。现以热变形的奥氏体钢（18%Cr+8%Ni）和不发生相变的铁素体钢来举例说明。首先把试样在1200℃中加热 10min，空冷到 1100℃，在该温度下进行一次镦粗变形（平均变形速度 10^2/s）到给定变形程度，冷却到不同温度，而后在水中淬火。在冷却过程中，有多种材料有时间进行再结晶。随着变形程度的增加，再结晶过程进行得越明显。如在变形 50%～70%的奥氏体钢中，只需冷却 15s，一次再结晶就结束。对于 10%～30%的变形，则长于6min。奥氏体钢比铁素体钢受这一影响更明显，铁素体钢再结晶所需时间比奥氏体钢长好几倍。这是因为铁素体钢易出现动态回复，再结晶的驱动力也相应减少。热变形时，发生动态再结晶的金属组织的这一特点，决定了它的性能。材料的室温强度和硬度要比静态再结晶的金属高，比动态回复的金属低。铜和铜合金的室温硬度与再结晶晶粒大小的关系与霍尔-佩奇（Hall-Petch）关系式相符。

铸锭经热加工后，残存的枝晶偏析、第二相和夹杂物，沿主变形方向被拉长或破碎，在显微镜下观察，可见黑白交替的成层状分布的带状组织。如将热变形工件制成宏观组织试样，用肉眼或放大镜观察，就会看到沿制品外形分布的线条，这被称为“加工流线”。尽管在热加工中会发生动态或静态回复与再结晶，也不会改变这种分布状态。这种组织状态的存在，会使材料出现各向异性。顺着流线方向的强度和塑性比垂直流线方向高。如热轧钢板在垂直流线方向上的延伸率、断面收缩率、冲击韧性值明显下降。为充分发挥材料顺流线方向具有较高性能的特点，在制定热加工工艺和设计工具模具时，要保证制品中流线有合理的正确分布。尽量使流线与制品工作时所受最大拉应力方向一致，而与外加剪应力或冲击力方向垂直。

思考题：

1. 材料的力学性能是指材料表现出来的变形、破坏等方面的特征。使用应力-应变曲线分析低碳钢、铸铁和木材三种材料在拉伸和压缩时的力学性能。

2. 绘图说明单滑移、多滑移和交滑移的区别及发生条件。

3. 发生孪生变形的条件是什么？

4. 当金属的变形温度较低时，起控制作用的变形机制主要是滑移和孪生。随变形温度的提高，其他变形机制就显得越来越重要了，并且在一定条件下，对材料的变形起着支配作用。其他变形机制还有哪些？

5. 工程上使用的绝大多数金属材料是由多个晶粒组成的多晶体，多晶体的塑性变形与单晶体无本质差别，但变形的过程比较复杂，请说明多晶体金属材料的变形特点。

6. 固溶体合金是工业上常使用的材料，它在塑性变形时有何特点。

7. 塑性变形会对金属的组织和性能产生影响，请分别对加工硬化和织构现象的产生原理进行分析。

8. 分别对金属材料的韧性断裂和脆性断裂过程进行分析。

9. 高分子材料的应力-应变曲线与金属材料有何区别？

10. 陶瓷材料的脆性大，在常温下基本不出现或极少出现塑性变形的主要原因在于陶瓷材料具有非常少的滑移系统，以 NaCl 型晶体为例分析单晶陶瓷材料的塑性变形特点。

第8章
固态相变

相变是指在外界条件发生变化的过程中，物相于某一特定的条件下或临界值时发生突变。狭义的相变仅限于同组成的两固相之间的结构转变，这时相变是物理过程，不涉及化学反应，这一过程也称固态相变。钢的热处理正是根据固态相变而发展起来的。掌握了固态相变的基本规律，就可以通过适当的热处理改变金属的结构与组织，从而达到改善金属力学性能的目的。从事金属材料生产、加工、使用和研究的工作者，需掌握固态相变的一些基本规律。本章在阐述相变的一般基本规律的基础上，以钢为例重点介绍几种固态相变。

8.1 固态相变的特点

固态相变与液态相变（结晶）相比，有一些规律是相同的。相变的驱动力都是新旧（母）两相之间的自由能差，相变都包含形核和长大两个基本过程。固态相变的特殊性主要在于母相为固态，固态晶体具有确定的形状、较高的切变强度，内部原子按点阵规律排列，但也存在着结构缺陷。固态相变就是以这样的晶体作为母相，与液态相变相比有其新的特点。

8.1.1 应变能的影响

与液态相变一样，固态相变的驱动力也是新旧两相之间的自由能差，差值越大，越有利于相变的进行。主要有以下两个方面影响固态相变阻力，一是新旧相间由于相界面而引起的界面自由能升高，二是新旧两相体积不同，母相转变为新相时可能会产生体积变化，或由于新旧两相界面不匹配而引起弹性畸变。因此，新相必然要受到母相的约束，不能自由膨胀（收缩）而产生应变，这会导致应变能（又称弹性能）的额外增加。固态相变阻力的第一个影响因素与结晶过程相似，而后一个影响因素在固态相变中起着很重要的作用，会影响到相变的整个过程。

一切自发过程总是由高吉布斯自由能状态向吉布斯自由能最小的状态转变，吉布斯自由能可表示为$G=H-TS$，结晶时系统自由能的变化为：

$$\Delta G=V\Delta G_V+S\sigma+V\omega \tag{8-1}$$

式中，V 为母相中形成新相的总体积；ΔG_V 为单位体积吉布斯自由能差；S 为新旧相界面的总面积；σ 为单位界面能；ω 为相变所引起的单位体积的应变能，其大小与弹性模量及应变平方的乘积成正比。为便于说明问题，假设新生相为球体，其半径为 r，则由式(8-1) 可得：

$$\Delta G=\frac{4}{3}\pi r^3\Delta G_V+4\pi r^2\sigma+\frac{4}{3}\pi r^3\omega=\frac{4}{3}\pi r^3(\Delta G_V+\omega)+4\pi r^2\sigma \tag{8-2}$$

与金属的凝固过程相比，若其他条件相同，应变能的存在使由体积引起的自由能下降受到了削弱，即使相变的驱动力削弱一部分。只有相应地增大过冷度，使新旧相间的自由能差 ΔG_V 的绝对值进一步增大，才有可能使相变起动起来。由式（8-2）可以求出新相的临界晶核半径 r_c 为：

$$r_c=\frac{-3\sigma}{\Delta G_V+\omega} \tag{8-3}$$

当 ΔG_V 一定时，固态相变比液态结晶困难，要求的过冷度更大。此外，进行固态相变时原子的扩散也更困难，如固态金属中原子的扩散速度约为 $10^{-8}\sim10^{-7}$ cm/d，而液态金属原子的扩散速度可达 10^{-7} cm/s，两者之间要相差几个数量级。固态相变比液态结晶的阻力大，主要原因：一是多出一项应变能，二是扩散较困难。同时不同的固态相变也会有差异，有的差异还很大，这除了是由于 ΔG_V 值不同外，应变能、扩散激活能和扩散系数的差异也是主要因素。在应变能中，应变的作用是以平方关系出现的，差异性更明显。在固态相变中，应变能的大小主要取决于新旧相间的体积差。新旧两相化学成分不同的固态相变中，相变必须通过某些组元的扩散才能进行，在这种情况下，扩散速度对固态相变起着重要作用。

8.1.2 界面位向的影响

固态相变时，新相与母相的界面为两种晶体的界面。界面上两相原子的排列匹配得越好，界面的能量就会越低。所以，固态相变时，特别是在形核阶段，最易出现匹配关系很好的界面。新相与母相界面上原子排列宜保持一定匹配的根本原因就在于它有利于相变阻力的降低。

在 2.6.3.4 节中已介绍固态相变产生的相界面可分共格界面、半共格界面和非共格界面(图 2.28)。实际上，两相点阵总有一定的差别，其中非共格界面具有最高的界面能，半共格界面具有的界面能次之，而共格界面就有最低的界面能。值得指出的是，界面结构不同，对新相的形核、生长过程以及相变后的组织形态等都将产生很大影响。

固态相变时，为降低新相与母相两相之间的界面能，两种晶体之间常有一定的取向关系。如已证实，纯铁进行同素异构转变（γ-Fe $\longrightarrow$ α-Fe）时，新相 α-Fe 与母相 γ-Fe 就存在 $\{110\}_\alpha//\{111\}_\gamma$，$<111>_\alpha//<110>_\gamma$ 的晶体学位向关系。这说明，在形核过程中，新相 α 的晶体学取向即被母相 γ 的取向所制约着，它不像液态结晶过程的形核，晶核可以是任意取向的。两种晶体之间具有的这种位向关系中的晶面和晶向，常为它们各自原子排列较为密集的低指数晶面和晶向，有的就是密排面和密排方向。上述 γ-Fe $\longrightarrow$ α-Fe 转变，位向关系中的晶面和晶向就分别是两种晶体的密排面和密排方向，这是上述两种结构中相互间最相似的晶面和晶向，这样的晶面和晶向相互平行，具有最低的界面能。一般来说，当两相的界面为共格或半共格界面时，新相和母相之间必然有一定的位向关系，如两相之间没有确定的取向关系，则界面肯定是非共格界面。

8.1.3　惯习面的影响

固态相变时，新相会以特定的晶向在母相的特定晶面上形成，这一晶面称为惯习面，而晶向则称为惯习方向，这种现象叫做惯习现象。通常惯习面和惯习方向就是上述取向关系中母相的晶面和晶向。

固态相变时的惯习现象是形核的取向关系在成长过程中的一种特殊反应。固态相变时存在界面能与应变能，在界面能随接触界面或晶体取向不同而变化的条件下，应该使该界面能最低的相界面得到充分发展，这有利于减小相变阻力。在应变能随新相成长方向而发生变化时，应沿着应变能最小的方向成长，这样有利于减小相变阻力，由此可见降低界面能和应变能以减小相变阻力是惯习现象出现的根本原因。值得指出的是，形核的取向关系和成长的惯习现象是两个完全不同的概念。前者完全是指两种晶体之间的晶体学位向关系，即新相和母相某些晶面、晶向的对应平行关系，而后者主要是指新相优先发展时所取的母相的位向，用母相的晶面、晶向指数表示。

8.1.4　晶体缺陷和过渡相

固态金属中存在各种晶体缺陷，进行固态相变时，这些缺陷会对相变有明显的促进作用。新相晶核往往优先在这些缺陷处形成，这是由于在缺陷周围有晶格畸变时的自由能较高，此处形成同样大小晶核的驱动力更大，容易在这些区域首先形核。在实际结晶过程中也发现母相中的晶粒越细，晶界越多，晶内缺陷越多，形核率越高，转变速度越快。

固态相变的另一特征是易出现过渡相。过渡相是一种亚稳相，其成分和结构介于新相和母相之间。因固态相变阻力大，原子扩散困难，特别是当转变温度较低，新、旧相成分相差较大时，难以形成稳定相。过渡相是为克服相变阻力而形成的一种协调性中间转变产物。通常先在母相中形成成分与母相相近的过渡相，然后在一定条件下由过渡相逐渐转变为自由能最低的稳定相。相变过程一般可写成母相⟶较不稳定过渡相⟶较稳定过渡相⟶稳定相，固态相变过程受控于力求尽可能降低自由能，又沿着阻力最小、做功最少的途径进行。

8.2　固态相变的类型

固态相变的类型很多，按照固态相变时所表现出的变化特点对其进行分类。如按热力学分类方式，可根据相变前后热力学函数的变化将相变分为一级相变和二级相变；按相变时能否获得复合状态图的平衡组织进行分类，可将相变分为平衡转变和不平衡转变；按相变过程中形核与长大的特点，可将固态相变分为扩散型相变、半扩散型相变和非扩散型相变。还有其他一些分类方式，如按成分、结构变化情况分类，按形核特点分类，按生长方式分类等。表 8.1 列出了常见的固态相变及其特征。

表 8.1 常见的固态相变及其特征

固态相变	相变特征
纯金属的同素异构转变	温度或压力改变时，由一种晶体结构转变为另一种晶体结构，是重新形核和生长的过程。如 α-Fe$\rightleftharpoons$$\gamma$-Fe，$\alpha$-Co$\rightleftharpoons$$\beta$-Co

续表

固态相变	相变特征
固溶体中多形态转变	类似于同素异构转变，如 Fe-Ni 合金中 $\gamma \rightleftharpoons \alpha$，Ti-Zr 合金中 $\beta \rightleftharpoons \alpha$
脱溶转变	过饱和固溶体的脱溶分解，析出亚稳定或稳定的第二相
共析转变	一相经过共析分解成结构不同的两相，如 Fe-C 合金中 $\gamma \longrightarrow \alpha + Fe_3C$，共析组织呈片层状
包析转变	不同结构的两相，包析转变为另一相，如 Ag-Al 合金中 $\alpha + \beta \longrightarrow \gamma$，转变一般不能进行到底，组织中有 α 相残余
马氏体转变	相变时，新、旧相成分不发生变化，原子只作有规则的切变而不进行扩散，新、旧相之间保持严格的位向关系，为共格形式，在磨光表面上可看到浮凸效应
块状转变	金属或合金发生晶体结构改变时，新、旧相的成分不变，相变具有形核和生长特点，只进行少量扩散，其生长速度很快，借非共格界面的迁移而生成不规则的块状结晶产物，如纯铁、低碳钢、Cu-A1、Cu-Ca 合金等有这种转变
贝氏体转变	兼具马氏体转变及扩散型相变的特点，产物成分改变，钢中贝氏体转变通常认为是铁原子的共格切变和碳原子的扩散
调幅分解	为非形核分解过程，固溶体分解成晶体结构相同但成分不同（在一定范围内连续变化）的两相
有序化转变	合金元素原子从无规则排列到有规则排列，但结构不发生变化

按相变过程中形核与长大的特点，固态相变可分为扩散型相变、非扩散型相变和半扩散型相变，下面简要介绍。

(1) 扩散型相变

在这类相变过程中，新相的形核和长大主要依靠原子进行长距离的扩散，或者说，相变是依靠相界面的扩散移动而进行。扩散是这类相变中起控制作用的重要因素。表 8.1 所列的固态相变中，如固溶体中多形态转变、脱溶转变、共析转变、包析转变、调幅分解和有序化转变等都属于这一类。此时的相界面为非共格界面。

(2) 非扩散型相变

在这类相变过程中，新相的形成不是通过扩散，而是通过类似塑性变形的滑移和孪生，产生切变和转动进行，非扩散型相变也称切变型相变。在相变过程中，旧相中的原子有规则、协调一致地移到新相中，形成共格界面，转变前后各原子间的相邻关系和化学成分都不会发生变化。这类相变最早是在钢中的马氏体中被发现，称为马氏体转变。在低温下进行的纯金属（如锆、钛、锂、钴）的同素异构转变也属此类。

(3) 半扩散型相变

这类相变是介于扩散型相变和非扩散型相变之间的一种过渡型相变。钢中的贝氏体转变就属于这种类型的转变，铁素体晶格改组是按照切变方式进行的，同时在相变过程中还伴有碳原子的扩散。块状转变也属此类。

8.3 固态相变的形核

绝大多数固态相变（除调幅分解外）都是通过形核与长大过程完成。形核过程往往是在母相基体的某些微小区域内形成新相所必需的成分与结构，称为核胚，若这种核胚的进一步生长能使系统的自由能降低，即成为新相的晶核。

8.3.1 均匀形核

若晶核在母相基体中无择优地任意均匀分布，称为均匀形核，若晶核在母相基体中某些区域择优地不均匀分布，则称为非均匀形核。由于母相中会有缺陷，这些缺陷又分布不均匀，所以有的能量高低也不一样，这就给非均匀形核创造了条件。因此，固态相变中均匀形核的可能性很小。之所以讨论均匀形核，是因为均匀形核比较简单，而由此所导出的结果完全可以作为进一步讨论非均匀形核的基础。

式（8-1）～式（8-3）给出的是固态相变按均匀形核时的系统自由能变化，以及由此导出的临界晶核半径的数学表达式。与液态金属结晶相比，固态相变时的阻力增加了一项应变能。正是应变能的存在，不仅使相变时的临界晶核半径 r_c 增大、临界晶核形成功 ΔG_c 增大，而且固态相变的均匀形核率 N 显著减小。固态相变的均匀形核率的表达式如下：

$$N = K\mathrm{e}^{-[\Delta G_c/(KT)]}\mathrm{e}^{-Q/(KT)} \tag{8-4}$$

式中，K 为比例系数，$\mathrm{e}^{-[\Delta G_c/(KT)]}$ 为形核功所控制的概率因子，$\mathrm{e}^{-Q/(KT)}$ 为扩散激活能所控制的概率因子。固态金属中的 Q 值较大，固态相变时的 ΔG_c 值也较高，可见与液态金属的结晶过程相比，固态相变的均匀形核率也要小得多。

8.3.2 非均匀形核

固态相变主要依靠非均匀形核。此时，晶核在母相的晶体缺陷处形成，系统自由能的总变化为：

$$\Delta G = V\Delta G_V + S\sigma + V\omega - \Delta G_d \tag{8-5}$$

与式（8-1）相比，式（8-5）多出 ΔG_d 项，这是非均匀形核时由于晶体缺陷消失或被破坏而释放出的能量。$V\Delta G_V - \Delta G_d$ 是相变驱动力（$V\Delta G_V$ 为负值），使临界形核功降低，显著促进了形核过程。

8.3.3 影响因素

下面介绍晶体中形核的影响因素。

（1）空位

空位可通过加速扩散过程或释放自身能量提供形核驱动力而促进形核。此外，空位群也可凝聚成位错而促进形核。空位对形核的促进作用已为很多实验所证实。在过饱和固溶体脱溶分解的情况下，当固溶体从高温快速冷却下来与溶质原子被过饱和地保留在固溶体内的同时，大量的过饱和空位也被保留下来。它们一方面促进溶质原子扩散，同时又作为沉淀相的形核位置而促进非均匀形核，使沉淀相弥散分布于整个基体中。

（2）位错

位错可通过多种形式促进形核：①新相在位错线上形核，可借助于形核位置处位错线消失时所释放出来的能量作相变驱动力，以降低形核功；②新相形核位错不消失，而是依附在新相界面上，成为半共格界面中的位错部分，补偿了错配，因而降低了界面能，故使形核功降低；③溶质原子在位错线上偏聚（形成柯氏气团），使溶质含量增高，便于满足新相形成时所需的成分条件，使新相晶核易于形成；④位错线可作为扩散的短路通道，降低扩散激活能，从而加速形核过程；⑤位错可分解形成由两个分位错与其间的层错组成的扩展位错，使其层错部分作为新相的核胚而有利于形核。据估算，当相变驱动力很小，而新、旧相之间的界面能约为 $2\times10^{-5}J/cm^2$ 时，均匀形核的形核率仅为 $10^{-70}/(cm^3\cdot s)$，如果位错密度为 $10^8/cm^2$，则由位错促成的形核率可高达约 $10^8/(cm^3\cdot s)$。可见，当晶体中存在较高的位错密度时，可显著促进固态相变过程中的均匀形核。

(3) 晶界

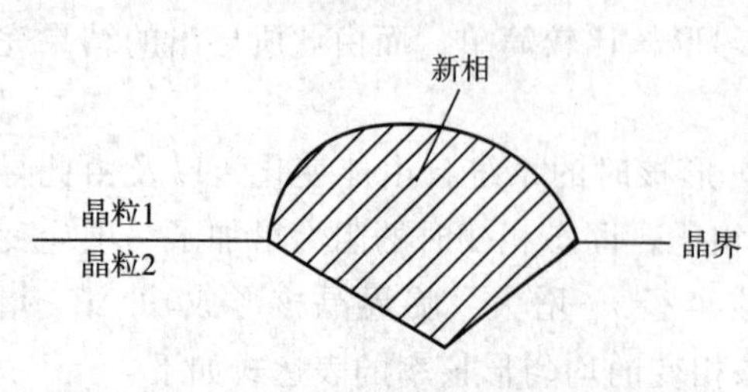

图 8.1 晶界形核时晶核的形状

大角晶界具有高的界面能，在晶界形核时可使界面能释放出来作为相变驱动力，以降低形核功。因此，固态相变时晶界往往是形核的重要位置。晶界形核时，新相与母相的某一个晶粒有可能形成共格或半共格界面，以降低界面能，减少形核功。这时共格的一侧往往呈平直界面，新相与母相间具有一定的取向关系。但大角晶界两侧的晶粒通常无对称关系，故晶核一般不可能同时与两侧晶粒都保持共格关系，而是一侧为共格，另一侧为非共格。为了降低界面能，非共格一侧往往呈球冠形，如图 8.1 所示。

8.4 晶粒的生长

新相形核后，便开始晶核的长大过程。新相晶核的长大，实质上是新、旧相界面向旧相方向迁移的过程。因固态相变类型和晶核界面的不同，晶核长大机制也不一样。

8.4.1 长大机制

有些固态相变，如共析转变、脱溶转变、贝氏体转变等，由于其新相和旧相的成分不同，新相晶核的长大必须要依赖于溶质原子在旧相中作长程扩散，使相界面附近的成分符合新相的要求，此时新相晶核才能长大；有些固态相变，如同素异构转变、块状转变、马氏体转变等，新旧相成分相同，界面附近的原子只需作短程扩散，甚至完全不需要扩散就可使新相晶核长大。

新相晶核的长大机制还与晶核的界面结构有关，具有共格、半共格或非共格界面的晶核，长大机制也各不相同。在实际合金中，新相晶核的界面结构出现完全共格的情况极少，即使新相与旧相的原子在界面上匹配良好，相界面上也难免存在一定数量的夹杂微粒，故通常所见到的大部分都是半共格和非共格两种界面，下面分别讨论这两种界面的迁移机制。

(1) 半共格界面的迁移

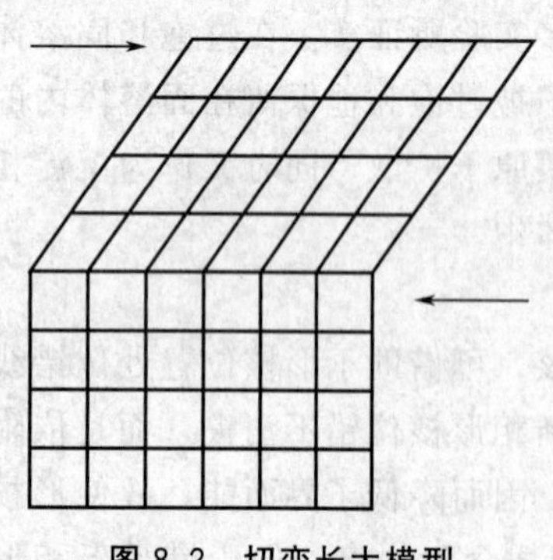
图 8.2 切变长大模型

新、旧相为半共格界面时，新相有切变式长大和台阶式长大两种机制。马氏体转变时，其晶核的长大是以切变的方式来完成的，这一过程如图 8.2 所示。它是通过半共格界面上靠近母相一侧的原子，以切变的方式有规则地沿某一方向作小于一个原子间距的迁移来实现长大。切变迁移后结构发生了改变，但各原子间原有的相邻关系仍保持不变，这种长大过程也称协同型长大。由于相变中原子的迁移都小于一个原子间距，也称为非扩散型相变。

实验证明，魏氏组织中的铁素体是通过半共格界面上界面位错的运动，界面作法向迁移而实现长大的。显然，半共格界面上存在着的位错随界面的移动，使界面迁移到新的位置而无须增添新的位错，这从能量上讲，对长大过程有利。此时界面的可能结构如图 8.3 所示。图 8.3（a）为平界面，即界面位错处于同一平面上，其刃型位错的柏氏矢量 $\boldsymbol{b}$ 平行于界面。在这种情况下，若界面沿法线方向迁移，这些界面位错要通过攀移才能随界面移动，这在无外力作用或无足够高的温度时难以实现。但若处于如图 8.3（b）所示的阶梯界面时，其界面位错分布于各个阶梯状界面上，这就相当于刃型位错的柏氏矢量 $\boldsymbol{b}$ 不在界面方向，而是与界面呈一定角度。这样，位错的滑移运动就可使台阶发生侧向迁移，从而造成界面沿其法向推进，如图 8.4 所示，这种晶核长大的方式称为台阶式长大。

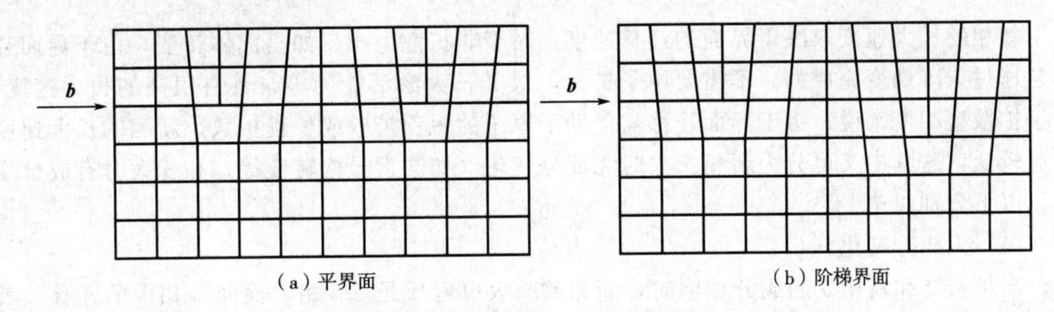

图 8.3　半共格界面的可能结构

（2）非共格界面的迁移

当晶核与母相间呈非共格界面时，界面原子排列紊乱，形成一无规则排列的过渡薄层，界面结构如图 8.5（a）所示。在这种界面上，原子不会协同移动，移动时并无一定的先后顺序，相对位移距离也不等，相邻关系也可能变化。随母相原子不断地

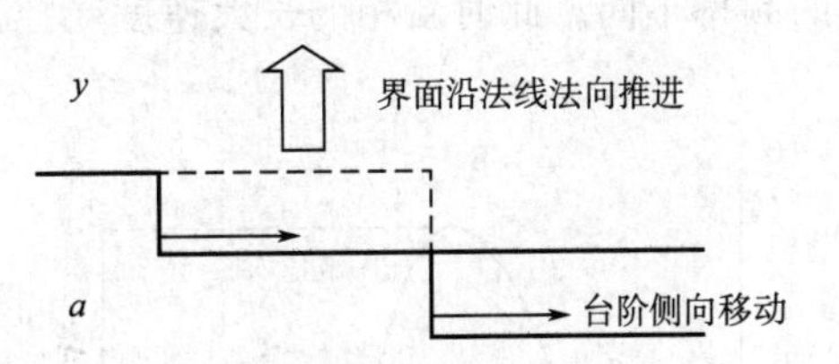

图 8.4　晶核按台阶式长大的示意图

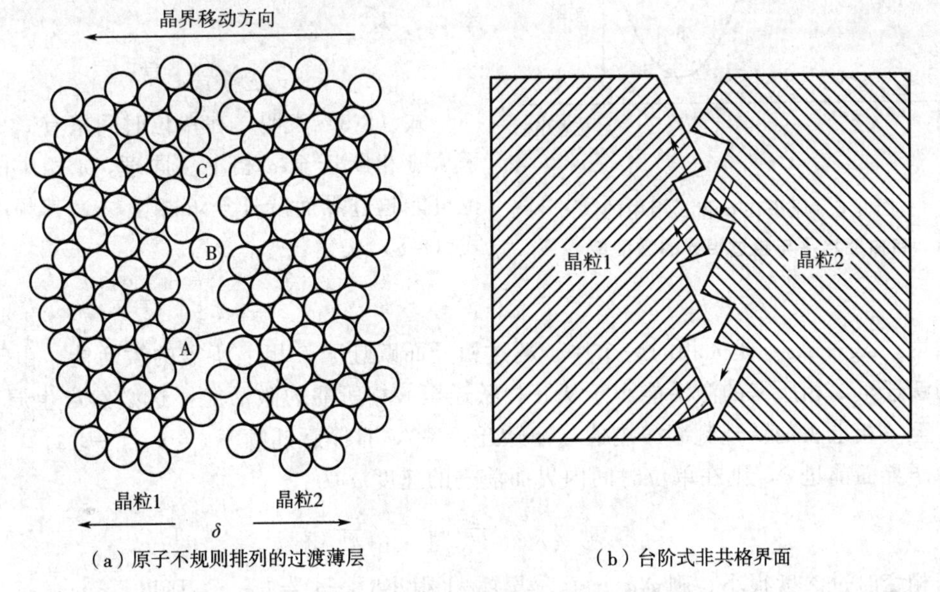

图 8.5　非共格界面的可能结构

以非协同方式向新相中转移，界面沿其法向推进，新相逐渐长大。也有的研究认为，非共格界面可能呈台阶状结构，如图 8.5（b）所示。这种台阶平面是原子排列最密的晶面，台阶高度约为一个原子高度，通过原子从母相台阶端部向新相台阶上转移，使新相台阶发生侧向移动，使界面推进新相长大。由于这种非共格界面的迁移通过界面扩散进行，与新相和母相的成分无关，这种相变也称为扩散型相变。

对于半扩散型相变，如钢中贝氏体转变，既具有扩散型相变特征，又具有非扩散型相变特征。也可以说，既符合半共格界面的迁移机制，又具有溶质原子的扩散行为。

8.4.2 长大速度

新相的长大速度取决于界面的迁移速度。对于非扩散型相变如马氏体转变，由于界面迁移是通过点阵切变完成的，不需要原子扩散，故其长大激活能为零，具有很高的长大速度。对于扩散型相变来说，由于界面迁移需借助于原子的短程扩散或长程扩散，新相的长大速度相对较低，这其中又可分为新相长大时无成分变化（如同素异构转变等）和长大时有成分变化，以下分别讨论。

（1）无成分变化

当母相 β 和新相 α 的成分相同时，新相的长大可看成是 α-β 相界面向母相中的迁移，其实是相界面附近两相原子通过短程扩散相互越过相界面跃迁到另一相，只是原子在两相跃迁的频率不同。此时新相的长大速度受控于界面扩散。

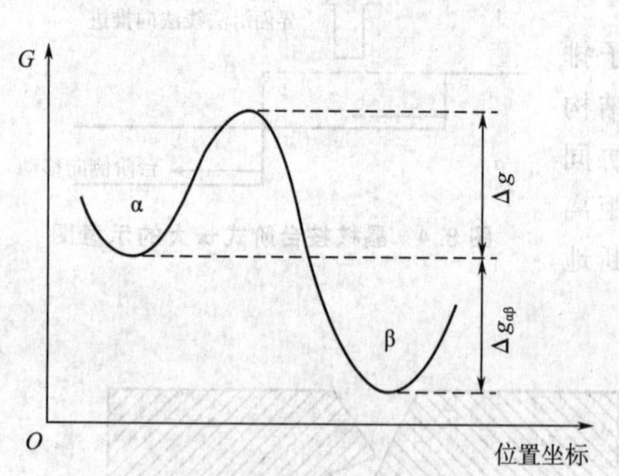

图 8.6 原子在 α 和 β 相中的自由能水平与越过相界的激活能

图 8.6 为原子在两相中的自由能和越过相界的激活能 Δg，Δg 为 β 相的一个原子跃迁到 α 相上所需的激活能，$\Delta g_{\alpha\beta}$ 为与 β 相间的自由能差。β 相原子中具有 Δg 激活能的概率应为 $\exp[-\Delta g/(KT)]$，若原子振动的频率为 ν_0，则 β 相的原子能够越过相界到 α 相上的频率 $\nu_{\beta\to\alpha}$ 为：

$$\nu_{\beta\to\alpha}=\nu_0 e^{\left(\frac{-\Delta g}{KT}\right)} \tag{8-6}$$

式（8-6）表明，在单位时间里有 $\nu_{\beta\to\alpha}$ 个原子从 β 相跃迁至 α 相上。同理，α 相中的原子也可能越过界面跃迁至 β 相上去，其频率可用式（8-8）表达：

$$\nu_{\alpha\to\beta}=\nu_0 e^{\left[\frac{-(\Delta g+\Delta g_{\alpha\beta})}{KT}\right]} \tag{8-7}$$

式中，$\Delta g+\Delta g_{\alpha\beta}$ 是 α 相的一个原子越过相界面跃迁至 β 相上所需的激活能。由于原子从 β 相跃迁至 α 相所需的激活能小于从 α 相跃迁至 β 相所需的激活能，这必然产生原子从 β 相跃迁至 α 相上去的跃迁频率净剩值（净跃迁频率），且净跃迁频率 $\nu=\nu_{\beta\to\alpha}-\nu_{\alpha\to\beta}$。若生长一层原子界面前进 δ，则在单位时间内界面前进的速度 u 为：

$$u=\delta\nu=\delta\nu_0 e^{\left(\frac{-\Delta g}{KT}\right)}\left[1-e^{\left(\frac{-\Delta g_{\alpha\beta}}{KT}\right)}\right] \tag{8-8}$$

若相变时过冷度很小，则 $\Delta g_{\alpha\beta}\to 0$。当 $|x|$ 很小时，$e^x=1+x$，所以：

$$\mathrm{e}^{\left(\frac{-\Delta g_{\alpha\beta}}{KT}\right)} \approx 1-\frac{\Delta g_{\alpha\beta}}{KT} \tag{8-9}$$

将式（8-9）代入式（8-8），则：

$$u=\frac{\delta\nu_0\Delta g_{\alpha\beta}}{KT}\mathrm{e}^{\left(\frac{-\Delta g}{KT}\right)} \tag{8-10}$$

由式（8-10）可知，当过冷度很小时，新相长大速度与新、旧相间自由能差（即相变驱动力）成正比。但实际上两相间自由能差是过冷度或温度的函数，故新相长大速度随温度降低而增大。当过冷度很大时，$\Delta g_{\alpha\beta} \gg KT$，使 $\mathrm{e}^{\left(\frac{-\Delta g_{\alpha\beta}}{KT}\right)} \longrightarrow 0$，则式（8-8）可简化为：

$$u=\delta\nu_0\mathrm{e}^{\left(\frac{-\Delta g}{KT}\right)} \tag{8-11}$$

由式（8-11）可知，当过冷度很大时，新相长大速度随温度降低呈指数减小。

综上所述，在整个相变温度范围内，新相长大速度随温度降低呈现先增后减的规律，如图 8.7 所示。

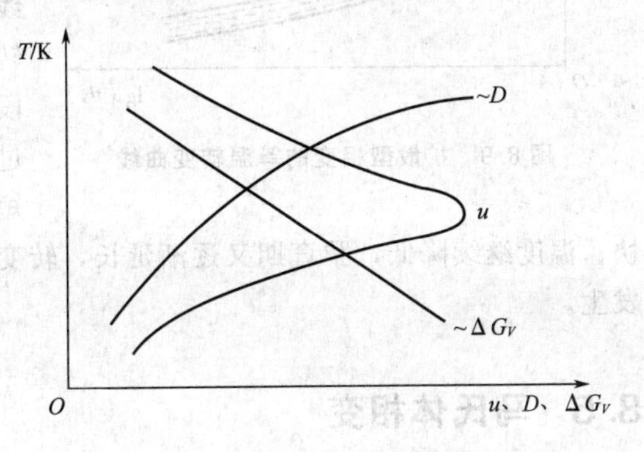

图 8.7 相长大速度与温度的关系

(2) 有成分变化

当新相与母相的成分不同时，新相中溶质原子的浓度 C_α 比母相 β 的浓度 C_∞ 高或低。新相形成时，与新相 α 相平衡的母相界面处的浓度 C_β 均不等于 C_∞，如图 8.8 所示。此时由于母相内产生了浓度差，出现母相内的扩散，结果会使浓度差降低，C_∞ 与 C_β 的差值减小。这又破坏了 α 与 β 相界面处的浓度平衡，为了维持相界面上各相的平衡浓度，新相需长大。图 8.8（a）中新相含溶质的浓度较低，它的长大使界面处 β 相的浓度升高，新相长大过程需要溶质原子由相界扩散到母相一侧远离相界的地区。图 8.8（b）中新相的长大使界面处 β 相的浓度降低，或由母相一侧远离相界的地区扩散到相界处。此时相界的迁移速度 $\frac{\mathrm{d}x}{\mathrm{d}t}$ 即新相的长大速度由溶质原子的扩散速度控制，满足以下关系：

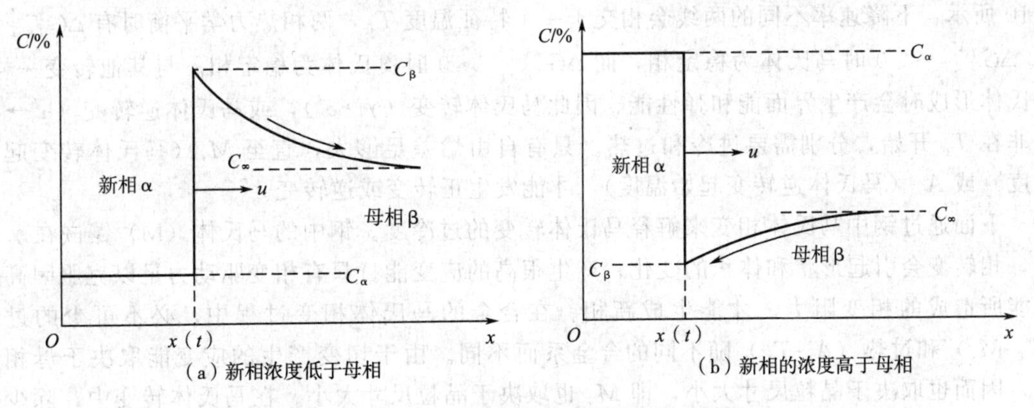

图 8.8 相长生长过程中溶质原子的浓度分布

$$u=\frac{dx}{dt}=[\frac{D}{C_\beta-C_\alpha}]\frac{\partial C_\beta}{\partial x} \tag{8-12}$$

式（8-12）表明，新相的长大速度与扩散系数和界面附近母相中浓度梯度成正比，而与两相在界面上的平衡浓度之差成反比。

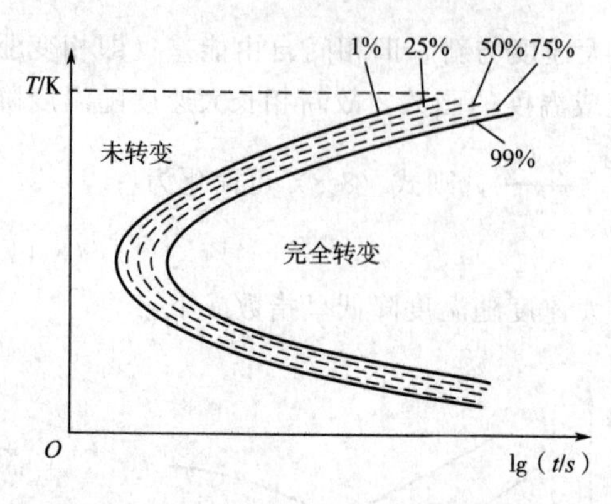

图 8.9　扩散型相变的等温转变曲线

固态相变的形核率和晶核长大速度都是温度的函数，而固态相变的速度又是形核率和晶核长大速度的函数，因此，固态相变的速度必然与过冷度或转变温度密切相关。在实际工作中，人们通常是测出不同温度下从转变开始到结束，以及到不同转变量所需的时间，制成温度-时间-转变量曲线，称为等温转变曲线，简写为 TTT 曲线，如图 8.9 所示。这是扩散型相变典型的等温转变曲线，转变的开始阶段取决于形核，需要一段孕育期，当转变温度高时，形核孕育期和转变过程都长；随温度降低，转变加速，孕育期缩短，达到某一温度时孕育期最短，转变速度最快；温度继续降低，孕育期又逐渐延长，转变过程持续的时间增加；温度很低时，转变不能发生。

8.5　马氏体相变

马氏体（Martensite）最早用于命名碳钢在淬火过程中得到的高硬度产物相。钢中的马氏体具有独特的显微结构，形成过程也比较特殊。研究发现许多超导体、铜基合金、氧化锆聚合物和生物材料中的相变都具有与钢中马氏体转变相同的机制，把由马氏体转变得到的生成相统称为马氏体。

8.5.1　热力学条件

从合金热力学可知，成分相同的奥氏体与马氏体的 G 均随温度的升高而下降。如图 8.10 所示，下降速率不同的两线会相交于一个特征温度 T_0，两相热力学平衡时有 $\Delta G_{T=T_0}^{\gamma\to\alpha'}=0$ 。$\Delta G_{T<T_0}^{\gamma\to\alpha'}<0$ 时马氏体为稳定相，而 $\Delta G_{T>T_0}^{\gamma\to\alpha'}>0$ 时奥氏体为稳定相。与其他转变一样，马氏体形成时会产生界面能和弹性能。因此马氏体转变（$\gamma\to\alpha'$），或马氏体逆转变（$\alpha'\to\gamma$）并非在 T_0 开始，分别需要过冷和过热。只有自由焓差足够大，直至 M_s（马氏体转变起始温度）或 A_s（马氏体逆转变起始温度），才能发生正转变或逆转变。

下面通过钢中马氏体相变来解释马氏体转变的过冷度。钢中的马氏体（M）镶嵌在 γ 相中，相转变会引起形状和体积的变化，产生很高的应变能。只有相变驱动力足以克服因高应变能所造成的相变阻力，才能生成新相。在合金的马氏体相变过程中，必不可少的过冷（T_0-M_s）和过热（A_s-T_0）随不同的合金系而不同。由于切变产生的应变能取决于母相强度，因而也取决于晶粒尺寸大小，即 M_s 也取决于晶粒尺寸大小。在马氏体转变中，除少数合金发生等温转变外，大部分合金是降温转变。即当被过冷到 M_s 以下的温度时，每一个温度下的转变量是一定的，为使转变继续进行，必须不断降低温度以增大相变驱动力。当母相

被过冷到 M_f（马氏体转变终止温度）以下时，虽然还有未转变的残余母相，即使继续降低温度，转变也不再进行。M_f 也随母相成分而异。图 8.11 为 Fe-C 合金中碳含量对 M_s 的影响示意图，图 8.11 中可见 M_s 和 M_f 随奥氏体碳含量的增加而下降。

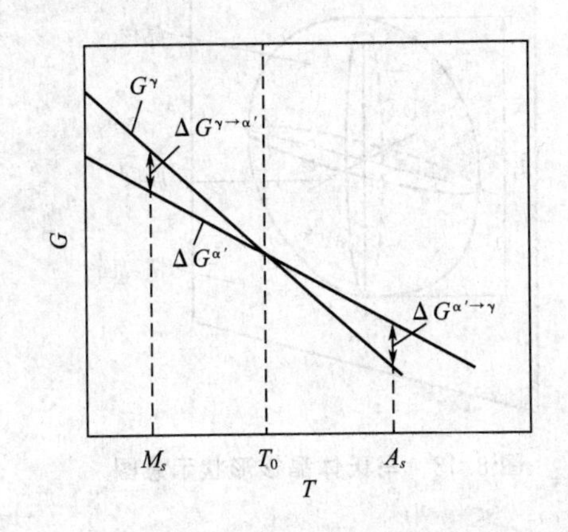

图 8.10　马氏体和奥氏体的自由焓与温度关系

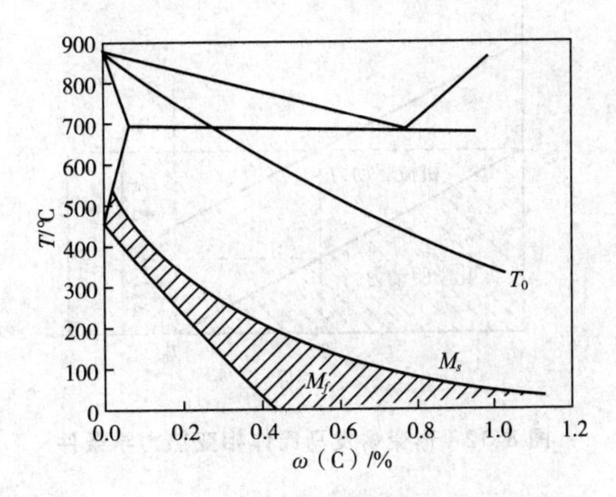

图 8.11　Fe-C 合金中碳含量对 M_s 点的影响

图 8.11 也表明奥氏体在 T_0 和 M_S 之间不会转变为马氏体，但如对奥氏体施加外力，奥氏体在发生塑性变形的同时转变为马氏体，称为形变马氏体。马氏体转变量与形变温度有关，温度越高形变诱发马氏体量越少，高于某一温度时形变不再诱发马氏体转变，该温度称为形变诱发马氏体转变温度。塑性变形同样也能使逆转变在 T_0 与 A_s 之间发生，同样也存在形变诱发奥氏体转变温度 A_d。显然，按马氏体转变热力学条件 M_d 的上限为 T_0，而 A_d 的下限为 T_0。A_f 为马氏体逆转变终止温度，通常可近似认为：

$$T_0=\frac{A_s-M_s}{2}=\frac{A_f-M_f}{2} \tag{8-13}$$

形变能够诱发马氏体转变的原因可用图 8.12 说明，图中 $\Delta G^{\gamma\to\alpha'}$ 为 M_s 温度的临界化学驱动力，影线区表示化学驱动力随温度的变化。而形变为相变所提供的能量为机械驱动力，图 8.12 中 G_d 代表在化学驱动力上叠加的那部分驱动力。在 T_1 温度时，化学驱动力如为 ΔG_2，而形变所提供的机械驱动力叠加之后 $\Delta G_2+\Delta G_1$ 恰好等于 $\Delta G^{\gamma\to\alpha}$，即能发生马氏体转变。$\Delta G_1$ 取决于机械驱动力的大小和塑性变形的方式。

8.5.2　形核和长大

8.5.2.1　马氏体的形核

马氏体转变可分为形核和长大阶段。由于马氏体转变涉及切应变，可以证明的是，晶核为圆盘状时应变能最小。假设临界晶核为如图 8.13 所示的扁球状，该晶核所具有的形状比 c/r 应使对于形状的改变应变能的减少不小于其界面能的增加。该晶核的界面能为：

$$V\Delta G_s=2\pi r^2\gamma \tag{8-14}$$

式中，V 是晶核体积；ΔG_s 为单位体积的表面能；γ 是比界面能。

该晶核的应变能为：

$$V\Delta G_e=\frac{4}{3}\pi r^2 c\frac{Ac}{r} \tag{8-15}$$

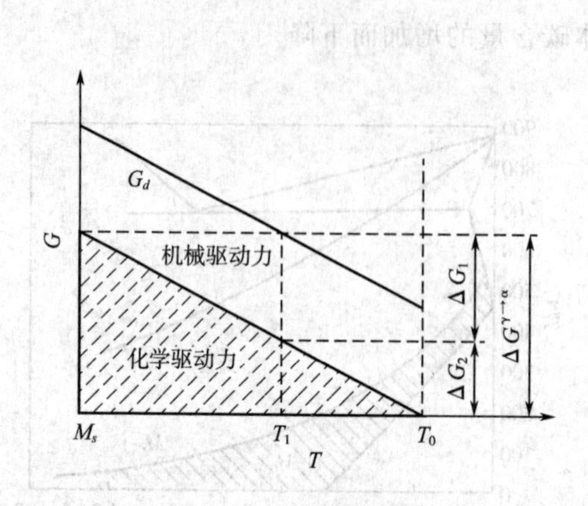

图 8.12 形变诱发马氏体相变热力学条件

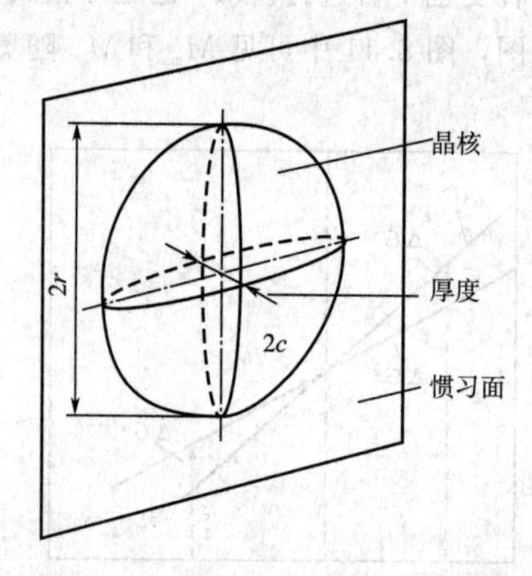

图 8.13 马氏体晶核形状示意图

式中，$\Delta G_e=\frac{Ac}{r}$，为单位体积的应变能；A 是一个由线性弹性理论导出的因子，是弹性常数、切应变和膨胀应变的函数；c 为形状因子。

该晶核的自由焓的改变量为：

$$V\Delta G_v=\frac{4}{3}\pi r^2 c\Delta G_v \tag{8-16}$$

式中，ΔG_v 是单位体积自由焓的改变量。

如该晶核在点阵缺陷处形成，还需考虑由缺陷引起的自由焓 G_d 和晶核与缺陷相互作用能 G_i，描述形成一个经典马氏体晶核所需总自由焓的变化为：

$$\Delta G\ (r,\ c)\ =G_d+G_i+V\ (\Delta G_v+\Delta G_e+\Delta G_s) \tag{8-17}$$

计算临界成核势垒 ΔG^*、临界晶核尺寸 r^* 和 c^* 时，考虑图 8.14 所示 3 种情况。均匀成核时，G_d 和 G_i 为零。把那些必要的量代入式（8-17），得出的成核势垒 ΔG^* 比实测值高出几个数量级，即使假设有局部的结构起伏或存在先有的晶胚，也不能得出满意的结果，这表明马氏体不可能是均匀形核。若晶核在缺陷处形成，则成核势垒 ΔG^* 以及晶核的临界尺寸都可减小。在某些特定条件下，非均匀成核甚至可以是无势垒的，这种非均匀成核适用于 fcc（面心立方晶格）⟶hcp（密排六方晶格）转变，转变通过在母相中若干适当间距的位错分解成由堆垛层错隔开的位错运动来实现。堆垛层错能与温度有关，在 T_0 以下为正值，此时会发生无势垒成核。

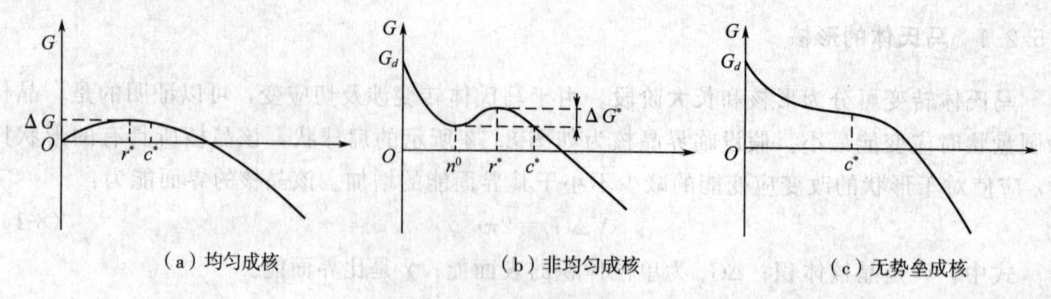

图 8.14 马氏体形核自由焓曲线

8.5.2.2 马氏体的长大

马氏体转变可分为变温马氏体转变和等温马氏体转变。对于变温马氏体转变，其转变量随温度降低而增加，而等温马氏体转变在恒定的温度下转变量随时间的延长而增加。

(1) 变温马氏体转变

当奥氏体过冷到 M_s 以下某一温度时，在该温度下能够形成的马氏体在其核形成的瞬间即可形成，而新核的继续形成则需依靠进一步的降温。马氏体的生长有“热弹型”和“爆发型”，后者是较常见的方式。爆发型生长是指相当数量的马氏体（通常10%～30%）爆发性形成，许多马氏体片的自催化成核和快速生长导致“爆发”。每个马氏体片以大于 10^5cm/s 的速率形成，当马氏体片（条）长大到一定尺寸后，由于相界面的共格关系遭到破坏而不再长大，转变需通过不断降温使新马氏体片（条）不断生成才能继续进行。因此，转变动力学实际上由成核率控制。热弹型生长方式的特点在于形成薄片或楔形片状马氏体，这些马氏体片会随温度降低到 M_s 以下而逐渐形成和长大，随温度的升高而收缩，直至最后消失。这是由于母相弹性地容纳马氏体片的形变，在特定温度下，马氏体片前沿和母相始终保持共格关系并处于热力学平衡状态。温度的任一变化都会使这一平衡态改变，从而导致马氏体片的生长或收缩。热弹型生长的马氏体又称为热弹性马氏体。

(2) 等温马氏体转变

在某些合金中，马氏体晶核可等温形成，晶核的形成有孕育期，成核率随过冷度的增加而先增加后减小，符合一般热激活成核规律。晶核形成后的长大速率极快，但长大到一定尺寸后不再长大。这种转变的动力学取决于成核率而与长大速率无关。如图8.15所示马氏体转变量随等温时间的延长而增多，该转变量是时间的函数，并与等温温度有关。随等温温度的降低，转变速度先增后减。初始的增加是由于新生成马氏体片的自催化成核，而随后的减小则是由于过冷奥氏体不断地被已生成的马氏体片分隔为越来越小的区域，在这些区域中成核的概率下降。马氏体的等温转变一般不能持续进行，完成一定量的转变后即会停止。这是由于马氏体转变产生的形变会引起未转变奥氏体的变形，从而使未转变奥氏体向马氏体转变时的切变阻力增大。所以必须要增大过冷度，使转变的驱动力增加，才能使转变继续进行。

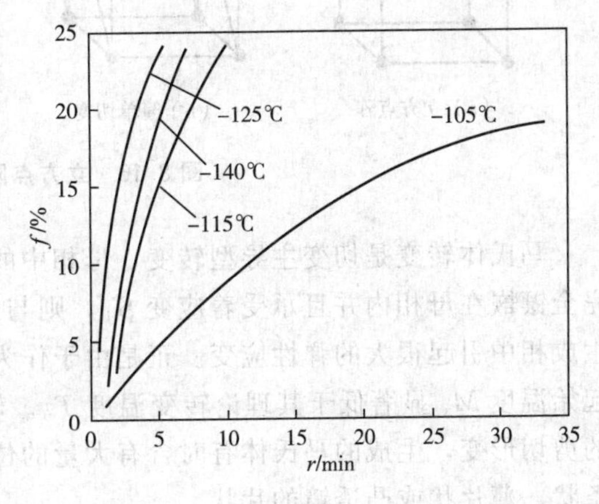

图8.15 Fe-Ni（含量23.2%）-Mn（含量3.62%）合金马氏体等温转变动力学

8.5.3 相变的特点

(1) 马氏体相变是无需扩散相变

马氏体转变时，只需点阵改组而无需成分的变化，转变速度非常快。实验证明 Fe-C 和 Fe-Ni 合金可在－196～－20℃成核并生长成一片完整的马氏体（仅需0.5～0.05μs），在接近绝对零度时，形成速度仍然很高。在这样低的温度下，原子扩散速度极慢，依靠扩散实现快速转变根本不可能。无扩散并不是转变时原子不发生移动，马氏体界面向母相推移时，母相一侧的原子做有规则的移动，即大量原子构成的位错协同运动。此时相邻原子的相对位移相等，通常小于一个原子间距。点阵重构后，这些原子仍保持原有的相邻关系。

(2) 马氏体相变属于切变主导型的点阵畸变型转变

点阵畸变型转变是通过均匀的应变把一种点阵转变成另外一种点阵，如图 8.16 所示。可以用矩阵把这种均匀应变表示为：

$$\boldsymbol{y}=J\boldsymbol{x} \tag{8-18}$$

式中应变矩阵 J 使一个点阵的矢量 $\boldsymbol{x}$ 形变成另外一个点阵的矢量 $\boldsymbol{y}$。式 (8-18) 可将直线转变成另外的直线，仅是长度发生变化，这种应变是均匀的，表明母相中的任一平面在转变为生成相后仍为一平面，任何一点的位移与该点与平面［图 8.16 (a) 中的底面］的距离成正比，这种在不变平面上所产生的均匀应变为图 8.16 (b) 所示的简单切变，图 8.16 (c) 为简单的膨胀和压缩，图 8.16 (d) 为既有膨胀、压缩，又有切变，马氏体转变属于图 8.16 (d) 所示转变。

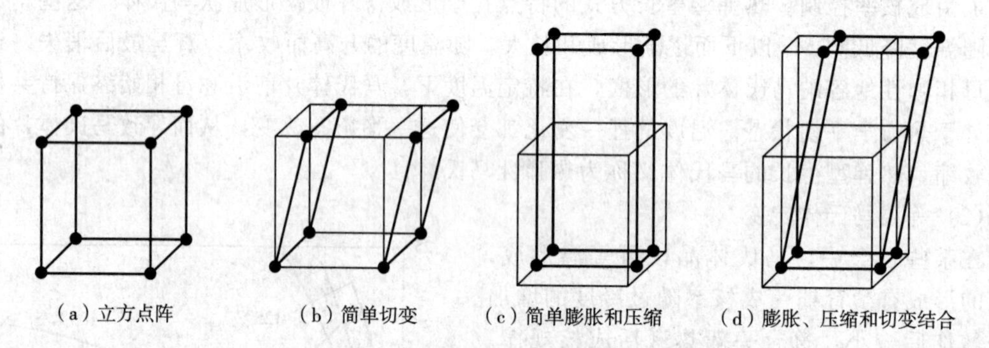

(a) 立方点阵　(b) 简单切变　(c) 简单膨胀和压缩　(d) 膨胀、压缩和切变结合

图 8.16 立方点阵畸变型转变示意图

马氏体转变是切变主导型转变，母相中的某个初始球体相转变成椭球体相，如这种球体完全镶嵌在母相内并且承受着应变 S_l，则与这种形变相联系的形状和体积变化将在母相或生成相中引起很大的弹性应变。正是由于作为转变阻力的高弹性应变能的存在，马氏体转变起始温度 M_s 显著低于其理论转变温度 T_0。转变时的形状变化主要是沿着马氏体惯习面上的剪切形变，生成的马氏体有时含有大量的位错、层错，或内部孪晶化。在形貌上则表现出条状、薄片状或凸透镜的片状。

马氏体转变时，在预先抛光的母相晶体的表面上会产生有规则的表面浮凸，在不受其他转变干扰的情况下，这种表面浮凸在加热升温到 A_f（马氏体逆转变终止温度）时消失。如图 8.17 所示，母相与马氏体相之间的交界面称为惯习面，在马氏体形成过程中，一些直线

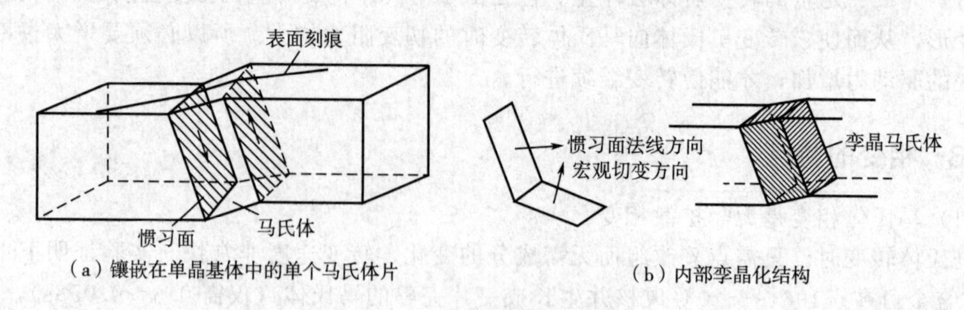

(a) 镶嵌在单晶基体中的单个马氏体片　(b) 内部孪晶化结构

图 8.17 马氏体片示意图

(如预抛光表面上的刻痕)被转变成另外一些直线，平面转变成另外的平面。在转折点处未见不连续，这种畸变被称为矢量的线性均匀转变。宏观的形状改变可以分解成一个垂直于惯习面的分量和一个平行于这个界面某个切变方向的分量，后者被称为宏观切变。对浮凸做仔细的分析可证明，惯习面自身并没有旋转，也未发生畸变。马氏体转变引起的宏观形状变化是一种平面应变。在母相与马氏体相的点阵之间存在着晶体学上严格的取向关系。一般说来，基体中的密排面平行于马氏体中相似的面，密排方向也是如此。

8.5.4 相的形态特点

马氏体的显微组织特征与转变的晶体学有关，一个原母相晶粒转变成若干生成相晶粒，这些晶粒被称为变体，它们被界面所分隔。母相的对称性越高，生成相的对称性越低，该转变的等价方式越多，这些变体的集合构成显微组织。由于一般马氏体转变终止后仍有残余母相存在，马氏体的组织形态很容易用光学显微镜来观察。不同材料中的马氏体形状都可认为是横向尺寸比其他两个方向的尺寸要小得多的片状，如马氏体在具有较大尺寸的两个方向上尺寸相差较大，则称为板条状马氏体。

(1) 板条状马氏体

低碳钢中的典型板条状马氏体组织形态如图 8.18 所示。其显微组织是由许多成束的马氏体板条组成，一个原奥氏体晶粒中可以有几个板条块(图 8.19 中 A)。一个板条又可分为几个平行的如图 8.19 中 B 的板条束，板条束内分布着若干平行的马氏体小板条。每一个板条为一个单晶体。板条具有平直界面，界面取向接近于其惯习面 $\{111\}_\gamma$，相同惯习面的变体平行排列构成一个板条束。密集的板条之间是一层连续的高度变形残余奥氏体薄层(约 20nm)。使用透射电镜可见每个板条马氏体内部有高密度位错，板条状马氏体又称位错型马氏体。

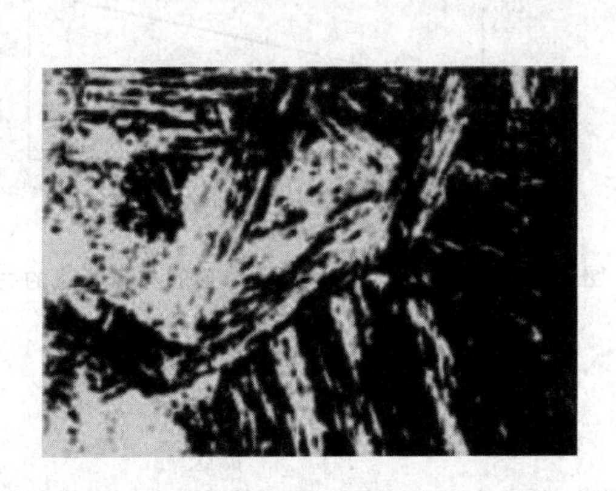

图 8.18 低碳钢中的典型板条状马氏体

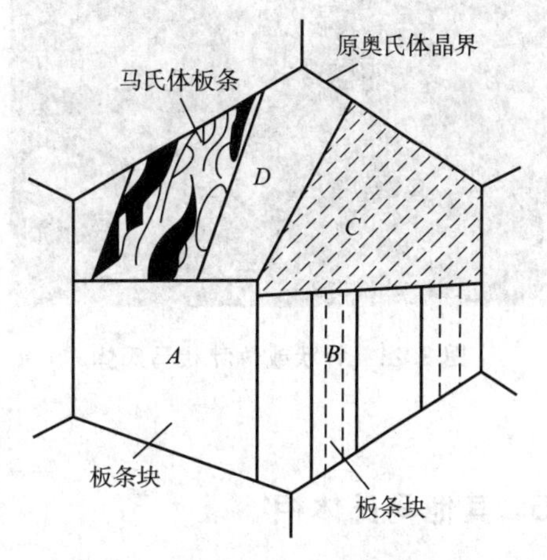

图 8.19 板条状马氏体显微组织结构

(2) 片状马氏体

母相中形成的片状马氏体并不总是以片状出现。如图 8.20 所示，马氏体在转变时会产生较大的弹性应力，使形成的马氏体形成凸透镜片状，这时的相界面不再是平面而是曲面。如图 8.21 所示，高碳钢中的凸透镜片状马氏体在光学显微镜下呈针状或竹叶状，马氏体片

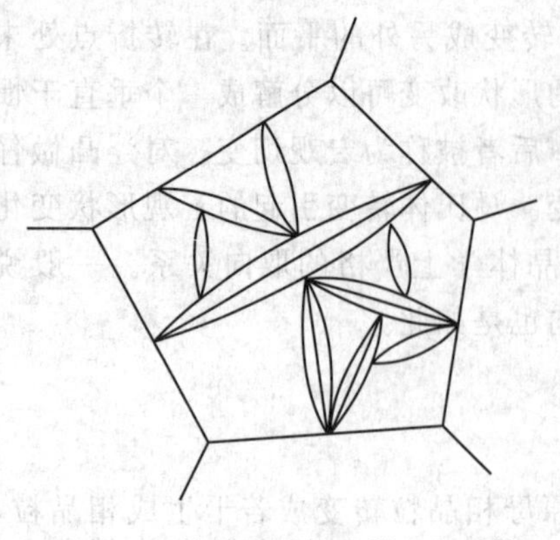

图 8.20 片状马氏体显微组织结构

之间相互并不平行，马氏体周围是残余的奥氏体。这种排列会使与转变相关的宏观变形部分抵消，弹性应力有所降低。先形成的第一片马氏体横贯整个奥氏体晶粒，伴随着马氏体片的形成而对母相不断分割，在分隔后的区域内相继形成的马氏体片越来越小。先形成的马氏体片附近的弹性应力，可促使形成新的马氏体相。透射电镜观察表明，凸透镜片状马氏体的亚结构主要为孪晶，一般不扩展到马氏体片的边缘，在边缘区存在着高密度的位错。凸透镜片状马氏体又称孪晶型马氏体。

(3) 其他形貌

图 8.22 所示的 Fe-Ni-C 合金中的 α′马氏体因转变温度和碳含量的不同还会出现蝶状马氏体和薄板状马氏体。蝶状马氏体是 V 形的柱状，横截面呈蝶状，两翼的惯习面为 $\{225\}_{\gamma}$，夹角一般为 136°，两翼相交的结合面为 $\{111\}_{\gamma}$，与母相之间的联向关系为 K-S 关系，其晶内亚结构为位错，无孪晶出现。此外，在层错能较低的合金中有可能形成具有密排六方点阵的薄板状 ε′马氏体，板极薄，仅 100～300nm，惯习面为 $\{111\}_{\gamma}$，与母相之间的取相关系为：$(111)_{\gamma}//(0001)_{\varepsilon'}$，$[110]_{\gamma}//[1120]_{\varepsilon'}$，ε′马氏体的亚结构中存在大量的层错。

图 8.21 针状或竹叶状马氏体

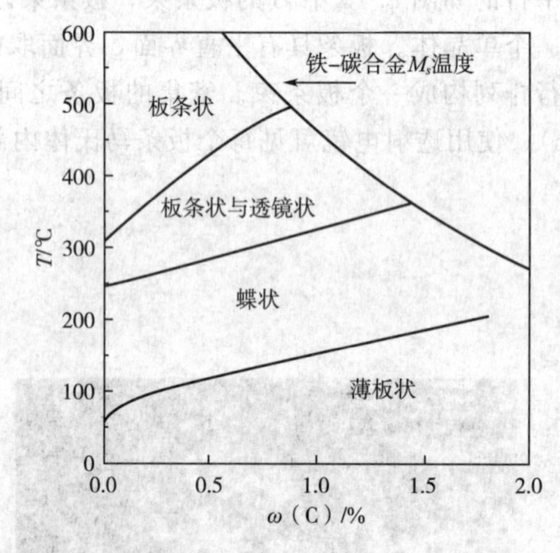

图 8.22 Fe-Ni-C 合金中马氏体形貌与碳含量的关系

8.5.5 其他马氏体相

部分有色金属和合金也能形成马氏体。在钴基、钛基和锆基固溶体中，钴基合金马氏体的结构通常是密排六方，由于该转变是 *fcc* ⟶*hcp*，马氏体相与母相的 $\{111\}_{\gamma}$ 晶面平行构成惯习面。钛基合金中马氏体也属于六方晶系，但母相是 *bcc*（体心立方晶格）结构，在钛基合金和类似的锆基合金中，也会出现片状和条状的马氏体相。铜基、银基、金基、镍基和反铁磁性的锰基合金也能形成马氏体，而 Ni-Ti 合金中的马氏体是形状记忆合金的主要成分。

氧化锆是陶瓷材料中马氏体的典型代表。在冷却过程中，氧化锆的高温立方相在

2370℃转变成四方相。进一步冷却，块状氧化锆在 950℃转变成单斜相，体积增加 3%。加热到 1170℃单斜相再转变为四方相，这一四方相向单斜相的转变过程被认为是马氏体转变。通过合金化或减小颗粒尺寸，M_s 可以显著降低，甚至低于室温。如果氧化锆颗粒的直径小于临界直径 r^*，这些镶嵌在氧化铝单晶基体中的氧化锆颗粒在室温仍然保持四方结构的亚稳态。这些亚稳态的颗粒在外力作用下能够转变成单斜相，这一特性可用于对脆性陶瓷材料的增韧处理。某些晶态聚合物材料中会出现同素异构转变，如在 PTFE（聚四氟乙烯）中的马氏体转变，这一转变是通过体积切变引起的无扩散转变。由结晶蛋白质构成的生物材料在完成其生命功能的过程中也经历一些马氏体转变。例如，在 T4 细菌噬菌体中尾翼鞘的收缩可被描述为一种不可逆应变诱发马氏体转变，而在细菌鞭毛中的多形态转变也是应力辅助的马氏体转变，并具有形状记忆效应。

8.5.6 马氏体的应用

钢中马氏体最主要的特性就是高硬度、高强度，通过淬火得到马氏体是强化钢制工件的重要手段。淬火钢的强度、硬度与碳含量密切相关。如图 8.23 所示，在 ω(C) ＝0～0.6%时，硬化效果随碳含量的增加而增强。当 ω(C) ＝0.6%时，淬火钢的硬度接近最大值。碳含量进一步增高，虽然马氏体硬度还会有所提高，但由于钢的 M_s 点随碳含量的增加而下降，残留奥氏体量（γ_R）逐渐增多，淬火钢的硬度会下降。

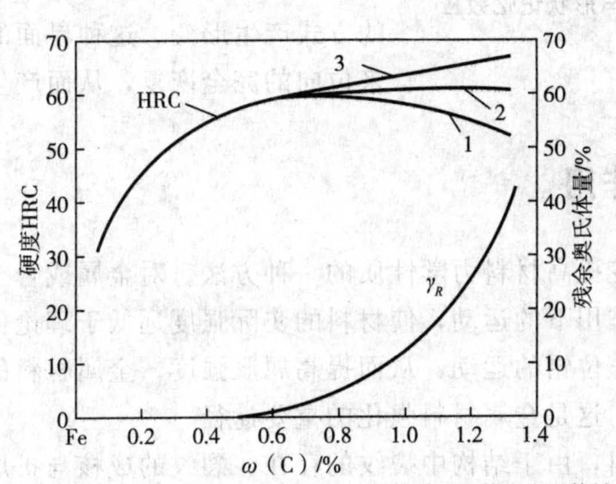

1—高于A_{c3}（加热时转变为奥氏体的终了温度）淬火；2—高于A_{c1}（加热时珠光体向奥氏体转变的温度）淬火；3—马氏体硬度

图 8.23　淬火钢的最大硬度与碳含量的关系

马氏体中间隙碳原子的固溶强化效果非常显著，但碳原子溶解在奥氏体中的固溶强化效果不大，这是因为固溶于奥氏体与马氏体中的碳原子均处于铁原子组成的八面体中心，奥氏体中的八面体为正八面体，间隙碳原子的溶入只能使奥氏体点阵产生对称膨胀。而马氏体中的八面体为扁八面体，过饱和的碳原子溶入后形成以碳原子为中心的应力场，这个应力场与位错产生强烈的交互作用，而使马氏体强度升高。同时，马氏体中含有大量的晶界、位错和孪晶，另外碳原子也极易扩散，在−60℃以上就可以发生碳原子偏聚形成团簇，这些碳原子团簇也会产生额外的位错钉扎。

马氏体的塑性和韧度与其含碳量、组织形态及亚结构密切相关，如铁-碳合金中 ω(C) ＜0.3%形成板条状马氏体，ω(C) ＞1.0%形成片状马氏体，ω(C) 在 0.3%～1.0%之间形成板条状马氏体和片状马氏体的混合组织。片状马氏体的亚结构主要是孪晶，因其碳含量高，相变时体积膨胀量大，引起的内应力也大，片与片相撞易产生显微裂纹，这些均会增大脆性。板条状马氏体的亚结构是高密度位错，因其碳含量低，且形成温度较高可以自回火，晶格的正方度较小，其内应力也较小，没有显微裂纹，因此具有较高的塑性和韧度。

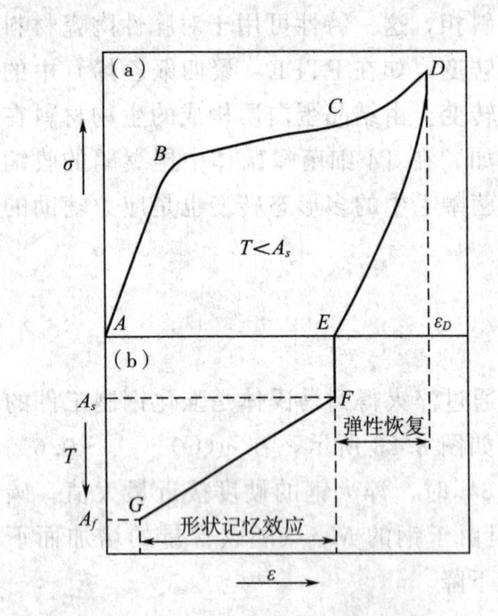

图 8.24　伪弹性的恢复与形状记忆效应

马氏体转变的特性之一是形状记忆效应(SME)。若应力诱发马氏体的逆转变滞后，以致当外加应力降低至零时，仍不能完全逆转变。这时剩余的马氏体可通过加热逐渐发生逆转变，并恢复宏观应变（图 8.24），这便是形状记忆效应的基础。将完全或部分马氏体转变的工件形变后加热到 A_f 点以上时，将恢复到原来母相状态下所给予的形状，被记忆的是母相的形状。形状恢复是由于形变所引起的组织上的变化因逆转变而消除，即只有逆转变使形变完全消除时才能看到合金的记忆效应。可见变形方式对于形状记忆效应是重要的，具有热弹性马氏体可逆转变的合金中，马氏体生成过程中一般为孪生变形，马氏体同母相间界面的移动体现为马氏体本身的成长和收缩。即两者均以相界移动的方式产生形变。这种界面的反向移动容易实现原来位向的完全恢复，从而产生形状记忆效应。

8.6　相变的强化作用

相变强化是利用相变提高材料力学性质的一种方法。对金属或合金来说，材料中位错的存在，以及位错在外力作用下的运动，使材料的实际强度远低于理论值。金属材料强化的核心是控制位错数量和阻止位错的运动，从而提高屈服强度。金属材料的相变强化主要是指马氏体强化与贝氏体强化，这是金属材料强化的重要途径。

对于陶瓷等脆性材料，由于结构中裂纹的存在、裂纹的成核与扩展，当裂纹贯穿材料时即发生脆性断裂，脆性材料强化的核心是控制裂纹大小、数量以及阻止裂纹扩展。强化途径包括异相弥散强化、氧化锆相变强化、表面强化、自补强增韧、复合强化等。强化的结果主要表现为韧性的提高。

高分子材料大分子链的主价键力、分子间力和大分子的柔顺性是决定其强度的主要因素，单个大分子无法承受外力的作用，只有当无数大分子链靠分子间力（氢键、范德瓦耳斯力）聚集起来，才具有较好的强度。受外力作用时，主价链和次价链都能承担负载，从构成大分子链化学键的强度和大分子链间相互作用力的强度，能估算出高分子材料的理论强度。但实际上，高分子材料的强度一般仅为其理论强度的 1%～10%。这是由于实际材料中缺陷的影响。此外，由于分子链不能同时承载和断裂，一般情况下是链段间的次价键先断裂，并使负载逐渐转移到处于薄弱环节的主价键上，这时尽管主价键的强度比分子间力大许多，但因应力的过分集中而断裂。为提高高分子链间作用力，要注意聚集状态、结构不均一性等对分子间作用力的影响。可通过引入极性基、链段交联等强化链间结合，通过控制结晶度和取向、定向聚合等改善结构的均一性。从相变机制上来看，相变强化往往不是一种独立的强化机制，它实际上是固溶强化、弥散强化、形变强化、细晶强化的综合效应。在有些情况下，是一种或两种机制同时在起作用。

对于一般合金来说，第二相强化比固溶强化的效果更为显著。根据获得第二相的工艺不同，第二相强化有不同的名称。若通过相变热处理获得第二相，称为析出硬化、沉淀强化或时效硬化；若通过粉末烧结获得第二相，则称为弥散强化。有时还不加区别地混称为分散强化或颗粒强化。由于第二相在成分、结构、有序度等方面都不同于基体，因此第二相颗粒的强度、体积分数、间距、颗粒的形状和分布等都对强化效果有影响。综合考虑切过、绕过两种机制，可以估算出沉淀强化的最佳颗粒半径。一般可通过控制颗粒的体积分数和颗粒半径来获得最佳强度。

在弥散强化合金中，人们利用细小的第二相质点阻碍回复和再结晶，并获得稳定的亚结构，使材料具有良好的高温强度。例如 TD 镍合金，含有 2%体积的 ThO_2 质点的平均半径约为 30 nm，经过反复的加工变形与退火，每次轧制厚度减薄 10%，再经 1100℃ 退火。10%的变形在 ThO_2 颗粒周围产生了大量位错，与此同时，基体变形逐渐形成胞状结构，ThO_2 颗粒钉扎住由位错构成的胞壁，使之在 1100℃退火时不能发生再结晶只产生回复形成低角度界面，在界面上分布着质点，之后经过多次加工变形与退火处理循环形成了稳定的亚结构。这种合金在高温下不仅具有较高的屈服强度，而且有高的疲劳与抗拉强度的比值，也不易发生疲劳软化。

镍基合金中有 Ni_3Ti 类型的 γ'相，γ'相具有 Cu_3Au 型的有序结构。位错如果在一完全有序的超点阵中运动，阻力是很小的，这时位错通常以位错对形式向前运动，领先位错在基体中产生的无序状态，为随后的位错所消除。但是位错对在有序程度并不理想的基体中运动遇到反相畴界时，会造成反相畴界面的增加。随着变形的增加特别是次滑移系统动作后，反相畴界面越来越多，有序畴的尺寸越来越小。由于反相畴界的界面能较高，会增加反相畴界能。如沉淀相为有序相，位错切过沉淀相时，同样会造成反相畴界面的增加，从而必须附加一部分能量，而造成有序强化。现已发现了很多种有序相，但并不是任何有序相都能提高材料强度。比较理想的是那些反相畴界能适中，且为 Cu_3Au 结构的有序相，其中镍基合金中的析出相 Ni_3Al 的效果十分明显。由于位错对的间距约为 10 nm，而析出相 Ni_3Al 的尺寸恰巧相当于这一数值，这时位错切过 Ni_3Al 时并不存在位错对，位错扫过 Ni_3Al 产生的反相畴界面需要较大的力，从而 Ni_3Al 具有较好的强化效果，制成的沉淀强化镍基合金已用来制造航空发动机和燃气轮机叶片。

思考题：

1. 使用 $\Delta G=V\Delta G_V+S\sigma+V\omega$ 讨论结晶时系统自由能的变化。

2. 若固态相变中新相以球状颗粒从母相中析出，设单位体积吉布斯自由能的变化为 $10^8 J/m^2$，单位界面能为 $1J/m^2$，相变所引起的单位体积的应变能忽略不计。讨论新相颗粒直径。

3. 固态相变可分为扩散型相变、半扩散型相变和非扩散型相变，分别举例说明。

4. 大角晶界具有高的界面能，在晶界形核时可使界面能释放出来作为相变驱动力，以降低形核功，固态相变时晶界往往是形核的重要位置。对上述理论绘图进行分析。

5. 当晶核与母相间呈非共格界面时，界面原子处于排列紊乱，形成一无规则排列的过渡薄层。请分析固态相变过程中非共格界面的迁移机制。

6. 马氏体具有独特的显微结构，形成过程也比较特殊，它形成和长大的热力学条件分别是什么？

7. 马氏体转变时，只需点阵改组而无需成分的变化，转变速度非常快。对这一过程的特点进行分析。

8. 分别举例说明相变强化、第二相强化和固溶强化的原理和特点。

第9章

扩散的基本原理

物质中原子或分子的迁移现象称为扩散，扩散在气体和液体中是常见的现象。从表面上看，固态金属中扩散现象难以察觉，但扩散是固态金属中物质传输的唯一方式，是原子以热运动的方式不断地从一个平衡位置迁移到另一位置，最终形成宏观运动。金属和合金中的扩散是热加工工艺如金属铸件的凝固及均匀化退火，冷变形金属的回复和再结晶，陶瓷或粉末冶金的烧结，金属的热加工和氧化，材料的热处理，高温蠕变，以及表面处理等的理论基础。本章讲述的内容主要包括固体材料中扩散的一般规律、扩散的影响因素和扩散机制。

9.1 固态扩散的分类

（1）自扩散和互扩散

根据扩散时有无浓度梯度，扩散可分为自扩散和互扩散。自扩散是与浓度梯度无关，不发生浓度变化的扩散。如纯金属中再结晶形核与晶粒长大，同素异构转变。互扩散是与浓度梯度有关，并伴有浓度变化的扩散，如在不均匀的固溶体中、不同相之间及不同材料扩散偶之间都存在着互扩散，不同元素之间的扩散原子在运动中使成分趋于均匀化。

（2）上坡扩散和下坡扩散

根据扩散方向与浓度梯度的关系，扩散可分为上坡扩散和下坡扩散。上坡扩散是指与浓度梯度方向一致的扩散，扩散原子由低浓度向高浓度的扩散。如过饱和固溶体中溶质的偏聚，第二相的析出，奥氏体分解时形核都是上坡扩散。由热力学分析可知，发生上坡扩散的驱动力不是浓度梯度，而是化学位梯度。上坡扩散的发生还可以有以下三种原因。一是弹性应力的作用。晶体中的弹性应力梯度会使较大半径的原子向点阵由于拉应力作用而增长的方向运动，而较小半径原子会向压应力作用下的减小方向运动，从而在固溶体中形成溶质原子的不均匀分布。二是晶界的内吸附。晶界处原子排列的规律性较差，溶质原子位于晶界上可降低体系总能量，溶质会优先向晶界扩散，富集于晶界，从而使晶界处的溶质原子浓度高于晶内。三是在大的电场或温度场作用下，促使晶体中原子按一定方向扩散，形成原子的不均匀分布。

下坡扩散是指与浓度梯度方向相反的扩散，扩散原子由高浓度向低浓度方向扩散，与化学位梯度方向相反。如固溶体成分的均匀化，化学热处理工艺中的渗碳、碳氮共渗等过程均为下坡扩散。

9.2 扩散定律

在气体和液体中，原子的迁移一般是通过对流和扩散来实现，而扩散是固体中原子的唯一迁移方式，这也是固体材料的一个重要现象，要深入了解和控制扩散过程，就要先掌握有关扩散的基本规律。

9.2.1 菲克第一定律

菲克在1855年提出，在单位时间内通过垂直于扩散方向的单位截面积的扩散物质流量（称为扩散通量 J）与该截面处的浓度梯度成正比。这个规律称为菲克第一定律或扩散第一定律。设扩散是沿着 x 轴方向进行，且浓度梯度为 $\frac{dc}{dx}$，则上述定律可写成：

$$J=-D\frac{dc}{dx} \tag{9-1}$$

式中，D 为扩散系数；负号表示扩散由高浓度向低浓度的方向进行，即与浓度梯度方向相反；c 是体积浓度，即单位体积扩散物质的质量或原子数。扩散第一定律表明，只要浓度梯度存在就有扩散，而且扩散通量与浓度梯度成正比，扩散过程中元素的运动方向是由高浓度向低浓度。

扩散第一定律适用于稳态扩散。如利用第一定律可测定 γ-Fe 中碳的扩散系数。可将纯铁加工成一根空心圆筒，放在高温炉中加热保温并在圆筒内通以渗碳气体，筒外通脱碳气体，碳原子就会从圆筒内壁渗入而从圆筒外壁逸出，形成碳原子的扩散流。经过一定时间后，达到稳定状态，沿筒壁截面从内到外各点的碳浓度为恒值，不随时间而变（$\frac{\partial c}{\partial t}=0$），故扩散通过筒壁的每单位时间的碳量（$q/t$）为恒值。碳原子经过筒壁半径 r 处的扩散通量为：

$$J=\frac{q}{tA}=\frac{q}{2\pi rlt} \tag{9-2}$$

式中，l 为进行碳扩散这部分圆筒的长度；A 为圆筒的截面面积。比较式（9-1）和式（9-2）可得：

$$-D\frac{dc}{dr}=\frac{q}{2\pi rlt}$$

继而可得：

$$q=-D(2\pi lt)\frac{dc}{dr/r}=-D(2\pi lt)\frac{dc}{d\ln r} \tag{9-3}$$

q 可利用炉内流出的脱碳气体增碳量得出；l、t 为已知值，故只要沿筒壁截面测定不同 r 处的碳含量，作出 c-$\ln r$ 曲线，就可求出 D。由于 D 实际上是随浓度改变，故得出的不是直线而是一条曲线，不同碳浓度时的 D 值可从曲线上相应点的斜率得出。

9.2.2 菲克第二定律

扩散第一定律一般适用于浓度分布不随时间变化的稳定扩散条件，而实际上所遇到的多为非稳态扩散，这多适用于扩散第二定律。当浓度梯度 $\frac{dc}{dx}$ 与扩散通量 J 都随时间和距离而变化时，就需要从物质的平衡关系，建立偏微分方程即扩散第二定律，才能详细描述这一扩散过程。通过微小体积的扩散见图 9.1。

图 9.1 中的影线部分表示由相距为 dx 的两个垂直于 x 轴的平面所取出的一个微小体积，横截面积为 A，箭头表示扩散的方向。J_1 和 J_2 分别表示从微小体积中流入和流出的扩散通量。流入微小体积中的物质量减去微小体积流出的物质量即在微小体积中积存的物质量。

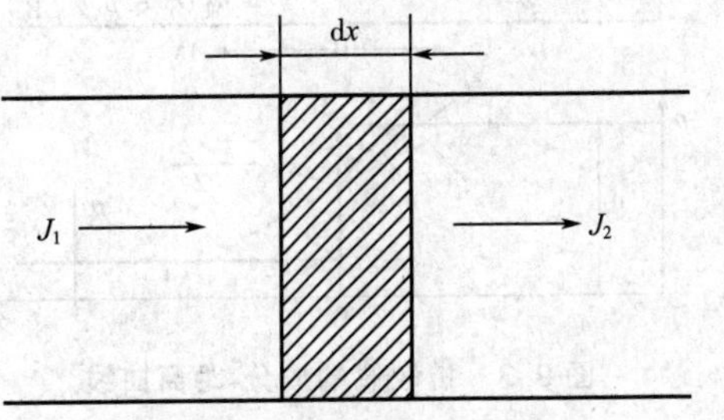

图 9.1 通过微小体积的扩散

式中，物质流入速率 $=J_1A$；物质流出速率 $=J_2A=J_1A+\frac{\partial(JA)}{\partial x}dx$；微小体积积存速率 $=J_1A-J_2A=-\frac{\partial J}{\partial x}A\,dx$，物质在微小体积中的积存速率也可表示为 $\frac{\partial(cA\,dx)}{\partial t}=\frac{\partial c}{\partial t}\cdot A\cdot dx$

有：

$$\frac{\partial c}{\partial t}\cdot A\cdot dx=-\frac{\partial J}{\partial x}\cdot A\cdot dx$$

所以：

$$\frac{\partial c}{\partial t}=-\frac{\partial J}{\partial x} \tag{9-4}$$

将式（9-1）代入（9-4）得：

$$\frac{\partial c}{\partial t}=\frac{\partial}{\partial x}(D\,\frac{\partial c}{\partial x}) \tag{9-5}$$

这就是扩散第二定律的数学表达式，也称扩散第二方程式。如扩散系数 D 与浓度无关，则式（9-5）为：

$$\frac{\partial c}{\partial t}=D\,\frac{\partial^2 c}{\partial x^2} \tag{9-6}$$

实际上，固溶体中溶质原子的扩散系数随浓度变化而变化，这会使解扩散方程产生困难，在浓度变化范围较小的情况下，可近似地把 D 作为恒量来处理。

9.2.3 扩散定律的应用

扩散第二定律是由第一定律导出的，它也可普遍用于一般扩散过程。扩散第二定律有多种数学解，常用误差函数解来解决渗碳过程中碳随时间和距离变化关系，可用来确定如图 9.2 所示渗层的浓度、深度和渗碳时间。由于边界条件和起始条件不同，解的表达形式也会有差异。不同的初始条件和边界条件将导致方程的不同解，下面以 3 种简单

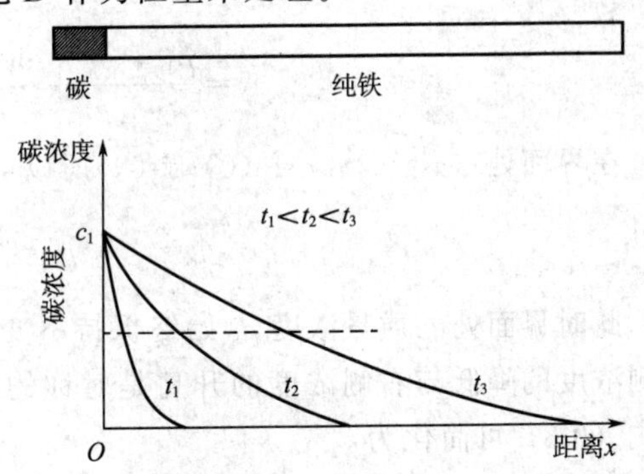

图 9.2 渗碳过程中碳浓度随时间和距离的变化

的实际应用为例进行说明。

(1) 两端成分恒定的扩散偶

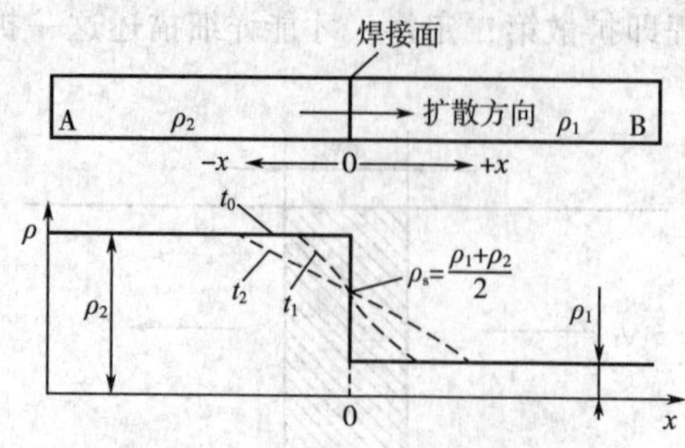

图 9.3 扩散偶的成分-距离曲线

将质量浓度为 ρ_2 的 A 棒和质量浓度为 ρ_1 的 B 棒焊接在一起，焊接面垂直于 x 轴，然后加热保温不同时间，焊接面 ($x=0$) 附近的质量浓度将发生不同程度的变化，如图 9.3 所示。

假定试棒足够长以保证扩散偶两端始终维持原浓度，方程的初始条件为：

$$t=0\begin{cases}x>0, \text{则} \rho=\rho_1 \\ x<0, \text{则} \rho=\rho_2\end{cases},$$

边界条件为：

$$t\geqslant 0\begin{cases}x=\infty, \text{则} \rho=\rho_1 \\ x=-\infty, \text{则} \rho=\rho_2\end{cases}$$ 。解偏微分方程有：

$$\rho=A_1\int_0^\beta \exp(-\beta^2)\mathrm{d}\beta+A_2 \tag{9-7}$$

其中 $\beta=\dfrac{x}{2\sqrt{Dt}}$

令误差函数：

$$\operatorname{erf}(\beta)=\frac{2}{\sqrt{\pi}}\int_0^\beta \mathrm{e}^{(-\beta^2)}\mathrm{d}\beta$$

可证明 erf (∞) =1，erf (−β) = −erf (β)，不同 β 值所对应的误差函数值见表 9.1。根据函数误差的定义有：

$$\int_0^\infty \mathrm{e}^{(-\beta^2)}\mathrm{d}\beta=\frac{\sqrt{\pi}}{2}, \quad \int_0^{-\infty} \mathrm{e}^{(-\beta^2)}\mathrm{d}\beta=-\frac{\sqrt{\pi}}{2}$$

将上述两式代入式 (9-7)，并结合边界条件可解出待定常数 A_1 和 A_2：

$$A_1=\frac{\rho_1-\rho_2}{2}\frac{2}{\sqrt{\pi}}, \ A_2=\frac{\rho_1+\rho_2}{2}。$$

因此，质量浓度 ρ 随距离 x 和时间 t 变化的关系式为：

$$\begin{aligned}\rho(x, t)&=\frac{\rho_1+\rho_2}{2}+\frac{\rho_1-\rho_2}{2}\frac{2}{\sqrt{\pi}}\int_0^\beta \mathrm{e}^{(-\beta^2)}\mathrm{d}\beta \\ &=\frac{\rho_1+\rho_2}{2}+\frac{\rho_1-\rho_2}{2}\operatorname{erf}\left(\frac{x}{2\sqrt{Dt}}\right)\end{aligned} \tag{9-8}$$

在界面处 ($x=0$)，erf (0) =0，所以：

$$\rho_s=\frac{\rho_1+\rho_2}{2}$$

此时界面处的质量浓度 ρ_s 始终保持不变。这是由于假定扩散系数与浓度无关，故界面左侧浓度的降低与右侧浓度的升高是对称的。当焊接面右侧棒的原始质量浓度 ρ_1 为零时，则式 (9-8) 可简化为：

$$\rho(x, t)=\frac{\rho_2}{2}\left[1-\operatorname{erf}\left(\frac{x}{2\sqrt{Dt}}\right)\right] \tag{9-9}$$

界面处浓度为 $\frac{\rho_2}{2}$。

表9.1 β与 erf（β）的对应值（β范围0～2.7）

β	0	1	2	3	4	5	6	7	8	9
0.0	0.0000	0.0113	0.0226	0.0338	0.0451	0.0564	0.0676	0.0789	0.0901	0.1013
0.1	0.1125	0.1236	0.1348	0.1459	0.1569	0.1680	0.1790	0.1900	0.2009	0.2118
0.2	0.2227	0.2335	0.2443	0.2550	0.2657	0.2763	0.2869	0.2974	0.3079	0.3183
0.3	0.3286	0.3389	0.3491	0.3593	0.3694	0.3794	0.3893	0.3992	0.4090	0.4187
0.4	0.4284	0.4380	0.4475	0.4569	0.4662	0.4755	0.4847	0.4937	0.5027	0.5117
0.5	0.5205	0.5292	0.5379	0.5465	0.5549	0.5633	0.5716	0.5798	0.5879	0.5959
0.6	0.6039	0.6117	0.6194	0.6270	0.6346	0.6420	0.6494	0.6566	0.6638	0.6708
0.7	0.6778	0.6847	0.6914	0.6981	0.7047	0.7112	0.7175	0.7238	0.7300	0.7361
0.8	0.7421	0.7480	0.7538	0.7595	0.7651	0.7707	0.7761	0.7814	0.7867	0.7918
0.9	0.7969	0.8019	0.8068	0.8116	0.8163	0.8209	0.8254	0.8299	0.8342	0.8385
1.0	0.8427	0.8468	0.8508	0.8548	0.8586	0.8624	0.8661	0.8698	0.8733	0.8768
1.1	0.8802	0.8835	0.8868	0.8900	0.8931	0.8961	0.8991	0.9020	0.9048	0.9076
1.2	0.9103	0.9130	0.9155	0.9181	0.9205	0.9229	0.9252	0.9275	0.9297	0.9319
1.3	0.9340	0.9361	0.9381	0.9400	0.9419	0.9438	0.9456	0.9473	0.9490	0.9507
1.4	0.9523	0.9539	0.9554	0.9569	0.9583	0.9597	0.9611	0.9624	0.9637	0.9649
1.5	0.9661	0.9673	0.9687	0.9695	0.9706	0.9716	0.9726	0.9736	0.9745	0.9735
β	1.55	1.6	1.65	1.7	1.75	1.8	1.9	2.0	2.2	2.7
erf（β）	0.9716	0.9763	0.9804	0.9838	0.9867	0.9891	0.9928	0.9953	0.9981	0.999

（2）一端成分恒定的扩散

低碳钢高温奥氏体渗碳是提高钢表面性能和降低生产成本的重要生产工艺。此时原始碳质量浓度为 ρ_0 的渗碳零件可被视为半无限长的扩散体，也就是说远离渗碳源一端的碳质量浓度在整个渗碳过程中不受扩散的影响，始终保持碳质量浓度为 ρ_0。综上所述满足以下条件：

初始条件：$t=0$，$x\geqslant0$，$\rho=\rho_0$；

边界条件：$t>0$，$x=0$，$\rho=\rho_s$；

$x=\infty$，$\rho=\rho_0$。

如开始渗碳时，渗碳源一端表面就达到渗碳气氛的碳质量浓度 ρ_s，由式（9-7）可解得：

$$\rho(x,t)=\rho_s-(\rho_s-\rho_0)\operatorname{erf}\left(\frac{x}{2\sqrt{Dt}}\right) \tag{9-10}$$

如渗碳零件为纯铁（$\rho_0=0$），则式（9-10）可简化为：

$$\rho(x,t)=\rho_s\left[1-\operatorname{erf}\left(\frac{x}{2\sqrt{Dt}}\right)\right] \tag{9-11}$$

在渗碳过程中，常需估算满足一定渗碳层深度所需要的时间，此时即可由式（9-10）求出。如有碳质量分数为 0.1% 的低碳钢，放置于碳质量分数为 1.2% 的渗碳气氛中，在

920℃下进行渗碳，如要求离表面 0.002 m 处碳质量分数为 0.45%的渗碳时间，可用以下方法求出。

已知碳在 γ-Fe 中 920℃时的扩散系数 $D=2\times10^{-11}\,\text{m}^2/\text{s}$，由式（9-10）可得：

$$\frac{\rho_s-\rho(x,\ t)}{\rho_s-\rho_0}=\text{erf}\left(\frac{x}{2\sqrt{Dt}}\right)$$

设低碳钢的总体积质量为 ρ，上式左边的分子和分母同除以 ρ，可得：

$$\frac{\omega_s-\omega(x,\ t)}{\omega_s-\omega_0}=\text{erf}\left(\frac{x}{2\sqrt{Dt}}\right)$$

代入数值，可得 $\text{erf}\,\frac{224}{\sqrt{t}}\approx0.68$，由误差函数表可查得 $\frac{224}{\sqrt{t}}\approx0.71$，t≈27.6h。由上述计算可知，当指定某质量浓度 ρ（x，t）为渗层深度 x 的对应值时，误差函数 $\text{erf}\,\frac{x}{2\sqrt{Dt}}$ 为定值，因此渗层深度 x 和扩散时间 t 关系为：

$$x=A\sqrt{Dt}\ \text{可写为}\ x^2=BDt \tag{9-12}$$

式中，A 和 B 为常数。由上式可知，若要渗层深度 x 增加 1 倍，所需的扩散时间则增加 3 倍。

（3）衰减薄膜源扩散

在 B 金属长棒一端沉积一薄层金属 A，将这样的两个样品连接起来，就形成在两个金属 B 棒之间的金属 A 薄膜源，然后将此扩散偶进行扩散退火，那么在一定的温度下，金属 A 溶质在金属 B 棒中的浓度将随退火时间 t 而变化。如金属棒的轴和 x 坐标轴平行，金属 A 薄膜源位于 x 轴的原点上。当扩散系数与浓度无关时，这类扩散偶的方程解为下式：

$$\rho=\frac{k}{\sqrt{t}}\text{e}^{\left(-\frac{x^2}{4Dt}\right)} \tag{9-13}$$

k 为待定常数。从式（9-13）可知，溶质质量浓度将以原点为中心呈左右对称分布，并且当 $t=0$ 时，在 $|x|>0$ 的各处，质量浓度 ρ 均为零。假定扩散物质的质量为 M，棒的横截面积为 1 m^2，则薄膜源扩散随扩散时间衰减后的分布函数关系如下：

$$\rho=\frac{M}{2\sqrt{\pi Dt}}\text{e}^{\left(-\frac{x^2}{4Dt}\right)} \tag{9-14}$$

图 9.4 为由上式计算 $t=\frac{1}{16D}$、$\frac{1}{4D}$、$\frac{1}{D}$ 时扩散物质浓度的分布特点。

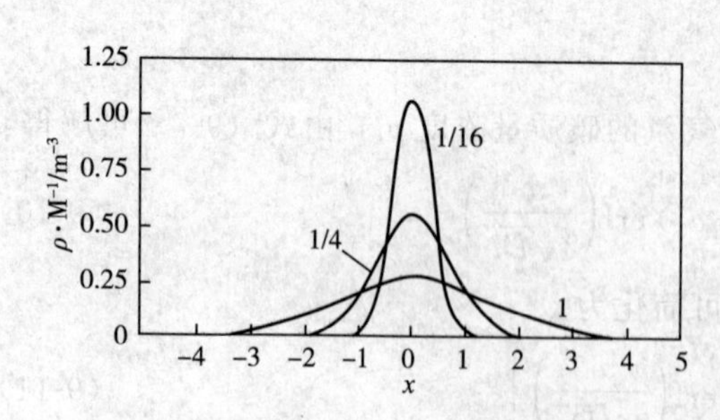

图 9.4 衰减薄膜源扩散浓度-距离曲线

如在金属 B 棒一端沉积扩散物质 A（质量为 M），经扩散退火后，扩散物质 A 的质量浓度为上述扩散偶的 2 倍，即：

$$\rho=\frac{M}{\sqrt{\pi Dt}}\text{e}^{\left(\frac{-x^2}{4Dt}\right)} \tag{9-15}$$

上述衰减薄膜源扩散常被用于示踪原子测定金属的自扩散系数，利用同位素进行示踪扩散的方法具有灵敏度高、适用性广和方法简单等优点。测定原理是根据纯金属的均匀性，不存在浓度梯度。在纯金属 A 的表面沉积一薄层

A 的放射性同位素 A^* 为示踪物，扩散退火后，测量 A^* 的扩散浓度。由于同位素 A^* 的化学性质与 A 相同，在没有浓度梯度情况下测出 A^* 的扩散系数，即为 A 的自扩散系数。

9.3 扩散的热力学理论

9.3.1 扩散驱动力

非克第一定律描述了物质从高浓度向低浓度扩散的现象，扩散的结果导致浓度梯度的减小，使成分趋于均匀。但实际上并非所有的扩散过程都是如此，物质也可能从低浓度区向高浓度区扩散，扩散的结果提高了浓度梯度，这种扩散称为上坡扩散。在这些情况下，原子只有进行上坡扩散才能使体系自由能降低。另外，当晶体处于应力场、温度场及电、磁场等外界条件作用下，若这些外力能量场分布不均匀，则往往驱动原子进行上坡扩散。上坡扩散说明从本质上来说浓度梯度并非扩散的驱动力，热力学研究表明扩散的驱动力为化学位梯度 $\frac{\partial u}{\partial x}$。已知在恒温恒压条件下，若固溶体中各点所有组元的化学位相等，即固溶体处于热力学的平衡态。如在相距 dx 的两点某组元 i 的化学位产生差别，就会在化学力 $F=-\frac{\partial u_i}{\partial x}$ 的作用下使该组元由化学位高处向低处流动，于是发生原子的迁移。式中负号表明原子移动方向与化学位梯度方向相反。

9.3.2 扩散系数

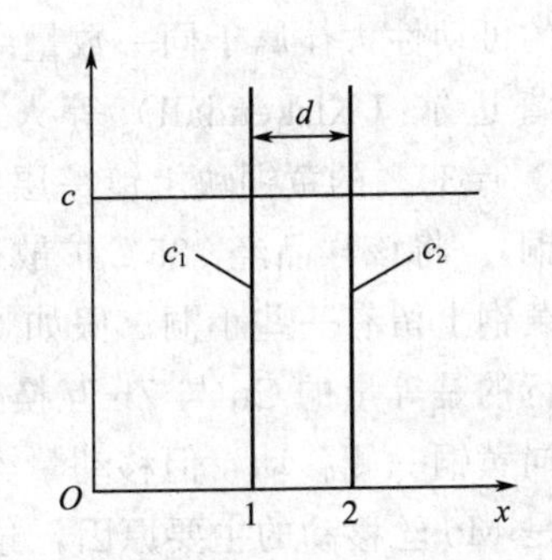

图 9.5　两相邻面上原子之间的扩散

在本章的第一节中已经提出了扩散系数的概念，原子在化学力作用下扩散时，扩散速率与扩散系数密切相关，下面对扩散系数的物理意义进行分析。如图 9.5 所示，从晶体中取出距离为 d 两个相互平行的晶面，记为Ⅰ、Ⅱ，两晶面均为单位面积。两晶面上的溶质浓度分别为 c_1 和 c_2，且 $c_1>c_2$。当晶体受热后，由于原子的热振动，Ⅰ、Ⅱ晶面上的原子在两晶面之间跳动，若两晶面相互交换的原子数不等，所产生的净增值为扩散通量。

假设在时间 δ_1 内Ⅰ、Ⅱ两晶面相互交换的原子数为：$N_{\text{I-II}}=n_1P\Gamma\delta_t$，$N_{\text{II-I}}=n_2P\Gamma\delta_t$。式中的 n_1、n_2 分别代表Ⅰ、Ⅱ晶面上的原子数；P 为原子在 x 方向跳动的概率；Γ 为每个原子在单位时间里的跳动次数；$N_{\text{I-II}}$ 是在 δ_t 时间内由Ⅰ晶面跳向Ⅱ晶面上的原子数；$N_{\text{II-I}}$ 为在 δ_t 时间内由Ⅱ晶面跳向Ⅰ晶面上的原子数。如 $n_1>n_2$，Ⅱ面上的净增值为：

$$J=(n_1-n_2)P\Gamma \tag{9-16}$$

式中，J 为扩散通量。如将表面原子数改为体积浓度 $c_1=\frac{n_1}{d}$ 和 $c_2=\frac{n_2}{d}$，则以 x 方向浓度分布来看，可将 $c_2=c_1+\frac{\partial c}{\partial x}d$ 将其代入式 (9-16)，可得：

$$J=(n_1-n_2)P\Gamma=(dc_1-dc_2)\ P\Gamma=-d^2\ \frac{\partial c}{\partial x}P\Gamma \tag{9-17}$$

令

$$D=d^2P\Gamma \tag{9-18}$$

式中，D 为扩散系数。又因 $\Gamma=\upsilon z\mathrm{e}^{-\frac{\Delta G}{RT}}$，将其代入（9-18），则：

$$D=d^2P\upsilon z\mathrm{e}^{-\frac{\Delta G}{RT}} \tag{9-19}$$

式中，υ 为原子每秒钟振动次数；z 为扩散原子周围的间隙配位数；$\mathrm{e}^{-\frac{\Delta G}{RT}}$ 为具有越过位垒能量的原子数。式（9-19）表示了扩散系数的物理学微观意义。

9.4 金属材料中的扩散

金属材料的结构和化学成分会影响到扩散的方式，下面主要对常见金属材料中的扩散行为进行讲述。

9.4.1 置换型固溶体中的扩散

C 在 Fe 中的扩散是间隙型溶质原子的扩散，在这种情况下可不涉及溶剂 Fe 的扩散，这是由于 Fe 扩散速率因原子半径较小，与较易迁移 C 的扩散速率相比可忽略。但对于置换型溶质原子的扩散，由于溶剂与溶质原子的半径相差不大，原子扩散时必须与相邻原子置换，两者的可动性大体属于同一数量级，因此必须考虑溶质和溶剂原子的不同扩散速率，这首先被克肯达尔（Kirkendall）等人所证实。他们在 1947 年设计了一个实验。在质量分数 $\omega(\mathrm{Zn})=30\%$ 的黄铜块上镀一层铜，并在铜和黄铜界面上预先放两排 Mo 丝（Mo 不溶于铜或黄铜）。将该样品经 785℃扩散退火 56 天后，发现上下两排 Mo 丝的距离减小了 0.25mm，并且黄铜上留有一些小洞。假如 Cu 和 Zn 的扩散系数相等，以原 Mo 丝平面为分界面，两侧进行的是等量的 Cu 与 Zn 互换，考虑到 Zn 尺寸大于 Cu，Zn 的外移会引起 Mo 丝（标记面）向黄铜一侧移动，但移动量经计算仅为观察值的 1/10。由此可见，两种原子尺寸的差异不是 Mo 丝移动的主要原因，这只能是在退火时，因 Cu、Zn 两种原子的扩散速率不同，使 Zn 由黄铜中扩散出去的通量大于 Cu 原子扩散进入的通量。这种不等量扩散导致 Mo 丝移动的现象称为克肯达尔效应。随后又发现了 Ag-Au、Ag-Cu、Au-Ni、Cu-Al、Cu-Sn 及 Ti-Mo 等多种置换型扩散偶中都有克肯达尔效应。

9.4.2 渗层中的反应扩散

根据扩散时有无新相的形成，扩散可分为原子扩散与反应扩散。原子扩散是指扩散过程中没有晶格类型变化，无新相形成，而反应扩散是随扩散原子的增多超过基体固溶体溶解度极限时而形成新相的过程，如渗硼、氮化都将在钢件表面形成新化合物层，就是反应扩散。当某种元素通过扩散，自金属表面向内部渗透时，若该扩散元素的含量超过基体金属的溶解度，则随着扩散的进行会在金属表层形成中间相（也可能是另一种固溶体），这种通过扩散形成新相的现象称为反应扩散或相变扩散。

反应扩散形成的相可参考平衡相图进行分析。纯铁在 520℃氮化时，由 Fe-N 相图（图

9.6）可见形成了新相。由于金属表面N的质量分数大于金属内部，金属表面形成的新相将对应于高N含量的中间相。当N的质量分数超过7.8%时，可在表面形成密排六方结构的ε相（因N含量不同可形成Fe_3N、$Fe_{2\text{-}3}N$或Fe_2N），这是一种氮含量变化范围相当宽的铁氮化合物。一般氮的质量分数在7.8%～11.0%之间变化，N有序地位于Fe构成的密排六方点阵中的间隙位置。越远离表面，氮的质量分数越低，随后是γ′相（Fe_4N），它是一种可变成分较小的中间相，Ni的质量分数在5.7%～6.1%之间，N有序地占据Fe构成的面心立方点阵中的间隙位置。再向内是含氮量更低的α固溶体，为体心立方点阵。纯铁氮化后的表层氮浓度和组织如图9.7所示。值得指出的是，以上二元合金经反应扩散的渗层组织中没有两相混合区，在相界面处有浓度突变，这对应该相在一定温度下的极限溶解度。没有两相混合区，这是由于如渗层组织中有两相共存区，则两平衡相的化学势必然相等，即化学势梯度$\frac{\partial \mu_i}{\partial x}=0$，在这一区域中就没有扩散驱动力，扩散不能进行。同样的原因，三元系中渗层的各部分也不能出现三相共存区，但会有两相区存在。

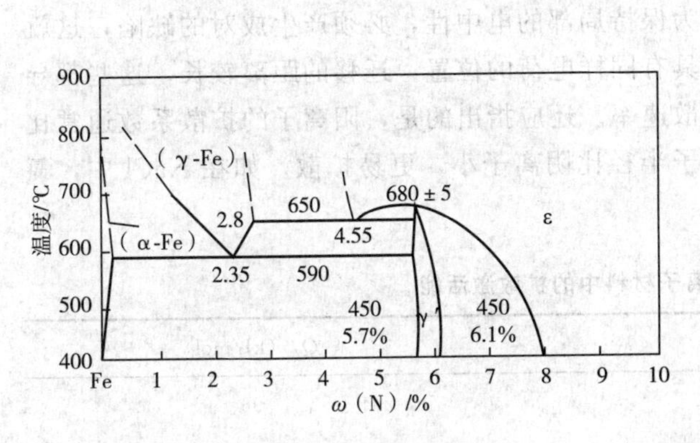

图9.6 Fe-N相图

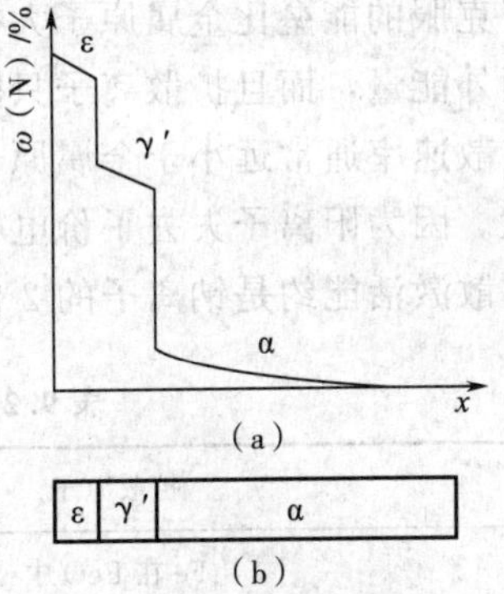

图9.7 纯铁氧化后的表面氮浓度(a)和组织(b)

9.4.3 离子晶体中的扩散

在金属和合金中，原子可以跃迁进入邻近的任何空位和间隙。但在离子晶体中，扩散离子只能进入具有同样电荷的位置，不能进入相邻异类离子的位置。离子扩散只能依靠空位进行。由于分开一对异类离子将使静电能显著增大，为保持局部的电荷平衡，需要同时形成不同电荷的两种缺陷，如一个阳离子空位和一个阴离子空位。形成等量阳离子和阴离子空位的无序分布称为肖特基（Schottky）型空位，图9.8表示NaCl晶体中形成的Na^+空位和Cl^-空位。

当形成一个间隙阳离子所需的能量比形成一个阳离子空位所需的能量小很多时，则形成阳离子空位的电荷可通过形成间隙阳离子来补偿，这样的缺陷组合形成弗仑克尔（Frenkel）型无序态，或称弗仑克尔型空位，如图9.9所示。同样，当形成一个间隙阴离子所需的能量远小于形成一个阴离子空位的能量时，则形成阴离子空位的电荷将由形成间隙阴离子来补偿，这是另一种弗仑克尔型无序态的缺陷组合。

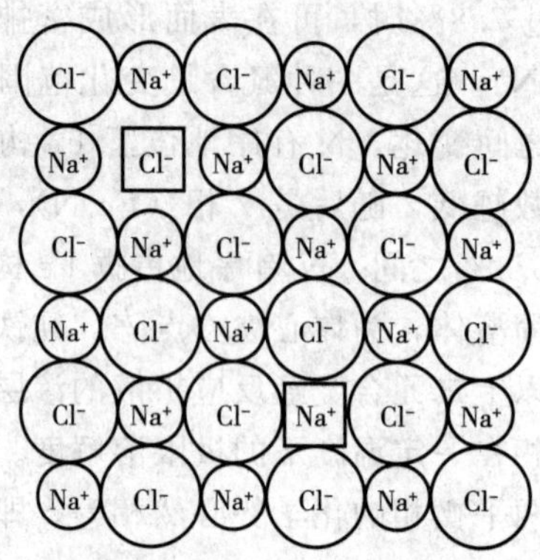

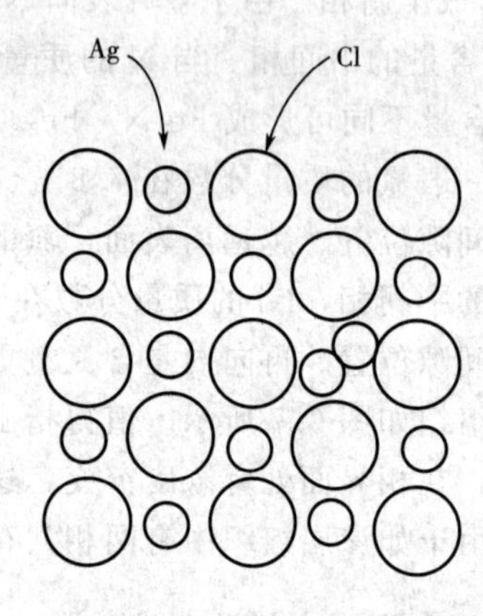

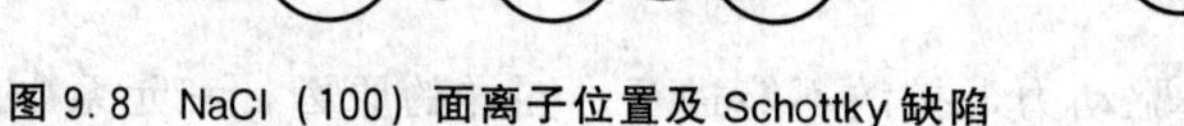

图 9.8　NaCl（100）面离子位置及 Schottky 缺陷

图 9.9　Frenkel 缺陷

在离子晶体中，由于离子材料中的扩散激活能（表 9.2）远大于金属键的结合能，扩散离子所需克服的能垒比金属原子大得多，为保持局部的电中性，必须产生成对的缺陷，这就增加了额外能量，而且扩散离子只能进入具有同样电荷的位置，迁移的距离较长，这些都导致离子扩散速率通常远小于金属原子的扩散速率。还应指出的是，阳离子的扩散系数通常比阴离子大。因为阳离子失去了价电子，离子半径比阴离子小，更易扩散。如在 NaCl 中，氯离子的扩散激活能约是钠离子的 2 倍。

表 9.2　某些离子材料中的扩散激活能

扩散原子	Q/（kJ/mol）
Fe 在 FeO 中	96
Na 在 NaCl 中	172
O 在 UO_2 中	151
U 在 UO_2 中	318
Co 在 CoO 中	105
Fe 在 Fe_3O_4 中	201
Cr 在 $NiCr_2O_4$ 中	318
Ni 在 $NiCr_2O_4$ 中	272
O 在 $NiCr_2O_4$ 中	226
Mg 在 MgO 中	347
Ca 在 CaO 中	322

9.5　影响扩散的因素

由扩散定律可以看出，扩散的快慢与扩散系数密切相关，并与温度和扩散激活能等有关。

9.5.1 温度

温度是影响扩散系数的最主要因素。温度越高，原子热激活能越大，越易发生迁移，扩散系数越大。扩散系数与温度的函数关系为：

$$D = D_0 e^{\left(-\frac{Q}{RT}\right)} \tag{9-20}$$

式中，D_0 为常数；Q 是扩散激活能；R 为气体常数；T 为绝对温度；D 为扩散系数。

式（9-20）也表明，温度越高，原子热振动越激烈，越容易发生迁移，扩散系数越大。如渗碳时，温度从927℃提高到1027℃，扩散系数增大三倍，渗碳速度也增加三倍。在实际生产中受扩散控制的过程，都要考虑温度的重要影响。

9.5.2 晶体结构

具有同素异构转变的金属，当它们的晶体结构改变后，扩散系数会随之发生较大变化。如Fe在912℃时，α-Fe的自扩散系数约是γ-Fe的240倍。这是由于体心立方点阵的致密度小，原子较易迁移。扩散系数也受到晶体各向异性的影响，如六方晶系沿［0001］方向扩散速度与沿<2110>方向扩散速度有很大差别。晶体结构对称性越低，差别越大。

不同类型的固溶体，原子的扩散和机制不同。扩散激活能不同，扩散速度也有差别。间隙固溶体的扩散激活能一般都较小，例如C、N在钢中组成的间隙固溶体，其激活能比组成置换固溶体的Cr、Ni等要小得多，扩散速度要大。所以在钢件表面，渗碳、渗氮要比渗金属快，达到同一浓度所需时间短。

9.5.3 元素浓度

无论是间隙固溶体还是置换固溶体，溶质浓度越大，其扩散系数越大。图9.10为γ-Fe中含碳量对扩散的影响。扩散系数D随含碳量增加而增大。在有些合金中，扩散系数随浓度增加而增大的变化更为显著。这是由于溶质在固溶体中的溶解度越大，造成扩散元素的浓度梯度越大，将会使扩散加速。碳在α-Fe中最大固溶量为0.02%，而在γ-Fe中最大固溶量为2.11%，相差约100倍。虽然碳在α-Fe中的扩散系数受晶格种类的影响很大，但碳的扩散速度在γ-Fe中仍是最高。所以渗碳温度常选在钢的奥氏体区，同时也要考虑高温对碳扩散的影响。

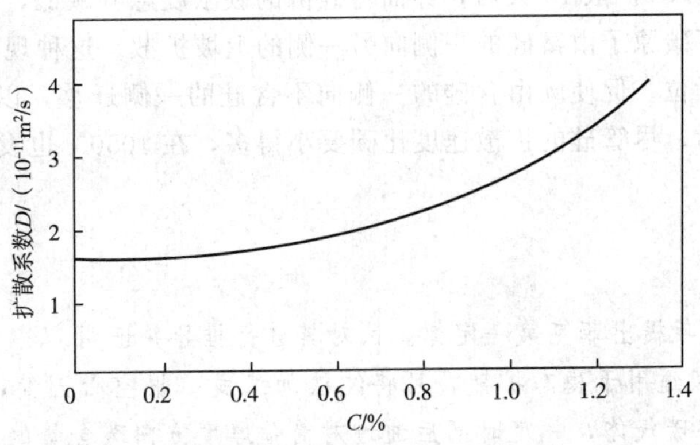

图9.10　碳在铁中的扩散系数与浓度关系（927℃）

在实际应用中为使计算简化，常把某金属在一定温度下的扩散系数 D 假定为常数，这虽然与实际情况不符，但当固溶体中溶质浓度较低或扩散层中浓度变化不大时，误差在可接受的范围。

9.5.4 晶体缺陷

空位是晶体中的一种平衡缺陷。温度越高，空位浓度越大，原子跃迁进入空位所需的能量越小，原子借空位的运动而迁移。空位能显著地提高置换式固溶原子的扩散速度。位错密度增加会使晶体中的扩散速度加快，原子在位错中心区域或在其附近扩散的跳动频率大于点阵内部，因而加速了原子在晶体内的迁移。如冷加工后金属中位错密度很高，其原子的扩散速度比位错密度低的金属要大得多。在多晶体金属或合金中，扩散既能在晶体内部也可沿自由表面、晶界进行，分别用 D_S、D_L 和 D_B 表示三者的扩散系数。实验测定物质在双晶体中的扩散情况。在垂直于平面晶界的表面 $y=0$ 处，蒸发沉积放射性同位素 M 扩散退火后 $D_L>D_B>D_S$。一般来说，表面的扩散系数 D_L 最大，晶内的扩散系数 D_S 最小，而晶界的扩散系数 D_B 则介于二者之间。其原因是晶体表面及晶界原子排列的规律性较差，点阵畸变较大，能量较高，此处的激活能较低。由于晶界、表面及位错等都可视为晶体中的缺陷，缺陷产生的畸变使原子迁移比在完整晶体内容易，从而使这些缺陷中的扩散速度大于完整晶体内的扩散速度，常把这些缺陷中的扩散称为短路扩散。

9.5.5 第三组元

当均匀晶体中引入第三组元时，一方面可能导致扩散介质产生晶格畸变，另一方面也可能使扩散粒子附加上键力，前者将使扩散系数增大，后者则使之减小。一般说来，凡第三组元能与扩散介质形成化合物的扩散将减慢扩散，而不形成化合物的则会因使晶格畸变，活化能降低而加速扩散。第三组元对二元合金中组元扩散的影响比较复杂，在碳钢中加入强碳化物形成元素 W、Mo、V 等，会使 C 在 Fe 中的扩散速度明显变慢，加入能溶入碳化物的合金元素 Mn 则对 C 扩散没有影响，而非碳化物形成元素 Co 等加速 C 的扩散，在铝-镁合金中添加 2.7%（质量）的 Zn，使镁在铝中的扩散速度减小了一半。

除影响扩散速度外，第三组元的加入还可改变扩散组元的化学位，从而影响了扩散方向。如由 Fe-0.44C 和 Fe-0.48C-4Si 组成的扩散偶，在初始阶段扩散偶中碳没有明显的浓度梯度，然而经过 1050℃ 扩散 13 天后，界面富硅侧的碳浓度急剧减低，另一侧碳浓度则急剧升高。这说明发生了碳原子由富硅的一侧向另一侧的上坡扩散。这种现象的出现是由于硅提高了合金中碳的化学位，促使碳由含硅的一侧向不含硅的一侧迁移，以达到化学位的平衡。经过一段时间扩散后，尽管硅的扩散速度比碳要小得多，在 1050℃也发生扩散。

思考题：

1. 菲克在 1855 年提出菲克第一定律。试对其进行推导并证明。

2. 扩散第一定律适用于稳态扩散，可将纯铁加工成一根空心圆筒，放在高温炉中加热保温并在圆筒内通渗碳气体，一定时间后通过对筒壁厚度方向碳含量的测定得到碳在铁中的扩散系数。对这一方法的理论基础进行推导。

3. 扩散第二定律是由第一定律导出的，它也可普遍用于一般扩散过程，具体有哪些应用？

4. 在对扩散过程进行分析时为计算上的方便引入误差函数 ，请对这一误差函数的使用方法进行说明。

5. 分析扩散系数的物理学微观意义。

6. 金属材料的结构和化学成分会影响到扩散的方式，以置换型固溶体为例对金属材料中的扩散行为进行讨论。

7. 温度是影响扩散系数的最主要因素，使用扩散系数与温度的函数关系，说明在生产中对受扩散控制的过程，如何考虑温度的影响。

8. 元素在晶内、晶界及相界的扩散系数是不同的，对这一现象进行分析。

第10章 复合材料

现代工业技术对材料的性能提出了许多新要求，单一材料满足这种高要求的综合指标非常困难，甚至是不可能的。把两种或两种以上材料复合在一起，使其性能互补，相互协调就能满足多种性能要求，这就是复合材料。它是通过将两种或两种以上物理、化学性质不同的材料经复合而得到的一种具有优越性能的固体材料。

10.1 复合材料的分类

复合材料的发展与增强材料的发展紧密相关。早在几千年前，人类便用麻、草和泥土砌墙，这成为早期原始的复合材料。20世纪50年代，玻璃纤维增强塑料（玻璃钢）成为第一代现代复合材料的代表。20世纪60年代人们发展了碳纤维，SiC纤维、碳纤维增强树脂便是这一时期的代表。复合材料的显著特征是材料性能的可设计性、各向异性及材料和结构一次成型性。工程中根据特定构件性能要求选择基体、纤维及含量，选择复合工艺及纤维排列方式，为优化设计提供了便利的条件。材料和结构件一次成型，避免了烦琐的冷加工和热加工过程。结构复合材料，与传统材料相比，具有高的比强度和比模量，疲劳性能好，减振性好，高温性能好。

复合材料通常由基体、增强体以及基体与增强体之间形成的界面组成，最主要的有以下3种分类方法。

① 按复合效果分为结构复合材料和功能复合材料两大类。前者主要在工程结构中作为结构材料，后者具有独特的物理特性，用作功能器件。

② 按基体类型分为树脂基或聚合物基复合材料 RMC（resin matrix composite）、金属基复合材料 MMC（metal matrix composite）、陶瓷基复合材料 CMC（ceramic matrix composite）等。

③ 按增强体的形态与排布方式分为颗粒增强复合材料、纤维增强复合材料、短纤维或晶须增强复合材料、单向纤维复合材料、二向织物层复合材料、三向及多向编织复合材料、混杂复合材料等。

10.1.1 增强体的性能

增强体为复合材料中承受载荷的组分。按几何形状来分，增强体有零维的颗粒状、一维的纤维状、二维的片状和三维的立体结构。按属性来分则有无机增强体和有机增强体，其中有合成的也有天然的。主要的增强体是纤维状的，如无机的玻璃纤维、碳纤维，还有少量碳化硅等陶瓷纤维，有机的则有芳酰胺纤维（芳纶）。表10.1列出了常见增强体的性能参数。从表10.1中可知增强体的特点是高强度、高模量。增强体直径较小，含有缺陷的概率小，所以保持了高强度、高模量的特性，用于航空、航天结构件复合材料的增强体密度一般都较低。

表10.1 常见增强体的性能参数

商品名及牌号	直径/μm	密度/（$g \cdot cm^{-3}$）	抗拉强度/MPa	弹性模量/GPa
E玻璃纤维	9～15	2.6	3232	72
T-300碳纤维	7	1.76	3500	230
T-1000碳纤维	5	1.82	7060	294
M60J碳纤维	5	1.94	3820	588
Nextel 480 Al_2O_3纤维	10～12	3.05	2275	224
Nicalon SiC纤维	10～15	2.55	2450～2940	167～176
SCS-6SiC纤维	140	3	＞4000	400
B_4C涂复钨芯硼纤维	140	2.5	3700	400
Kevlar49芳纶纤维	12	1.44	1760	62
APMOC芳纶纤维		1.43	5000	150
W丝	13	19.4	4020	407
钢丝	13	7.74	4120	193
β-SiC晶须	0.1～1	3.85	约70000	＞6000
α-Al_2O_3晶须	20	3.95		379

从复合材料结构单元的尺度上，把增强体颗粒尺度为1～50μm的称为颗粒增强复合材料，把尺度小于1μm大于等于0.01μm的称为分散强化（弥散强化）复合材料，而把亚微米至纳米级的称为精细复合材料，其强化原理各不相同。功能材料有时要在微米至纳米级上进行复合。如在电磁、声、光用材料领域中，由于电磁波和弹性波在媒质中传播时的波长为500～5000nm，如果复合单元本身及其间隔大于激励波长λ时，那么波在材料中传播时将产生严重的散射或反常谐振，严重影响波的传播。在这种情况下，复合材料的尺度要远小于激励波长λ，才能发挥复合结构所提供的优越性能。也就是说，材料的复合尺度应该在5～500nm左右，实际上就是微米复合材料或纳米复合材料。当材料的尺度进入亚微米时，块状材料热力学统计平均规律开始失效，热力学尺寸效应显露出来了。当材料的尺度进一步下降到纳米尺度时，量子尺寸效应变得突出起来。热力学尺寸效应和量子尺寸效应都会使材料性能发生剧烈的变化。复合材料中第二相尺寸小于某一临界值时，就会发生与大尺寸第二相不同的行为。光学特性的计算结果表明，透光性陶瓷光的透过率随第二相尺寸而发生变化，

在同样体积分数下，随第二相尺寸的减小，光的透过率和传播距离都增加。当第二相尺寸与光的波长相比充分小时，即使第二相的体积分数达 50%也能制出透光性好的光学材料。复合材料的各向异性效应非常容易理解，显然纤维方向的强度比与其垂直的横向强度要高。无论从力学性能、物理性能和化学性能，复合材料均能体现出各向异性，可从零维到三维按设计改变所需要的各向异性。

10.1.2 材料的复合效应

复合材料具有特殊的复合效应，使得复合材料不但基本保持了原有组分的性能，还增添了原有组分没有的性能。复合效应分为线性效应、非线性效应、界面效应、尺寸效应及各向异性效应。线性效应又可分为平均效应、平行效应、相补效应、相抵效应。非线性效应细分为乘积效应、系统效应、诱导效应、共振效应。相补效应（协同效应）和相抵效应（不协同效应）往往是共存的。人们要通过原材料的选择、设计和工艺尽可能得到相补的情况，尽量避免或减少相抵的情况出现（有时是无法避免的）。例如铌酸铅（$PbNb_2O_6$）是最好的水声换能器单一材料，其优值为 2000×10^{-15} m^2/N。当把钛酸铅（PZT）压电陶瓷（其优值为 $200\times10^{-15}m^2/N$）与高分子聚合物复合起来，最优值可高达 200000×10^{-15} m^2/N，是 PZT 陶瓷的 1000 倍以上，这个数值是任何单一材料都难以达到的，充分体现了相补效应。

混杂复合材料（hybrid composite）最能体现相补和相抵效应。混杂复合材料是由两种或两种以上纤维增强同一基体或两种相容的基体，混杂复合而成的材料，也可以看作是两种或两种以上单一复合材料混杂复合而成的材料。它可以是两种纤维增强同一基体，也可以是颗粒和纤维增强同一基体，长纤维和短纤维增强基体。混杂复合材料会产生混杂效应，它是与单一复合材料相比较而言的。广义地说，混杂效应是指混杂复合材料的某些性能偏离按混合定则计算结果的现象，向性能改善偏离的情况称为正混杂效应，向性能下降偏离的情况称为负混杂效应（相抵效应、不协同效应）。由于有多种性能，在混杂效应中，不可能全部是正混杂效应，也不可能全部是负混杂效应，最现实的是某些性能出现正混杂效应，另一些性能出现负混杂效应。只要设计的复合材料中人们关心的性能得到改善，而负混杂效应所带来性能的降低可以接受时，这种混杂复合材料仍然是成功的。混杂复合材料在改善材料韧性方面和抗疲劳性能方面取得了相当成功的效果，例如 ARALL 混杂复合材料是芳纶增强铝和树脂的按层混杂复合材料，其强度比 2403-T_3 铝合金高，其疲劳性能更好。

在非线性效应中，乘积效应（product properties）又称为传递特性、交叉耦合效应。乘积效应对开发新型功能材料指明了方向，利用这种效应不仅能获得更强的性能，还可利用它创造出任何单一材料所不具备的新功能。如把钴铁氧体（$CoFe_2O_4$）的微粉和钛酸钡（$BaTiO_3$）铁电微粉复合，利用钴铁氧体在磁场中的磁致伸缩产生应力，应力传递到钛酸钡微粉上，通过钛酸钡的压电效应把应力转变成电势，从而完成磁和电之间的变换。这种复合材料的磁电效应是目前最好的单晶材料的 100 倍。

系统效应的机制尚不清楚，但已证明其存在。如彩色胶片是由红、黄、蓝三种感光层复合而成，其结果却是五彩缤纷的画面，又如复合涂层会使材料表面硬度大幅度提高，远超按混合定则的估算值，表明其中应有构成系统的物理效应。诱导效应也是在实验中发现的，如增强体的晶形会通过界面诱导基体结构改变而形成界面层相。共振效应，即两个相邻物体在一定条件会发生共振是众所周知的。

界面效应既和界面结合状态、形态及物理、化学等特性密切相关，也和界面两侧材料的浸润性、相容性、扩散性等密切相关。这些问题仍在研究探索中。正是由于界面效应的存在，复合材料各组分间呈现出协同作用。界面效应可归纳为6种：①能阻止裂纹扩展，中断材料破坏，减缓应力集中的阻断效应；②在界面上引起的物理性质（如电阻、介电特性、磁性、耐热性、尺寸稳定性等）的不连续性和界面摩擦的不连续效应现象；③光波、声波、热弹性波、冲击波等在界面产生的散射和吸收效应，如透光性、隔热性、隔音性、耐冲击性等；④在界面产生的感应效应，特别是应变、内部应力和由此而引起的现象，如弹性、热膨胀性、抗冲击性和耐热性的改变等；⑤材料结晶时易在界面形核，界面形核诱发了基体结晶的界面结晶效应；⑥基体与增强材料间的界面化学效应，这是官能团、原子分子之间的相互作用。

10.2　复合材料的增强原理

复合材料中各结构单元所起的作用并不相同，基体主要用于固定和黏附增强体，并将所受载荷通过界面传递到增强体，当然自身也承受少量载荷。基体还能起到类似隔膜的作用，将增强体分隔开。当增强体发生损伤或断裂时，裂纹不会直接从一个增强体传递到另一个增强体。在复合材料的加工和使用中，基体还能保护增强体免受环境的化学作用和物理损伤等。按照增强体的种类和形态可以把结构复合材料分为3类，即弥散增强型、粒子增强型和纤维增强型。

10.2.1　弥散增强型

弥散增强主要是指在金属基体中加入颗粒尺寸小，而且不是脱溶沉淀出的第二相。一般加入的都是硬质颗粒，如 Al_2O_3、TiC、SiC 等。这些弥散于金属或合金中的颗粒，能有效阻止位错的运动，强化作用显著。其强化原理与脱溶沉淀类似，基体仍是承受载荷的主体。正因为这些外加质点不是相变脱溶产生的，随着温度的升高仍可保持原有的尺寸，其增强效果在高温环境中仍能保持较长时间，使复合材料的抗蠕变性能、持久性能明显优于基体合金。为使弥散增强效果最佳，所加入的质点硬度高、性能稳定并不与基体产生化学反应，它的尺寸、形状和体积分数及与基体的结合都要进行考虑。

一般来说，若质点间距为 D_p，复合材料产生塑性变形时，剪应力应为复合材料的屈服强度，即：

$$\tau_y = \frac{G_m b}{D_p} \tag{10-1}$$

式中，G_m 是基体剪切模量；b 为柏氏矢量的模。

基体的理论断裂强度约为 $G_m/30$，基体的理论屈服强度约为 $G_m/100$，它们分别为位错运动所需要剪应力的上限和下限。代入式（10-1）后，可得到增强作用质点距离 D_p 的上、下限分别约为 0.3μm 和 0.01μm。如质点直径为 d_p，体积分数为 φ_p，质点呈弥散均匀分布，有如下关系：

$$D_p = \left(\frac{2d_p^2}{3\varphi_p}\right)^{\frac{1}{2}}(1-\varphi_p) \tag{10-2}$$

代入式（10-1）可得复合材料的屈服强度 τ_y 为：

$$\tau_y=\frac{G_m b}{\left(\frac{2d_p^2}{3\varphi_p}\right)^{\frac{1}{2}}(1-\varphi_p)} \tag{10-3}$$

可见质点尺寸越小，体积分数越高，强化效果越好。但过高的 φ_p 在工艺上难以实现，还要以牺牲材料的韧性为代价，所以一般 φ_p 取 0.01～0.15，d_p 值为 0.1～0.01μm。

10.2.2 纤维增强型

若纤维在基体中呈单向均匀排列，则沿纤维方向，复合材料的性能可表示为：

$$P_c=P_f\varphi_f+P_m\varphi_m \tag{10-4}$$

式中，P_c 为复合材料的某一性质，例如强度、弹性模量、泊松比、密度、导热性、导电性、应力、磁导率、比热等，P_f 为增强材料的某一性质，P_m 为基体材料的某一性质；φ_f 是增强材料的体积分数，φ_m 为基体体积分数，有 $\varphi_f+\varphi_m=1$。应当注意到密度和比热用上式计算时并无方向性。

在复合材料的制造中，会造成纤维的部分损伤，与基体结合也有缺陷，排列方向性也可能不够理想。考虑这些因素，工程中为了更准确地计算纤维方向的弹性模量，其计算式可改为：

$$E_c=k\ (E_f\varphi_f+E_m\varphi_m) \tag{10-5}$$

式中，E_c 为复合材料的弹性模量，E_f 是增强材料的弹性模量，E_m 为基体材料的弹性模量，k 是一个常数，在 0.9～1.0 范围内。若是理想复合材料，则 k 取 1，否则取其他值。在外力大到使基体发生塑性变形以后，复合材料的应力-应变曲线将不是很好的直线，基体对复合材料的刚度可忽略不计，此时复合材料的模量可表示为：

$$E_c=kE_f\varphi_f \tag{10-6}$$

如外载荷垂直于单向连续纤维复合材料的纤维方向，纤维与基体对复合材料线性伸长的作用相互无关，每一组元的应变加权和等于复合材料的总应变，于是可导出垂直于纤维方向弹性模量的计算式为：

$$\frac{1}{E_c}=\frac{\varphi_f}{E_f}+\frac{\varphi_m}{E_m} \tag{10-7}$$

对于混杂复合材料，若 E_{f1} 和 E_{f2} 分别表示第一种纤维和第二种纤维的弹性模量，则单向排列纤维的混杂复合材料模量可表示为：

$$E_c=E_{f1}\varphi_{f1}+E_{f2}\varphi_{f2}+E_m\varphi_m \tag{10-8}$$

式中，φ_{f1}、φ_{f2}、φ_m 分别表示第一种纤维、第二种纤维和基体的体积分数，$\varphi_{f1}+\varphi_{f2}+\varphi_m=1$。式（10-5）～式（10-8）适于拉伸和压缩载荷的计算，但在拉伸下更为精确。单向连续纤维复合材料的强度已不能由混合定则准确地预测，但仍是可以利用的。一般复合材料在纤维方向的抗拉强度 σ_{cu} 可写为：

$$\sigma_{cu}=\sigma_{fu}\varphi_f+\sigma_m^*\varphi_m=\sigma_{fu}\varphi_f+\sigma_m^*\ (1-\varphi_f) \tag{10-9}$$

式中，σ_{fu} 为纤维抗拉强度，σ_m^* 是纤维断裂时基体应力。计算中考虑到一般纤维的断裂应变要小于基体断裂应变，纤维又是复合材料的主要承载者，因此先于基体断裂。纤维断裂应变可用 σ_{fu}/E_f 计算，然后据基体的应力-应变曲线，找到相当于 σ_{fu}/E_f 的应力 σ_m^*。为简化问题，也可用基体屈服强度 σ_{my} 近似代替 σ_m^*，由于基体不承担全部载荷，这样的近似处理不会引起很大的误差。值得注意的是该式仅限于拉伸载荷。

由式（10-5）和式（10-9）可知，第一项是纤维对复合材料弹性模量和抗拉强度的贡献，第二项是基体对复合材料弹性模量和抗拉强度的贡献。以玻璃纤维增强环氧树脂基体为例，E_c/E_m 大于 20，σ_{cu}/σ_{mu} 约大于 25，即使加入的玻璃纤维体积分数为 10%，其复合材料的弹性模量和抗拉强度也为基体弹性模量和抗拉强度的几倍，明显起到了增强效果。这里未考虑复合材料在受力时，由于纤维和基体界面结合，纤维的变形受到基体的限制，反之纤维也限制基体的变形，使纤维和基体都因此得到强化。这种强化作用，或者说复合效应对复合材料强度也有贡献。从式（10-9）还可看出，复合材料的强度由两部分线性组成，即纤维为一部分、基体为另一部分。应该指出的是，单向复合材料在纤维方向的抗拉强度大大高于抗压强度，但拉伸和压缩模量近似相等；在垂直于纤维方向的拉伸强度甚至低于基体强度，压缩强度却高于基体强度，拉伸和压缩模量都高于基体。

短纤维和晶须增强复合材料与连续纤维复合材料相比，增强效果不好，但短纤维和晶须增强复合材料的成本低，因此短纤维和晶须复合材料仍具有一定的优越性。

10.3　复合材料的界面现象

复合材料的界面是通过物理和化学作用把两种或两种以上异质、异形和异性的材料复合起来。一般把基体和增强体之间化学成分有显著变化且彼此结合、能传递载荷作用的区域称为界面。界面是有层次的，例如金属纤维增强体内部还有晶界，这是更细层次的界面问题，这里讨论的复合材料界面不属于这种问题，仅涉及基体和增强体之间的界面。界面不是简单的几何面，而是一个过渡区域。一般这一区域是从增强体内部性质不同的那一点开始到基体内部与基体性质相一致的某点止。该区域材料的结构与性能应该不同于组分材料的任意一个，该区域可简称为界面相或界面层。界面和界面相是有区别的，但习惯上把界面相的问题统称为界面问题。界面厚度很小，可以是几个 nm 到几百个 nm。

界面区域由于增强体细小所占面积比例很大，如碳纤维增强的复合材料 $100cm^3$ 体积中界面面积约为 $89m^2$。因此界面的性质、结构、完整性对复合材料性能影响很大。制造复合材料的工艺、界面结构和复合材料宏观表现出的性质是不可分割的，相互之间影响很大。

10.3.1　界面的结合

要形成复合材料，必须在界面上建立一定的结合力。界面结合力大致可分为物理结合力和化学结合力。物理结合力一般指范德瓦耳斯力，包括偶极定向力，诱导偶极定向力和色散力，也可将氢键作用力归入物理结合力范畴，但氢键的结合力大大高于前三种结合力；化学结合力是在界面上产生共价键和金属键。下面对陶瓷基和金属基、树脂基复合材料的界面进行讲述。

（1）金属基和陶瓷基

①机械结合，依靠粗糙表面机械结合和依靠基体复合中的收缩应力包紧增强体的摩擦结合。机械结合仅限于应力平行于纤维时才能承载，而应力垂直于界面时承载能力很小。实践中应避免这种结合方式。例如 Al_2O_3-Ni 之类的复合材料，当复合不充分时发生此类结合。

② 溶解和浸润结合，基体能润湿增强体，相互之间发生扩散和溶解形成结合，其作用力是短程的，只有几个原子间距。例如 C-Ni 即属于此类。当增强体表面存在氧化物时，需

要有一种机械力（例如超声波）破坏氧化膜才能产生润湿。当增强材料表面能很小不能被润湿时，可以借助涂层予以改善。

③ 反应结合，特征是通过基体与增强体的反应生成化合物。例如硼纤维增强钛合金在界面上生成 TiB_2，实际上界面反应层不仅仅是一种单纯化合物，而是复杂的，有时会产生交换反应结合，即发生两个或多个反应。一般情况下随反应程度增加，其结合强度亦随之增加，但到一定程度后反而会有所减弱，这是因为反应物大多是一种脆性物质，界面上形成的残余应力可使其发生破裂。有时在生成化合物的同时还会通过扩散发生元素交换。

④ 氧化结合，增强体表面吸附空气带来的氧化作用或是氧化物纤维与基体的结合。例如硼纤维增强铝合金时，硼纤维吸附氧与之形成 BO_2，这层氧化物与铝接触又还原 BO_2 生成 Al_2O_3 形成氧化结合。又如 Al_2O_3 增强 Ni 时，由于氧化作用生成 $NiO \cdot Al_2O_3$ 层，削弱了纤维强度，应尽量避免。

⑤ 混合结合，是上述几种结合方式的组合，其存在较普遍，是最重要的一种结合方式。

（2）树脂基

① 化学键合，基体表面的官能团与增强体表面上的官能团发生化学反应，形成共价键结合的界面区。这一结合方式在增强材料表面处理后与偶联剂结合从而强化增强体。

② 浸润-浸吸附结合，增强材料被基体浸润，即物理吸附所产生的界面结合。这种结合有时会超过基体的内聚力。

③ 扩散结合，界面扩散作用使原有平衡的状态被破坏，形成界面模糊区。例如玻璃纤维增强树脂基体，采用的偶联剂一端与玻璃纤维基质表面以化学键结合（或同时有配位键、氢键），另一端可熔解扩散于界面区域的树脂中，与树脂大分子链发生纠缠或通过互穿高聚物网络（IPN）形成键合，如图 10.1 所示。

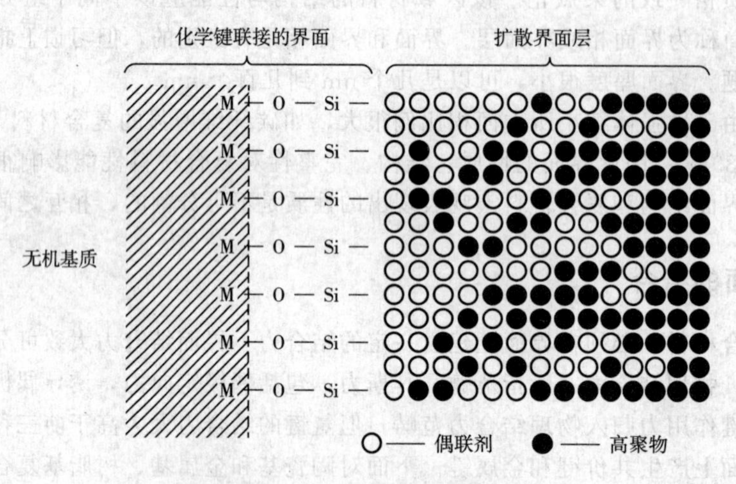

图 10.1 界面扩散层模型

④ 机械结合，类似于前述金属基复合材料。

⑤ 静电结合，两相物质对电子的亲和力相差较大时（如金属与聚合物），在界面区容易产生接触电势并形成双电层，静电吸引力是产生界面结合力的直接原因之一。氢键可看作一种静电作用。

实际界面的结合方式不是单一的，常是以上几种结合方式的组合，是以混合的形式结合。界面形成和作用机制复杂，至今还远未认识清楚，还不能理解和解释界面现象。

10.3.2 粒子增强型

在金属基体中加入粒子进行增强与弥散强化的最大不同点是粒子的尺寸，粒子的尺寸为1～50μm，粒子间距为1～25μm，体积分数为0.05～0.5。这种复合材料的粒子也可承担一部分载荷，基体仍承担主要载荷，通过粒子约束基体变形达到强化的目的。原则上加入的粒子仍然为坚硬的，几何形状也可以是任意的，但基本上以几何对称形状居多。在树脂基体中加入的粒子（也称填料）种类很多，尺寸与金属基复合材料类似，但共同特点是粒子具有亲水性。粒子的化学成分、来源、制备方法、晶型、颗粒形状、颗粒度、粒度分布、比表面积、表面结构、杂质含量都是影响复合材料性能的因素，填料有碳酸盐、磷酸盐、碳素和金属粒子等。很多粒子都是极性很强的固体颗粒，极性较强的树脂基体与无机填料粒子有较强的结合力，填料可对基体有补强作用。当材料出现裂纹时，填料粒子可在两个裂纹面起到桥架的作用。热固性树脂交联密度高，通常较脆，但极性较强，可用无机填料补强。无机填料与无极性或弱极性的聚乙烯、聚丙烯等树脂基体的结合力小，粒子加入后反而会使冲击强度大幅度下降，不宜采用。为了增强无机填料与基体之间的结合力，常用偶联剂对填料表面进行处理，偶联剂对极性基体和无极性基体均适用。偶联剂用量约为复合材料量的1%，偶联剂具有两性结构，分子中一部分基团可与无机填料表面的化学基团反应，形成强的化学结合，另一部分可与树脂有很好的相容性或与树脂中的化学基团相互作用，从而起到把两种性质、大小不同的材料牢固结合起来的作用。

粒子增强复合材料的性能与增强体和基体的比例有关，某些性能只取决于各组成物质的相对数量和性能，复合材料的密度可用混合定则足够精确地描述为：

$$\rho_c=\rho_p\varphi_p+\rho_m\varphi_m \tag{10-10}$$

式中，ρ_c、ρ_p、ρ_m 分别表示复合材料、粒子和基体的密度；φ_p、φ_m 分别代表复合材料中粒子和基体的体积分数。

研究发现，粒子复合材料与纤维复合材料不同，其体积分数 φ_p 对复合材料弹性模量的影响并非呈线性关系，如图10.2所示，在一定范围内粒子 φ_p 增加时，其表观弹性模量增加不大，只有当粒子体积分数增加到一定程度时，其模量才大幅度增加。原因可能是 φ_p 小时，粒子彼此之间被基体隔开，对复合材料弹性模量影响较小，当 φ_p 达到一定数值后，粒子相互连接，这时增加粒子数的影响增大，但一般粒子复合材料很难达到这一体积分数。粒子增强复合材料的强度可分为两种情况，一种是适用于基体为晶体结构的复合材料，另一种适于任意基体材料。

对于基体为晶体结构的复合材料，当大的粒子存在于基体之上时，在不能绕过粒子的情况下，位错滑移到基体与粒子界面上受阻塞积，约束了基体变形，并在粒子与基体界面上产生应力集中，位错受力 σ_i 为：

$$\sigma_i=n\sigma \tag{10-11}$$

式中，σ 是名义应力或平均应力；n 为塞积的位错数。

根据位错理论：

$$n=\frac{\sigma^2 D_p}{G_m b} \tag{10-12}$$

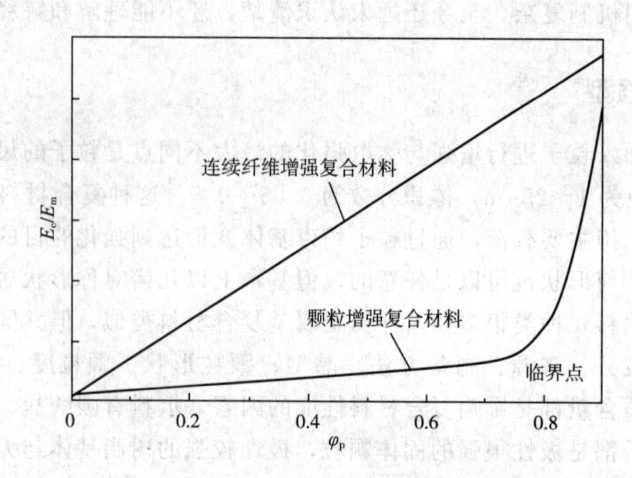

图 10.2 颗粒增强复合材料与连续纤维增强复合材料的弹性模量比较

$$\sigma_y=\frac{G_p}{30}=\frac{\sigma_y^2 D_p}{G_m b} \tag{10-13}$$

由此可得：

$$\sigma_y=\left(\frac{G_m G_p b}{30 D_p}\right)^{\frac{1}{2}} \tag{10-14}$$

将式（10-2）代入可得：

$$\sigma_y=\left[\frac{\sqrt{3}G_m G_p b\varphi_p^{\frac{1}{2}}}{30\sqrt{2}d_p(1-\varphi_p)}\right]^{\frac{1}{2}} \tag{10-15}$$

从上式可知，粒子直径 d_p 越小，体积分数 φ_p 越高，则复合材料强度越高，粒子对复合材料的增强效果越好。对于基体是非晶体或晶体的复合材料，其强度计算过程复杂，这里只给出结果。在界面无结合或结合差时，粒子增强复合材料的抗拉强度 σ_{cu} 为：

$$\sigma_{cu}=0.83\ p\alpha\varphi_p+K\sigma_{mu}\ (1-\varphi_p) \tag{10-16}$$

式中，p 为粒子通过界面受基体的正压力；α 是基体与粒子间的摩擦系数；σ_{mu} 为基体抗拉强度；K 是在界面无结合情况下加入粒子时基体强度降低因数，约为 0.7～1.0，$K=a+bd_p^{-\frac{1}{2}}$，a，b 为常数。

实际上界面未结合的不能称为复合材料，但制作材料加入粒子后，由于基体与粒子热膨胀系数的不同或是其他原因，在界面上总能形成对粒子的正压力 p，当粒子与基体表面粗糙度不同，基体受力变形时，受到粒子与基体间摩擦力的限制，也能使基体得到强化，不过作用不明显。从上式可知，φ_p 一定时，复合材料的强度随粒子直径的增大而降低（通过 K）。在基体和粒子界面未结合时，可通过提高二者之间的摩擦系数 α 及正压力 p 来提高强度。当基体与粒子界面有黏结时，其复合材料抗拉强度可表示为：

$$\sigma_{cu}=(\sigma_a+0.83\tau_m)\ \varphi_p+\sigma_a S\ (1-\varphi_p) \tag{10-17}$$

式中，σ_a 为界面黏结强度在外力方向所允许的最大应力；τ_m 是界面剪切强度（可假设等于基体剪切强度 τ_m）；S 为材料破坏时基体内平均应力与 σ_a 的比值，应力集中因数。

式中第一部分为粒子能够承载部分，第二部分为基体承载部分，说明粒子也能承受部分载荷，与弥散强化不同。该式还说明，界面黏结强度对复合材料性能影响明显，已有实验证明一种复合材料在界面无黏结时粒子承受的应力为 8.8 MPa，而在结合时却能承受 72 MPa，显著分担了基体承载。

10.3.3　纤维增强型

复合材料界面担当着把载荷由基体通过界面传递至增强体的任务，因此要求界面应有足够的强度，复合中的困难也通常是界面难以形成一定强度的结合。另一方面，复合材料断裂中，纤维的断裂、基体的变形与开裂、裂纹扩展中遇到增强体时的偏转曲折路径、纤维与基体界面脱黏和纤维从基体中克服摩擦力的拔出都要消耗能量，构成材料的韧性行为，其中以纤维拔出对韧性的贡献最大。因此，界面结合强度不是越高越好。虽然提高界面结合强度能有效传递载荷，进一步提高复合材料的层间剪切强度（ILSS），改善耐环境的性能，但纤维难以与基体脱黏和从基体中拔出，会导致韧性降低。

金属基和陶瓷基复合材料界面要考虑其在使用中的物理不稳定性和化学不稳定性。物理不稳定性表现在高温下增强体与基体存在化学位梯度，纤维有可能向基体不断熔解和扩散，造成界面不稳定、纤维损伤，复合材料强度降低。例如钨丝增强镍基合金，由于复合成形的温度低，钨丝并没有熔入合金而降低强度，但在 1100℃ 左右 50h 后，钨丝直径仅为原来的 60%，这说明钨已熔入镍合金中损失了强度。若用部分固溶体系，质量分数 W_{Ni} 为 0.38 的 Ni 基体与质量分数 W_{w} 为 0.3 的钨丝处于热力学平衡条件，界面化学位梯度接近于零，可防止 W 在 Ni 中大量溶解。当钨-铼合金丝增强铌合金时，钨也会熔入铌中，但由于形成很强的钨-铌合金对钨丝损失起了补偿作用，结果使强度保持恒定或有所提高，然而这种情况极少见。化学不稳定性主要指复合材料制造和使用中界面通过扩散产生基体与增强体的化学反应，生成不希望得到的脆性化合物。当这种化合物的厚度达到一定时，复合材料的强度会大幅度降低，因此预测化合物反应厚度十分重要。

要提高复合材料界面性能应降低界面残余应力、对基体进行改性或改善纤维表面性能。界面残余应力大多数是复合制作过程中留下的。复合材料制作工艺都有加热和冷却，由于基体和纤维导热性、弹性模量及热膨胀系数不同引起了这种残余应力。此外，增强体诱导基体结晶、基体相变、偏析也会引起残余内应力。例如结晶性树脂作为基体时，纤维表面有明显的成核效应，并形成横晶或柱状晶。柱状晶能与纤维形成良好的结合，界面具有较高的热稳定性和较高的弹性模量，但在远离纤维表面基体中又形成球晶，界面区在一定过冷度结晶进程中因内应力会使基体中出现裂纹。残余内应力与界面层的性质关系很大，具有纤维模量级的界面层比具有基体模量级的界面层影响更大，界面层模量增大带来不利的影响。残余应力会引发裂纹的产生，导致复合材料强度下降。对于树脂基复合材料，还会引起界面易受氧和水的环境作用，造成材料过早破坏。残余应力通常是不可避免的，只能设法减小。在加热和冷却后，热膨胀系数较大的组分受到张应力，而另一组分则受到压应力。陶瓷基和脆性基体基复合材料断裂往往起始于基体中的固有裂纹，应选择纤维热膨胀系数稍大于基体的（例如 $SiC\text{-}Si_3N_4$）纤维热膨胀系数为宜，使基体受压应力，利于得到较好的性能。此外，在选择纤维热膨胀系数稍大于基体热膨胀系数的同时，若采用混杂纤维和在基体中添加能吸收能量的物质，可使性能得到进一步改善。减小残余内应力的办法很多，例如对纤维表面梯度涂层，使弹性模量具有渐变特征，降低制造中的温度等。

通过基体改性和改进复合条件能有效地改变界面结合状态和断裂破坏的特征。例如采用双乙炔端基砜（ESF）与聚砜（PSF）进行混改性，在复合中形成半互穿网络结构，就可提高碳纤维复合材料界面黏结强度，使断裂破坏出现在基体中。在 SiC 纤维强化玻璃陶瓷中，通常在晶化处理时会在界面产生裂纹，若在基体中添加一定量的 Nb，在界面会形成数微米的 N_bC，获得最佳的界面，达到了陶瓷高韧化的目的。又如在铝合金基体中加入能与 C 生成更稳定碳化物的合金元素，如 Zr、Nb、Mo、Cr、Ti 和 V 等，它们除改进对碳纤维的润湿性外，对纤维影响很小，并减少了 Al_4C_3 有害化合物的生成。Ti 在碳纤维上形成 TiC，800℃浸铝后，复合材料强度可达 760 MPa。

纤维表面处理和涂层可改善纤维表面的性能，增加基体的浸润性，防止界面发生不良反应，改善界面结合。如在碳纤维增强铝基复合材料中，由于纤维表面能很低，一般不能被铝浸润，但用化学气相沉积（CVD）法在纤维表面上形成含有氯化物的 T_iB_2，则铝的浸润能力不仅大大改善，还抑制了碳-铝界面的不良反应。又如芳纶纤维与树脂基体结合时，由于纤维呈皮芯结构，纤维易轴向劈裂，引起复合材料层间剪切强度和抗压强度不高。可用活性气体等离子体进行芳纶表面处理或接枝聚合，对芳纶纤维进行表面改性，既可扩散到纤维内发生交联，又能调节界面特性，改善复合材料的剪切强度和破坏模式。

10.4 纳米自组装材料

纳米自组装技术的迅速发展拓宽了纳米材料的应用领域，利用自组装合成的纳米新材料也是一种新型的复合材料。近 30 年来，纳米材料作为一种发展活跃的新兴材料逐渐受到学术界和工业界研究人员的关注。纳米材料又称纳米结构材料，是指维度在纳米长度范围且处于孤立原子（或分子）和块状体之间的介观体系。纳米自组装技术通常利用纳米结构材料自身的结构特点或在其表面修饰具有特殊结构的功能基团等使其按照一定的规则自发地形成有序的周期性结构，即超结构或超晶体。科研工作者们已经开发了一系列典型的超结构的制备方法，包括水热-溶剂热法、热蒸发法、模板法及外场辅助法等。

从分散状态到凝聚状态的转变被称为自组装的开始，然后在各种较弱作用力的共同驱导下逐步形成结构有序且稳定的自组装体。自组装体不仅具有原来纳米结构单元的各自性质，而且还在光学、电学、磁学等其他方面具有优异特性，在生命医学、工业催化、新型能源等领域发挥着重要作用。纳米组件之间的相互作用方式涉及自组装过程的组装机制，决定着纳米自组装体的结构与性能，一直以来都是纳米自组装领域的研究热点。纳米自组装体的形成主要依靠组件之间的范德瓦耳斯力相互作用、静电力相互作用、氢键相互作用、磁力相互作用、熵驱动作用和 DNA 导向作用等在内的方式。

（1）范德瓦耳斯力相互作用

范德瓦耳斯力作为一种驱动纳米组件自组装的最常见非共价作用形式，是由相邻分子的瞬时极化而引起的。在一般情况下，范德瓦耳斯力以吸引的方式使纳米组件相互聚集，因此应使用合适的溶剂或配体来实现定向的自组装以形成不同维数的自组装体。二维单层 Au 纳米晶超结构分别由八面体形、立方形 Au 纳米晶在范德瓦耳斯力的相互作用下自组装而成，尺寸和形状高度均一的金纳米晶的临界浓度和彼此之间的范德瓦耳斯力相互作用决定着最终形成的金纳米晶超结构的结构与形貌。两亲性嵌段共聚物（BCP）官能化的金纳米颗粒（GNP）在范德瓦耳斯力的驱动下可以自发组装形成链式囊泡结构。BCP 在 GNP 表面的接枝密度对纳米颗粒的自组装过程有着重要影响，当 GNP 表面具有低接枝密度的 BCP 时，主要通过粒子核之间的范德瓦耳斯力进行相互作用，有利于形成一维的纳米粒子链结构；当

GNP 表面具有高接枝密度的 BCP 时，聚合物涂层之间的疏溶剂相互作用为主导作用，利于平面组装体的形成。随着体系中主要溶剂逐渐由四氢呋喃（THF）转变为 H_2O，粒子间增强的疏溶剂相互作用促进了囊泡结构的形成。

（2）静电力作用

纳米组件中带电粒子之间的静电力或库仑力所驱动的自组装也被广泛应用于纳米自组装技术。与范德瓦耳斯力不同，在通常情况下静电相互作用根据带电粒子所带电荷的差异可以表现为吸引力或排斥力。带有相同电荷的纳米组件间的静电排斥力可以防止纳米组件间发生团聚现象，起到稳定纳米胶束的作用；带有相反电荷的纳米组件之间的静电吸引力可以促进纳米自组装体的形成。同时可通过选择合适的溶剂或调整纳米组件的浓度、尺寸大小等来精确地调控自组装过程。利用静电相互吸引作用设计了一种 CdS 核-金等离子体卫星纳米结构，经过 3-氨丙基三甲氧基硅烷（APTMS）改性后，带正电荷的 CdS 纳米粒子能够有效地捕捉表面带有负电荷的 Au 纳米粒子，从而形成核壳状的纳米自组装体。静电筛选技术也被用于促进 DNA 纳米结构的组装。通过控制乙二胺分子的质子化和去质子化来调整 DNA 母链溶液的 pH，实现了四面体结构的纳米 DNA 的自组装与拆卸的可逆调控。另外，该方法也被广泛用于金纳米粒子、碳纳米管等其他纳米结构的可逆组装与调控。

（3）氢键作用

氢键在本质上是一种静电键，由正向极化的氢原子与相邻原子的负电荷强相互作用而形成。虽然氢键被广泛用于超分子化学，但近些年在自组装纳米技术中也得到了充分发展。已证明氢键作用在基于银基硫醇辅助生长的一维纳米纤维的自组装过程中起着主导作用。利用分子间氢键作为驱动力可设计结构可调整的有序 Ag-巯基烷基酸（Ag-MXA）纳米超团簇自组装体，通过调整直链分子巯基烷基酸碳链的长度和配体分子的比例，可以实现堆积因子和氢键密度的调控，最终使有序的超团簇呈现出与结构相依赖的机械性能，与随机组装的团簇相比，规则六边形和层状 Ag-MXA 纳米超团簇表现出更高的弹性模量。通过在 Ag-巯基丙酸（Ag-MPA）纳米超结构层间引入碱性阳离子，将层间的氢键转化为增强的离子键相互作用，最终自组装的层状纳米结构呈现出增强的弹性模量和优异的抗压性能。

（4）磁力相互作用

由磁力相互作用驱导的纳米自组装体往往会具有独特的性质。磁力克服了纳米粒子之间的热运动和静电排斥作用，磁性纳米粒子在邻近的磁性粒子或外场等形成的局部磁场的驱导下易于组装成一维纳米线、纳米链、纳米棒等结构，其中磁性粒子种类、大小、形状等会影响其磁性能，从而影响自组装过程。如由超顺磁性 Fe_3O_4 纳米粒子间的磁偶极-偶极相互作用自组装而成的线形结构，在外磁场的存在下，磁纳米线整齐平行地排列并沉积在固体硅基底上，同时能够抵抗磁场的变化和分子的热运动。通过组装适当表面电荷和大小的超顺磁性 $Fe_3O_4@SiO_2$ 胶体纳米晶簇形成颜色可调的光子结构，磁力相互作用可以快速驱导胶体光子组装体的形成，调节磁场强度和磁场方向，可以灵活地改变粒子间距和光子链的方向。磁力相互作用也经常和其他作用协同驱动纳米自组装，通过静磁场诱导和界面共组装合成了双层壳结构 $Fe_3O_4@n SiO_2@m SiO_2$ 一维磁性介孔纳米链，其中可以分别通过控制静磁场的强度和 SiO_2 的含量来实现纳米链的长度在 1～15μm 范围内、介孔层的厚度在 20～50nm 范围内（图 10.3）。

（5）熵驱动作用

在纳米自组装体系中，与范德瓦耳斯力、氢键、磁力等作用不同，熵效应无须通过纳米

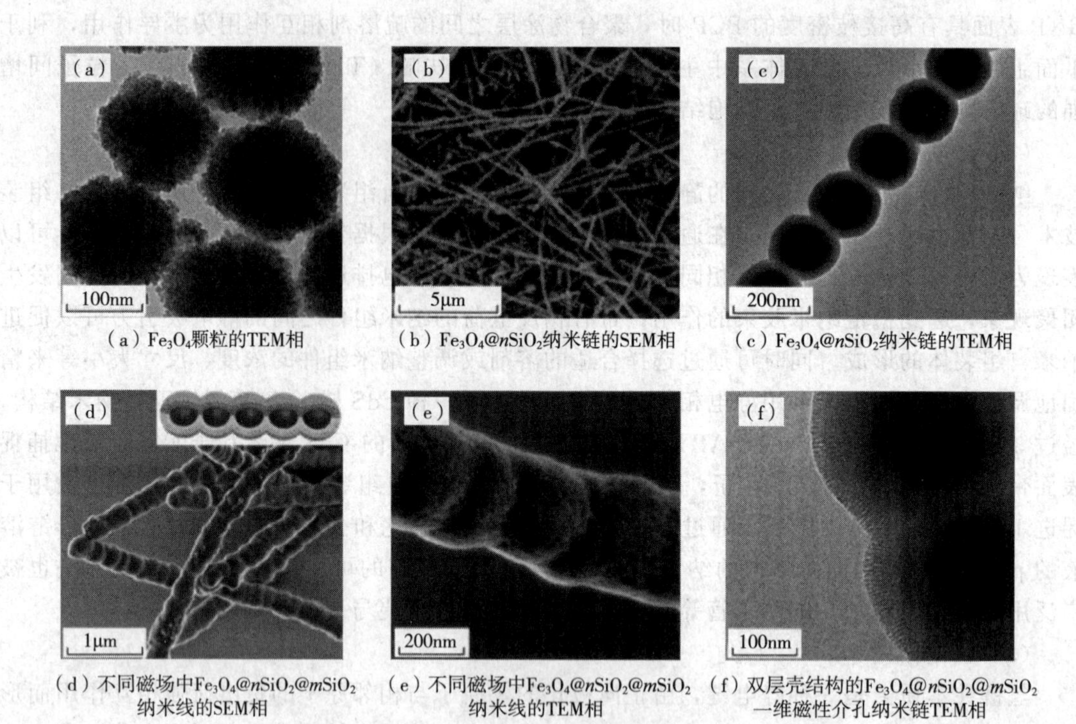

(a) Fe_3O_4颗粒的TEM相 (b) $Fe_3O_4@nSiO_2$纳米链的SEM相 (c) $Fe_3O_4@nSiO_2$纳米链的TEM相

(d) 不同磁场中$Fe_3O_4@nSiO_2@mSiO_2$纳米线的SEM相 (e) 不同磁场中$Fe_3O_4@nSiO_2@mSiO_2$纳米线的TEM相 (f) 双层壳结构的$Fe_3O_4@nSiO_2@mSiO_2$一维磁性介孔纳米链TEM相

图 10.3 磁场诱导和界面共组装合成的纳米材料

组件的分子或原子间电磁相互作用产生粒间电势也可以产生吸引和排斥相互作用，具体途径表现为通过长链分子形成“聚合物刷”来产生空间排斥作用或在小颗粒、溶剂分子的存在下形成耗尽吸引作用来实现自组装。可将有机嵌段共聚的两亲性分子和嵌段共聚两亲性分子接枝的无机金纳米粒子共组装成具有不同形状的混合囊泡，在混合囊泡中两亲性无机纳米粒子间的熵吸引相互作用在控制膜中两种两亲物的横向相分离中起着主导作用。还可以巯基功能化的聚苯乙烯为配体在金纳米颗粒（GNPs）表面形成密集的聚合物刷，所得功能化纳米粒子会在固体基质上自组装形成六方有序的单层膜。经过聚苯乙烯封端的金纳米棒（GNRs）在水-空气界面和熵驱动作用下进行受控自组装，可形成水平排列的超晶格单层片或垂直排列的超晶格单层片。

思考题：

1. 增强体、基体和界面在复合材料中各起何作用？

2. 在玻璃纤维增强尼龙复合材料中，E玻璃纤维体积分数为0.3，E玻璃纤维和尼龙的弹性模量分别为72.4GPa和2.76GPa，求纤维承载占复合材料承载的分数。

3. 比较弥散强化、粒子强化和纤维强化的作用和原理。

4. 简述复合材料中的尺寸效应。

5. 硬质合金切削刀具材料的体积分数分别为：$V_{WC}=0.75$，$V_{TiC}=0.15$，$V_{TaC}=0.05$，$V_{Co}=0.05$。计算该复合材料的密度。已知WC、TiC、TaC和Co的密度分别为$15.77g/cm^3$、$4.94g/cm^3$、$14.5g/cm^3$、$8.9g/cm^3$。

6. 对复合材料中的组分有何要求？

7. 若单向连续纤维排列不均匀，但都是方向性很好的平行排列，是否会对弹性模量产生影响，请分析其中的原因。

8. 单向连续复合材料受纵向应力作用纤维发生断裂时，纤维会以何种形式断裂，长度一般有何规律？

9. 应当从哪些方面考虑复合材料的界面结合？

第 11 章

功能材料

结构材料利用的是材料的力学性能，而功能材料主要利用的是材料除力学性能以外如热、电、磁、声、光等性能，而对其力学性能并没有严格要求。功能材料是现代先进工业的物质与技术基础，在未来的高新技术领域中具有重要的战略意义，功能材料的需求增长也非常迅速。功能材料的种类繁多，按照其应用的技术领域，本章主要对电工材料、形状记忆合金、磁性材料、储氢材料、超导材料、热膨胀合金、弹性合金、磁阻合金、金属陶瓷、减振合金、生物材料、光催化材料、稀土光功能材料等进行介绍。

11.1 电工材料

11.1.1 电阻合金

电阻合金是利用材料的电阻特性来制造不同功能元件的合金，主要有电热合金、精密电阻合金、应变电阻合金和热敏电阻合金。

11.1.1.1 电热合金

电热合金是利用材料的电阻特性，有效地将电能转化为热能。一般要求电热合金具有较大的电阻率和低的电阻温度系数，且在工作温度范围内无相变以保证元件能长期稳定工作，另具有良好的耐热疲劳性能和优良的抗氧化性能。

(1) Ni-Cr-Fe 型电热合金

Ni-Cr-Fe 型电热合金是以 Ni 为基，含 15%～30%（质量分数，下同）Cr，29%～80% Ni，组织为奥氏体的合金。普遍使用的 20Cr-80Ni 合金的最高使用温度为 1100℃。在 Ni-Cr 合金中，Cr 在 Ni 中的最大固溶度可达 30%，故 Ni-Cr 合金中 Cr 含量一般低于 30%，该合金具有面心立方结构。当合金中 Cr 含量小于 20%时，随 Cr 含量的增加，合金的电阻率增加，电阻温度系数减少；当 Cr 含量大于 20%时，电阻率增加变缓、电阻温度系数增加，加工性能变坏，因而合金中 Cr 含量一般控制在 20%左右。这类合金的特点是高温强度高、抗氧化能力强、冷却后无脆性、使用寿命长、成型加工和焊接性能好，是广泛使用的电热合金，但价格较高，不宜在含硫气氛中使用。合金中加入 Fe，能改善合金的加工性能，但使合金的耐蚀性降低，加入少量的Al、Ce、Ca、Zr、Ti和Si等元素可提高合金的工作温度和使用寿命。

(2) Fe-Cr-Al型电热合金

Fe-Cr-Al型电热合金是以Fe为基体，含12%～30%Cr，4%～8%Al，并添加微量的La、Ce、Y等元素而形成的具有单相铁素体组织的合金。合金中的Cr、Al能提高合金的电阻率，降低电阻温度系数，且形成以Al_2O_3为主的氧化膜以有效地保护基体。该合金的电阻率高、耐热性和抗氧化性能好，使用温度可达1400℃，高于Ni-Cr电热合金的最高使用温度，具有使用寿命长、抗硫性能好和价格低等优点，是目前应用最广泛的电热合金。合金中含有大量的Cr，但由于在450℃和700℃左右分别有脆化区，且在高温下长期使用时，晶粒容易粗化，因而合金的高温抗蠕变性能和室温韧性较低，使用后常有变形和变脆的现象。合金中添加微量的稀土元素可细化铸态组织，抑制晶粒长大，能增强氧化膜与基体的结合力，从而提高合金的使用寿命和使用温度。合金中添加微量的Ti也能抑制晶粒长大，Ca、Ba可有效提高合金的使用寿命。合金中的C对其冷加工性能有不利影响，一般含量应控制在0.07%以下。

(3) 其他电热合金

其他的电热合金有Fe-Mn-Al合金、纯金属电热材料（如Pt、W、Mo、Ta等）。Fe-Mn-Al合金的成分是6.5%～7.0%Al、14%～16%Mn、0.1%～0.15%C，其余为Fe。该合金的特点是原料丰富，价格低，且含C较高，能在含C的气氛下使用，但使用温度低，一般不高于850℃。纯金属发热体的使用温度高，但是电阻率低、电阻温度系数大，且需要特殊的保护气氛，一般只在特殊情况下使用。

电热合金元件在服役期间，其热态晶粒长大是其过早损坏的主要原因之一。电热合金元件在高温长时间的工况条件下，晶粒会逐渐聚集长大，结晶缺陷和夹杂趋向于向晶界聚集，严重削弱了晶界的结合强度，表面致密的氧化（保护）膜也出现龟裂，氧原子沿着脆弱的晶界向晶内扩散，造成合金材料的深度氧化，用电热合金材料制成的电热元件开始出现从表面到深层的鱼鳞状斑剥和粉碎性脱落，机械强度丧失殆尽，再也经不起任何机械振动及热浪、气流、浪涌电流的冲击，最终导致断裂，使用寿命因此终结。电热元件的损坏是各种电加热电子电器失效的主要原因。国家标准GB/T 1234—2012《高电阻电热合金》等对电热合金材料的高温快速试验寿命作出了较为严格的规定，促使该类产品的成分设计和工艺技术不断进步，其中在合金材料的生产工艺中采用弥散强化技术，稳定电阻电热合金的高温组织结构，是保证该类产品质量不断提高的重要技术基础之一。

稀土元素因具有特殊的外层电子结构，极强的化学活性，以及价态可变、原子尺寸大等特点，成为合金材料的净化剂、变质剂和微合金化的重要元素。实践证明，稀土元素可有效地提高合金材料的热强性、耐磨性、耐蚀性、抗疲劳性，并且在改善材料的加工工艺性能和提高成材率方面作用显著。随着冶金技术的发展，人们对合金洁净度的要求不断提高，稀土元素在合金材料生产中的应用将会更加普遍。

11.1.1.2 精密电阻合金

精密电阻合金是指电阻温度系数绝对值和对铜的热电动势绝对值小且稳定性好、以电阻值特性为主要特性的合金。这类合金一般都有较恒定的高电阻率且电阻率随温度和时间的变化很小，主要用作精密电阻元件。常用的合金有Cu-Mn系、Cu-Ni系、Ni-Cr系和贵金属精密电阻合金等。

（1）Cu-Mn 系电阻合金

Cu-Mn 系电阻合金是指 Mn 含量小于 20%、组织为 γ 固溶体的 Cu-Mn 二元合金。这类合金具有中等电阻率和低电阻温度系数，经适当热处理后，有良好的电稳定性，电阻值的年变化率不超过 10^{-6}，且对铜的热动电势小。最典型的 Cu-Mn 电阻合金是成分为 86%Cu、12%Mn 和 2%Ni 的锰-白铜。Ni 的加入使合金对 Cu 的热电动势降低，可改善合金的电阻温度系数并提高耐蚀性。锰-白铜的典型电阻率变化随温度关系曲线近似抛物线形（图 11.1）。通过调整成分可把抛物线的峰值控制在室温附近，在此峰值 ±10℃ 温度间隔内，其电阻温度系数一般小于 10^{-5}/℃，故合金在室温附近的电阻值很稳定。但当温度与室温相差较大时，合金电阻会发生很大变化。此外，Cu-Mn 电阻合金要经过退火处理才能得到长期稳定的电阻和小的电阻温度系数，由于很容易发生选择性氧化，在加工和热处理过程中要特别注意，退火要在真空或保护性气氛下进行。

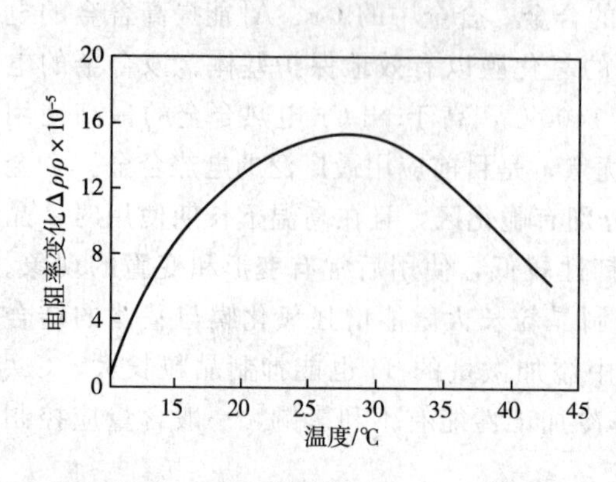

图 11.1 Cu-Mn 合金典型电阻率变化随温度变化的曲线

（2）Cu-Ni 系电阻合金

Cu-Ni 合金为无限固溶体。随合金中 Ni 含量的变化，合金的电阻率和电阻温度系数的变化见图 11.2。其中康铜合金（Cu-40Ni-1.5Mn）的成分处在电阻率高而且随温度变化小的成分范围内，故康铜是常用的 Cu-Ni 电阻合金。康铜合金具有高的电阻率和接近于零的电阻温度系数，可在较宽的温度范围内使用，最高使用温度可达 400℃，且其耐蚀性、加工性和焊接性均优于锰-铜合金。为进一步改善康铜的性能，可用 Co、Fe、Si 和 Be 进行合金化，以提高其耐热性和降低其电阻温度系数。这类合金的不足之处是对铜的热电动势较高，故宜在交流电路中使用。

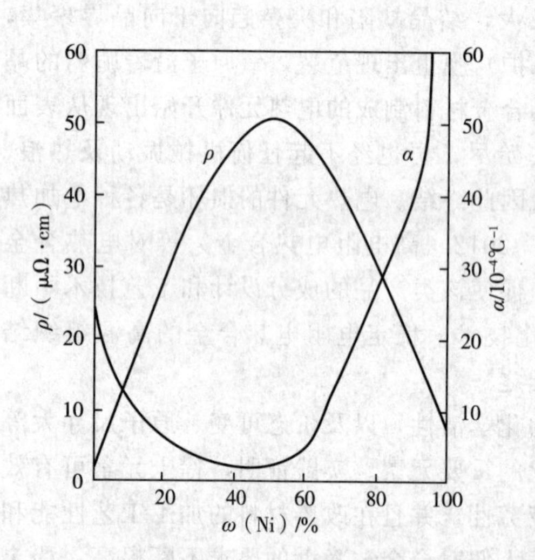

图 11.2 Cu-Ni 合金的电阻率、电阻温度系数与 Ni 含量的关系曲线

（3）Ni-Cr 系电阻合金

Ni-Cr 系电阻合金是在 Ni-Cr 系电热合金的基础上，添加少量的 Al、Cu、Fe 或 Mn 等元素而形成的，电阻率很高（约为锰-白铜合金的 2.5～3.5 倍），在 −60～300℃ 范围内电阻温度系数小于 $\pm 20\times10^{-6}$/℃，对铜的热电动势小，耐氧化性优于其他电阻合金和冷加工性能好等，但焊接性差。

（4）贵金属精密电阻合金

贵金属精密电阻合金基本是以 Pt、Pd、Au、Ag 为基的合金。贵金属合金的电阻率都不超过 50μΩ·cm，属中阻或低阻范围。为获得高电阻合金，往往加入一种或多种其他金属，如AuPd50合金的电阻率为$28\mu\Omega \cdot \mathrm{cm}$，当其中加入1%的Fe时，电阻率增到$158\mu\Omega \cdot \mathrm{cm}$。贵金属精密电阻合金具有耐蚀性和抗氧化性好、接触电阻小等优点，但昂贵，主要用于高精密的电位器及应变计。

11.1.1.3 应变电阻合金

应变电阻合金是指电阻应变灵敏系数大、电阻温度系数绝对值小的电阻合金。利用电阻随应变而变化的特性，可制造各种应变电阻和传感器，进行应力、应变、载荷、位移、扭矩和加速度等的测量。应变电阻合金主要有Cu-Ni系、Ni-Cr系、Fe-Cr-Al系和Pt系。在常温和中温条件下，大多使用应变康铜和Ni-Cr系改良合金，而在高温下使用的多为Pt系和Fe-Cr-Al系应变合金。

11.1.1.4 热敏电阻合金

热敏电阻合金是指电阻温度系数大且为定值的电阻合金。常用的热敏电阻合金有Co基、Ni基和Fe基合金。对热敏电阻的性能要求为电阻温度系数大、电阻-温度曲线线性好、电阻率小，以及电阻值的时间稳定性好。热敏电阻可制作感温元件进行温度的测量、控制和温度信号的传递，也可以制成限流元件用作对设备的保护。

11.1.2 热电偶合金

热电偶合金是利用材料的热电动势随温度差而变化的特性来进行测温的一种合金。热电偶合金的热电动势高且热动电势温度系数高、温度与热动电势呈线性关系、热电动势长期稳定且一致性好、热电特性有良好的重现性、热电偶合金的熔点足够高、抗氧化性能和经济性好等。要全部达到上述要求较困难，一般根据使用温度来选择热电偶材料。

11.1.2.1 标准热电偶

热电偶的种类很多，根据仪表的标准化、系列化要求，经过长期筛选，已形成了标准化产品。我国部分热电偶合金见表11.1，其中使用了国际标准化热电偶正、负热电极材料的代号，一般用两个字母表示，第一个字母表示型号，第二个字母中的“P”代表正电极材料，“N”代表负电极材料。

表11.1 我国部分常用热电偶合金

<table>
<tr><th rowspan="2">名称</th><th rowspan="2">分度号</th><th colspan="2">正极材料</th><th colspan="2">负极材料</th><th colspan="2">最高使用温度/℃</th><th rowspan="2">分度表温区/℃</th></tr>
<tr><th>代号</th><th>名义成分</th><th>代号</th><th>名义成分</th><th>长期</th><th>短期</th></tr>
<tr><td>铂铑30-铂铑6</td><td>B</td><td>BP</td><td>PtRh30</td><td>BN</td><td>PtRh6</td><td>1600</td><td>1800</td><td>0～1820</td></tr>
<tr><td>铂铑13-铂</td><td>R</td><td>RP</td><td>PtRh13</td><td>RN</td><td>Pt</td><td>1400</td><td>1600</td><td rowspan="2">−50～1769</td></tr>
<tr><td>铂铑10-铂</td><td>S</td><td>SP</td><td>PtRh10</td><td>SN</td><td>Pt</td><td>1300</td><td>1600</td></tr>
<tr><td>镍铬-镍硅</td><td>K</td><td>KP</td><td rowspan="2">NiCr10</td><td>KN</td><td>NiSi3</td><td>1200</td><td>1300</td><td>−270～1373</td></tr>
<tr><td>镍铬-康铜</td><td>E</td><td>EP</td><td>EN</td><td rowspan="3">NiCu55</td><td>750</td><td>900</td><td>−270～1000</td></tr>
<tr><td>铁-康铜</td><td>J</td><td>JP</td><td>Fe</td><td>JN</td><td>600</td><td>750</td><td>−210～1200</td></tr>
<tr><td>铜-康铜</td><td>T</td><td>TP</td><td>Cu</td><td>TN</td><td>350</td><td>400</td><td>−270～400</td></tr>
</table>

续表

名称	分度号	正极材料		负极材料		最高使用温度/℃		分度表温区/℃
		代号	名义成分	代号	名义成分	长期	短期	
钨铼 3-钨铼 25	WRe3-WRe25	WRe3	WRe3	WRe25	WRe25	2300	—	0～2315
钨铼 5-钨铼 26	WRe5-WRe26	WRe5	WRe5	WRe26	WRe26			

11.1.2.2 热电偶补偿导线

为了消除或降低热电偶冷端温度变化所引起的测量误差，可采用热电偶补偿导线。补偿导线的热电动势与所用热电偶材料相等，不应超出允许的误差范围。不同的热电偶材料要求不同的补偿导线，应注意在与配用热电偶连接时不要接错正负极。

标准补偿导线的品种和性能见表 11.2。在补偿导线的代号中，第一个字母为配用热电偶的分度号，第二个字母中的“P”表示正极，“N”表示负极，第三个字母中的“X”表示延伸型补偿导线，“C”表示补偿型补偿导线。

表 11.2 标准补偿导线的品种和性能

热电偶分度号	补偿导线型号	补偿导线正极			补偿导线负极			100℃热电动势及允许误差/mV			200℃热电动势及允许误差/mV		
		名称	成分	代号	名称	成分	代号	热电动势	允许误差		热电动势	允许误差	
									普通级	精密级		普通级	精密级
S	SC	铜	Cu	SPC	铜镍	CuNi0.6	SNC	0.645	±0.037	±0.023	1.440	±0.057	—
K	KX	镍铬	NiCr10	KPX	镍硅	NiSi3	KNX	4.095	±0.105	±0.063	8.317	±0.100	±0.060
K	KC	铜	Cu	KPC	康铜	CuNi40	KNC				—	—	—
E	EX	镍铬	NiCr10	EPX		CuNi45	ENX	6.317	±0.170	±0.102	13.419	±0.183	±0.111
J	JX	铁	Fe	JPX			JNX	5.268	±0.135	±0.081	10.777	±0.183	±0.083
T	TX	铜	Cu	TPX			TNX	4.277	±0.047	±0.024	9.286	±0.080	±0.043

11.1.3 电触头材料

电触头材料是指适用于电路通电或连接的导电材料，也称接点材料。电触头材料要具有良好的导电性和导热性、高的熔点与沸点，另外化学稳定性、抗氧化能力和耐蚀性要好，表面不形成有害的氧化膜，要有较低的接触电阻、较高的抗熔焊性能、较高的耐电弧侵蚀性能，还要具有较高的最小起弧电压和很小的起弧电流，良好的耐磨性与适当的硬度与弹性。除上述要求外，其还应尽可能易于加工和具有较好的性价比。按工作电流的负荷大小分为电力工业中用的强电或中电电触头材料和仪器仪表、电子装置、计算机等设备中的弱电电触头材料。

弱电电触头材料在低电压、低电流和小接触压力下工作，其接触电阻主要取决于材料的化学稳定性。贵金属材料在导电材料中化学稳定性最好，而且满足电触头材料的电学、热学和力学性能的要求，因此弱电电触头材料常采用贵金属材料。因贵金属材料昂贵，为节约成本，也常采用复合触头材料，即把贵金属触头材料与非贵金属基底材料（Cu、Ni、不锈钢等）复合成一体。复合触头材料的制造工艺有轧制包覆、电镀复层、焊接、气相沉积、复合铆钉等。

强电电触头材料常处在电弧的高温作用下，容易被电烧蚀，因此强电电触头材料常选择导电性和导热性好且熔点高的材料制造。强电电触头材料主要包括三类：①Ag、W、Cu 等纯金属和 W-Mo、W-Re 合金；②由导电性和导热性好的金属与高熔点金属通过粉末冶金方法制成的复合材料，如 Cu-W、Ag-W、Ag-Ni、Ag-石墨、Ag-WC 等；③Ag-金属氧化物复合材料，如 Ag-CdO、Ag-CuO、Ag-MgO 和 Ag-SnO_2-In_2O_3 等。其中应用较多的是第二种和第三种复合材料，尤其是 Ag-CdO 电触头材料。Ag-CdO 电触头材料具有优良的抗电侵蚀能力和抗熔焊性、高的导电性与导热性、低且稳定的接触电阻，因而应用广泛。但 Ag-CdO 使用剧毒的 Cd，会对人体产生极大的危害，目前各国都在开发不含 Cd 的强电电触头材料，并已取得显著进展。

11.2 形状记忆合金

具有一定初始形状的合金在低温经变形并固定成为另一种形状后，再经加热到某一温度又可恢复其初始形状的现象，被称为形状记忆效应（shape memory effect，SME），具有形状记忆效应的合金被称为形状记忆合金（shape memory alloys，SMA）。形状记忆合金具有独特的形状记忆效应，被广泛应用于航空航天、机械电子、仪器仪表、自动控制、汽车工业、生物医疗等诸多领域，在短短几十年里，我国已开发出了具有形状记忆效应的合金 50 多种。

11.2.1 形状记忆合金的原理

在晶体材料中，形状记忆效应一般是将一定初始形状的奥氏体母相工件由奥氏体转变终止温度 A_f 以上冷却到马氏体相变终了温度 M_f 以下形成马氏体后，再将马氏体在 M_f 以下温度加工产生变形，将变形后的工件加热到 A_f 以上时，随马氏体向母相转变，样品会自动恢复到其母相时的初始形状。合金的形状记忆效应分为单程记忆效应、双程记忆效应和全程记忆效应三种。单程记忆效应就是将马氏体变形后，经逆相变能恢复到母相形状的现象；双程记忆效应是指合金加热时能恢复高温相形状，冷却时又能恢复低温相形状的现象；全程记忆效应是指合金在加热时恢复高温相形状，冷却时变为形状相同而取向相反的低温相形状（低温未变形时的初始形状）的现象。

在目前所有形状记忆合金中，具有记忆特征的形状变化都是在马氏体相变过程中发生。合金的形状记忆效应与马氏体相变密切相关，以马氏体相变及其逆相变过程中母相与马氏体相的晶体学可逆性作为依据。具有形状记忆效应的合金大多数发生热弹性马氏体相变，对应得到的马氏体称为热弹性马氏体。热弹性马氏体相变的特点是相变时形成的马氏体片，随温度的降低（升高），通过两相界面的移动长大（缩小），其尺寸大小由温度决定，随温度的变化具有“弹性”特征，相变的高温相（母相）与马氏体相（低温相）具有晶体学可逆性。需要指出的是，热弹性马氏体并不是一个很硬和强度很高的相。受力时，相邻马氏体之间的界面很容易发生移动。由一个母相晶粒转变得到的马氏体变体，有些自身的切变变形与外加应力的变形方向相近，故受力的作用长大；而另一些差距较大的变体将缩小。此过程中，合金发生宏观的塑性变形。当发生逆相变时，所有马氏体变体回到原始单一母相晶粒，恢复高温时的形状。

形状记忆合金的形状记忆过程是合金的母相在降温过程中，自温度低于 M_s 起开始发生马氏体相变，该过程无大量的宏观变形。在低于马氏体相变温度 M_f 以下，对合金施加应力，马氏体通过变体之间的界面移动，发生塑性变形。温度再升高到马氏体逆相变终了温度 A_f 以上，马氏体逆相变回到母相，合金低温下的“塑性变形”消失，合金恢复原始形状，发生形状记忆效应。具有形状记忆效应的合金，较高温度下的母相多数是有序相。有序态的母相，自由能低、相变潜热小、温度滞后小，从而有利于马氏体相变以热弹性方式实现。有序结构提高了母相的屈服强度，可使母相在相变过程中有效避免因周围马氏体相变引起塑性变形。另外，有序结构减少滑移及孪生的切变方向，从而有利于马氏体相变及逆相变过程中母相与马氏体相的晶体学方面的完全可逆性。

综上所述，具备形状记忆效应的合金应具备如下条件：①马氏体相变是热弹性的；②马氏体点阵的不变切变为孪生，亚结构为孪晶或层错；③母相和马氏体相均为有序点阵结构；④相变时在晶体学上具有完全可逆性。

11.2.2 形状记忆合金的伪弹性

在实际使用中，还常用形状记忆合金的伪弹性。伪弹性（或超弹性）是指具有形状记忆效应的合金，在受到外应力的作用时，首先发生正常的弹性变形（弹性模量相当高），达到较高应力时起，合金发生更大的变形，在这一阶段合金表现出的弹性模量大大低于其正常值，应力甚至不再随变形量的增加而升高，当外力降低时，合金的变形量先按正常弹性降低，随后突然大幅减少，回到接近于正常的弹性应力-应变关系。图 11.3 为 Fe-49.5%Ni 形状记忆合金的伪弹性应力-应变曲线。

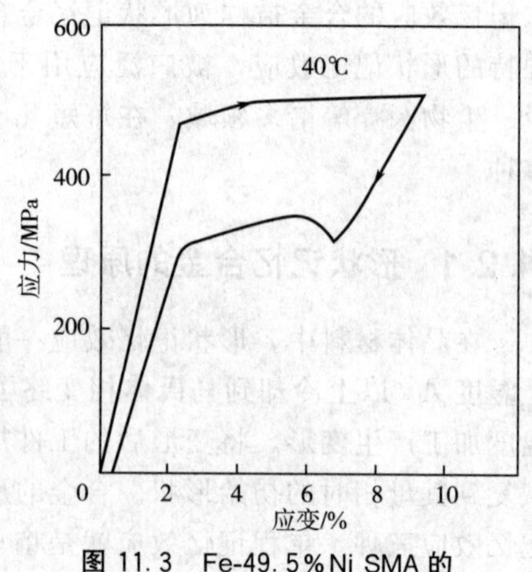

图 11.3 Fe-49.5%Ni SMA 的伪弹性应力-应变曲线

形状记忆合金的伪弹性，在微观机制方面与形状记忆效应有很大相似之处。尚未发生马氏体相变的母相受到应力的作用出现应力诱发马氏体相变，并且马氏体与外应力相适应，发生较大的宏观变形；当外力去除后，应力诱发的马氏体恢复到母相，相应的宏观应变随之消失，表现为一种弹性变形特征。形状记忆合金已在许多方面得到广泛应用，主要是利用其形状记忆效应和伪弹性效应。如利用 Ti-Ni 形状记忆合金的形状记忆效应，制成的宇宙飞船天线。

11.2.3 形状记忆合金的种类

形状记忆合金的种类很多，到目前为止，已有 10 多个系列，50 多个品种。按照合金的组成和相变特征，可以将具有完全形状记忆特性的合金分为 Ti-Ni 系、Cu 基系和 Fe 基系三类。

11.2.3.1 Ti-Ni 形状记忆合金

Ti-Ni 合金因具有优越的形状记忆特性和伪弹性、性能稳定且可靠性高、良好的生物相容性，特别适用于制造医用器件，如植入人体内的血管支架、各种矫形构件等。但 Ti-Ni 合金价格高昂。为调整 Ti-Ni 合金的相变和形状记忆效应，合金化是重要的方法。Ti-Ni 合金的合金化是在 Ti-Ni 合金的基础上，添加合金元素 Cu、Nb、Fe、Mo、V 和 Cr，可以明显改变合金的 M_s 点，也使 A_s 温度降低。

11.2.3.2 Cu 基形状记忆合金

Cu 基形状记忆合金主要由 Cu-Zn 和 Cu-Al 两个二元合金系发展而来，具有良好的记忆特性、相变点可在一定温度范围内调节、电导率和热导率高、加工制造容易、价格低廉，在某些动作频率要求不高的场合得到应用，如制作各种机械紧固件的管接头、紧固铆钉、热保护元件、热驱动元件等。但与 Ti-Ni 记忆合金相比，强度低、稳定性与耐疲劳性能差、不具生物相容性等。在 Cu 基形状记忆合金中，Cu-Al-Ni 基和 Cu-Zn-Al 基形状记忆合金是最主要的两种 Cu 基形状记忆合金。

11.2.3.3 Fe 基形状记忆合金

Fe 基形状记忆合金分为两大类，一类是基于热弹性马氏体相变，属于这一类的 Fe 基形状记忆合金有 Fe-Pt 合金、Fe-Pd 合金和 Fe-Ni-Co-Ti 合金等；另一类是基于非热弹性可逆马氏体相变，属于这一类的 Fe 基形状记忆合金有 Fe-Mn-Si 合金。Fe-Pt 合金、Fe-Pd 合金的性能较好，但是极其贵。Fe-Mn-Si 是一种实用性很强的新型记忆合金，具有马氏体相变及其逆相变的温度滞后大、弹性模量与强度高、合金原料丰富和价格低等优点，缺点是耐蚀性差，易于氧化和腐蚀。

11.3 磁性材料

某些材料在外部磁场的作用下会被磁化，即使外部磁场消失，依然能保持其磁化的状态而具有磁性，该现象被称为自发性的磁化现象。而磁性合金是指具有自发性的磁化现象的精密合金。磁性合金在外加磁场中，可表现出以下 3 种情况：①不被磁场吸引的物质，叫反磁性材料；②微弱地被磁场所吸引的物质，叫顺磁性材料；③被磁场强烈地吸引的物质，称铁磁性材料，其磁性随外磁场的加强而急剧增高，并在外磁场移走后，仍能保留磁性。金属材料中，大多数过渡金属具有顺磁性，只有 Fe、Co、Ni 等少数金属是铁磁性的。

11.3.1 物理要求

物质的磁性与其内部电子结构有关。反磁性金属中原子的电子都已成对，正、反自旋的电子数目相等，由电子自旋而产生的磁矩互相抵消，因此原子磁矩为零，故不为外磁场所吸引。在顺磁性金属原子中，正反自旋的电子数目不等，原子的磁矩不为零。由于无规则的热运动，原子磁矩的方向各异。放入磁场时，原子磁矩沿磁场方向取向而略有偏转，表现出微弱的磁化，除去外磁场，原子磁矩又混乱分布，磁化消失。

铁磁性与顺磁性相似，均来自原子中未成对的电子。但在铁磁性材料内部还存在着称为

“磁畴”的许多局部小区域，在这些小区域内，相邻的原子磁矩取向一致，趋于相互平行的排列，而各磁畴间的自发磁化方向是无序的，因此整块材料的宏观磁矩为零，对外不显示磁性。当处于磁场中时，各磁畴的磁矩会在一定程度上沿磁场方向排列，这样，一个磁畴沿磁场方向顺排一次就相当于许多原子磁矩的顺排。因此铁磁性材料与磁场间的相互作用，要比顺磁性物质大得多。除去外磁场，各磁畴仍力图保持原有磁场存在时所形成的取向，此时磁畴取得的部分顺排，就使材料保持有残留磁性，该材料就被永久磁化。永磁材料的磁性，也可因加热或猛烈的撞击使磁畴方向变得无序而被破坏。

传统上，按照磁性能的不同，人们将磁性合金分为软磁合金、硬磁合金（永磁合金）、半硬磁合金、磁致伸缩合金和磁记录材料等。软磁合金是指矫顽力 $H_{cb} \leqslant 800A/m$ 的磁性合金，硬磁合金是指矫顽力 $H_{cb} \geqslant 20000A/m$ 的磁性合金，半硬磁合金是指矫顽力介于软磁合金和硬磁合金之间（$800A/m < H_{cb} < 20000A/m$）的磁性合金，磁致伸缩合金是指具有大磁致伸缩系数的磁性合金，其矫顽力一般不高，但具有很高的饱和磁致伸缩值，磁记录材料是指用于计算机作记录、存储和再生信息的材料，包括磁头用合金和磁记录介质材料。这里主要介绍软磁合金和硬磁合金。

11.3.2 软磁合金

软磁合金具有矫顽力低、磁导率高和铁芯损耗小，在外磁场作用下极易磁化，当外磁场去除后，磁性随之消失等特点。此类合金广泛用于各种变压器、电机、继电器、电磁铁、磁记录、磁屏蔽及通信工程、遥测遥感系统和仪器仪表中的磁性元器件。由于应用中对磁性合金的要求不同，因此发展成多种合金。若按组成化学成分可将其分为工业纯铁、硅钢、Fe-Ni 合金、Fe-Co 合金、Fe-Al 合金等。

11.3.2.1 工业纯铁

工业纯铁又称电工纯铁或阿姆科铁，是一种含铁量在99.5%以上的低碳低硫低磷优质钢。它的硬度低、韧性大、电磁性能好、冷和热加工性能好、导热性好、焊接和电镀性能优良。其主要缺点是电阻率低（不到 $0.1\mu\Omega \cdot m$），当工作在交流电条件下时，会产生较大的涡流损耗。其主要用于制造直流或低频磁化条件下的电工电子与电器元件、磁性材料、继电器、传感器以及电表和电磁阀等产品。电工纯铁的牌号用“DT”（“电铁”汉语拼音的首字母）＋阿拉伯数字＋表磁性能等级的英文字母表示，其中，字母“A”表示高级，“E”表示特级，“C”表示超级。

11.3.2.2 硅钢

硅钢是一种含碳极低的硅铁软磁合金，一般含硅量为0.5%～4.5%。工业纯铁中加入处于固溶状态的硅可提高铁的电阻率和最大磁导率，从而降低矫顽力和涡流损耗。因而硅钢具有磁导率高、矫顽力低、电阻系数大及磁滞损耗和涡流损耗小等特性，主要用来制作各种变压器、电动机和发电机的铁芯。世界硅钢片产量约占钢材总量的1%，是用量最大的软磁材料。对硅钢的主要要求如下。①铁芯损耗（简称铁损）低，这是硅钢片质量的最重要指标。各国都根据铁损值划分牌号，铁损愈低，牌号愈高。铁芯损耗包括涡流损耗和磁滞损耗两部分。为减少涡流损耗，硅钢一般制成薄板（即硅钢片）；为减少磁滞损耗，需提高硅钢的最大磁导率、降低矫顽力并改善合金的磁畴结构。②较强磁场下磁感应强度（磁感）高，将使电机和变压器的铁芯体积与质量减小，节约硅钢片、铜线和绝缘材料等。③表面光滑、平整和厚度均匀可以提高铁芯的填充系数。④冲片性好，对制造微型、小型电动机更为重要。⑤表面绝缘膜的附着性和焊接性良好，能防蚀和改善冲片性。⑥基本无磁时效，以减少剩余损耗。硅钢片的性能与硅含量、晶粒大小、热处理工艺和杂质含量有关。一般 Si 含量增加，可提高材料的最大磁导率，增加电阻率，并显著改善磁性时效；但 Si 含量增加，材料变脆，材料的加工性能变差，饱和磁化强度减少。因此，工业用的硅钢软磁合金的 Si 含量一般在 0.5%～4.5%范围内。粗化晶粒，可改善硅钢的磁性能，但使磁滞损耗增加。我国生产的硅钢分为热轧硅钢、冷轧无取向硅钢、冷轧取向硅钢和特殊用途硅钢等四大类，并有相应的国家标准对牌号进行了严格规定。

11.3.2.3 Fe-Ni 合金

Fe-Ni 软磁合金是一种在弱磁场中具有高磁导率和低矫顽力的低频软磁材料，一般情况下 Fe-Ni 合金的含 Ni 量在 30%～90%范围内。Fe-Ni 合金的性能优势在于由于 Ni 的加入磁导率高（在弱、中磁场下尤其明显）、矫顽力极小，故具有窄而陡的磁滞回线，另外，其还具有优良的加工性能和防锈性能。该合金的电阻率不大、只适合在 1MHz 以下的频率范围内工作，否则涡流损耗太大。该合金的缺点是由于含有较多的 Ni、Co 等元素，生产成本高。近年来，由于铁氧体材料的发展和硅钢特性的改善，该合金的用量逐渐越少。Fe-Ni 合金大部分用于制造在弱磁场或中等磁场工作的小型变压器、脉冲变压器、继电器、互感器、磁放大器、电磁离合器、扼流圈铁芯及磁屏蔽等。Fe-Ni 合金的执行标准见相关标准。

11.3.2.4 Fe-Co 合金

Fe-Co 软磁合金是含 Co 50%左右的 Fe-Co 合金。Co 能使磁性合金的饱和磁感应强度明显升高，该合金具有极高的饱和磁感应强度 B_s（2.4T）与高的磁导率，又因为其居里温度高（980～1100℃），适合于制作质量轻、体积小、工作温度高的航空电器，如航空发电机定子材料。它还具有较大的饱和磁致伸缩系数，是一种很好的磁致伸缩合金，可用于制作磁致伸缩换能器，在电声换能器中有着广阔的应用前景。与 Fe-Ni 合金相比，Fe-Co 合金的加工性能差，容易氧化，电阻率低，频率高时损耗大，不宜在高频下工作，生产成本也高。Fe-Co 合金多用于要求高力矩的电动机转子、电磁铁极头、耳膜振动片、电源变压器，磁致伸缩换能器等。为了改善其加工性能，通常加入 1.4%～1.8%的 V。

11.3.2.5 Fe-Al 合金

Fe-Al 合金是以 Fe、Al（6%～16%）为主要成分，不含贵重元素的一类高电磁性能的软磁合金。其主要特点是电阻率很高且密度较小，因此用 Fe-Al 合金制成的器件在交流电场中使用时，具有涡流损耗小、质量轻的优点。但随 Al 含量的增加，合金的饱和磁感应强度和居里温度均下降，合金的脆性增加，当含 Al 量超过 16%，合金变脆，给冷加工成型带来困难。Fe-Al 软磁合金依据含 Al 量的不同形成一个合金系列，主要有以下 3 类。①含 Al 量小于 6%的 Fe-Al 合金。该合金与等量 Fe-Si 合金相似，具有易加工、耐蚀性好、不存在有序-无序转变（Fe-Al 合金中形成两种不同类型的有序相结构 Fe_3Al 和 FeAl）、磁性稳定和对应力不敏感等特性，可用作微电机、电磁阀、磁屏蔽材料。②含 Al 量约为 12%的铝合金。该合金存在 Fe_3Al 有序-无序转变，其磁晶各向异性常数趋于零、磁致伸缩系数较高、饱和磁感应强度较高（1.45T）、电阻率高（100μΩ·cm）。③含 Al 量约为 16%的 Fe-Al 合金。该合金同时存在 FeAl 和 Fe_3Al 有序-无序转变，无序时磁晶各向异性常数和磁致伸缩系数均接近于 0，具有高磁导率的特点，是廉价的高磁导合金。但该合金饱和磁感应强度较低，且脆性大，不能冷加工，生产工艺复杂。Fe-Al 合金制成的铁芯与 Fe-Ni 合金铁芯都需进行高温退火处理，以消除应力，提高磁性能。

11.3.3 硬磁合金

硬磁合金的特点是矫顽力高、饱和磁感应强度和剩磁感应强度高、磁滞回线宽且近似于方形，以保证具有高的最大磁能积 $(BH)_{max}$。这类合金在磁化后，去除磁化场时，磁化状态基本保持不变，即不易去磁，故又称永磁合金。硬磁合金广泛用于电磁式仪表、示波器、扬声器、行波管、陀螺仪、继电器、断路器、磁选机、磁轴承、磁性耦合器、核磁共振成像仪、音像和通信设备及磁化节能设备等。按化学成分的不同，硬磁合金包括 Al-Ni-Co 合金、Fe-Cr-Co 合金、Pt-Co 合金及稀土永磁合金等。

11.3.3.1 Al-Ni-Co 合金

Al-Ni-Co 合金是以 Al、Ni、Co、Fe 为主要成分，并添加其他微量金属元素（如 Cu、Ti、Nb 等）构成的一种合金。Al-Ni-Co 系磁铁的优点是剩磁感应强度高（最高可达 1.35T）、温度系数低（磁热稳定性好）和居里温度高（高达 800℃）；缺点是矫顽力非常低（通常小于 160kA/m），退磁曲线非线性，Al-Ni-Co 系磁铁容易被磁化，同样也容易退磁。这类合金主要应用在温度较高和需要产生高磁场的地方，如电马达、电吉他拾音器、扬声器、传感器和行波管等。

Al-Ni-Co 系硬磁合金很脆，一般不能进行塑性加工。根据生产工艺不同，Al-Ni-Co 系硬磁合金分为烧结 Al-Ni-Co 和铸造 Al-Ni-Co 合金。铸造工艺可以加工生产出不同尺寸和形状的产品；与铸造工艺相比，烧结产品局限于小的尺寸，其生产出来的毛坯尺寸公差比铸造产品毛坯要好，磁性能要略低于铸造产品，但可加工性好。因合金中含有贵重合金元素 Ni 和 Co，所以，20 世纪 60 年代以后，随着铁氧体永磁和稀土永磁材料的相继问世，Al-Ni-Co 永磁合金在电机中的应用逐步被取代，所占比例呈下降趋势。

11.3.3.2 Fe-Cr-Co 合金

Fe-Cr-Co 硬磁合金是含有 20%～33%Cr、3%～25%Co 和少量其他元素如 Mo、Si、Ti 等的时效硬化型可变形 Fe 基硬磁合金。国家标准牌号有 2J83、2J84 和 2J85 3 种。该合金的磁性能与 Al-Ni-Co 系硬磁合金相当。与 Al-Ni-Co 系硬磁合金不同的是，该合金具有优良的力学性能，可通过冷热塑性变形制成棒材、带材、线材和管材等。Fe-Cr-Co 系硬磁合金适于制作电话受话器、扬声器、转速表和磁滞电机等。

11.3.3.3 Pt-Co 合金

典型的 Pt-Co 永磁合金是含 23.3%Co、以 Pt 为基的二元合金。该合金的磁性极强，而且磁稳定性比较高，具有磁各向同性。另外，由于是铂系合金，耐蚀性好、塑性也非常优异，可制造成任何形状与尺寸的零件，也可制成厚度仅为几微米的箔材。此类合金存在的不足是价格非常高，因而主要用于贵重仪表中的磁性元件。

11.3.3.4 稀土永磁合金

稀土永磁合金是稀土金属（如钐、钕等）与过渡金属（如 Co、Fe 等）之间形成的以金属间化合物为基的永磁材料。稀土永磁有两大类：钐-钴（SmCo）永磁体（R-Co 永磁体）和钕-铁-硼（Nd-Fe-B）永磁体。其中 Nd-Fe-B 永磁体是目前磁性最高的永磁材料，被称为“永磁王”，R-Co 永磁体尽管其磁性能优异，但含有储量稀少的稀土金属钐和昂贵的金属 Co，发展受到很大限制。

R-Co 永磁体包括两类：一种是 1∶5 型 R-Co 永磁体，属于第一代稀土永磁材料；另一类是 2∶17 型永磁体，属于第二代永磁材料。该永磁体具有磁能积高、矫顽力可靠和极低的温度系数，最高工作温度可达 350℃，低温工作范围很大。在工作温度 180℃以上时，其温度稳定性和化学稳定性均超过 Nd-Fe-B 永磁体。1∶5 型稀土永磁材料以 $SmCo_5$ 为代表。为降低成本，用 Pr、Ce 取代部分 Sm，得到（SmPrCe）Co_5 稀土永磁材料；为进一步提高其磁性能或力学性能，用 Fe、Cu 取代部分 Co，得到 Sm（Co、Cu、Fe）$_5$ 型稀土永磁材料。2∶17 型永磁体以 Sm_2Co_{17} 为代表，是由单一的 2∶17 型化合物组成。目前工业应用的 2∶17 型永磁体是 Sm-Co-Cu-Fe-M 系合金（M 为 Zr、Ti、H、Ni），是以 2∶17 型化合物为基体并有少量 1∶5 型相沉淀而构成的永磁体。

Nd-Fe-B 永磁体是以金属间化合物 $Nd_2Fe_{14}B$ 为基的永磁材料。相比于铸造 Al-Ni-Co 系永磁材料和铁氧体永磁材料，Nd-Fe-B 具有极高的磁能积和矫顽力，可吸起相当于自身质量 640 倍的重物。高能量密度的优点使 Nd-Fe-B 永磁材料在现代工业和电子技术中获得了广泛应用，使仪器仪表、电声电机、磁选磁化、医疗器械、医疗设备等设备的小型化、轻量化、薄型化成为可能，是支撑现代电子信息产业的重要基础材料之一，与人们的生活息息相关。其不足之处在于居里温度低，温度特性差，且易于粉化腐蚀。通过合金化用 Co、Al 取代部分 Fe，用 Ho、Dy 取代部分 Nd，可明显改善其温度特性。

11.4 储氢材料

氢能具有资源丰富、热值高、无污染等诸多优点，且是二次能源，是人类未来的理想能源。氢利用的关键问题是氢的存储与输运。氢的存储方式主要有物理存储（如用储氢瓶存储、采用吸附的方式吸附在材料的表面）和化学存储（用储氢材料将氢转化为氢化物存储）两种方式。储氢瓶储氢存在储氢量小、不安全等问题。相对于物理储氢，采用储氢材料储氢具有储氢量大、能耗低，工作压力低、使用方便的特点，而且可免去庞大的钢制容器，从而使存储和运输方便而且安全。有数据表明，相当于储氢钢瓶质量 1/3 的储氢合金，其体积不到钢瓶体积的 1/10，储氢量却是相同温度和压力条件下气态氢的 1000 倍。近年来储氢合金的研究很受重视，发展十分迅速，人们开发出许多具有优异储氢性能的储氢合金。

储氢材料之所以能储氢是因为它和氢气发生了化学反应，生成氢化物。在受热条件下氢化物会分解放出氢气。金属储氢时，氢气先在金属表面被催化而分解成氢原子，随后氢原子通过扩散进入金属内部的晶格间隙中，形成固溶体。氢在固溶体饱和后，过剩的氢原子将与金属原子反应，形成金属氢化物，实现氢的存储。上述过程可逆，在一定条件下，金属氢化物分解便可析出氢气。储（吸）氢过程是一个放热过程，而析（放）氢过程是一个吸热过程。

实用性的储氢材料，氢气存储量大，吸氢和析氢速度快，金属氢化物的生成热适当，以防金属氢化物过于稳定，析氢温度高。同时平衡的氢压要适当，最好在室温附近只有几个大气压，便于氢气的储存与释放，合金的吸氢与析氢的可逆性要好。另外要求储氢合金的性能稳定、传热性好、密度小且经济性好。目前，成熟和具备实用价值的储氢合金主要有稀土类化合物（如 $LbNi_5$）、钛系化合物（如 TiFe）和镁系化合物（如 Mg_2Ni）等。

11.4.1 稀土系储氢合金

以 $LaNi_5$ 为代表的稀土系储氢合金，被认为是所有储氢合金中应用性能最好的一类。金属间化合物 $LaNi_5$ 具有六方结构，其晶胞是由 3 个十二面体、9 个八面体、6 个六面体和 36 个四方四面体组成。其中十二面体、八面体和六面体的晶格间隙半径均大于氢原子半径，可储存氢原子；而四方四面体间隙较小，不能储存氢原子。这样，一个晶胞内可以储存 18 个氢原子，即最大储氢量为 1.379%（质量分数）。$LaNi_5$ 初期氢化（储氢）容易，反应速度快，20℃时的氢分解压仅几个大气压，吸放氢性能优良。该合金的主要缺点是镧的价格高，循环退化严重，易于粉化，密度大。合金化可进一步改善 $LaNi_5$ 储氢合金的性能。用混合稀土（La、Ce、Sm）替代 La 能降低合金的成本，但会使氢分解压升高，滞后压差大，给使用带来困难。用 Al、Mn、Si、Sn 和 Fe 等置换 Ni 能克服合金的粉化，改善其储氢性能。加入 Al 后合金可以形成致密的 Al_2O_3 薄膜，合金的耐腐蚀性明显提高；但随 Al 含量的增加，电极活化次数增加，放电容量减小，快速放电能力减弱。Mn 对提高容量很有效，加入 Mn 可以提高合金的动力学性能，但循环性能受到负面影响。Si 的加入可以加快活化并获得较好的稳定性，但同时提高了自放电速率并降低高倍率放电性能。Sn 可以提高材料的初始容量及电极的循环寿命，改善吸放氢动力学过程。

11.4.2 镁系储氢合金

镁系储氢合金具有储氢量高（理论储氢量为 7.6%）、资源丰富以及成本低廉等优点。特别是用 Ni 合金化后得到的 Mg-Ni 合金，Ni 的加入明显改善了镁的储氢性能，使得合金具有储氢量大（可达 3.8%）、密度小、解吸等温线平坦和滞后小等特点，是移动装置上理想的储氢合金。该合金的缺点是脱氢温度高（解吸压力为 105 Pa 时，解吸温度为 287℃）、吸氢速度较低和热焓增量大。通过合金化添加 Ca、Cu、Al 和稀土金属等元素可提高合金的吸放氢的速度，通过对合金进行表面改性，能提高合金的氢化性能，使处理过的合金在比较温和的条件下表现出良好的吸氢性能。

11.4.3 钛系储氢合金

TiFe 合金是 Ti 系储氢合金的典型代表，其储氢量为 1.8%。该储氢合金储氢能力好（略高于 $LaNi_5$），能可逆地吸放大量的氢，且氢化物的分解压为几个大气压，可实现工业应用，原料丰富、便宜，适合在工业中大规模应用。Fe-Ti 合金一度被认为是一种应用前景很好的储氢材料。但由于材料中有 TiO_2 层形成，该材料极难活化，限制了其应用。为改善 TiFe 合金的活化性能，对合金进行合金化和纳米化处理是最有效的途径。用 Mn、Cr、Zr、Ni 等过渡族元素取代部分 Fe 能明显改善合金的活化性能，使合金在室温下经一段孕育期就能吸放氢，但会损失合金一部分其他储氢性能。值得指出的是，纳米化处理仅能改善合金的活化性能，对合金的储氢性能影响不大。

11.5 超导材料

在一定的低温条件下，某些导电材料呈现出电阻等于零及排斥磁力线的现象称为超导，具有超导现象的材料被称为超导材料，材料出现超导现象时对应的温度称为超导临界温度（T_c）。同一种材料在相同条件下，T_c 值有严格的确定值。材料处于超导状态时，材料内部没有磁力线通过，磁场强度为零。给处于超导状态的材料外加一磁场，若外加磁场足够大，材料的超导现象消失。使材料超导现象消失的最小外加磁场强度称为临界磁场强度 H_c，H_c 是温度的函数，随温度的升高而降低。在不外加磁场的条件下，对超导体通电，当超导体中的电流密度超过一定值后，超导现象消失，材料恢复到正常状态。破坏超导现象的最低电流密度称为临界电流密度（I_c）。T_c、H_c 和 I_c 越高，材料的超导性越好。

自 1911 年荷兰科学家发现汞的超导现象以来，至今已发现 28 种元素和几千种合金及化合物可以成为超导体。在常压下，28 种元素具有超导性，其中铌的 T_c 和临界磁场强度 H_c 最高，分别为 9.26K 和 126kA/m，Pb 的超导性也很优异，对应的 T_c 和 H_c 分别为 7.2K 和 64kA/m。以上两种材料已得到实际应用，用于制造超导交流电力电缆、谐振腔等。超导元素中加入某些合金元素形成超导元素的合金，可以使超导元素的超导性能全部得到提高，尤其是大幅提高了临界磁场强度。如在 Nb 中加 Zr 得到的 Nb-Zr 合金，其 T_c 为 10.8K，而 H_c 则为 6960kA/m。目前应用最广的合金超导材料是 Nb-Ti 合金，它的临界磁场强度可达（8～9.5）$\times 10^3$kA/m。超导元素与其他元素化合形成的金属间化合物常有很好的超导性能。如已大量使用的 Nb_3Sn，其 $T_c=18.1$K，$H_c=19600$kA/m。其他重要的超导化合物还有 V_3Ga，相应的 $T_c=16.8$K，$H_c=19200$kA/m；Nb_3Al，$T_c=18.8$K，$H_c=24000$kA/m。但金属间化合物一般易脆，不易加工成线材或带材以制成可用的磁铁，需要采用串芯线法、扩散反应法或蒸气沉积法制成可用的超导器件。高温超导体主要是由氧化物超导体和非氧化物超导体组成，目前高温超导体的超导温度已从液氦提高到液氮，应用前景很好。但高温超导体一般不属于金属材料的范畴。

11.6 热膨胀合金

一般的金属和合金受热时膨胀，膨胀量随温度的升高呈线性增加，但有些合金的热膨胀曲线在某一温度出现弯曲点（不同斜率两线段切线的交点，如图 11.4 中的 T_k 所示），在弯曲点以下的热膨胀系数比弯曲点以上的正常热膨胀系数低得多，这种现象称为反常热膨胀特性。把具有特殊膨胀现象或反常膨胀特性的合金称为热膨胀合金。热膨胀合金分为低膨胀合金、定膨胀合金和高膨胀合金。热膨胀合金主要有 Fe-Ni 系、Fe-Ni-Co 系和 Fe-Ni-Cr 系合金等。

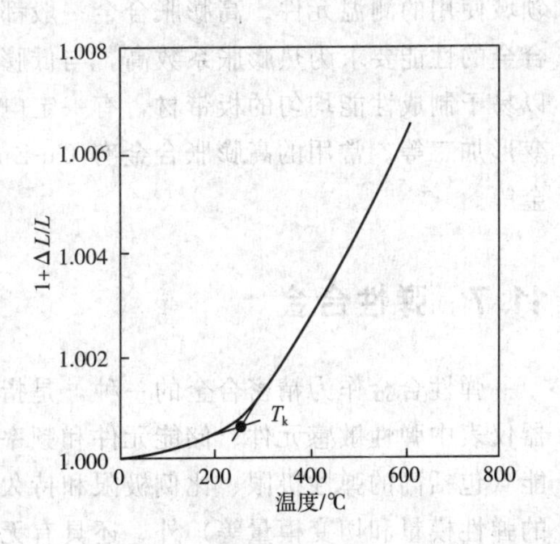

图 11.4 合金的热膨胀示意图

11.6.1 低膨胀合金

1896 年法国物理学家发现含 36%Ni 的 Fe-Ni 合金在室温附近，其热膨胀系数仅为 1.2×10^{-6}/K，比 Fe-Ni 合金的正常值低一个数量级。这种在室温附近热膨胀系数很小，尺寸随温度变化很小的合金被称为因瓦合金（Invar alloy）。随后在 1927 年发现 Fe-32Ni-4Co 低膨胀合金，其热膨胀系数降到 0.8×10^{-6}/K，被称为超因瓦合金，这两种合金至今仍是主要的低膨胀合金。低膨胀合金大都应用于制造在一定的环境温度下要求尺寸近似恒定的元器件，如精密天平的臂、标准件的摆杆与摆轮、大地测量基线尺、各种谐振腔、微波通信的波导管、激光与环形激光陀螺仪等。

11.6.2 定膨胀合金

定膨胀合金是指热膨胀系数被限制在某些特定范围内［一般在（4～10）$\times10^{-6}$/K］的合金。1930 年，人们研制出 Fe-29Ni-18Co 合金［又称可伐合金（Kovar alloy）］，其膨胀系数为 4.7×10^{-6}/K，适用于硬玻璃封装。定膨胀合金按用途可分为封装材料和结构材料两种。作为封装材料，要求合金在封装温度至元件最低使用温度区间内，平均热膨胀系数与对接材料的差别很小（不大于 10%），从而降低接触面上的应力，实现匹配封装。因合金发生相变会导致体积的突变，因而定膨胀合金在使用过程中不允许发生相变。定膨胀合金主要有 Fe-Ni 系合金、Fe-Ni-Co 系合金、高熔点金属（如 W、Mo、Zr、Ti 等）及其合金等。其中，Fe-Ni 系合金和 Fe-Ni-Mo 系合金是借助反常热膨胀达到拥有特定热膨胀系数的目的，而高熔点金属则是借助于自身的低膨胀系数达到拥有特定热膨胀系数的要求。定膨胀合金的用量很大，可主要用于硬玻璃、陶瓷的封装，还广泛应用于发射管、振荡管、引燃管、晶体管和集成电路中作为引线和结构材料。

11.6.3 高膨胀合金

高膨胀合金一般是指热膨胀系数高于 16×10^{-3}/K 的膨胀合金，广泛用于制造工程技术领域使用的测温元件。高膨胀合金一般都与低膨胀合金配对复合成热双金属使用。对高膨胀合金的性能要求为热膨胀系数高，与低膨胀合金结合牢固，耐热性能良好，具有好的延展性以易于制成性能均匀的板带材，有一定电阻值，弹性模量与低膨胀合金组元差别不大以利于变形加工等。常用的高膨胀合金有 Cu-Zn 系、Fe-Ni-Cr 系、Fe-Ni-Mn 系和 Mn-Ni-Cr 系合金等。

11.7 弹性合金

弹性合金作为精密合金的一种，是指具有特殊弹性性能的合金，被广泛用于制作精密仪器仪表中弹性敏感元件、储能元件和频率元件等弹性元件。弹性合金除了具有良好的弹性性能（包括高的弹性极限、比例极限和持久极限，低的弹性后效、弹性滞后和应力松弛，一定的弹性模量和切变模量等）外，还具有无磁性、微塑性变形抗力高、硬度高、电阻率低、弹性模量温度系数低和内耗小等性能。按性能的不同，弹性合金主要包括高弹性合金和恒弹性合金。

高弹性合金是指具有高弹性模量与弹性极限及低弹性后效的合金。根据使用条件的不同，高弹性合金还应具有良好的耐蚀性、耐高温性、耐疲劳性能、无磁和高的导电性能等。高弹性合金按其组成可分为Fe基高弹性合金（如Fe-36Ni-Cr-Ti-Al）、Co基高弹性合金（如Co-40Ni-Cr-Mo）、Cu基高弹性合金（如铍青铜）、Ni基高弹性合金（如$NiBe_2$）、Nb基高弹性合金（如Nb-10Ti-5Mo）。这些合金经弥散强化或经形变强化处理后可获得高弹性性能。高弹性合金主要用于制造膜盒、膜片、扭杆等弹性敏感元件，发条、弹簧等储能元件，以及仪表轴承和轴等。

对应高弹性合金的恒弹性合金是指在一定温度范围内其弹性模量几乎不随温度变化的合金。恒弹性合金分为铁磁恒弹性合金、无磁恒弹性合金、顺磁性恒弹性合金和高温恒弹性合金。铁磁恒弹性合金主要有Fe-Ni系合金、Fe-Ni-Co系合金、Co-Fe或Fe-Co系合金、Ni基合金等。无磁恒弹性合金主要有Fe-Mn系、Mn基、Cr基、Nb基、Ti基等合金。这类合金大多尚处于研究阶段。顺磁性恒弹性合金主要有Nb基恒弹性合金（如Nb-Zr系和Nb-Ti系合金等）、Pd基恒弹性合金（如Pd-Au和Pd-Mn系合金等）。高温恒弹性合金主要有Fe-Ni-Co系、Ni-Ti系和Nb-Ti系合金。恒弹性合金主要用于制造游丝、悬丝、膜盒、机械滤波器、标准频率元件及延迟线等。

11.8 磁阻合金

某些金属或半导体的电阻值随外加磁场变化而变化的现象称为磁阻效应。将直流电阻值对磁场变化敏感的合金称为磁阻合金，将交流电阻值对磁场变化敏感的合金称为磁阻抗合金。磁阻合金广泛应用在高密度磁记录中。所有金属的传导电子在磁场的作用下，都会改变运动路径，这种传导电子运动路径的改变，都会导致传导电子的漂移路径增加，从而使电阻增加，这是正常的磁阻效应。这种正常的磁阻效应很弱，对金属电阻的影响不大。而金属材料中比较明显的磁阻效应都是传导电子的自旋磁矩与材料中的原子磁矩之间作用的结果，本质上是传导电子自旋与固体材料原子中特定亚电子层内电子自旋之间的交互作用。传导电子与固体中原子亚电子层内电子自旋的相对取向关系会影响原子对传导电子的散射。在磁有序的固体材料中，磁场作用可改变固体材料的磁化状态，也就改变了固体原子的自旋排列状态，从而影响原子对传导电子的散射，当这种效应明显时，就会显著影响金属的电阻，产生显著的磁阻效应或磁阻抗效应。

巨磁阻效应是指有无磁场时，材料的电阻存在显著变化的现象，存在于铁磁性（如Fe、Co、Ni）和非铁磁性（如Cr、Cu、Ag、Au）的多层膜中，由于非磁性层的磁交换作用会改变磁性层的传导电子行为，使电子产生程度不同的磁散射而造成较大的电阻，其电阻变化较正常磁阻大许多，被称为巨磁阻。由铁磁性过渡族金属及其合金与非磁性过渡族金属材料薄层交替排列组成的磁性多层材料大多具有巨磁阻效应。磁性层和非磁性层的厚度、多层膜的周期数等都强烈影响巨磁阻材料的特性。当把存在巨磁阻效应的铁磁性/非铁磁性多层膜系统中的非铁磁性金属膜层换成厚度仅为几个纳米的绝缘层时，得到铁磁金属/绝缘层/铁磁金属（FM/L/FM）结构的多层膜。因其中绝缘层很薄，传导电子能借助于隧道效应穿越绝缘层，这类材料具有的磁阻效应被称为隧穿磁阻（TMR）效应。把存在隧穿磁阻效应的铁磁金属/绝缘层/铁磁金属多层膜系统中的铁磁性金属膜层换成磁性的非金属膜层，尤其是具有钙钛矿结构的含稀土的铁氧体材料时，可获得具有更高磁阻效应的磁阻材料，称为庞磁阻材料，庞磁阻材料已不属于金属材料。异向性磁阻效应是指随外加磁场与电流间夹角发生改变，材料中磁阻发生变化的现象。磁阻抗材料一般是典型的软磁材料，以 $Co_{68.15}Fe_{4.35}Si_{12.5}B_{15}$ 非晶态丝材最具代表性。在 FeCuNbSiB 纳米晶软磁合金薄带和铜丝外包覆坡莫合金的复合材料中也观察到磁阻抗效应。目前，磁阻效应广泛用于磁传感、磁力计、电子罗盘、位置和角度传感器、车辆探测、GPS 导航、仪器仪表、磁存储（磁卡、硬盘）等领域。

11.9 金属陶瓷

金属陶瓷功能材料兼具金属材料和陶瓷材料的多重性能，具有良好的电磁性能、吸波性能、低电阻率、耐高温、抗氧化等特性，在航天航空、原子能反应堆壁、高温传感器等领域有广阔的应用前景。使用最广的是硅氧碳材料（简写为 SiOC），一般以 SiC_4、SiC_3O、SiC_2O_2、$SiCO_3$、SiO_4 等基本单元和自由碳形式存在，这种材料具有优良的力学性能、较高热稳定性及化学稳定性。在 1200～1300℃时其结构的热稳定性仍能满足要求，随着温度的升高，SiOC 会发生结构重排，SiC_4 和 SiO_4 的比例逐渐增加，有少量 β-SiC 生成，在 1400℃时重排度增大，主要以 SiC_4、SiO_4 及大量 β-SiC 形式存在，可用来制造耐高温器件、航空航天发动机、耐腐蚀材料和高温传感器。普通的 Si（O）C 材料（包含 SiOC 和 SiC 材料）塑性差、缺少功能特性，这在很大程度上限制了它的应用领域和发展空间。如何制备性能优异的 Si（O）C 功能材料是扩宽其应用范围的关键，其中，对 Si（O）C 材料进行掺杂改性，是提高 Si（O）C 材料综合性能的研究焦点。研究表明，掺杂 Al 可促进 Si（O）C 材料高温致密度提高，且使其具有较好的热稳定性和耐化学腐蚀性；掺杂钛的 Si（O）C 材料能抑制 β-SiC 的高温析晶，降低电阻率并使其具有吸波性能；掺杂锆的 Si（O）C 材料提高了材料的耐热性能，掺杂锆成为制备耐高温材料的一种有效方法。通过物理或化学的方法对 Si（O）C 材料进行含铁掺杂改性，得到含 Fe 的 Si（O）C 功能材料，其具有良好的电磁性能、吸波性能和耐高温、抗氧化等性能。含 Fe 的 Si（O）C 功能材料可以通过先驱体转化法、溶胶 G 凝胶法和化学气相沉积法等方法制备。

11.10 减振合金

机械设备因振动产生的破坏和由振动产生的噪声日趋严重，降低或消除机械中的振动就显得尤为重要。减振合金可有效降低或消除机械中振动和噪声。减振合金也称阻尼合金，是指具有结构材料应有的强度并能将外部振动能迅速转变为热能消耗掉的一种新型功能材料。任何材料在受力时，其应力与应变并不同步，应变总是滞后应力，形成应力-应变回线而吸收能量，并将其转化为热能而消耗。这种能量消耗对于振动的物体就是阻尼，使其振动减弱。衡量阻尼性能好坏的主要指标是内耗值，内耗值越大，材料振动时内部损耗的能量越大，减振效果越好。阻尼的产生可以在材料和结构两个方面来考虑：一方面可以依靠材料本身所具有的高阻尼特性达到减振降噪的目的，另一方面可以利用不同材料之间所组成的宏观结构产生耗能机制。研究材料的阻尼行为，开发适宜高效的阻尼结构对于阻尼材料综合性能的发挥至关重要。

材料的阻尼特性与其显微组织密切相关，晶体的结构缺陷是决定性因素。其中位错、孪晶和相结构三方面的显微组织特征及材料的铁磁性对材料的高阻尼特性起到重要作用。根据产生阻尼机制的不同，减振合金分为复相型（片状石墨铸铁、Zn-Al）、位错型（Mg 系合金）、孪晶型（Mn-Cu 合金）、铁磁型（Fe-Cr-Mo、Fe-Cr-Al、Fe-Mn 基）等几大类。合金要求是大阻尼、高强度、易加工、应用范围广和成本低等。目前，减振合金已广泛应用于各种机座、框架、高速箱体、各类齿轮、螺钉及垫片等。工程上一些常用的减振合金成分及其性能见表 11.3。

表 11.3 常用减振合金的成分与性能

类型	名称	成分	内耗 $Q^{-1}/10^{-2}$
复相型	减振铸铁	Fe-3.39C-2.3Si-0.7Mn	20
	ZA22	Zn-22Al	32
孪晶型	Incramute	Mn-48Cu-1.55 Al-0.27Si	64
	Snosoton	Mn-36Cu-3.5Al-3Fe-1.17Ni	63
	M2052	Mn-20Cu-5Ni-2Fe	63
铁磁型	Gentalloy	Fe-（0.3～5）Mo	64
	Sientalloy	Fe-12Cr-3 Al	65
	Tranqalloy	Fe-12Cr-1.36 Al-0.59 Mn	65
位错型	纯 Mg	0.99Mg	95
	KIXI	Mg-0.6Zr	87
	Mg-Cu-Zn 系	Mg-7.0 Cu-2.3 Mn	80

高分子阻尼材料也称黏弹性阻尼材料，是由高分子聚合物组成，兼具黏性液体消耗能量和弹性固体储存能量两种特性，是目前应用较为广泛的阻尼材料。当其受到外界应力时，一部分能量转化为热能耗散掉，一部分能量以势能的形式储备起来，从而有效地减弱振动和噪声。黏弹性阻尼材料的阻尼性能是由分子链运动、内摩擦力以及大分子链之间物理键的不断破坏与再生三个方面的耗能组成的。当产生外力时，高分子聚合物分子间的链段会产生相对滑移、扭转，曲折的分子链也会产生拉伸、扭曲等变形，从而通过摩擦做功耗散掉了部分能量；当外力消失后，变形的分子链将会恢复原位，在这一过程中，高分子聚合物克服其大分子链段之间的内摩擦阻尼而产生了内耗；由于高聚物的黏性，变形的分子链不能完全恢复原状，用于变形的功以热的形式耗散到环境中。黏弹性阻尼材料内部结构复杂，产生耗能的环节也多，可以有效地减轻振动和噪声的影响。各类阻尼材料已广泛应用于许多领域，随着现代工业、交通运输和宇航事业的发展，以及军工、航天领域的迫切需要，黏弹性阻尼材料的应用研究与性能改良越来越重要。早期的黏弹性阻尼材料组分比较单一，玻璃化转变温度区间比较窄，导致温度和频率使用范围有限。因此，获得优异的性能和拓宽温度、频率使用范围成为当今阻尼材料学者们研究的重点。

大多数黏弹性阻尼材料本身的模量过低，不能作为结构材料来直接使用，因此必须将它们黏附于刚度较大的基层材料上，组成复合阻尼结构，所以阻尼结构的研究对于黏弹性阻尼材料性能的发挥至关重要。适宜高效的阻尼结构往往能够使材料的阻尼性能得到充分发挥，达到更有益的减振效果。常用的阻尼结构有自由阻尼结构和约束阻尼结构两种，自由阻尼结构主要通过阻尼层的拉伸变形耗能，约束阻尼结构主要通过阻尼层的剪切变形耗能，其结构布置如图 11.5、图 11.6 所示。

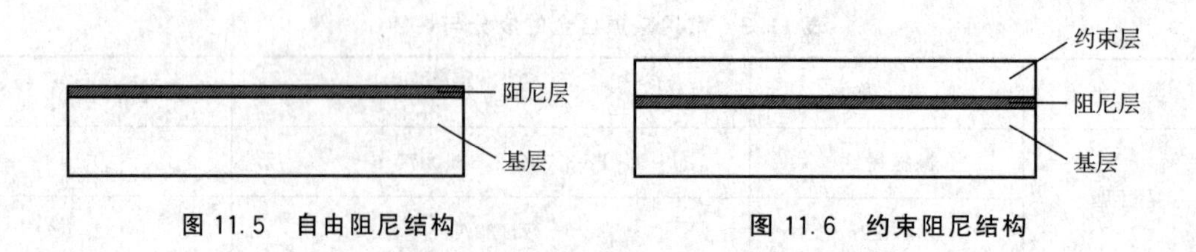

图 11.5　自由阻尼结构　　图 11.6　约束阻尼结构

自由阻尼结构是将黏弹性阻尼材料直接粘贴或喷涂于基层表面上，当基层受力发生形变时，阻尼层也会产生变形，通过将机械能转化为热能达到耗散能量的目的。自由阻尼结构具有施工方便、适用范围广等优点，但是研究表明这种结构的减振效果不理想，尤其是在结构低频振动时的减振效果更差，因而更多地被用于薄壳结构上，如船舶舱壁、外壳等结构。

在自由阻尼结构上再附加一层约束层材料就是约束阻尼结构。当基层受力形变而使阻尼层变形时，约束层会产生相反方向的变形。由于基层和约束层发生变形的不同步性，阻尼层在二者中间产生剪切应力和应变，与此同时阻尼层也会发生拉伸压缩变形，而阻尼层剪切变形耗散的能量远大于拉压变形耗散的能量，从而消耗更多的能量。

11.11　生物材料

生物材料是指用于生物医学的金属或合金。对生物材料的性能要求要有很高的惰性、良好的生物相容性、无毒性、高机械强度、好的抗疲劳性能和优良的加工性能等。生物材料在临床应用上主要用作承力植入材料，用于人体硬组织与软组织、人工器官和外科辅助器材等各个方面。常用的生物材料有医用不锈钢、医用 Co 基合金、医用 Ti 及其合金、医用镁合金、形状记忆 Ni-Ti 合金等。

医用不锈钢易发生点蚀、界面腐蚀，以致长期稳定性差，溶出的某些离子可能会诱发肿瘤，并且生物相容性差，无生物活性。医用 Co 基合金具有优异的耐摩擦性能、较强耐蚀性(其耐蚀性比不锈钢高数十倍)，无明显的组织反应。但作为人工髋关节时，界面松动率较高。另外，钴离子的释放，会引起细胞与组织的坏死、皮肤过敏反应等问题。Ti 及 Ti 合金是目前应用最多的植入金属生物材料，密度小、比强度高、弹性模量较低，耐腐蚀性和抗疲劳性能优于不锈钢和 Co 基合金。但也存在硬度低、耐摩擦性差、疲劳和断裂韧性不理想、弹性模量仍然偏高、合金中含有毒性元素等不足。镁合金作为可降解医用材料，是第三代生物医用材料。镁元素具有很好的可吸收性和生物相容性，植入骨中具有与骨接近的密度和弹性模量。镁合金还具有可控的腐蚀速率，在心血管植入和骨修复上有很好的应用前景。但镁合金存在腐蚀速率过快、机械强度低等问题。形状记忆合金是一种新型医用生物材料，临床上已采用的形状记忆合金主要为 Ni-Ti 形状记忆合金。医用 Ni-Ti 形状记忆合金在相变区具有形状记忆特性和超弹性，在低温下比较柔软，可变形，将其加热到人体温度时立刻恢复到原来形状，产生持续柔和的恢复力。恢复原状后，材料较硬且富有弹性，可起到矫形或支撑作用。其与不锈钢和钛合金具有相当的优良生物相容性、耐腐蚀性、耐磨性、无毒等特征，被誉为 21 世纪的新型功能材料。但 Ni-Ti 记忆合金中镍离子可能向周围组织扩散渗透，引起不良反应。医用形状记忆合金主要用于整形外科和口腔科，Ni-Ti 记忆合金可用于自膨胀支架，特别是心血管支架的制造。

医用金属材料仍然存在许多问题，如金属腐蚀和磨损造成的影响，此外医用金属材料中含有的合金化元素会由于腐蚀、磨损等溶出。这些合金化元素多有较强的电负性，能与生物体内的有机物或无机物质化合形成复杂的化合物，这些化合物中有些毒性较强，会对人体会造成损害。

11.12 光催化材料

光催化技术是一种高效、安全的环境友好型环境净化技术。1972 年首次报道了水在 TiO_2 电极上光致分解时的光催化现象。1977 年，以 TiO_2 为光催化材料成功将—CN 氧化成—OCN。利用光催化技术降解和分解污染物能够将有机污染物彻底分解为二氧化碳和水等小分子物质，不产生二次污染，光催化过程不需使用昂贵的氧化剂，成本低廉。利用太阳光引发光催化的过程，无论是光源还是光催化材料都可再生和循环利用。光催化技术及光催化材料成为目前最活跃的研究方向之一。

TiO_2 以其优秀的抗化学和光腐蚀性能、价格低廉等优点成为过去几十年中最重要的光催化材料，但也存在一些缺陷：①带隙较宽（3.2 eV），对应的吸收光谱为 387 nm，仅能吸收紫外线，在可见光范围内没有响应，对太阳光利用率低（约 4%）；②光生载流子的复合率高，导致光催化效率较低，制约了该技术的广泛应用。为提高 TiO_2 光催化材料的催化活性和效率，人们已做了大量研究，相继开发出了多种新型的 TiO_2 光催化材料，充分提高了光催化材料对太阳光的利用率。

光催化反应是指在光参与的条件下，在光催化材料及其表面吸附物（如 H_2O、O_2 分子和被分解物等）之间发生的一种光化学反应和氧化还原过程。光催化材料（以 TiO_2 为例）之所以能够在光照条件下进行氧化还原反应，是因为其电子结构包含一个满的价带和一个空的导带。当光子能量（$h\nu$）达到或超过其带隙能时，电子就可从价带激发到导带，同时在价带产生相应的空穴，即生成电子（e^-）和空穴（h^+）对。通常情况下，激活态的导带电子和价带空穴会重新复合为中性体（N），产生能量，以光能（$h\nu$）或热能的形式散失掉。而当存在合适的俘获剂或表面缺陷态时，电子和空穴的复合就会受到抑制，从而在表面发生氧化还原反应。其中，价带空穴是良好的氧化剂，而导带电子是良好的还原剂，其催化作用过程如图 11.7 所示。

光催化材料需要具有合适的导价带位置，以保证光激发的电子-空穴具有匹配的还原-氧化能力发生光催化反应。光催化反应较为复杂，受诸多因素制约，这些影响因素大致可归为两类：一类是光催化材料本身的光生载流子激发、分离、运输行为；另一类是制约光催化反应发生的多相界面作用行为。根据这两个因素对原有催化材料进行改性，可制备出活性较高的光催化材料。

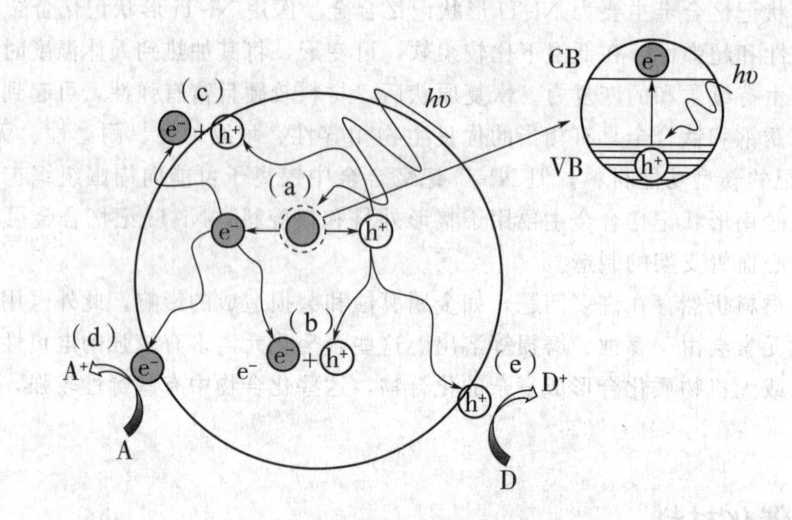

图 11.7 光催化反应基本过程

11.13 稀土光功能材料

稀土光功能材料是指利用稀土元素独特的电子层结构和物理化学特性制备而成的光功能材料，以粉体材料为主的稀土发光材料和以单晶材料为主的稀土晶体材料是最重要的两大类。目前稀土光功能材料已广泛应用于绿色健康照明、高端显示、核医学成像、辐射探测、激光工业和国防安全等领域，是决定器件品质的核心关键材料。

稀土发光材料主要包括三基色荧光粉、LED（light emitting diode，发光二极管）荧光粉和长余辉荧光粉等主要产品，其应用场景已经从普通的室内照明发展到道路照明、广场照明、景观照明、各种特殊照明等照明领域以及手机、电脑和电视等高端显示领域。白光LED光源因具有光效高、无污染、技术成熟度高等优点，迅速取代传统三基色荧光灯。早期白光LED采用$Y_3Al_5O_{12}$：Ce^{3+}(YAG：Ce)黄粉组合蓝光LED芯片，由于光谱中缺少红光部分，显色指数较低、色温较高。随着技术发展和品质的逐渐提高，(Ca，Sr)$AlSiN_3$：Eu^{2+}(SCASN)氮化物红粉和$Lu_3Al_5O_{12}$：Ce^{3+}(LuAG)，$Y_3(Al, Ga)_5O_{12}$：Ce^{3+}(GaYAG)铝酸盐绿粉等荧光粉相继被开发出来，白光LED器件的显色指数Ra从低于70逐渐提升至90以上。LED荧光粉产业结构在不断变化，铝酸盐黄绿占比越来越高，其中GaYAG已取代了高成本的LuAG：Ce黄绿粉，成为市场主流；$(Ca, Sr)_2Si_5N_8$：Eu^{2+}氮化物红粉已退出市场，稳定性更好、光效更高的SCASN氮化物红粉成为高显色照明的首选。在背光领域LED背光源迅速取代冷阴极荧光灯管（cold cathode fluorescent lamp，CCFL）成为液晶显示的主流背光技术。早期白光LED背光源分别采用YAG：Ce荧光粉或者硅酸盐绿粉搭配氮化物红粉方案来实现普通色域和高色域液晶显示，2014年以来，β-SiAlON绿粉和氟化物红粉组合方案出现，广色域（>92% NTSC）液晶显示技术逐渐成为发展主流。

稀土晶体材料主要包括激光晶体和闪烁晶体两大类。激光晶体主要包括Nd：$Y_3Al_5O_{12}$(Nd：YAG)，Yb：$Y_3Al_5O_{12}$(Yb：YAG)，Nd：YVO_4，Nd：$YLiF_4$等。其中，Nd：YAG是迄今为止应用最为广泛的激光晶体，50%的固体激光器均采用Nd：YAG作为激光介质。Nd：YAG 也是高功率固体激光器最常用的激光晶体，在激光武器、先进制造和加工领域具有重大应用价值。基于 Nd：YAG 激光晶体的高功率固体激光器因具有脉宽窄、能量大、峰值功率高以及材料吸收好等特点，在精细微加工和特殊材料加工方面相比 CO_2 激光器和光纤激光器具有独特的优势，并可与光纤高效耦合以实现柔性加工。近 20 年稀土闪烁晶体的研究迅速发展，先后有数十种新型稀土闪烁晶体相继被发现并实现应用，已形成稀土氧化物、稀土卤化物两大系列产品。目前国外已实现商用的稀土闪烁晶体包括：硅酸镥/硅酸钇镥（LSO /LYSO）、钆镓铝石榴石（GGAG ）、溴化镧（$LaBr_3$：Ce ）、溴化铈（$CeBr_3$）、碘化锶（SrI_2：Eu）、氯钇锂铯（CLYC）、溴镧锂铯（CLLB）等。国内 LYSO 和 $LaBr_3$：Ce 已实现商品化。

参考文献

[1] 莫淑华，于久灏，王佳杰．工程材料力学性能［M］. 北京：北京大学出版社，2013.

[2] 沙桂英．材料的力学性能［M］. 北京：北京理工大学出版社，2015.

[3] 崔占全，王昆林，吴润．金属学与热处理［M］. 北京：北京大学出版社，2010.

[4] 田民波．材料学概论［M］. 北京：清华大学出版社，2015.

[5] 刘晓红，徐涛．工程力学与材料工艺学基础［M］. 北京：机械工业出版社，2013.

[6] 陈丹，赵岩，刘天佑．金属学与热处理［M］. 北京：北京理工大学出版社，2017.

[7] 金志浩，高积强，乔冠军．工程陶瓷材料［M］. 西安：西安交通大学出版社，2000.

[8] 颜国君．金属材料学［M］. 北京：冶金工业出版社，2019.

[9] 张永强，林雅芳，陈国良，等．金属间化合物结构材料［M］. 北京：国防工业出版社，2001.

[10] 周静．近代材料科学研究技术进展［M］. 武汉：武汉理工大学出版社，2012.

[11] 胡赓祥，蔡珣．材料科学基础［M］. 上海：上海交通大学出版社，2000.

[12] 王占学．塑性加工金属学［M］. 北京：冶金工业出版社，1991.

[13] 张联盟，黄学辉，宋晓岚．材料科学基础［M］．武汉：武汉理工大学出版社，2008.

[14] 刘智恩．材料科学基础［M］. 西安：西北工业大学出版社，2013.

[15] 冯晓智．高层结构材料选用基本要求［J］. 山西建筑，2011，37（31）：30-31.

[16] 韩吉安．造物“选”材·“适”之为良-产品设计中金属材料选用的相适性研究［D］. 武汉理工大学，2007.

[17] 于相龙，周济．力学超材料的构筑及其超常新功能［J］. 中国材料进展，2019，38（01）：14-21.

[18] 杜利利，王中英，陈照，等．金属-金属键化合物的分类及其前景展望［J］. 化学研究，2016，27（05）：644-649.

[19] 王军，王铁．基于自组装技术的纳米功能材料研究进展［J］. 高等学校化学学报，2020，41（03）：377-387.

[20] 孙亚秋，邓国志，田欣，等．TiO_2 纳米光催化材料的研究进展［J］. 天津师范大学学报（自然科学版），2019，39（5）：1-6.

[21] 于朝清，尹霜，方倩倩，等．电阻电热合金材料弥散强化技术研究综述［J］. 电工材料，2019（1）：31-34.

[22] 刘荣辉，刘元红，陈观通，等．稀土光功能材料发展现状及趋势［J］. 中国稀土学报，2021，39（3）：338-349.

[23] 冯志海，李俊宁，左小彪，等．航天复合材料研究进展［J］. 宇航材料工艺，2021，51（4）：23-28.

[24] 张志超，黄微波，李华阳，等．粘弹性阻尼材料及其阻尼结构的研究进展［J］. 环保科技，2017，23（6）：56-60.

[25] 周蕊，杜淑娣，李国胜，等．炭/陶复合刹车材料研究进展［J］. 炭素技术，2021，40（4）：12-16.